U0835535

高级大数据人才培养丛书

数据挖掘

丛书主编： 刘　鹏　张　燕
主　　编： 王朝霞

電子工業出版社
Publishing House of Electronics Industry
北京•BEIJING

内 容 简 介

2017 年年初，在中国信息协会大数据分会副会长刘鹏教授的倡议和组织下，全国上百家高校从事一线教学科研任务的教师，开展了高级大数据人才培养丛书的编撰工作。本书是丛书之一，其定位是大数据挖掘技术与应用。本书系统地介绍了数据挖掘算法理论与方法、工具和应用，包括经典数据挖掘算法，大数据环境下常用数据挖掘算法的优化，大数据新常态下催生的数据分析方法（如推荐系统、链接分析与网页排序、互联网信息抽取、日志挖掘与查询分析）、工具与应用。

本书适合作为相关专业本科生和研究生教材。高职高专学校也可以选用部分内容开展教学。本书也很适合作为大数据分析研发人员的自学书籍。

未经许可，不得以任何方式复制或抄袭本书之部分或全部内容。
版权所有，侵权必究。

图书在版编目（CIP）数据

数据挖掘 / 王朝霞主编. —北京：电子工业出版社，2018.3
（高级大数据人才培养丛书）
ISBN 978-7-121-33531-0

Ⅰ. ①数… Ⅱ. ①王… Ⅲ. ①数据采集 Ⅳ. ①TP274

中国版本图书馆 CIP 数据核字（2018）第 012619 号

策划编辑：董亚峰
责任编辑：董亚峰
特约编辑：穆丽丽
印　　刷：北京七彩京通数码快印有限公司
装　　订：北京七彩京通数码快印有限公司
出版发行：电子工业出版社
　　　　　北京市海淀区万寿路 173 信箱　邮编：100036
开　　本：787×1092　1/16　印张：21.75　字数：529 千字
版　　次：2018 年 3 月第 1 版
印　　次：2022 年 12 月第 14 次印刷
定　　价：58.00 元

凡所购买电子工业出版社图书有缺损问题，请向购买书店调换。若书店售缺，请与本社发行部联系，联系及邮购电话：（010）88254888，88258888。

质量投诉请发邮件至 zlts@phei.com.cn，盗版侵权举报请发邮件至 dbqq@phei.com.cn。

本书咨询联系方式：（010）88254694。

编 写 组

丛书主编：刘　鹏　　张　燕

主　　编：王朝霞

副 主 编：施建强　　杨慧娟　　陈建彪

编　　者：（按姓氏首字母排序）

曹　洁　　宁亚辉　　王伟嘉

袁晓东　　张卫明

基金支持：

金陵科技学院高层次人才科研启动基金（40610186）

国家自然科学基金（61401227）

江苏高校软件工程品牌专业建设工程（PPZY2015B140）

军队科研计划项目（AS214R002）

中国博士后基金（2014M562589）

江苏省高校自然科学研究重大项目（16KJA520003）

总　序

短短几年间，大数据就以一日千里的发展速度，快速实现了从概念到落地，直接带动了相关产业井喷式发展。全球多家研究机构统计数据显示，大数据产业将迎来发展黄金期：IDC 预计，大数据和分析市场将从 2016 年的 1300 亿美元增长到 2020 年的 2030 亿美元以上；中国报告大厅发布的大数据行业报告数据也说明，自 2017 年起，我国大数据产业迎来发展黄金期，未来 2~3 年的市场规模增长率将保持在 35%左右。

数据采集、数据存储、数据挖掘、数据分析等大数据技术在越来越多的行业中得到应用，随之而来的就是大数据人才问题的凸显。麦肯锡预测，每年数据科学专业的应届毕业生将增加 7%，然而仅高质量项目对于专业数据科学家的需求每年就会增加 12%，完全供不应求。根据《人民日报》的报道，未来 3~5 年，中国需要 180 万数据人才，但目前只有约 30 万人，人才缺口达到 150 万之多。

以贵州大学为例，其首届大数据专业研究生就业率就达到 100%，可以说“一抢而空”。急切的人才需求直接催热了大数据专业，国家教育部正式设立“数据科学与大数据技术”本科新专业。目前已经有两批共计 35 所大学获批，包括北京大学、中南大学、对外经济贸易大学、中国人民大学、北京邮电大学、复旦大学等。估计 2018 年会有几百所高校获批。

不过，就目前而言，在大数据人才培养和大数据课程建设方面，大部分高校仍然处于起步阶段，需要探索的问题还有很多。首先，大数据是个新生事物，懂大数据的老师少之又少，院校缺“人”；其次，尚未形成完善的大数据人才培养和课程体系，院校缺“机制”；再次，大数据实验需要为每位学生提供集群计算机，院校缺“机器”；最后，院校没有海量数据，开展大数据教学科研工作缺少“原材料”。

其实，早在网格计算和云计算兴起时，我国科技工作者就曾遇到过类似的挑战，我有幸参与了这些问题的解决过程。为了解决网格计算问题，我在清华大学读博期间，于 2001 年创办了中国网格信息中转站网站，每天花几个小时收集和分享有价值的资料给学术界，此后我也多次筹办和主持全国性的网格计算学术会议，进行信息传递与知识分享。2002 年，我与其他专家合作的《网格计算》教材也正式面世。

2008 年，当云计算开始萌芽之时，我创办了中国云计算网站（chinacloud.cn）（在各大搜索引擎“云计算”关键词中排名第一），2010 年出版了《云计算（第 1 版）》、2011 年出版了《云计算（第 2 版）》、2015 年出版了《云计算（第 3 版）》，每一版都花费了大量成本制作并免费分享对应的几十个教学 PPT。目前，这些 PPT 的下载总量达到了几百万次之多。同时，《云计算》一书也成为国内高校的首选教材，在中国知网公布的高被引图书名单中，《云计算》在自动化和计算机领域排名全国第一。除了资料分享，在2010年，我也在南京组织了全国高校云计算师资培训班，培养了国内第一批云计算老师，并通过与华为、中兴、360等知名企业合作，输出云计算技术，培养云计算研发人才。这些工作获得了大家的认可与好评，此后我接连担任了工信部云计算研究中心专家、中国云计算专家委员会云存储组组长等。

近几年，面对日益突出的大数据发展难题，我也正在尝试使用此前类似的办法去应对这些挑战。为了解决大数据技术资料缺乏和交流不够通透的问题，我于2013年创办了中国大数据网站（thebigdata.cn），投入大量的人力进行日常维护，该网站目前已经在各大搜索引擎的“大数据”关键词排名中位居第一；为了解决大数据师资匮乏的问题，我面向全国院校陆续举办多期大数据师资培训班。2016年年末至今，在南京多次举办全国高校/高职/中职大数据免费培训班，基于《大数据》《大数据实验手册》以及云创大数据提供的大数据实验平台，帮助到场老师们跑通了Hadoop、Spark等多个大数据实验，使他们跨过了“从理论到实践，从知道到用过”的门槛。2017年5月，还举办了全国千所高校大数据师资免费讲习班，盛况空前。

其中，为了解决大数据实验难的问题而开发的大数据实验平台，正在为越来越多高校的教学科研带去方便：我带领云创大数据（www.cstor.cn，股票代码：835305）的科研人员，应用Docker容器技术，成功开发了BDRack大数据实验一体机，它打破虚拟化技术的性能瓶颈，可以为每一位参加实验的人员虚拟出Hadoop集群、Spark集群、Storm集群等，自带实验所需数据，并准备了详细的实验手册（包含85个大数据实验）、PPT和实验过程视频，可以开展大数据管理、大数据挖掘等各类实验，并可进行精确营销、信用分析等多种实战演练。目前，大数据实验平台已经在郑州大学、成都理工大学、金陵科技学院、天津农学院、西京学院、郑州升达经贸管理学院、信阳师范学院、镇江高等职业技术学校等多所院校成功应用，并广受校方好评。该平台也以云服务的方式在线提供（大数据实验平台，https://bd.cstor.cn），帮助师生通过自学，用一个月左右成为大数据实验动手的高手。此外，面对席卷而来的人工智能浪潮，我们团队推出的AIRack人工智能实验平台、DeepRack深度学习一体机及dServer人工智能服务器等系列应用，一举解决了人工智能实验环境搭建困难、缺乏实验指导与实验数据等问题，目前已经在清华大学、南京大学、南京农业大学、西安科技大学等高校投入使用。

同时，为了解决缺乏权威大数据教材的问题，我所负责的南京大数据研究院，联合金陵科技学院、河南大学、云创大数据、中国地震局等多家单位，历时两年，编著出版了适合本科教学的《大数据》《大数据库》《大数据实验手册》等教材。另外，《数据挖掘》《大数据可视化》《深度学习》《虚拟化与容器》《Python语言》等本科教材也将于近期出版。在大数据教学中，本科院校的实践教学应更加系统性，偏向新技术的应用，且对工程实践能力要求更高。而高职高专院校则更偏向于技术性和技能训练，理论以够用为主，学生将主要从事数据清洗和运维方面的工作。基于此，我们还联合多家高职院校专家准备了《云计算导论》《大数据导论》《数据挖掘基础》《R语言》《数据清洗》《大数据系统运维》《大数据实践》系列教材，目前也已经陆续进入定稿出版阶段。

此外，我们也将继续在中国大数据（thebigdata.cn）和中国云计算（chinacloud.cn）等网站免费提供配套 PPT 和其他资料。同时，持续开放大数据实验平台（https://bd.cstor.cn）、免费的物联网大数据托管平台万物云（wanwuyun.com）和环境大数据免费分享平台环境云（envicloud.cn），使资源与数据随手可得，让大数据学习变得更加轻松。

在此，特别感谢我的硕士导师谢希仁教授和博士导师李三立院士。谢希仁教授所著的《计算机网络》已经更新到第 7 版，与时俱进且日臻完美，时时提醒学生要以这样的标准来写书。李三立院士是留苏博士，为我国计算机事业做出了杰出贡献，曾任国家攀登计划项目首席科学家。他的严谨治学带出了一大批杰出的学生。

本丛书是集体智慧的结晶，在此谨向付出辛勤劳动的各位作者致敬！书中难免会有不当之处，请读者不吝赐教。我的邮箱：gloud@126.com，微信公众号：刘鹏看未来（lpoutlook）。

刘 鹏

于南京大数据研究院

前言

21 世纪初，人类迈入大数据时代，各行各业拥抱大数据，希冀借大数据挖掘与分析来促进产业升级与变革。因此，大数据人才的需求呈现井喷之势。

中国信息协会大数据分会副会长刘鹏教授顺势而为，周密思考，提出高级大数据人才培养课程体系，并邀请全国上百家高校中从事一线教学科研任务的教师一起，编撰“高级大数据人才培养丛书”。本书即该套丛书之一。

本书的定位是大数据挖掘技术与应用。以“让学习变得轻松”为根本出发点，本书努力回答：数据挖掘是什么？发展如何？经典的数据挖掘算法有哪些？大数据环境下数据挖掘有哪些新特点和新延展？如何分析实际问题，如何应用？本书编写的指导思想有三方面。一是理论与应用相呼应。从数据挖掘算法理论与方法、工具和应用两方面进行阐述，既注重理论，又贴近实战，解行结合，希望学习者既能很快将理论应用于实际领域的数据分析中，同时也具备厚积薄发的能力。二是基础与发展一脉相承。大数据新常态下经典数据挖掘的基本原理仍然适用，不同之处在于，根据现有分布式、并行环境，对原有算法进行优化。本书循序渐进地介绍经典数据挖掘算法，以及大数据环境下数据挖掘算法的新特点和新延展，有助于学习者全面掌握数据挖掘理论。三是局部与全局整体联动。本书属于“高级大数据人才培养丛书”系列教材，因此，在本书内容组织上，需要考虑与丛书其他教材的关系，既紧密联系又自成一体，共同组成高级大数据人才培养课程体系，例如，考虑到丛书中《深度学习》一书对神经网络技术有详尽的介绍，故本书没有再介绍神经网络相关技术。

基于上述指导思想，本书内容分为四部分：一是概念与基础（第 1、2 章）；二是经典的数据挖掘算法（第 3～6 章）；三是大数据挖掘技术，其中，第 7 章重点介绍了大数据环境下经典数据挖掘算法的优化与改进，第 8 章介绍了推荐系统的理论与方法，第 9 章则对链接分析与网页排序、互联网信息抽取、日志挖掘与查询分析等技术进行了介绍；四是常用数据挖掘工具（包），见附录。

本书成稿过程中得到了丛书总主编刘鹏教授和金陵科技学院张燕副校长的大力支持，在书稿提纲和内容组织上提出了诸多建设性意见。同时，两轮审稿评审专家对本书给予了全面指导和帮助，在此一并致谢。

当前，大数据挖掘技术仍处在高速发展的历史阶段，其概念内涵、技术方法、应用模式还在不断创新演化之中，由于时间和水平所限，本书还存在缺点和不足，欢迎大家不吝赐教。

王朝霞

于重庆市陆军勤务学院

目 录

第1章 绪 论

计算机技术、数据库技术和传感器技术的飞速发展，使人们获取数据和存储数据变得越来越容易。社会信息化水平的不断提高和数据库应用的日益普及，使人类积累的数据量正在以指数方式增长。与日趋成熟的数据管理技术与软件工具相比，数据分析技术与工具所提供的功能，却无法有效地为决策者提供其决策支持所需的有效知识，从而形成了一种“丰富的数据，贫乏的知识”的现象。为有效解决这一问题，自 20 世纪 80 年代开始，数据挖掘技术逐步发展起来，人们迫切希望能对海量数据进行更加深入的分析，发现并提取隐藏在其中的有价值信息，以便更好地利用这些数据。数据挖掘技术的迅速发展，得益于目前全世界所拥有的巨大数据资源，以及对其中有价值的信息和知识的巨大需求。在这种背景下，数据挖掘的理论和方法获得了飞速的发展，其技术和工具已经广泛应用到互联网、金融、电商、管理、生产、决策等各个领域。

1.1 数据挖掘概述

1.1.1 数据挖掘的概念

数据挖掘（Data Mining，DM），是从大量的、有噪声的、不完全的、模糊和随机的数据中，提取出隐含在其中的、人们事先不知道的、具有潜在利用价值的信息和知识的过程[1]。这个定义包括几层含义：数据源必须是真实的、大量的、含噪声的；发现的是用户感兴趣的知识；发现的知识要可接受、可理解、可运用，并不要求放之四海皆准的知识，仅支持特定的发现问题。所提取到的知识的表示形式可以是概念、规律、规则与模式等。数据挖掘能够对将来的趋势和行为进行预测，从而帮助决策者做出科学和合理的决策。比如，通过对公司数据库系统的分析，数据挖掘可以回答诸如“哪些客户最有可能购买我们公司的什么产品？”“客户有哪些常见的消费模式和消费习惯？”等类似问题。

与数据挖掘相似的概念是知识发现（Knowledge Discovery in Databases，KDD），知识发现是指用数据库管理系统来存储数据、用机器学习方法来分析数据、挖掘大量数据背后隐藏的知识的过程。数据挖掘是整个知识发现流程中的一个具体步骤，也是知识发现过程中最重要的核心步骤。

数据挖掘是一个交叉学科，涉及数据库技术、人工智能、数理统计、机器学习、模式识别、高性能计算、知识工程、神经网络、信息检索、信息的可视化等众多领域，其中数据库技术、机器学习、统计学对数据挖掘的影响最大。对数据挖掘而言，数据库提供数据管理技术，机器学习和统计学提供数据分析技术[2]。数据挖掘所采用的算法，一部分是机器学习的理论和方法，如神经网络、决策树等；另一部分是基于统计学习理论，如支持向量机、分类回归树和关联分析等。但传统的机器学习和统计学研究往往并不把海量数据作为处理对象，因此数据挖掘要把这两类技术用于海量数据中的知识发现，需要对算法进行改造，使得算法性能和空间占用达到实用的地步。

常见的数据挖掘对象有以下七大类：

（1）关系型数据库、事务型数据库、面向对象的数据库。

（2）数据仓库、多维数据库。

（3）空间数据（如地图信息）。

（4）工程数据（如建筑、集成电路信息）。

（5）文本和多媒体数据（如文本、图像、音频、视频数据）。

（6）时间相关的数据（如历史数据或股票交换数据）。

（7）万维网（如半结构化的 HTML、结构化的 XML 以及其他网络信息）。

1.1.2 大数据环境下的数据挖掘

继互联网、物联网、云计算的不断发展及智能终端的普及，海量复杂多样的数据呈现出爆炸式的增长，标记着“大数据”时代的到来。作为重要的生产因素，大数据已成为蕴含巨大潜在价值的战略资产，推动着产业升级和崛起，影响着科学思维与研究方法的变革。然而，大数据在依托其丰富的资源储备和借助强大的计算技术发挥优势的同时，也带来了极大的挑战。海量、动态及不确定的数据使得传统数据处理系统面临着存储和计算瓶颈，同时，就如何从复杂的大数据中实时且快速地挖掘出有价值的信息和知识，传统的数据挖掘技术自身受限的功能已无法满足用户的需求。因此，大数据环境下需要一种适用技术，即“大数据挖掘”，来应对面临的挑战[3]。

大数据挖掘是从体量巨大、类型多样、动态快速流转及价值密度低的大数据中挖掘有巨大潜在价值的信息和知识，并以服务的形式提供给用户。与传统数据挖掘相比，大数据挖掘同样是以挖掘有价值的信息和知识为目的，然而就技术发展背景、所面临的数据环境及挖掘的广度深度而言，两者存在很多差异：

1. 技术背景差异

传统数据挖掘在数据库、数据仓库及互联网发展等背景下，实现了从独立、横向到纵向数据挖掘的发展。而大数据挖掘是在大数据背景下得益于云计算、物联网、移动智能终端等技术产生与发展，具备了充实环境技术条件，基于云计算等相关技术集成实现海量数据的挖掘。

2. 处理对象的差异

传统数据挖掘的数据来源主要是以某个特定范围的管理信息系统被动数据的产生为主，外加少数的 Web 信息系统中由用户产生的主动数据，数据类型以结构化数据为主，外加少量的半结构化或非结构化数据。相比于传统数据挖掘，大数据挖掘的数据来源更广、体量巨大、类型更加复杂；采集方式不再局限于被动，采集范围更为全面，吞吐量高，处理实时且快速，但由于对数据的精确度要求不高致使数据的冗余度和不确定性较高。

3. 挖掘程度差异

大数据挖掘与传统数据挖掘处理分析数据的广度、深度也存在差异。在复杂类型、结构及模式的数据交错融合时，大数据挖掘能利用云平台集成多种计算模式与挖掘算法对庞杂的数据进行实时处理与多维分析，其处理数据的范围更广，挖掘分析更加全面深入。

总体而言，大数据挖掘是在大数据环境下，以大数据为来源，依托云计算及大数据相关技术的支撑，利用挖掘工具发现潜在的有价值信息和知识，并将结果以云服务的方式提供给用户。

1.1.3 数据挖掘的特性

在大数据时代，数据的产生和收集是基础，数据挖掘是关键，即数据挖掘是大数据中最关键、最有价值的工作。数据挖掘可以用以下 3 个特性概括[4]。

（1）应用性：数据挖掘是理论算法和应用实践的完美结合。数据挖掘源于实际生产生活中应用的需求，挖掘的数据来自于具体应用，同时通过数据挖掘发现的知识又要运用到实践中去，辅助实际决策。所以，数据挖掘来自于应用实践，同时也服务于应用实践。

（2）工程性：数据挖掘是一个由多个步骤组成的工程化过程。数据挖掘的应用特性决定了数据挖掘不仅仅是算法分析和应用，而是一个包含数据准备和管理、数据预处理和转换、挖掘算法开发和应用、结果展示和验证以及知识积累和使用的完整过程。而且在实际应用中，典型的数据挖掘过程还是一个交互和循环的过程。

（3）集合性：数据挖掘是多种功能的集合。常用的数据挖掘功能包括数据探索分析、关联规则挖掘、时间序列模式挖掘、分类预测、聚类分析、异常检测、数据可视化和链接分析等。一个具体的应用案例往往涉及多个不同的功能。不同的功能通常有不同的理论和技术基础，而且每一个功能都有不同的算法支撑。

总而言之，数据挖掘源于实践中的实际应用需求，用具体的应用数据作为驱动，以算法、工具和平台作为支撑，最终将发现的知识和信息用到实践中去，从而提供量化、合理、可行、能够产生巨大价值的信息。

1.1.4 数据挖掘的过程

1999 年，欧盟创建了跨行业的数据挖掘标准流程，即 CRISP-DM（Cross Industry Standard Process for Data Mining），提供了一个数据挖掘生命周期的全面评述，包括业务理解、数据理解、数据准备、数据建模、模型评估与部署 6 个阶段[5]，如图 1-1 所示。

第 1 阶段：业务理解，主要任务是深刻理解业务需求，在需求的基础上制定数据挖掘的目标和实现目标的计划。

第 2 阶段：数据理解，主要收集数据、熟悉数据、识别数据的质量问题，并探索引起兴趣的子集。

第 3 阶段：数据准备，从收集来的数据集中选择必要的属性（因素），并按关联关系将它们连接成一个数据集，然后进行数据清洗，即空值和异常值处理、离群值剔除和数据标准化等。

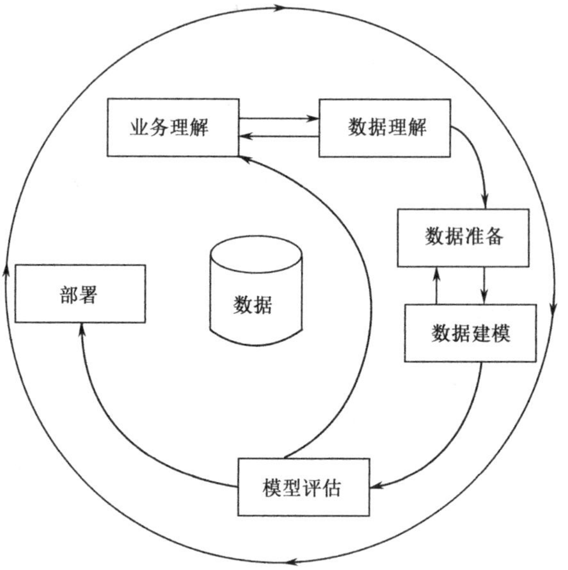

图 1-1　CRISP-DM 数据挖掘过程示意图[5]

第 4 阶段：数据建模，选择应用不同的数据挖掘技术，并确定模型最佳的参数。如果初步分析发现模型的效果不太满意，要再跳回数据准备阶段，甚至数据理解阶段。

第 5 阶段：模型评估，对建立的模型进行可靠性评估和合理性解释，未经过评估的模型不能直接去应用。彻底地评估模型，检查构造模型的步骤，确保模型可以完成业务目标。如果评估结果没有达到预想的业务目标，要再跳回业务理解阶段。

第 6 阶段：部署阶段，根据评估后认为合理的模型，制定将其应用于实际工作的策略，形成应用部署报告。

1.2　数据挖掘起源及发展历史

数据挖掘技术出现于 20 世纪 80 年代末，是在多个学科发展的基础上发展起来的。随着数据库技术的发展应用，数据的积累不断膨胀，导致简单的查询和统计已经无法满足企业的商业需求，急需一些革命性的技术去挖掘数据背后的信息。与此同时，计算机领域的人工智能（Artificial Intelligence，AI）也取得了巨大进展，进入了机器学习的阶段。因此，人们将两者结合起来，用数据库管理系统存储数据，用计算机分析数据，并且尝试挖掘数据背后的信息，这两者的结合促生了一门新的学科，即数据挖掘[6]。

1989 年 8 月于美国底特律市召开的第十一届国际联合人工智能学术会议上首次提到“知识发现”这一概念，到 1993 年，美国电气电子工程师学会（IEEE）的知识与数据工程（Knowledge and Data Engineering）会刊出版了 KDD 技术专刊，发表的论文和摘要体现了当时 KDD 的最新研究成果和动态。1995 年在加拿大蒙特利尔召开的首届“知识发现和数据挖掘”国际学术会议上，首次提出了“数据挖掘”这一学科的名称，并把数据挖掘技术分为科研领域的知识发现与工程领域的数据挖掘。之后每年召开一次这样的会议，经过十几年的努力，数据挖掘技术的研究已经取得了丰硕的成果。美国麻省理工学院在 2001 年 1 月份的《科技评论》中提出数据挖掘将是未来 5 年对人类产生重大影响的十大新兴技术之一[7]。

数据挖掘可以在任何类型的存储信息上进行，比如关系数据库、数据仓库、文本和多媒体数据库、事务数据库、WWW 等。目前，数据挖掘技术在购物篮分析、金融风险预测、分子生物学、基因工程研究、Internet 站点访问模式发现以及信息搜索等领域得到了广泛的应用。因此数据挖掘技术具有极其重要的研究意义，给各个领域的研究人员提供了一种新的认识数据、使用数据的智能手段。

起初，数据挖掘的几个研究热点主要包括网站的数据挖掘（Web Site Data Mining）、生物信息或基因（Bioinformatics/Genomics）的数据挖掘等方向。

网站的数据挖掘就是从网站的各类数据中得到有价值的信息，与一般的数据挖掘差别不大，但是其数据格式很大一部分来自于点击率，与传统的数据库格式有区别[8]。

生物信息或基因的数据挖掘对人类生存发展有着非常重要的意义，基因的组合千变万化，能否找出病人基因和正常人基因的不同之处，进而对其加以改变，这就需要数据挖掘技术的支持，但其数据形式、挖掘算法模型比较复杂。

随着越来越多的业务需求被不断开拓，数据挖掘已成功应用于社会生活的方方面面，目前在很多领域，如商业、医学、科学研究等均有不少成功的应用案例。为了提高系统的决策支持能力，像 ERP、SCM、HR 等一些应用系统也逐渐与数据挖掘集成起来。多种理论与方法的合理整合是大多数研究者采用的有效技术。

对数据挖掘而言，哪里有数据哪里就能挖掘到“金子”，但是，随着物联网、云计算和大数据时代的来临，要在急剧膨胀的数据中挖掘“金子”，无疑给数据挖掘技术的实施提出了挑战。

物联网[9]就是物物相连的网络，是数字世界与物理世界的高度融合。物联网底层的大量传感器为信息的获取提供了一种新的方式，这些传感器不断地产生着新的数据，随着各种各样的异构终端设备的接入，物联网采集的数据量也就越来越大，其数据类型和数据格式也会越来越复杂。这些数据与时间和空间相关联，有着动态、异构和分布的特性，也为数据挖掘任务带来了新的挑战。

云计算[10]是一种基于互联网相关服务的增加、使用和交付模式，通常涉及通过互联网来提供动态、易扩展且经常是虚拟化的资源（包括硬件、平台和软件），实现了设备之间的数据应用和共享。随着物联网的发展，感知的信息不断增加，需要不断地增加服务器的数目来满足需求，但由于服务器的承载能力是有限的，使得服务器在节点上出现混乱和错误的概率大大增加。为了更好地服务，基于云计算的系统能有效地解决物联网分布式数据挖掘中所遇到的问题，在进行相关数据挖掘时能够显著地提高性能。

随着人类活动的进一步扩展，数据规模会急剧膨胀，包括金融、汽车、零售、餐饮、电信、能源、政务、医疗、体育、娱乐等在内的各行业累积的数据量越来越巨大，数据类型也越来越多、越来越复杂，已经超越了传统数据管理系统、处理模式的能力范围，于是“大数据”[1]这样一个在含义上趋近于“无穷大”的概念才会应运而生。大数据的处理，难点就在于如何从海量数据中挖掘出有价值的信息，这就需要设计出符合大数据特征的数据以及具体的分析工具，进而促进对大数据的挖掘分析。在大数据背景下数据挖掘要面临的挑战，主要表现在以下几个方面[11,12]。

（1）数据类型的多样性：不同的应用、系统和终端，由于标准的差异性，会产生不同结构的数据，其中包括结构化数据、半结构化数据和非结构化数据，对这些异构化数据的抽取与集成将成为一大挑战。

（2）数据挖掘分析模型的重构：在大数据的背景下要以低成本和可扩展的方式处理大数据，这就需要对整个 IT 架构进行重构，开发先进的软件平台和算法。近年来以开源模式发展起来的 Hadoop 等大数据处理软件平台，及相关产业已经在一些国家初步形成。目前尽管计算机智能化有了很大进步，但还只是针对小规模、有结构或者类结构的数据进行分析，对于深层次的数据挖掘，现有的数据挖掘算法在不同行业中还难以通用[13]。

（3）清洗粒度大小不易把握：由于普适终端所处地理位置的复杂性，使得产生的数据具有很多噪声。在进行数据清洗时，不易把握清洗粒度。粒度太大，残留的噪声会干扰有价值的信息，粒度太小，可能会遗失有价值的信息。

（4）数据开放与隐私的权衡：互联网的交互性，使得人们在不同位置产生的数据足迹得到积累和关联，从而增加了隐私暴露的概率，且这种隐性的数据暴露往往是无法控制和预知的。随着数据挖掘工具和电子产品的日益普及，如何在推动数据全面开放、应用和共享的同时有效地保护公民和企业的隐私、逐步加强隐私立法，将是数据挖掘要面对的一个重要问题。

未来数据挖掘发展趋势如下[14]。

（1）数据挖掘语言的标准化描述：标准的数据挖掘语言将有助于数据挖掘的系统化开发。改进多个数据挖掘系统和功能间的互操作，促进其在企业和社会中的使用。

（2）数据挖掘过程的可视化方法：可视化要求已经成为数据挖掘系统中必不可少的技术，可以在发现知识的过程中进行很好的人机交互。数据的可视化起着推动人们主动进行知识发现的作用。

（3）与特定数据存储类型的适应问题：根据不同的数据存储类型的特点，进行针对性的研究是目前流行以及将来一段时间必须面对的问题。

（4）网络与分布式环境下的数据挖掘问题：随着 Internet 的不断发展，网络资源日渐丰富，这就需要分散的技术人员各自独立地处理分离数据库的工作方式应是可协作的。因此，考虑适应分布式与网络环境的工具、技术及系统将是数据挖掘中极为重要的子领域。

（5）应用的探索：随着数据挖掘的日益普遍，其应用范围也日趋扩大，如生物医学、电信业、零售业等领域。由于数据挖掘在处理特定应用问题时存在局限性，因此，目前的研究趋势是开发针对特定应用的数据挖掘系统。

（6）数据挖掘与数据库系统和 Web 数据库系统的集成：数据库系统和以 Web 查询接口方式访问数据库资源的 Web 数据库已经成为信息处理系统的主流。通常来说，数据存储在数据库系统和 Web 数据库系统中，在此之上进行数据挖掘与应用。

1.3　数据挖掘常用工具

由于数据挖掘技术在各领域产生的巨大商业价值，一些著名的大学和国际知名公司纷纷投入到数据挖掘工具的研发中，开发出很多优秀的数据挖掘工具。数据挖掘工具[15,16]可分为商用工具和开源工具。

1.3.1　商用工具

商用工具主要由商用的开发商提供，通过市场销售，并提供相关的服务。商用软件不仅提供易用的可视化界面，还集成了数据处理、建模、评估等一整套功能，并支持常用的数据挖掘算法。与开源软件工具相比，商用软件功能更强大，软件性能更成熟和稳定。主流的商用工具有 SAS Enterprise Miner、SPSS Clementine、IBM Intelligent Miner 等，这些工具在各行业的数据统计和数据挖掘工作中取得了广泛的应用。

1．SAS Enterprise Miner

SAS Enterprise Miner，它是一种通用的数据挖掘工具，按照 SAS 定义的数据挖掘方法——SEMMA 方法，即抽样（Sample）、探索（Explore）、修改（Modify）、建模（Model）、评价（Assess）的方式进行数据挖掘。它把统计分析系统和图形用户界面（GUI）集成起来，为用户提供了用于建模的图形化流程处理环境，可利用具有明确代表意义的图形化模块将数据挖掘的工具单元组成一个处理流程图，并依此来组织数据挖掘过程。图形化的界面、可视化的操作，统计学无经验的用户也可以理解和使用它；但对于有经验的专家，它也可让用户精细地调整分析处理过程。它支持并提供一组常用的数据挖掘算法，包括决策树、神经网络、回归、关联、聚类等，还支持文本挖掘。

2．SPSS Clementine

Clementine 是 SPSS 公司开发的数据挖掘工具，支持整个数据挖掘过程，即从数据获取、转化、建模、评估到最终部署的全部过程，还支持数据挖掘的行业标准 CRISP-DM。

Clementine 结合了多种图形使用接口的分析技术，使得 Clementine 不仅具有分析功能，还能够提供可使用的简单的、可视化程序环境。Clementine 资料读取能力强大，支持多种数据源的读取，而且为用户提供大量的人工智能、统计分析的模型（神经网络、聚类分析、关联分析、因子分析等）。Clementine 是采用客户/服务器架构的产品，既可以单机运行，也可以连接网络上的 Clementine Server。

Clementine 的设计思想是用简单的方式进行数据挖掘，尽量屏蔽数据挖掘算法的复杂性以及软件操作的繁琐性，使数据挖掘人员将更多的精力放在使用先进的挖掘技术解决商业问题而不是操作软件本身。

3．IBM Intelligent Miner

IBM 的 Intelligent Miner 包含了最广泛的数据挖掘技术及算法，可容纳相当大的数据量且有强大的计算能力。它在 IBM SP 的并行处理计算机系统上执行效率最好，但也可以在 IBM 或非 IBM 平台上执行。丰富的 API 可用来开发数据挖掘应用软件，可通过 C 函数库来存取所有数据挖掘引擎和操作函数。它包含多种统计方法和挖掘算法，可以进行线性回归、因子分析、主变量分析、分类、分群、关联、相似序列、序列模式、预测等。

Intelligent Miner 包括分析软件工具 Intelligent Miner for Data 和 Intelligent Miner for Text，不仅可以寻找包含于传统文件、数据库、数据仓库和数据中心中的隐含信息，更允许企业从文本信息中获取有价值的客户信息。

4．QUEST

QUEST 是 IBM 公司 Almaden 研究中心开发的一个多任务数据挖掘系统，该系统提供了高效的数据开采基本构件，可用于新一代决策支持系统的应用开发。

QUEST 提供了专门在大型数据库上进行各种开采的功能，包括关联规则发现、序列模式发现、时间序列聚类、决策树分类、递增式主动开采等。各种开采算法可适用于任意大小的数据库，并具有近似线性计算复杂度。

1.3.2 开源工具

开源工具，意为向公众开放源代码的软件工具，最大的优势在于免费。研制开源软件的技术人员相信软件应该是开放的，让任何有能力的人参与并共同完善软件，能集思广益，并使得软件更新速度更快。除了商业数据挖掘软件外，市场上也出现了一批优秀的开源数据挖掘软件，它们在数据挖掘方面同样具有自己的特点和优势。相对于商业工具，开源软件工具更容易学习和掌握，缺乏数理统计知识的人员也能使用。

1．R

R 是用于统计分析和图形化的计算机语言及分析工具，提供了丰富的统计分析和数据挖掘功能，其核心模块是用 C、C++和 Fortran 语言编写的。为了便于使用，它提供了一种脚本语言，即 R 语言。R 语言以 S 语言环境为基础，R[15]支持一系列分析技术，包括统计检验、预测建模、数据可视化等。在 CRAN(http://cran.r-project.org) 上可以找到众多开源的扩展包。

R 是一套完整的数据处理、计算和制图软件系统。其功能包括：数据存储和处理系统；数组运算工具（其向量、矩阵运算方面功能尤其强大）；完整连贯的统计分析工具；优秀的统计制图功能；简便而强大的编程语言；可操纵数据的输入和输出，可实现分支、循环，用户可自定义功能。R 的思想是：它可以提供一些集成的统计工具，但更主要的是它提供各种数学计算、统计计算的函数，从而让使用者能灵活机动地进行数据分析，甚至创造出符合需要的新的统计计算方法。

2．Python

Python[17]是一种功能强大的、开源的、解释性、面向对象的计算机编程语言，内建各种高级数据结构，支持模块和包，支持多种平台并可扩展。Python 语言简洁、易学习、易阅读，能降低程序的维护费用，已经成为很多用户所欢迎的、用途广泛的语言。国内用户对 Python 可能还比较陌生，但在国外它早已得到成熟和广泛的应用。著名的搜索引擎 Google 的核心代码就是用 Python 完成的。

Python 在数据统计、机器学习方面得到广泛应用，是人工智能研究领域中一个非常重要的工具。随着 NumPy、SciPy、Matplotlib 和 Pandas 等众多程序库的开发，Python 在科学计算和数据分析领域占据着越来越重要的地位。相对于 R 语言，Python 更平易近人，它能完成数据统计、分析、可视化等任务，满足几乎所有数据挖掘下所需的数据处理、统计模型和图表绘制等功能需求。

3. Weka

Weka（Waikato Environment for Knowledge Analysis）的全称是怀卡托智能分析环境，是一款免费的、非商业化的数据挖掘软件，它是基于 Java 环境下开源的机器学习与数据挖掘软件。Weka[18]作为一个公开的数据挖掘工作平台，集成大量能承担数据挖掘任务的机器学习算法，包括对数据进行预处理、分类、回归、聚类、关联规则，以及交互式界面上的可视化。

Weka 可能是名气最大的开源机器学习和数据挖掘软件。高级用户可以通过 Java 编程和命令行来调用其分析组件，同时它也为普通用户提供了图形化界面。使用 Weka 可以轻松地进行数据挖掘，可以在数据集上进行数据预处理和运用数据挖掘算法。

Weka 的灵活性和可扩展性很好，它允许开发和扩展新的挖掘算法。Weka 提供了文档全面的 Java 函数和类库，非常适合扩展。当然，你首先需要充分了解 Weka 的架构，并掌握 Java 编程技术。

4. RapidMiner

RapidMiner 原名 YALE（Yet Another Learning Environment），是用于数据挖掘、机器学习、商业预测分析的开源计算环境。它提供了图形化界面，采用了类似 Windows 资源管理器中的树状结构来组织分析组件，树上每个节点表示不同的运算符。YALE 提供了大量的运算符，包括数据处理、变换、探索、建模、评估等各个环节。这些算子由详细的 XML 文件记录，并通过 RapidMiner 图形化用户界面表现出来。

RapidMiner 提供的数据挖掘和机器学习程序包括：数据加载和转换（ETL）、数据预处理和可视化、建模、评估和部署。数据挖掘的流程以 XML 文件加以描述，并通过图形用户界面显示出来。

RapidMiner 是由 Java 编程语言编写的，集成了 Weka 的学习器和评估方法，并可以与 R 语言进行协同工作。

5. Mahout

Mahout 是 Apache Software Foundation（ASF）旗下的一个开源项目，在机器学习领域提供了一些可扩展的经典算法的实现和数据挖掘的程序库。它可以实现很多功能，包括聚类、分类、推荐过滤、频繁子项挖掘等。Mahout 的算法既可以在单机上运行，也可在 Hadoop 平台上运行。Mahout 通过将机器学习算法建于 MapReduce 并行计算模型之上，并将算法的输入、输出和中间结果构建于 HDFS 分布式文件系统之上，使得 Mahout 具有高吞吐、高并发、高可靠性的特点，这就保证了其适合于大规模数据的机器学习。目前 Mahout 已经停止接受新的 MapReduce 算法，改为支持基于 Spark 和 H_20 平台的算法。Mahout 实现的机器学习算法包括：聚类算法、分类算法、关联规则挖掘、回归、降维、进化算法、过滤、向量相似度计算等。

6. Spark MLlib

Spark 是一个开源集群运算框架，最初是由加州大学柏克利分校 AMPLab 实验室开发的。Spark 和 Hadoop MapReduce 同为主流大数据处理系统，但它使用了内存内运算技术，相比于 MapReduce 程序运行性能要好 10～100 倍，且编程更为方便，支持 SQL 查询、流式查询，自带机器学习算法实现库 MLlib，提供 Java、Scala、Python、R 等多种语言的 API 接口，并且兼容 HBase、HDFS 等 Hadoop 数据源，使得原来基于 Hadoop 的大数据应用系统可以很容易地迁移到 Spark 上，从而受到广大开发者的热捧。

MLlib（Machine Learning lib）是 Spark 中的一个可扩展的机器学习库，由通用的学习算法和工具组成，包括分类、线性回归、聚类、协同过滤、梯度下降以及底层优化原语。MLlib 是专为在集群上并行运行而设计的，只包含能够在集群上运行良好的并行算法，因此 MLlib 中的每个算法都适用于大规模数据集。

1.4 数据挖掘应用场景

数据挖掘技术最初就是面向应用的，尤其是在电信、金融、保险、交通、零售（如超市）、生物医学、地震预测、工业产品设计等领域。例如：加拿大 Simon Fraser 大学研究组根据加拿大 BC 省电信公司拥有的十多年的客户数据，总结、分析并提出新的电话收费和管理办法，制定既有利于公司又有利于客户的优惠政策。美国著名的国家篮球队 NBA 的教练，利用 IBM 公司提供的数据挖掘工具 Advanced Scout 临场决定替换队员。数据挖掘能解决的典型商业问题有：客户关系管理、数据库营销、客户群体细分、交叉销售等市场分析行为，以及客户流失性分析、客户信用记分及欺诈发现等。下面列举几个经典的数据挖掘应用场景。

1. 数据挖掘在电信业中的应用

随着 4G 时代的到来，电信业发展面临着前所未有的机遇和挑战，客户服务的质量是关系到电信运营商发展的主要因素[19]。数据挖掘广泛应用于国内电信行业中，对企业日常经营数据进行数据分析与挖掘，从海量数据中寻找数据相互之间的关系或模式。挖掘内容包括客户细分、消费层次变动、客户流失分析、业务预测、客户生命周期价值分析等，为公司决策者提供可靠的决策依据。①客户细分。客户细分就是将客户划分为不同的群体，采用数据挖掘中的聚类和分类算法对数据集进行划分，使划分出来的每个群体都具有自己的特征，从而使企业可以根据客户群体的不同特征为客户提供差异化和个性化的服务。通过对目标客户群体和客户实际需求等方面的深入理解，企业可以制定适宜的营销策略、广告策略、促销策略等来实现公司更好的客户服务，增加企业的语音业务和各项增值业务的收入。例如，中国移动针对不同客户群体推出全球通、神州行和动感地带三大客户品牌。全球通的资费标准最高，主要针对高端用户，如经常出差的商务人士；神州行适合低端预付费用户；动感地带适合年轻群体，在短信包月方面有很大优势，同时还提供多种迎合年轻人喜好的定制服务。②客户流失分析。客户流失分析是一种预测流失客户的重要技术，它通过预测可能流失的客户，帮助公司针对这些客户制定一些挽留策略，如降价或提供特殊服务以吸引客户留下。决策树是最常用的一种分类预测方法，建立实用模型预测现有哪些客户具有流失倾向。③产品交叉和提升销售。产品交叉和提升销售是电信企业推广新产品和服务的有效途径，主要采用数据挖掘中的频繁模式挖掘方法。交叉销售是根据顾客早先的购买信息，发现顾客的多种潜在需求，并推荐销售多种相关的产品或服务。提升销售是指销售人员通过对客户需求的深度挖掘和对客户工作环境的深度理解，向客户推荐价值更高的产品，从而更好地满足客户的需求，以求达到双赢的目的。

2．数据挖掘在电子商务中的应用

电子商务，是指在互联网上进行的商务活动，不仅包括通过 Internet 买卖产品和提供服务，还包括企业内部和企业间的商务活动，把买家、卖家、厂家和合作伙伴在互联网上利用 Internet 技术和现有的系统结合起来开展的业务[20,21]。国内有名的电子商务平台有淘宝、京东、苏宁易购等。电子商务平台管理者主要关注的信息是用户对商品的关注点，用户购物的偏好，以及用户的购买能力等。对电子商务而言，首要任务是挖掘出潜在客户。服务器日志完整记录用户的历史访问痕迹，通过数据挖掘技术，电子商务平台的管理者能获取用户的偏好和潜在的需求，从而向用户推荐其有兴趣的、可能购买的商品，并推出相应的优惠政策和促销手段，增加用户的购买率。其次，对具有相似浏览行为的客户进行分组，提取组中客户的共同特征，从而实现客户的聚类，通过将同一类用户中某些用户的历史浏览、购买数据推荐给其他用户，帮助电子商务的管理者更好地了解自己的客户，预测他们的购物需求。例如，在淘宝的购物车中，有根据客户的最近浏览推荐类似产品的功能。最后，针对不同的客户在网页页面上提供个性化的服务，对网站页面进行优化并完善网站页面设计，将用户可能感兴趣的内容放在显眼的位置，吸引客户的目光，延长他们在网站上的驻留时间以及提高再次访问的概率。此外，由于电子商务平台的数据较为集中，数据量足够大，数据种类较多，因此未来电商数据应用将会有更多的想象空间，包括预测流行趋势、消费趋势、地域消费特点、客户消费习惯、各种消费行为的相关度、消费热点、影响消费的重要因素等。依托数据分析，电商的消费报告将有利于品牌公司的产品设计，生产企业的库存管理和计划生产，物流企业的资源配置，生产资料提供方产能安排等，能实现社会精细化大生产，有利于精细化社会的出现。

3．数据挖掘在信息安全中的应用

网络带给人们便利的同时，网络安全问题越来越突出。数据挖掘技术的兴起对入侵检测、网络安全审计、恶意代码/邮件检测等领域的研究工作提供了强有力的支持[22,23]。①入侵检测。入侵检测实际上是一个分类问题，也就是将一个事件归为正常或者异常的问题。传统的入侵检测采用特征检测的方法，由安全专家预先定义出一系列特征模式来识别入侵。这种方法的缺陷是不能自适应地识别出新型攻击。基于数据挖掘的入侵检测利用数据挖掘中的分类、关联分析、序列模式挖掘等方法，对安全事件数据进行智能化的分析处理，通过提取数据本身存在的规律性，帮助系统生产入侵检测规则及建立异常检测模型，能最大限度地降低在处理安全审计数据时对先验知识的要求，及时发现攻击，并能使系统检测出之前从未出现过的攻击方法。②安全审计。安全审计就是对有关操作系统、系统服务和应用、用户活动以及网络行为所产生的一系列安全事件进行记录和分析的过程。安全审计系统中通过综合运用数据挖掘技术中的关联、序列、分类、聚类等技术，可以实时审计分析局域网内的 HF 防火墙、IDS 入侵检测系统、系统保护系统等安全产品产生的日志，能够实时或事后审计网络安全状态，为网络安全管理人员提供一种全面审计和检查当前系统运行状态的有效手段，管理人员从中发现问题，从而采取一定的补救和惩罚措施。③恶意代码和恶意邮件检测。在恶意代码研究中，最经典的是“特征码”检测技术，但是特征码检测技术的弱点是只能检测已知的恶意代码，对于新出现的恶意代码无能为力。利用数据挖掘技术，可以有效提高恶意代码检测的质量和效率，首先搜集大量的恶意代码，形成恶意代码库，在大量的恶意代码中加入一些正常代码，将代码分成训练集和测试集。然后，利用各种算法对训练样本进行训练，使其能正确识别出恶意代码和正常代码。最后，用测试集对其训练效果进行评估。经此处理后的恶意代码检测能取得较为理想的效果。

4．数据挖掘在银行业中的应用

由于银行业中的数据相对比较完整，质量较高，因此数据挖掘在银行业中的应用相对比较成熟，也取得较好的社会效益和经济效益[24]。运用数据挖掘技术，分析存款变化情况，预测存款增减的趋势，采取相应的组织存款战略，调整产业结构，加速资金周转，降低成本费用，提高信贷工作管理水平。①优化客户服务。分析现有客户和潜在客户的相关需求、消费模式、发展机会、运行风险和成本，及时准确地制定应用措施，并细分客户，针对不同层次客户制订个性化的服务策略及产品优惠组合，不断维护和拓展客户群。同时，优化银行内部的资源配置，提高银行的运作效率，发现和把握更多的创收机遇，从而获得更大的经济效益。②信贷风险评估。为避免和减少信用风险，银行在贷款决策前，应该分析客户的历史信贷记录，评价客户的还款能力和信誉度。数据挖掘技术能科学地强化对信贷客户的信用评估、风险度测定、贷款方式的选择和信贷风险权重的管理，有效地防范和控制贷款风险。同时对不良贷款严密监控，加大信贷资金分析和分类的频率，提高信贷决策水平和市场应变能力。③欺诈检测。采用孤立点分析和聚类分析，用于侦察异常的信用卡使用情况，确定异常的客户消费行为。根据历史统计数据，评定信贷分析客户的特征和背景，预防有可能造成风险损失的客户。通过建立信用欺诈模型，帮助银行发现具有潜在欺诈性的事件，开展欺诈侦查和其他金融犯罪的行为分析，预防和控制资金非法流失。

习题

1．什么是数据挖掘？
2．数据挖掘、统计学和机器学习三者之间的关系是什么？
3．什么是物联网、云计算？并说明它们和大数据的关系。
4．查阅资料，说明在大数据背景下，数据挖掘面临哪些挑战，如何解决？

5．什么是数据仓库？数据仓库与数据库有何不同？

6．数据挖掘有哪些常用的工具？

参考文献

[1] 刘鹏，张燕，张重生，等. 大数据[M]. 北京：电子工业出版社，2017.

[2] 数据挖掘与机器学习，http://www.cnblogs.com/haciont/p/5552306.html.

[3] 邓仲华，刘伟伟，陆颖隽. 基于云计算的大数据挖掘内涵及解决方案研究[J]. 情报理论与实践，2015，38(7)：103-108.

[4] 李涛，曾春秋，周武柏，等. 大数据时代的数据挖掘——从应用的角度看大数据挖掘[J]. 大数据，2015，1 (4)：57-80.

[5] 西安美林电子有限责任公司. 大话数据挖掘[M]. 北京：清华大学出版社，2013.

[6] 卢辉. 数据挖掘与数据化运营实战[M]. 北京：机械工业出版社，2013.

[7] 王立伟. 数据挖掘研究现状综述[J]. 图书与情报，2008(5)：41-46.

[8] 周苏，王文. 大数据导论[M]. 北京：清华大学出版社，2016.

[9] 物联网白皮书（2011）[R]. 工业和信息化电信研究院，2011.

[10] 王鹏，李俊杰，谢志明，等. 云计算和大数据技术：概念应用与实战[M]. 北京：人民邮电出版社，2016.

[11] Jiawei Han，Micheline Kamber，Jian Pei. 数据挖掘概念与技术[M]. 范明，孟小峰，译. 3 版. 北京：机械工业出版社，2016.

[12] 深圳国泰安教育技术股份有限公司大数据事业部群，中科院深圳先进技术研究院. 大数据导论：关键技术与行业应用最佳实践[M]. 北京：清华大学出版社，2015.

[13] http：//www. smartcitychina. cn/QianYanJiShu/2014-11/3701. html. 中国大数据行业面临的五大挑战以及应对策略.

[14] 王惠中，彭安群. 数据挖掘研究现状及发展趋势[J]. 工矿自动化，2011(2)：29-32 .

[15] 黄文，王正林. 数据挖掘：R 语言实战[M]. 北京：电子工业出版社，2014.

[16] https：//wenku. baidu. com/view/4214b9e2dd88d0d232d46a73. html. 数据挖掘主要工具软件简介.

[17] 张良均，杨海宏. Python 与数据挖掘[M]. 北京：机械工业出版社，2016.

[18] 数据挖掘软件 R 与 WEKA. http：//3y. uu456. com/bp_7fu7a0iqsb47hq710eh5_1. html.

[19] 王腾蛟，林子雨. 数据挖掘在电信领域客户行为分析中的应用[J]. 电信技术，2008(l)：22-25.

[20] 陆垂伟. 电子商务中数据挖掘技术的研究与应用[J]. 商场现代化，2006(4).

[21] 于悦. 数据挖掘在电子商务的应用[J]. 经济研究导刊，2016(29)：153-154.

[22] 柴文光，周宁. 网络信息安全防范与 Web 数据挖掘技术的整合研究[J]. 情报理论与实践，2009(3)：97-101.

[23] 郑卓远，周娅. 数据挖掘对信息安全的影响[J]. 现代计算机，2008(3)：36-39.

[24] 黄解军，万幼川，潘和平. 银行客户关系管理与数据挖掘的应用[J]. 计算机工程与设计，2003，24(7)：66-69.

第 2 章　数据预处理与相似性

数据是数据挖掘的目标对象和原始资源，对数据挖掘最终结果起着决定性的作用。现实世界中的数据是多种多样的，具有不同的特征，这就要求数据的存储采用合适的数据类型，并且数据挖掘算法的适用性会受到具体的数据类型限制。另外，原始数据通常存在噪声、不一致、部分数据缺失等问题，为了达到较好的挖掘结果，有必要对这些数据进行预处理加工从而提高数据的质量。本章将介绍数据类型、数据预处理、数据相似性度量相关基础知识。

2.1　数据类型

数据挖掘中的数据集是由数据对象构成的集合。数据对象有多种称谓，比如记录、模式、样本、案例等。数据对象有多个属性描述其基本特征。了解常见数据类型有助于描述数据内部特征、规律和趋势等信息，满足模型构建的要求。

2.1.1　属性与度量

属性是数据对象的性质或特性，属性又可称为特征。每一个数据对象用一组属性描述，数据集用结构化数据表表示，其中列是存放在表中的对象的属性，行代表一个对象实例，表中单元格是实例对应属性的属性值。图 2-1 使用鸢尾花数据集（http://archive.ics.uci.edu/ml/datasets/Iris）来解释对象与属性的基本概念。

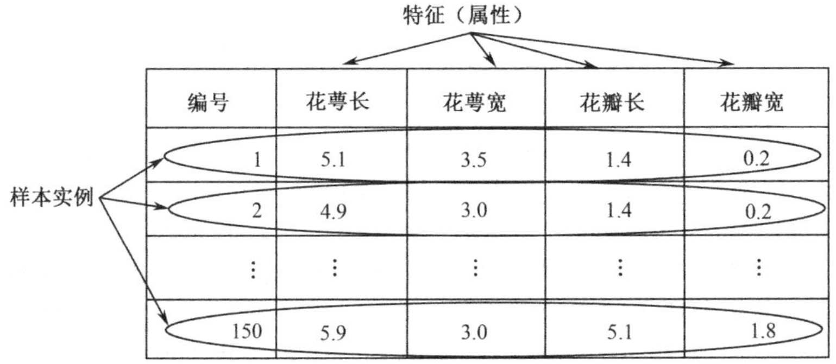

图 2-1　鸢尾花数据集

属性的度量是样本数据采集中，对样本具体属性记录其测量标度值。例如，天气状况｛晴天，多云，阵雨，阴天，小雪｝；温度（摄氏）｛24.4，12.2，70.8，69.3｝；商品的销售数量｛300，223，126，408，625｝等。

需要注意的是，属性的测量值与属性的值的意义并不是完全对等的，比如数学上 24.4 是 12.2 的两倍，但作为摄氏温度值 24.4 并不代表比 12.2 温暖两倍。天气属性值中“晴天”和“多云”也可以用不同的数字来表示，它们没有前后次序关系，也不能进行加减运算，只能测试相等或不等才有意义。在数据挖掘中知道属性的类型可以避免使用错误的统计操作。

可以通过以下 4 种基本操作来确定属性的类型。

（1）相异性：＝和≠。

（2）序：≤、≥、<和>。

（3）加减法：+和-。

（4）乘除法：*和/。

按照上面属性测量值可使用的基本操作，可将属性大致分为标称、序数、二元、区间、比率 5 种类型，如表 2-1 所示。

表 2-1　属性的基本类型

属性类别		描　　述	例　　子
分类的（定性的）	标称	类型的名称或编号（=,≠）	工号，鱼的种类{草鱼，鲢鱼，黑鱼}
	序数	值有大小或前后关系（<,>）	气温{炎热，温暖，冷}，成绩{优，良，中，差}
	二元	只有两个类别或状态（=，≠）	抽烟{0，1}，其中 1 表示是，0 表示非
数值的（定量的）	区间	有序，可加减不可乘除（-，+）	摄氏温度，日期
	比率	有自然零值，可以进行任何数学运算(*，/)	年龄，长度，重量

二元属性根据两种状态是否具有同等价值并且携带相同的权重可以分为对称的和非对称的两类。如果两种状态哪一个用 0 或 1 编码并无偏好，属于对称的二元属性。如果一个状态出现的概率要远低于另一个状态出现的概率，代表重要的事件发生，那么属于非对称二元属性，如病理化验的阳性和阴性。

2.1.2　数据集的类型

数据集的类型是从集合整体上分析数据的类型。本书从数据对象之间的结构关系角度进行划分，比较常见的有记录数据、有序数据、图形数据。

1. 记录数据

记录数据是最常见的数据集类型，例如一张普通的 Excel 表格文件或一张关系数据库中的表。数据集是一个二维表格，其中表中行代表记录，列代表属性。记录之间没有明显的联系，包括位置关系和相互依赖关系等。数据集中的数据对象可以完全相互独立地使用，可以从数据集里随机抽取一部分数据对象进行挖掘建模，另一部分数据对象用于测试评估。

2. 有序数据

数据对象之间存在时间或空间上的顺序关系称为有序数据。有序数据有两种类型：时序数据和序列数据。

（1）时序数据一般是由硬件设备或系统监控软件连续采集形成的数据。如股票价格波动信息，医疗仪器监视病人的心跳、血压、呼吸数值，环境传感器连续记录的温度、湿度数值等，在数据挖掘任务中需要考虑这些数值在时间上的前后关系。

时序数据包含了两类属性：一类是表示时间或地理空间的上下文属性，如时间戳或地理坐标；另一类是在上下文属性每个参照点上对应的行为属性，如采集到的温度、湿度等。需要说明的是，两类属性数据需要相互关联起来使用才有意义。

（2）序列数据与时序数据类似，但不包含时间信息。例如，自动化诊断系统会产生包含可用来描述故障信息的离散数据序列；用户上网购物会产生鼠标点击网页的超链接、登录系统、付款结账等操作指令序列，这些信息可以用来挖掘用户的上网习惯。

3. 图形数据

如果数据对象之间存在显式或隐式的联系，相互之间有一定的复杂依赖关系，构成图形或网状结构，我们把这种数据集称为图形数据。

考虑互联网中网页与网页之间存在超链接，可以把网页看作图中的节点，把它们之间的连接看作图中的边，搜索引擎就是利用网络爬虫不断沿着网页中的超链接进行搜索。类似的还有社交信息，社交软件用户可以看作节点，用户之间的联系看作边。

2.2 数据预处理

数据挖掘工作始终是以数据为中心开展的，分类、聚类、回归、关联分析以及可视化等工作的顺利进行完全是建立在良好的输入数据基础之上的。软件开发行业有句格言：“Garbage-In-Garbage-Out”，这句话同样适用于数据科学。事实上，我们采集到的原始数据通常来自多个异种数据源，数据在准确性、完整性和一致性等方面存在多种多样的问题，这些数据并不适合直接进行挖掘。在进行挖掘算法执行之前，它们需要进行一些诸如移植、清洗、切片、转换等预处理工作。

2.2.1 数据清理

人工输入错误或仪器设备测量精度及数据收集过程机制缺陷等方面原因都会造成采集的数据存在质量问题，主要包括测量误差、数据收集错误、噪声、离群点（outlier）、缺失值、不一致值、重复数据等问题。数据清理阶段的主要任务就是通过填写缺失值、光滑噪声数据、删除离群点和解决属性的不一致性等手段来清理数据。

1. 处理缺失值

数据的收集过程很难做到数据全部完整。例如：数据库中表格的列值不会全部强制性不为空类型；问卷调查对象不想回答某些选项或是不知道如何回答；设备异常；对数据改变没有日志记载。处理缺失值的方法有以下 3 种。

（1）忽略元组：也就是将含有缺失属性值的对象（元组，记录）直接删除，从而得到一个完备的信息表。在缺失属性对象相对于整个数据集所占比例较小时这种方法比较适用，特别是在分类任务中缺少类别标号属性时常采用。如果数据集中有较高比例的数据对象存在缺失值问题，这种方法失效。在样本资源比较少的挖掘任务中，删除宝贵的数据对象会严重影响挖掘结果的正确性。

（2）数据补齐：使用一定的值对缺失属性进行填充补齐，从而使信息表完备化。数据补齐的具体实行方法较多。

人工填写： 需要用户非常了解数据相关信息，并且数据量大时，这种方法效率太低。

特殊值填充： 将所有空值使用一个特殊值如“unknown”进行填充，这种方法有可能导致严重的数据偏离。

平均值填充： 如果属性是数值型的，使用所有对象属性的平均值来填充，对于倾斜分布情况也可以采用中位数来填充；如果属性是非数值型的，可以采用出现频率最高的值来填充。

使用最有可能的值填充： 采用基于推断的方法填充空缺值。例如，可以使用包含空值对象周围与其相似的对象值对其进行填充，可以建立回归模型，对缺失属性值进行估计，也可以使用贝叶斯模型推理或决策树归纳确定。

（3）不处理：有很多数据挖掘方法在属性值缺失方面具有良好的鲁棒性，可直接在包含空值的数据上进行数据挖掘。这类方法包括贝叶斯网络和人工神经网络等。

2. 噪声数据

噪声（Noise）是一个测量变量中的随机错误或偏差。造成这种误差有多方面的原因，例如，数据收集工具的问题，数据输入、传输错误，技术限制等。噪声可以对数值进行平滑处理而消除。主要使用的技术有回归、分箱、孤立点分析。

分箱（Binning）：通过考察相邻数据来确定最终值，实际上就是按照属性值划分的子区间，如果一个属性值处于某个子区间范围内，就称为把该属性值放进这个子区间所代表的“箱子”内。用“箱的深度”表示不同的箱里有相同个数的数据。用“箱的宽度”来表示每个箱值的取值区间为常数。由于分箱方法考虑相邻的值，因此是一种局部平滑方法。

假设有 3、22、8、22、9、11、32、93、12 等 9 个数，分为 3 箱。

箱 1：3、22、8

箱 2：22、9、11

箱 3：32、93、12

分别用三种不同的分箱法求出平滑存储数据的值：

按箱平均值求得平滑数据值——箱 1：11,11,11

按箱中值求得平滑数据值——箱 2：9,9,9

按箱边界值求得平滑数据值——箱 3：32,32,32

孤立点分析： 孤立点是在某种意义上具有不同于数据集中其他大部分数据对象特征的数据对象，或是相对于该属性值不寻常的属性值。可以通过聚类来检测离群点，落在簇之外的数据对象被视为孤立点。

2.2.2 数据集成

数据对于数据挖掘任务来说是非常重要的，用户永远希望尽最大可能获得更多的挖掘目标数据。例如，在一些监督学习任务中，分类器的准确性与训练数据的数量有非常大的关联。

数据集成就是将若干个分散的数据源中的数据，逻辑地或物理地集成到一个统一的数据集合中。这些数据源包括关系数据库、数据仓库和一般文件。数据集成的核心任务是要将互相关联的分布式异构数据源集成到一起，使用户能够以透明的方式访问这些数据源。集成是指维护数据源整体上的数据一致性、提高信息共享利用的效率；透明的方式是指用户无须关心如何实现对异构数据源数据的访问，只关心以何种方式访问何种数据。

数据集成涉及若干问题需要去解决。

1. 实体识别问题

来自不同数据源的相同实体但名称可能完全不同，如何才能正确识别它们？例如，cust_number 与 customer_id 分别来自不同的数据库，但是表示的意思完全一样。这里，我们可以使用属性的元数据来分析它们。属性的元数据一般包括属性名称、含义、数据类型、取值范围、数据值编码及缺失值表示符号等。使用属性元数据进行数据清理工作，可避免发生模式集成错误。

2. 属性冗余问题

如果一个属性可以由其他属性或它们的组合导出，那么这个属性可能是冗余的。解决属性冗余问题，需要对属性间的相关性进行检测。对于数值属性，通过计算两个属性之间的相关系数来估计它们的相关度。假设两个属性分别为 A 和 B，计算公式如下：

$$r_{A,B}=\frac{\sum_{i=1}^{n}(a_i-\overline{A})(b_i-\overline{B})}{N\sigma_A\sigma_B}$$

其中，N 是元组的个数；a_i 和 b_i 为第 i 个元组中 A 和 B 对应的值；$\overline{A}$ 和 $\overline{B}$ 为它们的平均值；σ_A,σ_B 为 A 和 B 的标准差。如果 $r_{A,B}$ 取值在-1 与 1 之间，且如果 $r_{A,B}>0$，表示它们正相关，值越大相关性越大；相反，如果 $r_{A,B}<0$，表示负相关。

对于离散数据，我们可以使用卡方检验来做类似计算，根据计算置信水平来判断两个属性独立假设是否成立。

元组自身的冗余也会构成数据冗余。数据库设计者有时为了某些性能需求，使用较低级的范式要求，造成不同关系表中同一个元组不是使用外键关联，而是以副本形式重复存储。这样，还存在更新遗漏的风险，造成副本内容不一致。

3. 数据值冲突问题

属性值的表示、规格单位、编码不同，也会造成现实世界相同的实体，在不同的数据源中属性值不相同。例如，单位分别以千克和克表示的重量数值；性别中男性用 M 和 male 表示。属性名称相同，但表示的意思不相同。例如，总费用属性可能有包含运费和不包含运费区分。

来自不同数据源的属性间的语义和数据结构等方面的差异，给数据集成带来了很大困难。需要小心应对，避免最终集成数据集中出现冗余和不一致问题。

2.2.3　数据规范化

在对数据分析前，通常需要先将数据规范化（Normalization），也称为标准化。不同性质属性数据直接相加不能正确反映出不同作用的正确结果。数据规范化主要包括数据同趋化处理和无量纲化处理两个方面，可以使属性值按比例落入到一个特定区间，如[-1,1]或[0,1]。

数据规范化一方面可以简化计算，提升模型的收敛速度；另一方面在涉及一些距离计算的算法时，防止较大初始值域的属性与具有较小初始值域的属性相比权重过大，可以有效提高结果精度。本节介绍三种规范化方法。

1．最小—最大规范化

也称离差标准化，是对原始数据的线性变换，假定 min，max 分别为属性 A 的最小值和最大值。转换函数如下：

$$x' = \frac{x - \min}{\max - \min}(\text{new\_max} - \text{new\_min}) + \text{new\_min}$$

将 x 转换到区间[new_min,new_max]中，结果为 x'。这种方法有一个缺陷就是当有新的数据加入时，可能导致 max,min 值的变化，需要重新定义。另外，如果要做 0-1 规范化，上述式子可以简化为：

$$x' = \frac{x - \min}{\max - \min}$$

2．z-score 规范化

也叫标准差标准化，经过处理的数据符合标准正态分布，即均值为 0，标准差为 1。属性 A 的均值 $\bar{A}$ 和标准差 σ_A 规范化，转化函数为：

$$x' = \frac{x - \bar{A}}{\sigma_A}$$

当属性 A 的实际最大值和最小值未知，或有超出取值范围的孤立点时，该方法适用。

3．按小数定标规范化

通过移动数据的小数点位置来进行标准化。小数点的移动位数取决于属性 A 的最大绝对值。x 规范后的值 x' 计算方法：

$$x' = \frac{x}{10^j}$$

其中，j 是使 $\max(|x'|) < 1$ 的最小整数。例如，$-84<x<231$，取 $j=3$，−84 规范化后值为 −0.084，231 规范化后为 0.231。

需要注意的是，z-score 规范化和按小数定标规范化在计算过程中有参数值，需要保存起来，为后续数据进行统一标准化时使用。

2.2.4 数据约简

当我们在数据仓库上进行数据挖掘时，可能会面临着在海量高维数据上进行复杂的数据分析和挖掘，算法因运行时间超出我们的忍受范围而失效。在这种情况下，可以使用原数据集的一个特征、样本子集来完成挖掘。

数据约简（Data Reduction）技术是指在尽可能保持原始数据集完整性的前提下，最大限度地精简数据量。数据约简技术可以用来得到数据集的约简表示，它虽然小，但仍大致保持原数据的完整性。这样，在约简后的数据集上挖掘将更有效，并产生相同(或几乎相同)的分析结果。下面介绍几种常用数据约简策略。

1．属性子集选择

用于数据挖掘的原始数据集属性数目可能有几十个，甚至更多。这其中包含了一些冗余或对于挖掘任务并不相关的属性。例如，数据对象的 ID 号通常对于挖掘任务无法提供有用的信息；生日属性和年龄属性相互关联存在冗余，因为可以通过生日日期推算出年龄。冗余和与挖掘任务不相关的特征对挖掘任务本身是有害的，它们对挖掘算法起到干扰作用，会降低挖掘任务的准确率或导致发现很差的模式。此外不相关和冗余的属性增加了数据量，可能会减慢挖掘过程。

属性子集选择是指从已有的 m 个属性中选择其中 n 个属性，使得系统的特定指标最优化。它是从原始特征中选择出一些最有效特征以降低数据集维度的过程，是提高学习算法性能的一个重要手段。

尽管使用常识和领域知识可以快速消除一部分不相关和冗余属性，但是选择最佳特征子集需要一个系统的方法。假设数据对象有 n 个属性，那么会有 2^n 个属性子集，求最优属性子集本质上是在 2^n 个解构成的空间中搜索最优解。

（1）当 n 较小时，可以采用全局搜索策略，用给定的属性子集评价指标评价每个属性子集，从中选出最优特征子集。

（2）当 n 较大时，全局搜索行不通，可以采用启发式搜索策略、概率搜索策略等选择次优属性子集。

有三类属性子集选择方法：嵌入（embedded approach）、过滤（Filter Approach）和包装器（Wrapper Approach）。

（1）嵌入：将属性选择任务插入到数据挖掘过程当中，挖掘算法本身包含了属性选择任务，如决策树归纳方法。

（2）过滤：属性选择过程独立于挖掘算法。这种方法速度快，但是选出的属性子集的分类性能弱于包装器方法。

（3）包装器：属性选择与分类算法绑定，它在筛选属性的过程中直接用所选的特征子集来训练分类器，并根据在测试集上的性能表现来评价属性子集的优劣。算法计算效率较慢，属性子集分类性能好。

过滤方法与包装器方法的流程基本相同，如图 2-2 所示。其不同在于属性子集的评估方法，包装器使用目标数据挖掘算法作为子集评估方法。

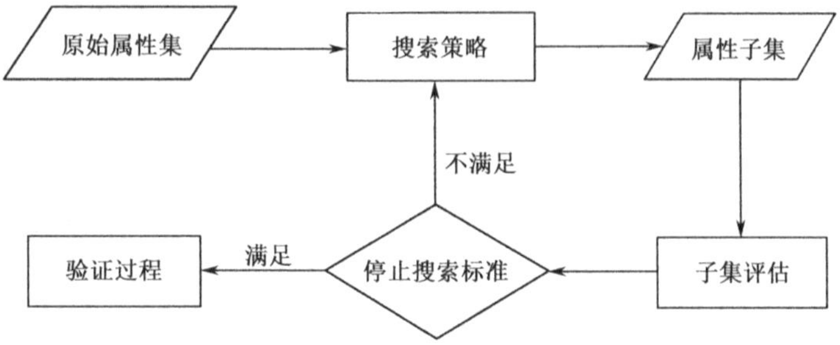

图 2-2　属性子集选择流程图

属性子集选择过程包括四个组成部分：子集评估、搜索策略、停止搜索标准和验证过程。属性子集评估有两种标准：一种是用于单独衡量每个属性分类能力的评价标准，另一种为对属性子集整体分类性能做评价的标准。停止搜索标准一般是设置算法执行时间、循环评价次数及性能指标阈值等作为算法停止条件。

2. 主成分分析

主成分分析（Principal Component Analysis，PCA）是一种广泛用于不同领域的无监督线性数据转换技术。PCA 的目标是在高维数据中找到最大方差的方向，并将数据映射到一个维度小得多的新子空间上。借助于正交变换，将其分量相关的原随机向量转化成其分量不相关的新随机向量。在代数上表现为将原随机向量的协方差阵变换成对角形阵，在几何上表现为将原坐标系变换成新的正交坐标系，使之指向样本点散布最开的几个正交方向。

PCA 通过创建一个替换的、更小的变量集来组合属性的基本要素，去掉了一些不相关的信息和噪声，数据得到精简的同时又尽可能多地保存了原数据集的有用信息。PCA 的应用条件是要求属性间存在较大的相关性，当相关性较小时，应用主成分分析没有意义。PCA 的基本操作步骤如下。

（1）首先对所有属性数据规范化，每个属性都落入相同的区间，消去量纲对算法的影响。

（2）计算样本数据的协方差矩阵。

（3）求出协方差矩阵的特征值及相应正交化单位特征向量。前 m 个较大的特征值就是前 m 个主成分对应的方差。主成分的方差贡献优选法反映信息量的大小。

（4）通过计算累计贡献率来选择主成分。主成分向量构成了一组正交基，输入数据可以由它们的线性组成表示。

（5）对主成分按重要性排序。主成分是新空间下的坐标轴，提供了关于方差的重要信息。

（6）选择重要性最高的若干个主成分，同时将剩下的较弱主成分舍弃，这样就完成了约简数据的规模。

3. 离散小波变换

离散小波变换（DWT）是从离散傅里叶变换（DFT）发展而来的。傅里叶变换是信号由时域到频域的转化工具，将信号的波形分解成不同频率的正弦波或余弦波的叠加，信号分析工作转为傅里叶变换函数权系数的计算。离散小波变换是一种更好的有损压缩，相对于傅里叶变换提供了对原始数据更准确的近似。

将具有 n 个属性的数据对象，使用 n 维数据向量 $\boldsymbol{X}=(x_1,x_2,\cdots,x_n)$表示。离散小波变换用于数据向量 $\boldsymbol{X}$，可以将 $\boldsymbol{X}$转换成相同长度的小波系数向量 $\boldsymbol{X}'$ 。通过设定适当阈值，过滤掉小于阈值的小波系数，向量 $\boldsymbol{X}'$ 可以仅存放一部分最强的小波系数，向量中其余部分用 0 值替换，完成近似的数据压缩。在小波空间下对稀疏的向量 $\boldsymbol{X}'$ 进行操作计算可以获得较快的速度，在过滤掉数据中噪声的同时，保留了数据的主要特征。最后对处理后的小波系数向量 $\boldsymbol{X}'$ 进行离散小波变换逆运算，可以构造原数据的近似。

2.2.5 数据离散化

有些数据挖掘算法，要求数据属性是标称类别，当数据中包含数值属性时，为了使用这些算法，需要将数值属性转换成标称属性。通过采取各种方法将数值属性的值域划分成一些小的区间，并将这连续的小区间与离散的值关联起来，每个区间可看作一个类别。例如，对某个问题中的年龄属性，一种可能的划分类别的操作是：[0…11]→儿童，[12…17]→青少年，[18…44]→青年，[45…69]→中年，[69…∞]→老年。这种将连续变量划分成不同类别的过程通常称为离散化(Discretization)。

有效的离散化能够减少算法的时间和空间开销，提高系统对样本的聚类能力，增强系统抗数据噪声的能力及提高算法的学习精度。离散化后的数据更易于理解、使用和解释。很多不适用于连续型数据的算法得以适用。

连续属性离散化的问题本质是：决定选择多少个分割点和确定分割点位置。任务可分为两个步骤完成。首先将连续属性排序，并通过指定 $n-1$ 个分割点把它们分成 n 个区间。然后，将一个区间中的所有值映射到相同的分类值。

数据离散化的方法有多种类型，通常可以分为无监督离散化和有监督离散化。在离散化过种中使用类信息的方法是有监督的，而不使用类信息的方法是无监督的。

无监督离散化方法中最简单的方法是等宽分箱法和等频分箱法。等宽分箱法将排好序的数据从最小值到最大值均匀划分成 n 等份，每份的间距是相等的。假设 A 和 B 分别是属性值的最小值和最大值，那么划分间距为 $w=(B-A)/n$，每个类别的划分边界为 $A+w$, $A+2w$, $A+3w$, …, $A+(n-1)w$。这种方法的缺点是对异常点比较敏感，倾向于不均匀地把实例分布到各个箱中。等频分箱法将数据总记录数均匀分为 n 等份，每份包含的数据个数相同。如果 $n=10$，那么每一份中将包含大约 10%的数据对象。这两种方法都需要人工确定划分区间的个数。等频法可能将具有不相同类标号的相同属性值分入不同的箱中，以满足箱中数据固定个数的条件。

以上两种算法容易实现，适用较广，但是有些情况下存有弊端。比如，假设对某一工资属性进行划分，用等宽分箱法划分为 5 区间，最高工资为 50000，则所有工资低于 10000 的人都被划分到同一区间。等频分箱法可能正好相反，所有工资高于 50000 的人都会被划分到 50000 这一区间中。这两种算法都忽略了样本数据所属的类别信息，划分区间的边界不太可能落在最合理的地方。

ChiMerge 是一种监督的、基于χ^2检验的数据离散化方法。其基本思想：对于精确的离散化，相对类频率在一个区间内应当完全一致。因此，如果两个相邻的区间具有非常类似的类分布，则这两个区间可以合并；否则，它们应当保持分开。而低χ^2值表明它们具有相似的类分布。

ChiMerge 算法离散化数据操作流程包含三个基本步骤：

（1）将所有样本数据按给定数值属性 A 的值升序排序。

（2）把数值属性 A 的每个不同值看作一个区间。

（3）对每对相邻的区间进行χ^2检验。将最小χ^2值的相邻区间合并成一个区间。重复执行χ^2检验并且自底向上合并区间，直到χ^2检验达到设定的阈值。

2.3　数据的相似性

许多数据挖掘任务需要计算数据对象之间的相似性或相异性，如聚类、最近邻分类、异常检测等。为了本节内容表述方便，假设两个数据对象 $\bar{X}=(x_1\cdots x_{\rm d})$和 $\bar{Y}=(y_1\cdots y_{\rm d})$，我们用 $\mathrm{Sim}(\bar{X},\bar{Y})$ 表示它们的相似度，用 $\mathrm{Dist}(\bar{X},\bar{Y})$ 表示它们间的相异度或距离。

相似度指两个对象相似程度的数据度量，对象越相似数值越大，有 $\mathrm{Sim}(X,Y)=\mathrm{Sim}(Y,X)$，且 $0\leqslant \mathrm{Sim}(\bar{X},\bar{Y})\leqslant 1$。相异度指两个对象差异程度的数值度量，距离可以作为相异度的同义词，两个数据所在的空间距离越大，表示数据越相异，有 $\mathrm{Dist}(\bar{X},\bar{Y})=\mathrm{Dist}(\bar{Y},\bar{X})$，且 $\mathrm{Dist}(\bar{X},\bar{Y})\geqslant 0$。相似性和相异性计算方法是一致的，通常是用两个对象之间的一个或多个属性距离来表示，它们可以相互转换。除了取值范围外，它们之间名称上的区分更多是源自习惯上的称谓。如两篇文章我们常称它们相似度是多少，而空间数据对象则称它们之间的距离是多少。我们使用术语邻近度来表示对象间的相似性或相异性。

数据对象之间的邻近度计算与数据对象属性类型密切相关。掌握简单属性之间的邻近度是计算复杂对象之间邻近度的基础。本节分别以标称和数值类型属性介绍邻近性度量方法。

2.3.1　数值属性的相似性度量

记录数据具有最简单的结构，是数据挖掘中最常见的数据对象。数值属性与标称属性相似度的计算方式明显不同，我们先介绍具有多维数值属性对象的邻近性度量方法。

序数属性值是有序序列，如 size 属性值{mini,small,medium,large}。邻近度的计算可以将这些属性值用数值代替，如{mini=0,small=1,medium=2,large=3}，那么计算两个对象的相异度，可以用对应属性值差值的绝对值表示。

数据集中的数据对象可以看作某空间下的点。在一般意义下，空间可看作是点的全集，即数据集中的点看作是从空间中抽样而成的。在欧式空间下，这样定义点有益于聚类。特别地，在欧式空间下的点就是实数向量，向量的长度就是空间的维度数，而向量的分量通常称为点的坐标（coordinate）。

在一个空间下进行聚类或某些分类任务时，需要在该空间中找到一个距离测度，即给出该空间下任意两点之间的距离。距离测度是一个函数 $d(x,y)$，以空间中的两个点作为参数，函数值是一个实数值，该函数必须满足下列准则：

（1）$\text{Dist}(x,y) \geqslant 0$（距离非负）；

（2）当且仅当 $x=y$ 时，$\text{Dist}(x,y)=0$（只要点到自身的距离为 0，其他的距离都大于 0）；

（3）$\text{Dist}(x,y)=\text{Dist}(y,x)$（距离具有对称性）；

（4）$\text{Dist}(x,y) \leqslant \text{Dist}(x,z)+\text{Dist}(z,y)$（三角不等式）。

只有满足上述性质的距离测度才可以称为度量。在度量方法中，数据对象的属性以连续或离散数值的方式描述，数据对象可以看作是度量空间（距离空间）中的点，数据对象之间的距离可以看作相似性的度量。

假设每个对象有 m 个属性，可以把一个对象视为 m 维空间的一个点，n 个对象就是 m 维空间中的 n 个点。从直观上看，属于同一类的对象在空间中应该互相靠近，而不同类的对象之间的距离要大得多，因此可用距离来衡量对象之间的相似程度。距离越小，对象间的相似性就越大。常用的距离形式有：曼哈顿距离、欧几里德距离、切比雪夫距离、闵可夫斯基距离、杰卡德距离等。

1．曼哈顿距离（Manhattan Distance）

曼哈顿距离之所以称为“曼哈顿距离”，是因为在两个点之间行进时必须要沿着网格线前进，就如同沿着城市（如曼哈顿）的街道行进一样。对于一个具有正南正北、正东正西方向规则布局的城市街道，从一点到达另一点的距离正是在南北方向上旅行的距离加上在东西方向上旅行的距离，是将多个维度上的距离进行求和的结果。其距离公式：

$$\text{Dist}\left(\left[x_1,x_2,\cdots,x_m\right],\left[y_1,y_2,\cdots,y_m\right]\right)=\sum_{i=1}^{d}\left|x_i-y_i\right|$$

2．欧几里德距离（Euclidean Distance）

欧几里德距离也称为欧氏距离，是最为熟知的距离测度，也就是我们常说的“距离”。在 m 维欧氏空间中，每个点是一个 m 维实数向量，该空间中的传统距离测度为 L_2 范式，定义如下：

$$\text{Dist}\left(\left[x_1,x_2,\cdots,x_m\right],\left[y_1,y_2,\cdots,y_m\right]\right)=\sqrt{\sum_{i=1}^{m}\left(x_i-y_i\right)^2}$$

也就是说，首先计算每一维上的距离，然后求它们的平方和，最后求算术平方根。

另一个有趣的距离测度是 L_∞范式，也就是当 r 趋向无穷大时 L_r 范式的极限值。当 r 增大时，只有那个具有最大距离的维度才真正起作用，因此，通常 L_∞范式定义为在所有维度下 $\left|x_i-y_i\right|$ 中的最大值。

3．切比雪夫距离（Chebyshev）

以数学的观点来看，切比雪夫距离是由一致范数（Uniform Norm）（或称为上确界范数）所衍生的度量，也是超凸度量（Injective Metric Space）的一种。它产生两个数据对象的最大属性值差。

$$\text{Dist}\left(\left[x_1,x_2,\cdots,x_m\right],\left[y_1,y_2,\cdots,y_m\right]\right)=\lim_{p\to\infty}\left(\sum_{i=1}^{d}\left|x_i-y_i\right|^p\right)^{\frac{1}{p}}$$

4．闵可夫斯基距离（Minkowski Distance）

$$\text{Dist}\left(\left[x_1,x_2,\cdots,x_m\right],\left[y_1,y_2,\cdots,y_m\right]\right)=\left(\sum_{i=1}^{d}\left|x_i-y_i\right|^p\right)^{\frac{1}{P}}$$

闵可夫斯基距离又称为闵氏距离，是欧几里德距离、曼哈顿距离和切比雪夫距离的推广。闵氏距离对应 L_p 范数，其中 p 是一个变参数，根据参数的不同，闵氏距离可以表示不同类型的距离。当 p=1 时，就是曼哈顿距离；当 p=2 时，就是欧氏距离；当 $p\to\infty$ 时，就是切比雪夫距离。

例 2.1　考虑二维欧氏空间（通常所说的平面）上的两个点(2,5)和(5,9)。它们的 L_2 范式距离为 $\sqrt{(2-5)^2+(5-9)^2}=\sqrt{3^2+4^2}=5$，$L_1$ 范式距离为 $|2-5|+|5-9|=3+4=7$，而 L_∞范式距离为 $\max(|2-5|,|5-9|)=\max(3,4)=4$。

附注 1：当 L_2 范式距离较小时，表示 x 与 y 在一个类型区域，反之，则不在一个类型区域。这里有一个门限的选择问题，若选择过大，则全部样本被视作一个唯一类型；若选取过小，则可能造成每个样本都单独构成一个类型。必须正确选择门限值以保证正确分类。

附注 2：模式特征坐标单位的选取也会强烈地影响聚类结果。例如，在二维欧氏空间中，一维是长度，另一维是压力。当长度由厘米变为米，在 L_2 中长度特征的比重会下降，同样，若把比重单位由毫米汞柱高度变成厘米汞柱高度，L_2 中压力特征的影响也会下降。

附注 3：使用欧氏距离度量时，还要注意样本测量值的选取，应该能有效反映类别属性特征（各类属性的代表应均衡）。例如，取 5 个样本，其中有 4 个反映对分类有意义的特征 A，只有 1 个对分类有意义的特征 B，欧氏距离的计算结果，则主要体现特征 A。

5．杰卡德距离

杰卡德距离（Jaccard Distance）用于衡量两个集合的差异性，它是杰卡德相似度的补集，被定义为 1 减去杰卡德相似度。杰卡德相似度用来度量两个集合之间的相似性，它被定义为两个集合交集的元素个数除以并集的元素个数，即集合 A 和 B 的相似度 $\text{sim}(A, B)$为：

$$\text{sim}\left(A,B\right)=\frac{|A\cap B|}{|A\cup B|}$$

多维二元数据，其某位数据为 1 表示元素集合中的某个元素出现，为 0 表示不出现。例如，超市的一张交易清单中用 1 或 0 来表示是否包含某件商品，一篇文章中用 0 或 1 来表示词语是否出现。多维二元数据情况下，集合 A、B 的相似度可以进一步写成：

$$\mathrm{sim}(A,B)=\frac{\sum_{i=1}^{d}x_i\cdot y_i}{\sum_{i=1}^{d}x_i^2-\sum_{i=1}^{d}x_i\cdot y_i+\sum_{i=1}^{d}y_i^2}$$

集合 A、B 的杰卡德距离 $d_J(A,B)$为：

$$d_J(A,B)=1-\mathrm{sim}(A,B)=\frac{|A\cup B|-|A\cap B|}{|A\cup B|}$$

2.3.2 标称属性的相似性度量

数值数据是有大小顺序的，距离公式非常适合计算不同维度数值数据的邻近度。但是，离散的标称属性数据间并不存在大小顺序关系，不能直接用距离来计算相似度或相异度。

标称属性取值是代表事物状态的若干值，只包含了相异性信息。标称类型可以通过编码方案转换成二元数据类型，然后使用数值计算方法来计算邻近度。如果一个标称类型数据有 M 个不同的状态值，那么将该标称数据转换成 M 个二元属性值，每一个标称状态值对应一个二元属性，这些二元属性中有一个值为 1，剩余的全为 0。这样，标称属性相似度计算就可通过编码方式转化为多个二元属性的相似度计算。

简单二元属性的状态值为布尔值，可以用数字 0 和 1 分别来表示。比如在某图书管理系统中描述图书对象的借出情况，可以用 0 表示在馆，用 1 表示借出。

考虑数据对象只有一个属性的情况下：如果两个标称属性值匹配，则相似度为 1，否则为 0；相异度的值刚好相反，如果标称属性匹配，则相异度为 0，否则为 1。

一般地，二元属性相似度可以通过对属性匹配值求和来计算。即首先分别求解对应单个属性间的相似度，然后对所有相似度数值进行直接累加：

$$\mathrm{Sim}(\overline{X},\overline{Y})=\sum_{i=1}^{d}S(x_i,y_i)$$

其中，d 代表对象的属性总数。更为直接地理解，相似度可用“取值相同的同位属性数/属性总位数”标识对于包含多个二元属性的数据对象相似度计算。

设 $\overline{X}=\{1,0,0,1,0,0,1,0,1,1\}$，$\overline{Y}=\{0,0,0,1,0,1,1,1,1,1\}$，两个对象共有 7 个属性取值相同，3 个取值不同，那么相似度可以标识为 3/10=0.3。

这种方法非常简单，缺点是没有考虑不同属性的概率差异。上面所说的二元属性的两个状态具有同等价值和相同的权重，称为对称二元属性。对于非对称二元属性，我们只关心两者都取 1 的情况，而认为两者都取 0 的属性并不意味着两者更相似。

例如，在根据病情对病人聚类时，如果两个人都患有肺癌，我们认为两个人增强了相似度，但如果两个人都没患肺癌，并不觉得这加强了两人的相似性。即同为 0 值的负匹配对相似度计算不起作用，而同为患肺癌结果包含了明显的统计信息。

这种情况下，即非对称二元相似度计算，可以改用“取值同为 1 的属性数/(单个元素的属性位数－同取 0 的位数)”来标识相似度。

2.3.3　组合异种属性的相似性度量

前面所述的计算方法均为有关相同数据类型之间的相似度或相异度计算。现实世界中，多维数据对象属性的类型、分布、值域以及权重都可能存在不同。这些问题需要采取适当措施进行处理。

1．距离度量的标准化和相关性

当数据对象属性具有不同的域值时，即属性变量的大小变化范围不同、量纲不同、测量单位不同。如果不对属性值进行标准化处理，那么在使用欧几里德距离计算相似度时，将会受到属性值大的属性影响。例如，第一个变量的数量级是 1000，而第二个变量的数量级是 10，如 v_1=(2000,20),v_2 = (5000,60),那么如果只有二维的点，欧氏距离为：

$$\mathrm{Dist}\left(\bar{X},\bar{Y}\right)=\sqrt{\left(2000-5000\right)^2+\left(20-60\right)^2}=\sqrt{100\times\left(20-50\right)^2+\left(20-60\right)^2}$$

由上面可以很容易看出，当两个变量都变成数量级为 10 的时候，第一个变量存在一个权重：10，因而如果不使用相同尺度的时候，不同尺度的变量就会在计算的过程中自动地生成相应的权重。因而，如果两个变量在现实中的权重是相同的，就必须要先进行规范化，化成相同的尺度，以减去由尺度造成的误差。

另外，除值域不同外，属性之间可能存在相关性、数据呈非均匀分布，如正态分布等。解决这些问题的方法是使用欧几里德距离的扩展——马氏距离：

$$\mathrm{Dist}\left(\bar{X},\bar{Y}\right)=\left(\bar{X}-\bar{Y}\right)\sum\nolimits^{-1}\left(\bar{X}-\bar{Y}\right)^{\mathrm{T}}$$

其中 $\sum^{-1}$ 是数据协方差矩阵的逆。马氏距离有很多优点，马氏距离不受量纲的影响，两点之间的马氏距离与原始数据的测量单位无关；由标准化数据和中心化数据（原始数据与均值之差）计算出的两点之间的马氏距离相同。马氏距离还可以排除变量之间相关性的干扰。

2．组合异种属性的相似度

前面所述多维数据对象邻近度计算都是基于数据对象中所有属性具有相同的数据类型，但是，现实当中从数据库取出的数据类型可能是标称、数值、二元、序数等数据类型的组合。计算这种组合属性对象相似度最简单的方法是分别计算每个属性之间的相似度，然后取它们的平均值。但是，对于取值非对称属性，分别计算相似度累加取均值方法失效。例如，两个对象的二元非对称属性都取 0 值，并不能表示它们的相似性，可以在计算相似度时忽略，当二元非对称属性值为 1 时才加入相似度计算。

异种对象 X，Y 的相似度计算算法如下。

步骤 1：将第 k 个属性标准化到区间[0,1]，计算相似度 $S_k(X,Y)$。

步骤 2：创建一个指示变量 δ_k，用来标示两个对象在第 k 个属性上是否同时取值为 0，如果同时为 0，δ_k=0，否则 δ_k=1。

步骤 3：使用如下公式计算对象 X，Y 的相似度：

$$\mathrm{Sim}\left(X,Y\right)=\frac{\sum_{k=1}^{n}\delta_k S_k\left(X,Y\right)}{\sum_{k=1}^{n}\delta_k}$$

3. 使用权值

前面所述所有相似度的计算，都是将对象的所有属性同等对待，没有区分不同属性的重要程度。当现实问题中属性的重要程度存在较大差异时，可以借助于领域专业知识，给它们赋予不同的权值，以期望获得更好的性能。相似度计算公式增加权值项后形式如下：

$$\mathrm{Sim}(X,Y)=\frac{\sum_{k=1}^{n}W_k\delta_k S_k(X,Y)}{\sum_{k=1}^{n}\delta_k}$$

2.3.4 文档相似性度量

文档是由大量词语构成的，如果把特定词语出现的频率看作一个单独属性，那么文档可以由数千个词频属性构成的向量表示。词频向量通常很长，并且是稀疏的，因为它包括了大量的零值属性。统计两个文档中共同没有的词，即公共零值属性对计算它们间的相似度并没有多大帮助。对于文档这种特殊结构数据，使用基于距离计算邻近度的方法，会受到大量零值的影响，评估效果并不好。文档相似度需要关注两个文档同时出现的词语，以及这些词语出现的次数，忽略零匹配的数值数据度量。

余弦相似度，又称为余弦相似性，适合用来计算文档间的相似度。其原理是把两个文本文档以词频向量表示，通过计算两个向量的夹角余弦值来评估它们的相似度。

$$\cos(\bar{X},\bar{Y})=\frac{\bar{X}\cdot\bar{Y}}{\|\bar{X}\|\|\bar{Y}\|}=\frac{\sum_{i=1}^{d}x_i\cdot y_i}{\sqrt{\sum_{i=1}^{d}x_i^2}\cdot\sqrt{\sum_{i=1}^{d}y_i^2}}$$

如果余弦值越接近于 1，夹角越小，代表向量之间的匹配越大。而如果两个向量的余弦值为 0，表示它们正交，没有匹配。

例 2.2 假设有两个文档，新闻 a 和新闻 b，将它们的内容经过分词、词频统计处理后得到如下两个向量：

文档 $\boldsymbol{a}$:(1,1,2,1,1,1,0,0,0)

文档 $\boldsymbol{b}$:(1,1,1,0,1,3,1,6,1)

使用余弦相似度来计算两个文档的相似度过程如下：

新闻 a 和新闻 b 对应的向量分别是 $\boldsymbol{x}(x_1,x_2,\cdots,x_{100})$ 和 $\boldsymbol{y}(y_1,y_2,\cdots,y_{100})$，则新闻 a 和新闻 b 夹角 θ 的余弦 $\cos\theta=\dfrac{x_1y_1+x_1y_1+\ldots+x_{100}y_{100}}{\sqrt{x_1^2+x_2^2+\ldots+x_{100}^2}\sqrt{y_1^2+y_2^2+\ldots+y_{100}^2}}$。

（1）计算向量 $\boldsymbol{a}$、$\boldsymbol{b}$ 的点积：

$$\boldsymbol{a}\cdot\boldsymbol{b}=1\times1+1\times1+2\times1+1\times0+1\times1+1\times3+0\times1+0\times6+0\times1=8$$

（2）计算向量 $\boldsymbol{a}$、$\boldsymbol{b}$ 的欧几里德范数，即$\|\boldsymbol{a}\|$、$\|\boldsymbol{b}\|$：

$$\|\boldsymbol{a}\|=\sqrt{1^2+1^2+2^2+1^2+1^2+1^2+0^2+0^2+0^2}=3$$

$$\|\boldsymbol{b}\| = \sqrt{1^2+1^2+1^2+0^2+1^2+3^2+1^2+6^2+1^2} = 7.07$$

（3）计算相似度：

$$\cos(\boldsymbol{a},\boldsymbol{b}) = \frac{\boldsymbol{a}\cdot\boldsymbol{b}}{\|\boldsymbol{a}\|\times\|\boldsymbol{b}\|} = 0.377$$

当两条新闻向量夹角等于 0 时，这两条新闻完全重复（用这个办法可以删除爬虫所收集网页中的重复网页）；当夹角接近于 0 时，两条新闻相似（可以用作文本分类）；夹角越大，两条新闻越不相关。

到现在为止，实现了基于属性的原始出现频率计算文档间的相似度。考虑一种情况，当两个文档之间如果有一个不常见的词语成功匹配，这应该要比它们匹配一个非常常见的词更能说明相似性。例如，我们设计一个垃圾邮件过滤系统，“免费”“特惠”“推广”这样的词语要比“你”“但是”“那里”等更能表征问题。所以，我们需要一个重要性调整系数来衡量一个词是不是常见词。用统计学语言表达，就是在词频的基础上，要对每个词语分配一个“重要性”权重。

词频—逆文档频率（Term Frequency-Inverse Document Frequency，TF-IDF）是一种用于资讯检索与资讯探勘的常用加权技术。基于统计学方法来评估词语对文档的重要性。字词的重要性随着它在文档中出现的次数成正比增加，但同时会随着它在语料库中出现的频率成反比下降。

其中，词频（Term Frequency，TF）指的是某一个给定的词语在该文档中出现的次数。由于同一个词语在长文档里可能会比短文档有更高的词频，为了防止它偏向较长的文档，通常会采用词频除以文档总词数来归一化。

$$\mathrm{TF}_w = \frac{\text{文档 }X\text{中词语}w\text{出现的次数}}{\text{文档}X\text{中所有词语出现的次数}}$$

逆文档频率（Inverse Document Frequency, IDF）的主要思想是：出现频率较少的词才能够表达文档的主题。如果包含词语 w 的文档越少，IDF 值越大，则说明词条具有很好的类别区分能力。为了避免分母为 0 值，分母做加 1 处理。

$$\mathrm{IDF} = \log_2 \frac{\text{语料库的文档总数}}{\text{包含该词的文档数}+1}$$

最终 TF-IDF 的计算式为：

TF-IDF=词频(TF)×逆文档频率(IDF)

TF-IDF 算法用来对文档进行特征提取，选出可以表征文档特性的关键词。假设文档 X 由 d 个关键词的词频组成的向量 $\boldsymbol{h}(x)$表示，两篇文档 X,Y 的相似度可表示为：

$$\cos(\bar{X},\bar{Y}) = \frac{\sum_{i=1}^{d} h(x_i)\cdot h(y_i)}{\sqrt{\sum_{i=1}^{d} h(x_i)^2}\cdot\sqrt{\sum_{i=1}^{d} h(y_i)^2}}$$

需要说明的是，因为余弦值的范围是[−1,+1]，相似度计算时一般通过 $\mathrm{Sim}(\bar{X},\bar{Y}) = 0.5 + 0.5\times\cos(\bar{X},\bar{Y})$ 把最终值归一化到[0,1]之间。

2.3.5 离散序列相似性度量

离散序列数据不同于多维数据，序列中的各个元素存在前后位置关系，如一个字符串、IP 地址、基因序列等。当两个离散序列数据对象长度相等，即序列中的元素可以一一对应的时候，相似度计算可以采用欧几里德距离、闵可夫斯基距离等计算。但是当序列长度不同时，需要新的计算方法。本节将介绍编辑距离和最长公共子序列两个常用的动态规划算法。

1. 编辑距离

编辑距离（Edit Distance）是指将序列 $\bar{X}=(x_1,\cdots,x_m)$ 变换为序列 $\bar{Y}=(y_1,\cdots,y_n)$ 所用的最少编辑操作次数 $\text{Edit}(\bar{X},\bar{Y})$。编辑操作类型包括字符的替换、插入和删除，三种类型可以根据实际应用问题指定相同或不同的操作代价。一般来说，编辑距离越小，两个串的相似度越大。

例如，两个字符序列：abeedc 和 cbedac。我们可以有多种编辑方法将第一个序列转换成第二个序列。最简单的方法是将第一个序列先后经过将 a 替换成 c，删除一个 e，插入 a，这三次编辑操作可完成将前者转换成后者。

假设序列 $\bar{X}$ 的前 i 个元素子序列为 $\overline{X_i}$，$\bar{Y}$ 的前 j 个元素子序列为 $\overline{Y_j}$，Edit(i,j)表示它们之间的编辑距离，根据两个子序列末尾元素的不同，选择不同的编辑操作。编辑距离计算递推式如下：

$$\text{Edit}(i,j)=\begin{cases}\text{Edit}(i-1,j-1) & x_i=y_j\\ \min(\text{Edit}(i-1,j)+\boldsymbol{w}_{\text{del}},\text{Edit}(i,j-1)+\boldsymbol{w}_{\text{ins}},\text{Edit}(i-1,j-1)+\boldsymbol{w}_{\text{rep}}) & x_i\neq y_j\end{cases}$$

当 $\overline{Y_j}$ 为空时，编辑代价为将 $\overline{X_i}$ 中的所有元素删除：

$$\text{Edit}(i,0)=\sum_{k=1}^{i}\boldsymbol{w}_{\text{del}}$$

当 $\overline{X_i}$ 为空时，编辑代价为 j 次插入操作：

$$\text{Edit}(0,j)=\sum_{k=1}^{j}\boldsymbol{w}_{\text{ins}}$$

	S_1	X	G	Y	X	Y	X	Y	X
S_2	0	1	2	3	4	5	6	7	8
X	1	0	1	2	3	4	5	6	7
Y	2	1	1	1	2	3	4	5	6
X	3	2	2	2	1	2	3	4	5
Y	4	3	3	2	2	1	2	3	4
X	5	4	4	3	2	2	1	2	3
Y	6	5	5	4	3	2	2	1	2
T	7	6	6	5	4	3	5	2	2
X	8	7	7	6	5	4	3	3	2

图 2-3 编辑距离计算矩阵和回溯路径

编辑距离具有下面几个性质：

（1）两个字符串的最小编辑距离是两个字符串的长度差；

（2）两个字符串的最大编辑距离是两字符串中较长字符串的长度；

（3）只有两个相等字符串的编辑距离才会为 0；

（4）编辑距离满足三角不等式，即 $d(x,z)\leqslant d(x,y)+d(y,z)$；

例：有两个序列 S_1 和 S_2，分别为 XGYXYXYX 和 XYXYXYTX。编辑距离计算矩阵如图 2-3 所示，最终计算结果为 2，箭头标出了回溯路径。

2. 最长公共子序列

最长公共子序列（Longest Common Subsequence，LCS）的定义是，一个序列 S，如果分别是两个或多个已知序列的子序列，且是所有符合此条件序列中最长的，则 S 称为已知序列的最长公共子序列。子序列要求左右两元素在母序列中为相邻元素，且前后顺序一致。

最长公共子串（要求连续）和最长公共子序列是不同的。如序列 adbfucijdlmen 和 abf2ec3xdue，其中，bf 既是它们的公共子串同时也是它们的公共子序列，但是 abf 和 cde 是它们的公共子序列但不是公共子串。很明显，两个序列的公共子序列越长，则表明这两个序列之间的相似度越高。

设序列 $X=\{x_1,x_2,\cdots,x_m\}$ 和 $Y=\{y_1,y_2,\cdots,y_n\}$ 的最长公共子序列为 $Z=\{z_1,z_2,\cdots,z_k\}$，则有如下特性：

（1）若 $x_m=y_n$，则 $z_k=x_m=y_n$，且 z_{k-1} 是 x_{m-1} 和 y_{n-1} 的最长公共子序列。

（2）若 $x_m\neq y_n$ 且 $z_k\neq x_m$，则 Z 是 x_{m-1} 和 Y 的最长公共子序列。

（3）若 $x_m\neq y_n$ 且 $z_k\neq y_n$，则 Z 是 X 和 y_{n-1} 的最长公共子序列。

由此可见，2 个序列的最长公共子序列包含了这 2 个序列前缀的最长公共子序列。因此，最长公共子序列问题具有最优子结构性质，可以使用动态规划算法求解。由最优子结构性质可建立递推关系如下：

$$\mathrm{LCSS}(i,j)=\max\begin{cases}\mathrm{LCSS}(i-1,j-1)+1 & x_i=y_j\\ \mathrm{LCSS}(i-1,j) & x_i\text{不匹配}\\ \mathrm{LCSS}(i,j-1) & y_j\text{不匹配}\end{cases}$$

当两个序列 X,Y 中任意一个为空集时，它们的最长公共子序列为零。即有 LCSS$(i,0)$ ＝0 和 LCSS$(0,j)$=0，这两个式子可以作为求解算法的边界条件。

相异度或相似度计算是数据挖掘应用中的重要问题。这是因为很多数据挖掘算法将距离度量方法作为关键子程序调用。距离度量方法深受数据类型、数据维度及数据分布的影响，并且距离度量方法直接影响数据挖掘的最终成效。

习题

1. 在数据挖掘之前为什么要对原始数据进行预处理？
2. 简述数据清理的基本内容。
3. 简述数据预处理的方法和内容。
4. 简述数据空缺值的处理方法。
5. 数据约简的方法有哪些？
6. 什么是数据规范化？规范化的常用方法有哪些？写出对应的变换公式。
7. 计算数据对象 X=(3,5,2,7)和 Y=(6,8,2,3)之间的欧几里德距离、曼哈顿距离及闵可夫斯基距离，其中闵可夫斯基距离中 p 值取为 3。

8．分析编辑距离与最长公共子序列这两个算法的异同。

参考文献

[1] Jiawei Han, Micheline Kamber, Jian Pei. 数据挖掘概念与技术[M]. 3 版. 范明，孟小峰，译. 北京：机械工业出版社，2016.

[2] Pang-Ning Tan，Michael Steinbach，Vipin Kumar. 数据挖掘导论(完整版)[M]. 范明，范宏建，等译. 北京：人民邮电出版社，2011.

[3] 林字，等. 数据仓库原理与实践[M].北京:人民邮电出版社，2003.

[4] Ian H．Witten，Eibe Frank，Mark A．Hall．Data Ming：Practical Machine Learning Tools and Techniques[M]．3rd．Burlington:Elsevier，2011.

[5] Guyon I et al. An Introduction to Variable and Feature Selection[J]. Journal of machine Learning Research,2003(3): 1157-1182.

第3章 分 类

分类是一种很重要的数据挖掘技术，也是数据挖掘研究的重点和热点之一。分类的目的是分析输入数据，通过训练集中的数据表现出来的特性，为每一个类找到一种准确描述或者模型，这种描述常常用谓词来表示。由此生成的类描述用来对未来的测试数据进行分类。尽管这些未来测试数据的类标签是未知的，仍可以由此预测这些新数据所属的类，也可以由此对数据中每一个类有更好的理解。分类技术具有广泛的应用，如医疗诊断、人脸检测、故障诊断和故障预警等。

3.1 分类的基本概念、分类过程及分类器性能的评估

3.1.1 分类的基本概念

分类（Classification）是一种重要的数据分析形式，它提取刻画重要数据类的模型。这种模型称为分类器，预测分类的（离散的、无序的）类标号。这些类别可以用离散值表示，其中值之间的次序没有意义。

分类可描述如下：从训练数据中确定函数模型 $y = f(x_1, x_2, \cdots, x_d)$，其中 $x_i(i = 1,2,\cdots,d)$ 为特征变量，y 为分类变量。当 y 为离散变量时，即 $\text{dom}(y) = \{y_1, y_2, \cdots, y_m\}$，被称为分类。

分类也可用如下定义。

分类的任务就是通过学习得到一个目标函数(Target Function) f，把每个属性集 x 映射到一个预先定义的类标号 y 中。

3.1.2 分类的过程

数据分类过程有两个阶段：

（1）学习阶段（构建分类模型）。

（2）分类阶段（使用模型预测给定数据的类标号）。

第一阶段，建立描述预先定义的数据类或概念集的分类器。这是学习阶段，其中分类算法通过分析或从训练集“学习”来构造分类器。训练集由数据库元组和与它们相关联的类标号组成。构成训练集的元组称为训练元组。

第二阶段，使用模型进行分类。首先评估分类器的预测准确率。如果使用训练集来度量分类器的准确率，则评估可能是乐观的，因为分类器趋向于过分拟合该数据。因此需要使用由检验元组和与它们相关联的类标号组成的检验集。它们独立于训练元组，即不用它们构造分类器。分类器在给定检验集上的准确率是分类器正确分类的检验元组所占的百分比。如果认为分类器的准确率是可以接受的，那么就可以用它对类标号未知的

数据元组进行分类。图 3-1 展示了建立分类模型的一般方法。

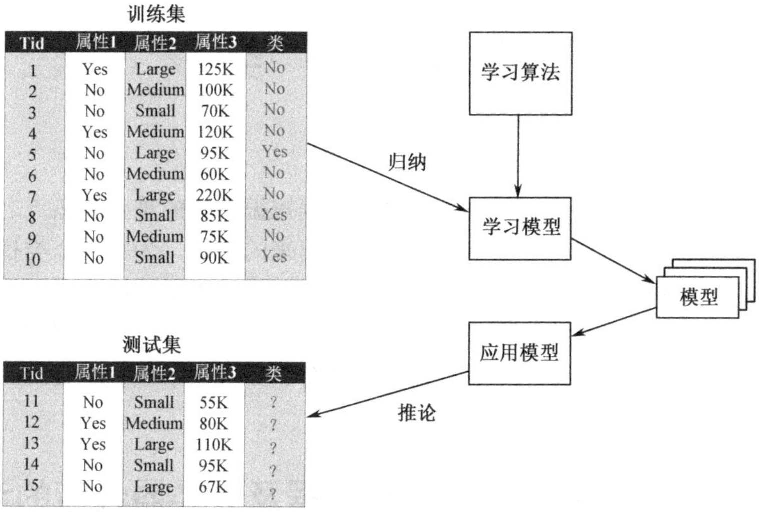

图 3-1　建立分类模型的一般方法

一般方法是，首先需要一个训练集（Training Set），它由类标号已知的记录（Recorder）组成。使用训练集建立分类模型，该模型随后将运用于测试集（Test Set），测试集由类标号未知的记录组成[1]。

3.1.3　分类器性能的评估方法

分类器的性能和所选择的训练集和测试集有着直接关系。一般情况下，先用一部分数据建立模型，然后再用剩下的数据来测试和验证这个得到的模型。如果使用相同的训练集和测试集，那么模型的准确度就很难使人信服。保持法和交叉验证是两种基于给定数据随机选样划分的、常用的评估分类方法准确率的技术[2]。

1. 保持法

在保持法中，把给定的数据随机地划分成两个独立的集合：训练集和测试集。通常，三分之一的数据分配到训练集，其余三分之二的数据分配到测试集。使用训练集得到分类器，其准确率用测试集评估。

2. 交叉验证

先把数据随机地分成不相交的 n 份，每份大小基本相等，训练和测试都进行 n 次。比如把数据分成 10 份，先把第一份拿出来放在一边用作模型测试，把其他 9 份合在一起来建立模型，然后把这个用 90%的数据建立起来的模型用第一份数据做测试。这个过程对每一份数据都重复进行一次，得到 10 个不同的错误率。然后，把所有数据放在一起建立一个模型，模型的错误率为这 10 个错误率的平均值。

使用这些技术评估分类法的准确率增加了总体的计算时间，但是对于分类方法的选择是有意义的。

3.2 决策树

决策树是数据挖掘的有力工具之一，决策树学习算法是以一组样本数据集（一个样本数据也可以称为实例）为基础的一种归纳学习算法，它着眼于从一组无次序、无规则的样本数据（概念）中推理出决策树表示形式的分类规则。

3.2.1 决策树概述

决策树（Decision Tree）是一种类似于流程图的树结构，其中每个内部节点（非叶节点）表示在属性上的测试，每个分支表示该测试上的一个输出，而每个叶节点存放一个类标号，树的最顶层节点是根节点。决策树生成方式一般情况下都是由上而下的。每次不同的事件或决策都有可能引发至少两个以上的事件，形成不同的结果，这种决策方法用图形表示出来很像一棵树，所以称为决策树。决策树是一种简单且广泛使用的分类器。通过训练数据来构建决策树，可高效地对未知的数据进行分类。

决策树有两大优点：

（1）决策树模型可读性好且具有描述性，有助于进行人工分析。

（2）效率高，决策树只需一次构建就可反复使用，每次预测的最大计算次数不超过决策树的深度。

决策树是树形结构的知识表示，可自动对数据进行分类，可直接转换为分类规则。它能被看作是基于属性的预测模型，树的根节点是整个数据集空间，每个分节点对应一个分裂问题，它是对某个单一变量的测试，该测试将数据集合空间分割成两个或更多数据块，每个叶节点是带有分类结果的数据分割。决策树学习算法主要是针对“以离散型变量作为属性类型进行分类”的学习方法。对于连续性变量，必须离散化才能被学习和分类[3]。

决策树与其他分类方法相比具有准确性高和速度快的优点。准确度高主要表现在得出的分类规则的正确率比较高，速度快的优点主要表现在计算量比较小，能够快速地形成分类规则。

基于决策树的决策算法的最大优点是，在学习过程中不需要了解很多背景知识，只从样本数据及提供的信息就能够产生一棵决策树，通过树节点的分叉判别可以使某一分类问题仅与主要的树节点对应的变量属性取值相关，即不需要全部变量取值来判别对应的范类。

3.2.2 决策树的用途和特性

基于决策树的决策算法是实用性很好的总结预测算法之一，是一个趋近于非连续型函数值的算法，分类准确率高，方便操作，并且对噪声数据有很好的健壮性，所以成为了应用范围很广且比较受欢迎的数据挖掘算法。决策树在各行各业有着非常多的广泛应用，如在医院的临床决策、人脸检测、故障诊断、故障预警、医疗数据挖掘、案例分析、分类预测的软件系统等方面都有很大的用处。决策树是数据挖掘的有力工具之一。

决策树的最佳用途是图解说明如何领会决策与相关事件的相互作用。

决策树的特性是能够直观地体现数据，一般通过简单分析都能理解决策树表达的含义。决策树对于数据要求不是很高，数据的表达形式一般很简单。对于属性的类型是常规型或者是数据型的数据能够同时处理。另外，决策树能够在短时间内对大型的数据源做出有效且可行的分析结果。可以通过静态测试的方法对决策树模型进行测评，并且可以测定模型的可信度。对于某个观察模型，依据它所产生的决策树，能够非常容易地推导出相应的逻辑表达式[4]。

3.2.3 决策树工作原理

决策树是通过一系列规则对数据进行分类的过程。它提供一种在什么条件下会得到什么值的类似规则的方法。决策树分为分类树和回归树两种，分类树对离散变量做决策树，回归树对连续变量做决策树。

决策树也是最常用的数据挖掘算法之一，它的概念非常简单。决策树算法之所以如此流行，一个很重要的原因就是使用者基本上不用去了解机器学习算法，也不用深究它是如何工作的。直观地看，决策树分类器就像判断模块和终止块组成的流程图，终止块表示分类结果（也就是树的叶子）。判断模块表示对一个特征取值的判断[5]（该特征有几个值，判断模块就有几个分支）。

如果不考虑效率等，那么样本所有特征的判断级联起来终会将某一个样本分到一个类终止块上。实际上，样本所有特征中有一些特征在分类时起到了决定性作用，决策树的构造过程就是找到这些具有决定性作用的特征，根据其决定性程度来构造一个倒立的树，决定性作用最大的那个特征作为根节点，然后递归找到各分支下子数据集中次大的决定性特征，直至子数据集中所有数据都属于同一类[5]。所以，构造决策树的过程本质上就是根据数据特征将数据集分类的递归过程，需要解决的第一个问题就是，当前数据集上哪个特征在划分数据分类时起决定性作用。图 3-2 给出了一个商业上使用决策树的例子。

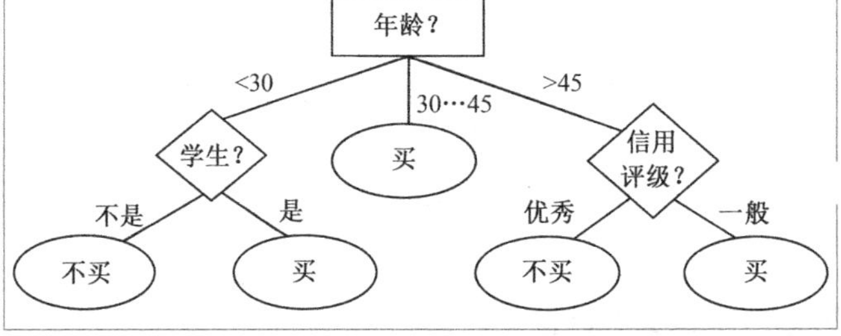

图 3-2　买电脑的决策树

它表示了一个关心电子产品的用户是否会购买电脑，用它可以预测某条记录（某个人）的购买意向。树中包含了三种节点：

（1）根节点（root rode），它没有入边，但有两条或多条出边。

（2）子节点（child node），恰有一条入边和两条或多条出边。

（3）叶节点（Leaf Node ）或终节点（Terminal Node），恰有一条入边，但没有出边。

在决策树中，每个叶节点都赋予一个类标号。非终节点（Non-terminal Rode）（包括根节点和内部节点）包含属性测试条件，用以分开具有不同特性的记录。这棵决策树对销售记录进行分类，指出一个电子产品消费者是否会购买一台计算机。每个内部节点（方形框）代表对某个属性的一次检测。每个叶节点（椭圆框）代表一个类：

（买电脑=买）或者（买电脑=不买）

在这个例子中，样本向量为：（年龄，学生，信用评级；买电脑）

被决策数据的格式为：（年龄，学生，信用评级）

输入新的被决策的记录，可以预测该记录隶属于哪个类。

一旦构造了某一棵决策树，对检验记录进行分类就相当容易了。从树的根节点开始，将测试条件用于检验记录，根据测试结果选择适当的分支。沿着该分支或者到达另一个内部节点，使用新的测试条件，或者到达一个叶节点。到达叶节点之后，叶节点的类称号就被赋值给该检验记录。

3.2.4　决策树构建步骤

决策树分类算法应用的完整流程应包含建树和应用。建树是从经验数据中获取知识，进行机器学习，建立模型或者构造分类器，是决策树算法的工作重点，通常又将其分为建树和剪枝两个部分。而应用则比较简单，利用建好的决策树模型分类或者预测新数据即可。

先介绍一下建树。建树就是决策树分类算法建模的主体过程，或者说，建树便是主要规则的产生过程。决策树构建的基本步骤如表 3-1 所示。

表 3-1　决策树构建的基本步骤

步　骤	内　容
1	开始，所有记录看作一个节点
2	遍历每个变量的每一种分割方式，找到最好的分割点
3	分割成多个节点 $N_1,N_2,\cdots,N_m$（m 的数量与当前的属性相关）
4	对 $N_1,N_2,\cdots,N_m$ 分别继续执行第 2 和第 3 步，直到每个节点足够“纯”为止（“纯”的含义是要么全部是“是”，要么全部是“否”）

决策树的变量有两种：数字型（Numeric）和名称型（Nominal）。

（1）数字型：变量类型是整数或浮点数，如前面例子中的“年龄”。用“>”“<”等作为分割条件（排序后，利用已有的分割情况，可以优化分割算法的时间复杂度）。

（2）名称型：类似编程语言中的枚举类型，变量只能从有限的选项中选取。

如何评估分割点的好坏？如果一个分割点可以将当前的所有节点分为两类，使得每一类都很“纯”，也就是同一类的记录较多，那么就是一个好分割点。

树的主体建好后，接下来便是对其剪枝。所谓剪枝，就是在树的主体上删除过多的比较或者直接删除一些不必要的子树，提高树的性能，确保精确度，提高其可理解性。同时，在剪枝过程中还要克服训练样本集的数据噪声，尽可能排除噪声造成的影响。决策树的剪枝一般通过极小化决策树整体的损失函数或代价函数来实现[6]。

决策树剪枝常用的方法有两种：预剪枝（Pre-Pruning）和后剪枝（Post-Pruning）。

预剪枝是根据一些原则尽早停止树的增长，如树的深度达到用户所要的深度、节点中样本个数少于用户指定个数等。预剪枝在建立树的过程中决定是否需要继续划分或分裂训练样本来实现提前停止树的构造，一旦决定停止分支，就将当前节点标记为叶节点。这样可以有效减少建立某些子树的计算代价。运用这一策略的代表性算法如PUBLIC[7]算法。预剪枝的核心问题是，如何事先指定树的最大深度，如果设置的最大深度不恰当，那么将会导致过于限制树的生长，使决策树的表达式规则趋于一般，不能更好地对新数据集进行分类和预测。除了事先限定决策树的最大深度之外，还有另外一个方法来实现预剪枝操作，那就是，采用检验技术对当前节点对应的样本集合进行检验，如果该样本集合的样本数量已小于事先指定的最小允许值，那么停止该节点的继续生长，并将该节点变为叶节点，否则可以继续扩展该节点。

后剪枝是通过在完全生长的树上剪去分支实现的，通过删除节点的分支来剪去树节点，可以使用的后剪枝方法有多种，比如：错误率降低修剪（Reduced-error pruning）[8]、规则后修剪（Rule post-pruning）、最小错误剪枝（Minimum Error pruning，MEP）和最小描述长度（Minimum Description Length，MDL）[9]算法等。后剪枝操作是一个边修剪边检验的过程，一般规则标准是，在决策树的不断剪枝操作过程中，将原样本集合或新数据集合作为测试数据，检验决策树可测试数据的预测精度，并计算出相应的错误率，如果剪掉某个子树后的决策树对测试数据的预测精度或其他测度不降低，那么就剪掉该子树。

决策树分类算法能被普遍应用，是基于其特有的优点。首先，其结构简单，容易理解；其次，适合处理量比较大的数据；再次，计算量较小，运算速度较快；再者，在处理非数值型数据上优势明显；最后，分类准确率比较高。

3.2.5 决策树算法原理

1. 认识决策树

1）决策树的生成过程

一棵决策树的生成过程主要分为以下 3 个部分。

（1）特征选择：特征选择是指从训练数据众多的特征中选择一个特征作为当前节点的分裂标准，如何选择特征有着很多不同的量化评估标准，从而衍生出不同的决策树算法。

（2）决策树生成：根据选择的特征评估标准，从上至下递归地生成子节点，直到数据集不可分，则决策树停止生长。对于树结构来说，递归结构是最容易理解的方式。

（3）剪枝：决策树容易过拟合，一般都需要剪枝，缩小树结构规模、缓解过拟合。

2）基于信息论的三种决策树算法

划分数据集的最大原则是，使无序的数据变得有序。如果一个训练数据中有 10 个特征，那么选取哪个特征做划分依据？这就必须采用量化的方法来判断，量化划分方法有多种，其中一项就是“信息论度量信息分类”。基于信息论的决策树算法有 ID3、CART 和 C4.5 等算法，其中 C4.5 和 CART 两种算法是从 ID3 算法中衍生而来的。

CART 和 C4.5 支持数据特征为连续分布时的处理，主要通过使用二元切分来处理连续型变量，即求一个特定的值——分裂值：特征值大于分裂值就走左子树，否则就走右子树。这个分裂值的选取原则是使得划分后子树中的“混乱程度”降低，具体到 C4.5 和 CART 算法则有不同的定义方式。

ID3 算法由 Ross Quinlan 发明，建立在“奥卡姆剃刀”的基础上，越是小型的决策树越优于大型的决策树。ID3 算法根据信息论的信息增益评估和选择特征，每次选择信息增益最大的特征来做判断模块。ID3 算法可用于划分标称型数据集，没有剪枝的过程，为了去除过度数据匹配的问题，可通过裁剪合并相邻的无法产生大量信息增益的叶节点[10]（例如设置信息增益阈值）。使用信息增益其实有一个缺点，那就是它偏向于具有大量值的属性，就是说在训练集中，某个属性所取的不同值的个数越多，那么越有可能拿它来作为分裂属性，而这样做有时候是没有意义的。另外 ID3 算法不能处理连续分布的数据特征，于是就有了 C4.5 算法。CART 算法也支持连续分布的数据特征。

C4.5 算法是 ID3 算法的一个改进算法，继承了 ID3 算法的优点。C4.5 算法用信息增益率来选择属性，克服了用信息增益选择属性时偏向选择取值多的属性的不足，在树构造过程中进行剪枝；能够完成对连续属性做离散化处理；能够对不完整数据进行处理。C4.5 算法产生的分类规则易于理解、准确率较高；但效率低，因为树构造过程中，需要对数据集进行多次的顺序扫描和排序。也是因为必须进行多次数据集扫描，故 C4.5 算法只适合能够驻留于内存的数据集[11]。

CART（Classification And Regression Tree）算法采用的是基尼（Gini）指数（选 Gini 指数最小的特征 s）作为分裂标准，同时它也包含后剪枝操作[12]。ID3 算法和 C4.5 算法虽然在对训练样本集的学习中可以尽可能多地挖掘信息，但其生成的决策树分支较大，规模较大。为了简化决策树的规模，提高生成决策树的效率，就出现了根据 Gini 系数来选择测试属性的决策树算法 CART。

3）决策树优缺点

决策树适用于数值型和标称型（离散型数据，变量的结果只在有限目标集中取值），能够读取数据集，提取一些列数据中蕴含的规则。在分类问题中使用决策树模型有很多优点，决策树计算复杂度不高、便于使用、而且高效，决策树可处理具有不相关特征的数据，可很容易地构造出易于理解的规则。决策树模型也有一些缺点，比如处理缺失数据时困难、过度拟合以及忽略数据集中属性之间的相关性等。

下面对 ID3、C4.5 和 CART 算法分别进行简单介绍。

2. ID3 算法

1）ID3 算法的信息论基础

（1）信息熵。

信息熵：在概率论中，信息熵给出了一种度量不确定性的方式，用来衡量随机变量的不确定性，熵就是信息的期望值。若待分类的事物可能划分在 N 类中，分别是

$x_1,x_2,\cdots,x_n$，每一种取到的概率分别是 $p_1,p_2,\cdots,p_n$，那么 X 的熵就定义为：

$$H(X)=-\sum_{i=1}^{n}p_i\log_2 p_i$$

从定义中可知：$0\leqslant H(X)\leqslant\log_2(n)$。

当随机变量只取两个值时，即 X 的分布 $P(X=1)=p,P(X=0)=1-p,0\leqslant p\leqslant 1$，则熵为：

$$H(X)=-p\log_2(p)-(1-p)\log_2(1-p)$$

熵值越高，则数据混合的种类越高，其蕴含的含义是一个变量可能的变化越多（反而跟变量具体的取值没有任何关系，只和值的种类多少及发生概率有关），它携带的信息量就越大。熵在信息论中是一个非常重要的概念，很多机器学习的算法都会利用这个概念。

（2）条件熵。

假设有随机变量 (X,Y)，其联合概率分布为：$P(X=x_i,Y=y_i)=p_{ij},i=1,2,\cdots,n;$ $j=1,2,\cdots,m$。则条件熵 $H(Y|X)$ 表示在已知随机变量 X 的条件下随机变量 Y 的不确定性，其定义为 X 在给定条件下 Y 的条件概率分布的熵对 X 的数学期望：

$$H(Y|X)=\sum_{i=1}^{n}p_iH(Y|X=x_i)$$

若是样本的特征只有两个值 $(x_1=0,x_2=1)$ 对应(出现，不出现)，如文本分类中某一个单词的出现与否。那么对于特征二值的情况，用 T 代表特征，用 t 代表 T 出现，$\bar{t}$ 表示该特征不出现。那么：

$$H(C|T)=P(t)H(C|t)+P(\bar{t})H(C|\bar{t})$$

与前面的公式对比一下，$P(t)$ 就是 T 出现的概率，$P(\bar{t})$ 就是 T 不出现的概率。结合信息熵的计算公式，可得：

$$H(C|t)=-\sum_{i=1}^{n}P(C_i|t)\log_2 P(C_i|t)$$

$$H(C|\bar{t})=-\sum_{i=1}^{n}P(C_i|\bar{t})\log_2 P(C_i|\bar{t})$$

特征 T 出现的概率为 $P(t)$，只要用出现过 T 的样本数除以总样本数即可；$P(C_i|t)$ 表示出现 T 的时候，类别 C_i 出现的概率，只要用出现了 T 并且属于类别 C_i 的样本数除以出现了 T 的样本数即可。

（3）信息增益。

信息增益（Information Gain）表示得知特征 X 的信息后，使得 Y 的不确定性减少的程度。定义为：

$$g(D,A)=H(D)-H(D|A)$$

信息增益是针对一个一个的特征而言的，就是看一个特征 X，系统有它和没它的时候信息量各是多少，两者的差值就是这个特征给系统带来的信息增益。每次选取特征的过程都是通过计算每个特征值划分数据集后的信息增益，然后选取信息增益最高的特征。

对于特征取值为二值的情况，特征 T 给系统带来的信息增益就可以写成系统原本的熵与固定特征 T 后的条件熵之差：

$$g(C,T)=H(C)-H(C|T)$$
$$=-\sum_{i=1}^{n}P(C_i)\log_2 P(C_i)+P(t)\sum_{i=1}^{n}P(C_i|t)\log_2 P(C_i|t)+P(\bar{t})\sum_{i=1}^{n}P(C_i|\bar{t})\log_2 P(C_i|\bar{t})$$

经过上一轮信息增益计算后，会得到一个特征作为决策树的根节点，该特征有几个取值，根节点就会有几个分支，每一个分支都会产生一个新的数据子集 D_k，余下的递归过程就是对每个 D_k 再重复上述过程，直至子数据集都属于同一类。

在决策树构造过程中可能会出现这种情况：所有特征都作为分裂特征用光了，但子集还不是纯净集（集合内的元素不属于同一类别）。在这种情况下，由于没有更多信息可以使用了，一般对这些子集进行“多数表决”，即使用此子集中出现次数最多的类别作为此节点类别，然后将此节点作为叶节点。

2）ID3 算法生成决策树的过程

算法：$\text{ID3\_DT}(S,A,C)$。输入：训练集 S，特征集 A，分类集 C。输出：决策规则集。

ID3 算法生成决策树的步骤[13]如表 3-2 所示。

表 3-2　ID3 算法生成决策树的步骤

步　骤	内　容
1	创建一个节点 N
2	if A 为空，then 以 C 中多数类 c 来标记 N 为叶节点
3	else if S 为空，then 以父节点中的多数类 c 来标记 N 为叶节点
4	else if 决策树深度已经达到了设置的最大值，then 以父节点中的多数类 c 来标记 N 为叶节点
5	else if S 属于同一类别 c，then 以该类别 c 标记 N 为叶节点
6	else 计算并选择 A 中具有最大增益的属性 a 来标记 N
7	根据属性 a 的取值 $\{a_i \mid i=1,2,\cdots,n\}$，将训练集 S 分割成 n 个子集 $\{S_i \mid i=1,2,\cdots,n\}$
8	递归调用 $\text{ID3\_DT}(S_1,A-a),\text{ID3\_DT}(S_2,A-a),\cdots,\text{ID3\_DT}(S_n,A-a)$

递归划分停止的条件：

（1）没有条件属性可以继续划分。

（2）给定分支的数据集为空。

（3）数据集属于同一类。

（4）决策树已经达到设置的最大值。

3）ID3 算法使用实例

表 3-3 所示为某学院学生成绩数据库（训练样本集合），训练样本包含 4 个属性，它们分别为成绩、任课教师、A 课程的修习类别、是否修过 B 课程。样本集合的类别属性为 C 课程是否合格，该属性有 2 个取值，即为合格和不合格。

表 3-3　某学院学生成绩数据库

序号	成绩	任课教师	A 课程的课程修习	是否修过 B 课程	C 课程是否合格
1	>80	甲	核心	无	不合格
2	<60	乙	核心	无	不合格
3	60～80	丙	核心	无	合格
4	>80	甲	专业选修	无	合格
5	<60	丁	非限定选修	有	不合格
6	>80	甲	非限定选修	有	不合格
7	60～80	丙	非限定选修	有	合格
8	<60	乙	专业选修	无	合格
9	<60	乙	非限定选修	有	不合格
10	>80	丁	专业选修	无	不合格

从表 3-3 可以看出，C 课程合格的为 4 个，C 课程不合格的为 6 个。所以利用 $H(X)=-p\log_2(p)-(1-p)\log_2(1-p)$ 可以计算 $H(X)$：

$$H(X)=-\frac{2}{5}\log_2\frac{2}{5}-\frac{3}{5}\log_2\frac{3}{5}=0.97$$

成绩属性：“>80”有 4 个（这 4 个中 C 课程 1 个合格，3 个不合格），“<60”有 4 个（这 4 个中 C 课程 1 个合格，3 个不合格），“60～80”有 2 个（这 2 个 C 课程都是合格）。所以利用 $H(X)=-\sum_{i=1}^{n}p_i\log p_i$ 可以计算 H（成绩）：

$$H（成绩）=-\frac{4}{10}\left(\frac{1}{4}\log_2\frac{1}{4}+\frac{3}{4}\log_2\frac{3}{4}\right)-\frac{4}{10}\left(\frac{1}{4}\log_2\frac{1}{4}+\frac{3}{4}\log_2\frac{3}{4}\right)-0=0.65$$

利用信息增益式计算成绩的信息增益：

$$g（成绩）=H(X)-H（成绩）=0.97-0.65=0.32$$

任课教师属性：甲 3 个（这 3 个中 C 课程 1 个合格，2 个不合格），乙 3 个（这 3 个中 C 课程 1 个合格，2 个不合格），丙 2 个（这 2 个 C 课程都是合格），丁 2 个（这 2 个 C 课程都是不合格）。可以计算 H（任课教师）：

$$H（任课教师）=-\frac{3}{10}\left(\frac{1}{3}\log_2\frac{1}{3}+\frac{2}{3}\log_2\frac{2}{3}\right)-\frac{3}{10}\left(\frac{1}{3}\log_2\frac{1}{3}+\frac{2}{3}\log_2\frac{2}{3}\right)-0-0=0.551$$

所以，任课教师的信息增益：

$$g（任课教师）=H(X)-H（任课教师）=0.97-0.551=0.419$$

A 课程作为哪类课程修习这个属性，作为核心课程的为 3 个（这 3 个中 C 课程 1 个合格，2 个不合格），作为专业选修的为 3 个（这 3 个中 C 课程 2 个合格，1 个不合格），作为非限定选修的为 4 个（这 4 个中 C 课程 1 个合格，3 个不合格）。利用下面的式子可以计算 H（A 的修习类别）：

$$H（\text{A 的修习类别}）=-\frac{3}{10}\left(\frac{1}{3}\log_2\frac{1}{3}+\frac{2}{3}\log_2\frac{2}{3}\right)-\frac{3}{10}\left(\frac{2}{3}\log_2\frac{2}{3}+\frac{1}{3}\log_2\frac{1}{3}\right)-\frac{4}{10}\left(\frac{1}{4}\log_2\frac{1}{4}+\frac{3}{4}\log_2\frac{3}{4}\right)=0.876$$

所以，A 的修习类别的信息增益：

$$g（\text{A 的修习类别}）=H(X)-H（\text{A 的修习类别}）=0.97-0.876=0.094$$

是否修过 B 课程这个属性，有修过的 4 个（这 4 个中 C 课程 1 个合格，3 个不合格），无修过的 6 个（这 6 个中 C 课程 3 个合格，3 个不合格）。利用以下式子可以计算 H（是否修过 B）。

$$H（\text{是否修过 B}）=-\frac{4}{10}\left(\frac{1}{4}\log_2\frac{1}{4}+\frac{3}{4}\log_2\frac{3}{4}\right)-\frac{6}{10}\left(\frac{1}{2}\log_2\frac{1}{2}+\frac{1}{2}\log_2\frac{1}{2}\right)=0.925$$

所以，是否修过 B 的信息增益：

$$g（\text{是否修过 B}）=H(X)-H（\text{是否修过 B}）=0.97-0.925=0.045$$

从上面对各属性的信息增益计算，并根据 ID3 算法选择分裂属性的标准可知，第一个选择的分裂属性为成绩。通过成绩属性的分裂，将样本训练集分为 4 个分支，其中丙教师任课分支样本全部通过 C 课程，丁教师任课分支样本全部属于不通过 C 课程，所以这两枝停止分裂。而甲任课和乙任课的样本还包括合格与不合格两类，并且属性集中还有三个属性，因而需要进一步计算属性的信息增益，进而选择分裂属性。通过计算，并根据 ID3 算法原理建立的完整决策树如图 3-3 所示。

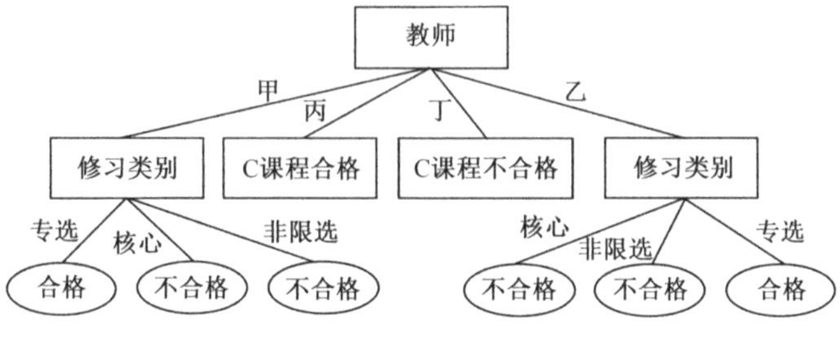

图 3-3 根据 ID3 算法对学生数据库建立的决策树

4）ID3 算法的优缺点

ID3 算法建树过程简单且易懂。但是 ID3 存在多值偏向问题，在选择分裂属性时，会优先选择取值较多的属性，而在某一些情况下，这些属性并不是最优属性：首先，对于连续型属性，传统的 ID3 算法不能直接进行处理；其次，属性间的关联性不强，但它正是 ID3 算法可以在 Hadoop 平台上并行化的前提；再者，ID3 算法对噪声数据很敏感；最后，结果会随着训练集规模的不同而不同。

3. C4.5 算法

ID3 算法并不完美，局限性较强。为了改进其缺陷，Quinlan 有针对性地提出了更为完善的 C4.5 算法，C4.5 算法同样以“信息熵”作为核心，是在 ID3 算法基础上的优化改进，同时，也保持了分类准确率高、速度快的特点。

1）基本思想

与 ID3 算法不同，C4.5 算法挑选具有最高信息增益率的属性为测试属性。对样本集 T，假设变量 a 有 k 个属性，属性取值 $a_1,a_2,\cdots,a_k$，对应 a 取值为 a_i 的样本个数分别为 n_i，若 n 是样本的总数，则应有 $n_1+n_2+\ldots+n_k=n$。Quinlan 利用属性 a 的熵值 $H(X,\ a)$ 来定义为了获取样本关于属性 a 的信息所需要付出的代价，即：

$$H(X,\ a)=-\sum_{i=1}^{k}P(a_i)\log_2 P(a_i)\approx-\sum_{i=1}^{k}\frac{n_i}{n}\log_2\frac{n_i}{n}$$

信息增益率定义为平均互信息与获取 a 信息所付出代价的比值，即

$$E(X,\ a)=\frac{g(X,\ a)}{H(X,\ a)}$$

信息增益率是单位代价所获得的信息量，是一种相对的信息量不确定性度量。信息增益率作为测试属性的选择标准，选择最大的属性 a 作为测试属性。

以 ID3 算法思想为核心，C4.5 算法在此基础上重点从以下几个方面进行了改进。

（1）利用信息增益比率作为新的属性判别能力度量，较好地解决了 ID3 算法优先选择具有较多值，而不是最优属性可能导致过拟合的现象。

使用信息增益率能解决问题，也会产生一个新的问题：既然是比率，就不能避免分母为 0 或者非常小（当某个 S_i 接近 S 时出现）的情况，出现这种情况的后果就是要么比率非常大，要么就未定义。为了避免这种情况的出现，可以将信息增益率计算分两步来解决：首先计算所有属性的信息增益，忽略掉结果低于平均值的属性，仅对高于平均值的属性进一步计算信息增益率，从中择优选取分裂属性。

（2）缺失数据的处理思路。在面对缺失数据这一点上，C4.5 算法针对不一样的情况，采取不一样的解决方法。方法如下：

①若某一属性 x 在计算信息增益或者信息增益率过程中，出现某些样本没有属性 x 的情况，C4.5 算法的处理方式：一是直接忽略掉这些样本；二是根据缺失样本占总样本的比例，对属性 x 的信息增益或信息增益率进行相应"打折"；三是将属性 x 的一个均值或者最常见的值赋给这些缺失样本；四是总结分析其他未知属性的规律，补全这些缺失样本。

②若属性 x 已被选为分裂属性，分支过程中出现样本缺失属性 x 的情况，C4.5 算法的处理方式：一是直接忽略这些样本；二是用一个出现频率最高的值或者均值赋给这些样本属性 x；三是直接将这些缺失属性 x 的样本依据规定的比例分配到所有子集中去；四是将所有缺失样本归为一类，全部划分到一个子集中；五是总结分析其他样本，相应地分配一个值给缺失属性 x 的样本。

③若某个样本缺失了属性 x，又未被分配到子集中去，面对这种情况，C4.5 算法的处理方法：一是若存在单独的缺失分支，直接分配到该分支；二是将其直接赋予一个最常见的属性 x 的值，然后进行正常的划分；三是综合分析属性 x 已存在的所有分支，按照一定的概率将其直接分到其中某一类；四是根据其他属性来进行分支处理；五是所有

待分类样本在属性 x 节点处都终止分类，然后依据当前 x 节点所覆盖的叶节点类别，为其直接分配一个概率最高的类。

（3）连续属性的处理思路。

面对连续属性的情况，C4.5 算法的思路是将连续属性离散化，分成不同的区间段，再进行相应的处理。具体处理过程如下：一是按照一定的顺序排列连续属性；二是选取相邻两个属性值的中点作为潜在划分点，计算其信息增益；三是修正划分点计算后的信息增益；四是在修正后的划分点中作出选择，小于均值的划分点可以直接忽略；五是计算最大信息增益率；六是选择信息增益率最大的划分点作为分裂点。

（4）剪枝策略。

C4.5 算法有两种基本剪枝策略：子树替代法和子树上升法。前者的思路是：从树的底部向树根方向，若某个叶节点替代子树后，误差率与原始树很接近，便可用这个叶节点取代整棵子树；后者则是误差率在一定合理范围时，将一棵子树中出现频率最高的子树用以替代整棵子树，使其上升到较高节点处。C4.5 算法虽说突破了 ID3 算法在很多方面的瓶颈，产生的分类规则准确率也比较高、易于理解，但是在核心的思想上还是保持在“信息熵”的范畴，最终仍生成多叉树。同时，其缺点也较为明显：建造树时，训练集要进行多次排序和扫描，所以效率不高。此外，C4.5 算法只能处理驻留于内存的数据集，若训练集过大，超过内存容量时，算法便无能为力了。

2）C4.5 算法建树过程

算法：$\text{C45\_DT}(A,S)$。输入：训练集 S，特征集 A。输出：决策规则集。

C4.5 算法建树步骤[13]如表 3-4 所示。

表 3-4 C4.5 算法建树步骤

步　骤	内　容
1	创建一个节点 N
2	if A 为空，then 以 C 中多数类 c 来标记 N 为叶节点
3	else if S 为空，then 以父节点中的多数类 c 来标记 N 为叶节点
4	else if 决策树深度已经达到了设置的最大值，then 以父节点中的多数类 c 来标记 N 为叶节点
5	else if S 同属一个类别 c，then 以 c 标记 N 为叶节点
6	else 计算并选择 A 中具有最大信息增益率的属性 a 来标记 N；如果 A 中具有连续性的属性，则还需要对其先离散化
7	根据属性 a 的取值 $\{a_i \mid i=1,2,\cdots,n\}$，将训练集 S 横向分割成 n 个子集 $\{S_i \mid i=1,2,\cdots,n\}$
8	递归调用 $\text{C45\_DT}(A-a,S_1)$，$\text{C45\_DT}(A-a,S_2),\cdots$，$\text{C45\_DT}(A-a,S_n)$

递归划分停止的条件与前面 ID3 算法停止的条件相同。

3）C4.5 算法的优缺点

与 ID3 算法相同，C4.5 算法产生的决策规则简单且易懂。此外，C4.5 算法可以处理连续属性。但同时 C4.5 算法也是内存驻留算法，传统 C4.5 算法能处理的数据集规模很小。

4. CART 算法

CART 算法与 ID3 算法和 C4.5 算法不同，它生成的是一棵二叉树。它采用的是一种二分递归分割技术，每次都将当前的数据集分为两个互不相交子集，使得所有非叶节点都只有两个分支，因此，它所生成的决策树结构最简单。

1）分裂属性的选择标准

CART 算法分裂属性的选择标准为 Gini 指数，因为 Gini 指数可以用来衡量分割点的优劣程度。CART 算法选择具有最小 Gini 指数的属性为当前数据集的分裂属性。属性具有的 Gini 指标越小，就表示用该属性划分数据集后，数据越纯，效果越好。

Gini 指标分类方法适用于具有连续性或离散性属性的数据集。

设 S 为具有 s 个样本的数据集，所有样本总共包含 m 个不同的类别 C_i，$i \in \{1,2,\cdots,m\}$，那么 Gini 指标为：

$$\text{Gini}(S)=1-\sum_{i=1}^{m}\left[P_i\right]^2$$

其中，P_i 为样本属性类别 C_i 的概率。

Gini(S) = 0 表示该节点包含的信息量最大；当 Gini(S)最大时，表示该节点包含的信息量最小。

根据 CART 算法构造的是一棵二叉树，所以在 CART 算法中是用 Gini 指标进行二元划分的，对于数据集 S 的任何一个属性 A 的任何一种取值 a，可以将数据集 S 划分成 S_1 和 S_2 两个子集，对应属性 A，Gini 指标的计算式如下：

$$\text{Gini}A(S)=\frac{|S_1|}{|S|}\text{Gini}(S_1)+\frac{|S_2|}{|S|}\text{Gini}(S_2)$$

其中，$|S|$表示数据集 S 的个数。当 Gini$A$(S)最小时，属性 A 就为数据集 S 的最佳分裂属性，S_1 和 S_2 就是按属性 A 的取值 a 对数据集 S 的划分。

2）CART 算法建树过程

算法：$\text{CART\_DT}(A,S)$。输入：训练集 S，特征集 A。输出：决策规则集。

CART 算法建树步骤[13]如表 3-5 所示。

表 3-5　CART 算法建树步骤

步　骤	内　容
1	创建一个节点 N
2	if A 为空，then 返回 C 中多数类 c 来标记 N 为叶节点
3	else if S 为空，then 以父节点中的多数类标记 N 为叶节点。
4	else if 决策树的深度已经达到了设置的最大值，then 以父节点中的多数类标记 N 为叶节点
5	else if S 同属一个类别 c，then 以 c 标记 N 为叶节点
6	else 计算并选择 A 中具有最小 Gini 指标的属性 A_i 来标记 N
7	根据最小 Gini 指标对应的属性 A_i 的取值 a，将训练集 S 分割成两个子集 $\{S_j \mid j=1,2\}$
8	递归调用 $\text{CART\_DT}(A-A_i,S_1)$，$\text{CART\_DT}(A-A_i,S_2)$

递归划分停止的条件：

（1）没有剩余的条件属性可以继续划分。

（2）给定分支的数据集为空。

（3）所有数据集属于同一类。

（4）决策树已经达到设置的最大值。

3）CART 算法的优缺点

CART 算法产生的决策树结构简单、容易理解且准确率高。但是同样，它也是内存驻留算法，在单机环境下只能处理小规模的数据。

3.3 贝叶斯分类

贝叶斯分类是一类分类算法的总称，这类算法均以贝叶斯定理（Bayes theorem）为基础，采用了概率推理方法。贝叶斯分类的原理就是通过计算给定样本在各个类别上的后验概率，然后把该样本判定为最大后验概率所对应的类别。而在计算后验概率的过程中，需要知道数据集中每个类别的先验概率，以及属性的条件概率。类别的先验概率可以通过统计的手段预先知道，而属性的条件概率也可以通过统计的方法或者假定的分布模型来估计[14,15]。

3.3.1 贝叶斯定理

贝叶斯定理在现实中特别有用。这个定理解决了现实生活里经常遇到的问题：已知某条件概率，如何得到两个事件交换后的概率，也就是在已知 $P(A|B)$ 的情况下如何求得 $P(B|A)$。

这里先解释什么是条件概率：表示事件 B 已经发生的前提下，事件 A 发生的概率，称为事件 B 发生下事件 A 的条件概率。其基本求解公式为：

$$P(A|B)=\frac{P(AB)}{P(B)}$$

贝叶斯定理之所以有用，是因为在生活中经常遇到这种情况：可以很容易直接得出 $P(A|B)$，$P(B|A)$ 则很难直接得出，但人们往往更关心 $P(B|A)$，贝叶斯定理打通了从 $P(A|B)$ 获得 $P(B|A)$ 的道路。

下面不加证明地直接给出贝叶斯定理：

$$P(B|A)=\frac{P(A|B)P(B)}{P(A)}$$

贝叶斯定理是概率论中的一个结果，它和随机变量的条件概率及边缘概率分布有关。在有些关于概率的解释中，贝叶斯定理（贝叶斯更新）能够告知如何利用新证据修改已有的看法。

通常，事件 A 在事件 B（发生）的条件下的概率，与事件 B 在事件 A 的条件下的概率是不一样的；然而，这两者是有确定的关系的，贝叶斯定理就是这种关系的陈述。

作为一个规范的原理，贝叶斯定理对于所有概率的解释是有效的；然而，频率主义者和贝叶斯主义者对于在应用中，概率如何被赋值有着不同的看法：频率主义者根据随机事件发生的频率，或者总体样本里面的个数来赋值概率；贝叶斯主义者要根据未知的命题来赋值概率。结果就是，贝叶斯主义者有更多的机会使用贝叶斯定理。

3.3.2 朴素贝叶斯分类原理与流程

朴素贝叶斯分类是贝叶斯分类的一种，朴素贝叶斯分类和贝叶斯分类都有着坚实的数学理论基础，朴素贝叶斯分类与贝叶斯分类相比，后者需要花很大的时间和空间复杂度去计算类条件概率，然而，各条件属性之间的相关性也无法得知，这更加增大了计算的难度，基于这种情况，朴素贝叶斯分类就被提出来了，相比于贝叶斯分类，朴素贝叶斯分类增加了一个条件假设，即类条件独立性假设，该假设假定所有的条件属性在类条件已知的情况下是完全相互独立的，这就大大简化了条件概率的计算复杂性，也使得朴素贝叶斯分类得以快速地推广。

朴素贝叶斯分类器（Naïve Bayes Classifier，NBC）是众多高效的分类器之一，有时也称为朴素贝叶斯模型，它基于贝叶斯理论和贝叶斯网理论，其最大的特点是简单高效。

朴素贝叶斯分类的优缺点如下。

首先，由于属性条件独立性假设，使得 NBC 在处理具有不同属性特点的数据集时也能保持稳定的分类性能，而不用考虑各个属性间的关联。其次，NBC 模型结构简单，需要估计的参数也相对比较少，因此 NBC 在模型训练和数据分类的过程中计算开销也比较小，简单、高效是朴素贝叶斯分类算法的主要优势。

NBC 也存在一定的不足。在实际应用中基本上不可能满足其属性条件独立性的假设，对那些属性间存在高度相关性的数据，如果直接使用 NBC 进行处理，分类效果很难达到实际预期。另外，在需要处理的数据不完整，或者出现极度不平衡数据时可能就会导致某个甚至某些属性的后验概念出现较大偏差，从而影响最终的分类结果。不过，目前已有相关方法解决数据不完整和不平衡数据问题，比如拉普拉斯平滑技术、属性加权方法等。这些方法在一定程度上可以提高 NBC 的性能。

1. 朴素贝叶斯分类原理

朴素贝叶斯的思想基础是这样的：对于给出的待分类项，求解在此项出现的条件下各个类别出现的概率，哪个最大，就认为此待分类项属于哪个类别。通俗来说，就好比你在街上看到一个黑皮肤的人，让你猜他来自哪里，你十有八九猜来自非洲。为什么呢？因为黑皮肤的人中非洲人的比率最高，当然他也可能是亚洲人或美洲人，但在没有其他可用信息下，会选择条件概率最大的类别，这就是朴素贝叶斯的思想基础。

朴素贝叶斯分类的正式定义如下：

（1）设 $x=\{a_1,a_2,\cdots,a_m\}$ 为一个待分类项，而每个 a 为 x 的一个特征属性。

（2）有类别集合 $C=\{y_1,y_2,\cdots,y_n\}$。

（3）计算 $P(y_1|x),P(y_2|x),\cdots,P(y_n|x)$。

（4）如果 $P(y_k|x)=\max\{P(y_1|x),P(y_2|x),\cdots,P(y_n|x)\}$，则 $x\in y_k$。

现在的关键就是如何计算上述（3）中的各个条件概率。可以这么做：

① 找到一个已知分类的待分类项集合，这个集合叫作训练样本集。

② 统计得到在各类别下各个特征属性的条件概率估计。即：

$$P(a_1|y_1),P(a_2|y_1),\cdots,P(a_m|y_1);P(a_1|y_2),P(a_2|y_2),\cdots,P(a_m|y_2);\cdots;P(a_1|y_n),P(a_2|y_n),\cdots,P(a_m|y_n)$$

③ 如果各个特征属性是条件独立的，则根据贝叶斯定理有如下推导：

$$P(y_i|x)=\frac{P(x|y_i)P(y_i)}{P(x)}$$

因为分母对于所有类别为常数，只要将分子最大化皆可。又因为各特征属性是条件独立的，所以有：

$$P(x|y_i)P(y_i)=P(a_1|y_i)P(a_2|y_i)\cdots P(a_m|y_i)P(y_i)=P(y_i)\prod_{j=1}^{m}P(a_j\mid y_i)$$

2. 朴素贝叶斯分类流程

整个朴素贝叶斯分类可分为三个阶段：

第一阶段是准备工作阶段，这个阶段的任务是为朴素贝叶斯分类做必要的准备，主要工作是根据具体情况确定特征属性，并对每个特征属性进行适当划分，然后由人工对一部分待分类项进行分类，形成训练样本集。这一阶段的输入是所有待分类数据，输出是特征属性和训练样本。这一阶段是整个朴素贝叶斯分类中唯一需要人工完成的阶段，其质量对整个过程将有重要影响，分类器的质量在很大程度上由特征属性、特征属性划分及训练样本质量决定。

第二阶段是分类器训练阶段，这个阶段的任务就是生成分类器，主要工作是计算每个类别在训练样本中的出现频率及每个特征属性划分对每个类别的条件概率估计，并将结果进行记录。其输入是特征属性和训练样本，输出是分类器。这一阶段是机械性阶段，可以由程序自动计算完成。

第三阶段是应用阶段。这个阶段的任务是使用分类器对分类项进行分类，其输入是分类器和待分类项，输出是待分类项与类别的映射关系。这一阶段也是机械性阶段，由程序完成。

根据上述分析，朴素贝叶斯分类的流程可以由图 3-4 表示。

3. 朴素贝叶斯分类应用实例

朴素贝叶斯分类在实际生活中的应用很广，如天气预报、金融投资、保险业等。下面介绍朴素贝叶斯分类在商业中的应用，训练样本如表 3-6 所示，该应用中收集的数据是关于客户购买电脑的可能性，通过对客户有用指标的统计，并利用朴素贝叶斯分类模型进行计算和分析，得出相应的结果。训练样本有 4 个关键属性：A={年龄，收入，是否学生，信用评级}，类标签属性 C 为是否会购买电脑，C 有两个不同的值，分别为“是”和“否”。

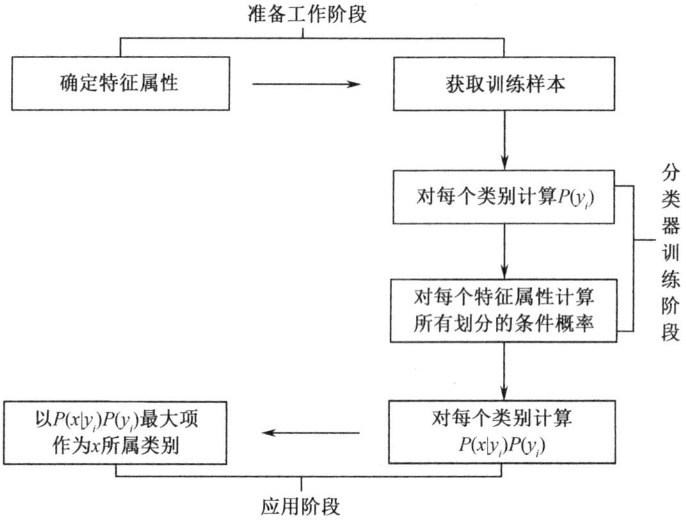

图 3-4　朴素贝叶斯分类的流程图

表 3-6　“电脑购买预测”的训练样本

年　龄	收　入	是否学生	信用等级	是否购买电脑
<=30	高	否	一般	否
<=30	高	否	一般	否
31～40	高	否	一般	是
>40	中等	否	很好	是
>40	低	是	一般	是
>40	低	是	很好	否
31～40	低	是	很好	是
<=30	中等	否	一般	否
<=30	低	是	一般	是
>40	中等	是	一般	是
<=30	中等	是	很好	是
31～40	中等	否	很好	是
31～40	高	是	一般	是
>40	中等	否	很好	是

待预测样本 X=(年龄=“<=30”，收入=“中等”，是否学生=“是”，信用等级=“一般”)。

由表格中数据可知：

P（年龄=“<=30”|是否购买电脑=“是”）= 2/9 = 0.222

P（年龄=“<=30”|是否购买电脑=“否”）= 3/5 = 0.6

P（收入=“中等”|是否购买电脑=“是”）= 4/9 = 0.444

P（收入=“中等”|是否购买电脑=“否”）= 2/5 = 0.4

P（是否学生=“是”|是否购买电脑=“是”）= 6/9 = 0.667

P（是否学生=“是”|是否购买电脑=“否”）= 1/5 = 0.2

P（信用等级=“一般”|是否购买电脑=“是”）= 6/9 = 0.667

P（信用等级=“一般”|是否购买电脑=“否”）= 2/5 = 0.4

$P(X|C_i)$：

P（X|是否购买电脑=“是”）= 0.222 × 0.444 × 0.667 × 0.667 = 0.044

P（X|是否购买电脑=“否”）= 0.6 × 0.4 × 0.2 × 0.4 = 0.019

$P(X|C_i)\times P(C_i)$:

P（是否购买电脑=“是”）= 9/14 = 0.643

P（是否购买电脑=“否”）= 5/14 = 0.357

P（X|是否购买电脑=“是”）× P（是否购买电脑=“是”）= 0.044 × 0.643 = 0.028

P（X|是否购买电脑=“否”）× P（是否购买电脑=“否”）= 0.019 × 0.357 = 0.007

X 属于类“是否购买电脑‘是’”。

在现实生活中，类似这样的例子还有很多。只要分好预测样本，运用好贝叶斯定理，就可取得相应的结果。

3.3.3 贝叶斯分析

贝叶斯分析的思路对于由证据的积累来推测一个事物发生的概率具有重大作用，它告诉我们，当要预测一个事物，需要的是首先根据已有的经验和知识推断一个先验概率，然后在新证据不断积累的情况下调整这个概率。整个通过积累证据来得到一个事件发生概率的过程称为贝叶斯分析。

贝叶斯分析中的三要素，即贝叶斯统计三要素，一要素是先验概率 $P(A)$，二要素是条件概率 $P(A|B)$，最终得到三要素即后验概率 $P(B|A)$。在不同的问题中通常有侧重点，很多时候都在忽略先验概率的作用，比如描述一个人很书呆子气让你判断他是大学老师还是销售员的经典案例（要看先验大学老师还是销售员哪个多）。但是有时候也不理解条件概率，比如著名的辛普森案，为了证明辛普森有杀妻之罪，检方说辛普森之前家暴，而辩护律师说，美国有 400 万女性被丈夫或男友打过，而其中只有 1432 人被杀，概率是 2800 分之一。这其实是误用了后验概率，这里的条件是被杀且有家暴，而要推测的事件是凶手是男友（事实上概率高达 90%），这才是贝叶斯分析的正当用法，而辩护律师却完全在混淆条件与要验证的假设。

理解贝叶斯分析最好的方法即图像法，如图 3-5 所示。这里的 A（圈 AB 的左边为 A）的面积即先验，后验是阴影占圈 B（圈 AB 的右边为 B）的百分比。

贝叶斯分析可以瞬间理解一些常用的理论，如幸存者偏差，你发现一些没读过书的人很有钱，事实是你发现时他们就已经是幸存者了（对应图 3-5 中圈 A）。还有阴谋论，阴谋论的特点是条件很多很复杂，但是条件一旦成立，结论几乎成立，你一旦考虑了先验，这些条件成立本身就很困难，阴谋论就不攻自破了。

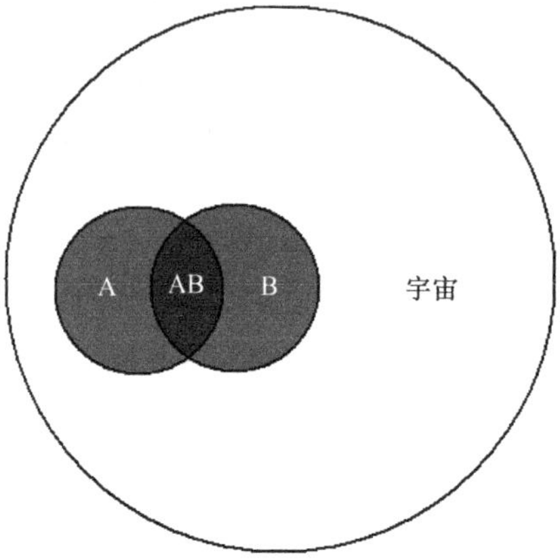

注：图中圈 A 和圈 B 的面积，很少在开始就知道，这才是应用中的难点。

图 3-5 贝叶斯分析的图像法

此处贝叶斯分析的框架也在教导我们如何处理特例与一般常识的规律。如果太注重特例（完全不看先验概率），很有可能会误把噪声看作信号，而奋不顾身地跳下去。而如果恪守先验概率，就会成为无视变化而墨守成规的人。

3.3.4 贝叶斯决策

在贝叶斯统计分析的基础上，可引出一个更核心的概念——贝叶斯决策。贝叶斯决策主要包含 4 个部分：数据（D）、假设（W）、目标（O）和决策（S）。

此处的数据即证据，假设是要验证的事实，目标是最终要取得优化的量，决策是根据目标得到的最后行为。贝叶斯决策步骤如表 3-7 所示。

表 3-7 贝叶斯决策步骤

步　骤	内　容
1	厘清因果链条，确定哪个是假设，哪个是证据
2	给出所有可能假设，即假设空间
3	给出先验概率
4	根据贝叶斯概率公式求解后验概率，得到假设空间的后验概率分布
5	利用后验概率求解条件期望，得到条件期望最大值对应的行为

贝叶斯决策如果一旦变成自动化的计算机算法，它就是机器学习。用贝叶斯决策诠释一个最简单的机器学习分类算法，这就是朴素贝叶斯。

3.4 支持向量机

支持向量机（Support Vector Machine，SVM）是由 Cortes 和 Vapnik 等人于 20 世纪 90 年代，根据统计学习理论中的结构风险最小化原则提出的一种经典的机器学习方法，现已发展为机器学习领域的一个重要分支。它在有限训练样本的学习精度和泛化能力（无错误地识别任意样本的能力）之间取得良好的平衡，从而获得较好的推广应用[16]。目前，在模式识别方面，SVM 已被应用于手写数字识别、语音鉴定、目标识别和照片人脸识别等分类中；在回归估计方面，SVM 被应用到一系列预测结果的基准实践中。

在多数情况下，SVM 的表现都优于其他机器学习方法的表现。尤其是在密度估计和方差分析（Analysis of Variance，ANOVA）分解中的应用，更加表现出了 SVM 的优势。

3.4.1　支持向量机主要思想

SVM 主要思想是针对两类分类问题的，寻找一个超平面作为两类训练样本点的分割，以保证最小的分类错误率。在线性可分的情况下，存在一个或多个超平面使得训练样本完全分开，SVM 的目标是找到其中的最优超平面，最优超平面是使得每一类数据与超平面距离最近的向量与超平面之间的距离最大的平面；对于线性不可分的情况，可使用非线性核函数将低维输入空间线性不可分的样本转化为高维特征空间，从而使其线性可分。

3.4.2　支持向量机基础理论

通俗来讲，SVM 是一种二类分类模型，其基本模型定义为特征空间上的间隔最大的线性分类器，即 SVM 的学习策略便是间隔最大化，最终可转化为一个凸二次规划问题的求解。

支持向量机的理论有三个要点[17]，即：

（1）最大化间隔。

（2）核函数。

（3）对偶理论。

下面先简单介绍一下这些要点。

1. 最大化间隔

在样本线性可分的情况下，可行的分类超平面可能会有很多，如图 3-6 中的 L_1、L_2 和 L_3。

那么怎么选择一个最好的呢？从图 3-6 可以直观地看出，L_2 比另外两条分界线要更好，这是因为 L_2 离样本的距离更远一些，让人觉得确信度更高。这好比人（相当于样本）站得离悬崖边（分类边界）越远，人就会感到越安全（分类结果是安全还是危险）。从统计的角度讲，由于正负样本可以看作从两个不同的分布随机抽样而得，分类边界与两个分布的距离越大，抽样出的样本落在分类边界另一边的概率就会越小。

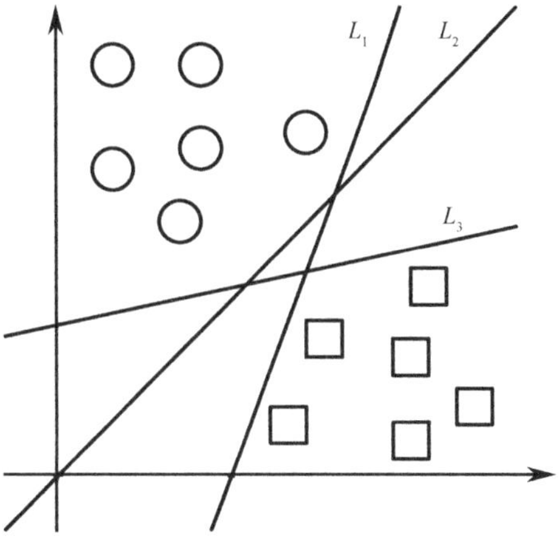

图 3-6　线性可分的情况下可行的分类超平面

SVM 正是基于这种直观思路来确定最佳分类超平面的：通过选取能够最大化类间间隔的超平面，得到一个具有高确信度和泛化能力的分类器，即最大间隔分类器。

1）间隔

既然 SVM 的目标是最大化间隔，便要先对“间隔”进行定义。所谓间隔，就是分类超平面与所有样本距离的最小值，表示为：

$$\gamma = \min\{\mathrm{dist}(l, x_i), i = 1, 2, \cdots, N\}$$

其中，l 表示分类超平面，N 为样本个数，x_i 为第 i 个样本。接下来还需要定义样本到超平面的“距离” $\mathrm{dist}(l, x)$。

假设任意一个样本点 x_0，其在分类超平面上的投影记作 $\widehat{x_0}$。对于分类超平面 $(\boldsymbol{w}^{\mathrm{T}} x + b) = 0$，知道它的法向量是 $\boldsymbol{w}$，法向量的方向可以由法向量除以其模长所得：$\frac{\boldsymbol{w}}{\|\boldsymbol{w}\|}$。将 $\mathrm{dist}(l, x_i)$ 记为 d（$d \geqslant 0$），则可以得到：

$$x_0 - \widehat{x_0} = d \frac{\boldsymbol{w}}{\|\boldsymbol{w}\|}$$

等式两边同时左乘 $\boldsymbol{w}^{\mathrm{T}}$ 并加上 b，并且利用超平面上的点 $\boldsymbol{w}^{\mathrm{T}} \widehat{x_0} = 0$ 的性质，可以得到：

$$d = \frac{\boldsymbol{w}^{\mathrm{T}} x + b}{\|\boldsymbol{w}\|}$$

记 $y \in \{-1, 1\}$ 为分类标签，由于 $y(\boldsymbol{w}^{\mathrm{T}} x + b) = \|\boldsymbol{w}^{\mathrm{T}} x + b\|$，可以以此消去上式的绝对值。

综上所述，可以得到对于分类超平面 l 和 N 个样本 x_i 的“间隔”的表达式：

$$\gamma = \min\left\{\frac{y_i(\boldsymbol{w}^{\mathrm{T}} x_i + b)}{\|\boldsymbol{w}\|}, i = 1, 2, \cdots, N\right\}$$

2）最大化

有了上述定义的间隔，接下来就是求解能使间隔最大化的参数 $\boldsymbol{w}$ 和 b，即求解以下优化函数：

$$\max_{w,b} \gamma = \min\left\{\frac{y_i(\boldsymbol{w}^{\mathrm{T}} x_i + b)}{\|\boldsymbol{w}\|}, i = 1, 2, \cdots, N\right\}$$

令 $\frac{y_0(\boldsymbol{w}^{\mathrm{T}} x_0 + b)}{\|\boldsymbol{w}\|} = \gamma$，上述优化函数也可以写成如下等价的形式：

$$\max_{w,b} \frac{y_0(\boldsymbol{w}^{\mathrm{T}} x_0 + b)}{\|\boldsymbol{w}\|}$$

$$\text{s.t.} \quad y_i(\boldsymbol{w}^{\mathrm{T}} x_i + b) \geqslant y_0(\boldsymbol{w}^{\mathrm{T}} x_0 + b), \ i = 1, 2, \cdots, N$$

其中的约束条件是为了满足对“间隔”的定义。

2. 核函数

核函数的定义如下。

设 s 是输入空间（欧氏空间或离散集合），H 为特征空间（希尔伯特空间），如果存在一个从 s 到 H 的映射 $\varphi(x): s \to H$。使得对所有的 x，$z \in s$，函数 $K(x,z)=\varphi(x)\cdot\varphi(z)$，则称 $K(x,z)$ 为核函数，$\varphi(x)$ 为映射函数，$\varphi(x)\cdot\varphi(z)$ 为 x，z 映射到特征空间上的内积。由于映射函数十分复杂，难以进行计算，在实际中，通常都是使用核函数来求解内积，其计算复杂度并没有增加，映射函数仅仅作为一种逻辑映射，表征着输入空间到特征空间的映射关系。

常用的核函数主要有以下几种。

（1）线性（Liner）核函数：

$$k(x,y)=\boldsymbol{x}^{\mathrm{T}}y$$

（2）多项式（Polynomial）核函数：多项式核函数经常表示非线性的特征映射，常用的形式为：

$$k(x,y)=\left(\boldsymbol{x}^{\mathrm{T}}y+c\right)^{q},q\in N,c\geqslant 0$$

（3）高斯（Gaussian）核函数（又称为径向基函数，RBF）：在支持向量机的研究与应用中最常用的一个核函数。

$$k(x,y)=\exp\left(-\frac{\|x-y\|^{2}}{2\delta^{2}}\right),\ \delta>0$$

$$k(x,y)=\exp\left(-\lambda\|x-y\|^{2}\right),\ \lambda>0$$

（4）指数型径向基核函数：

$$k(x,y)=\exp\left(-\frac{\|x-y\|}{2\delta^{2}}\right),\ \delta>0$$

当所讨论的问题是不连续的，即离散点时，它所表示的便可应用于产生一个线性的分段解。

（5）Sigmoid（或2层感知机）：

$$k(x,y)=\tanh\left(a(x,z)+v\right),a>0;v>0$$

其中，a 是一个标量，v 为位移参数。此时，SVM 是包含一个隐层的多层感知器，隐层节点数由算法自动确定。

（6）傅里叶（Fourier）核函数：

$$k(x,y)=\frac{\left(1-q^{2}\right)(1-q)}{2\left(1-2q\cos(x-y)+q^{2}\right)},0<q<1$$

此外，还有条件正定核函数(CPD 核函数)[18]：

$$k(x,y)=-\|x-y\|^{q}+1,0<q\leqslant 2$$

它并不满足 Mercer 条件，但却可以用于核学习方法中。另外还有样条核函数及张量积核函数等。

3. 对偶理论（Duality Theory）

1947 年，美籍匈牙利数学家冯·诺依曼创立了对偶理论。线性规划（Linear Programming，LP）是运筹学中研究较早、发展较快、应用广泛、方法较为成熟的一个重要分支，它是辅助人们进行科学管理的一种数学方法，是研究线性约束条件下线性目标函数的极值问题的数学理论和方法。线性规划中普遍存在配对现象，即对每一个线性规划问题，都存在另一个与它有密切关系的线性规划问题，其中之一称为原问题，而另一个称它的对偶问题。对偶理论就是研究线性规划中原问题与对偶问题之间关系的理论。对偶问题有许多重要的特征，它的变量能提供关于原问题最优解的许多重要资料，有助于原问题的求解和分析。对偶问题与原问题之间存在的具体关系如表 3-8 所示。

表 3-8　对偶问题与原始问题之间的关系

	关　系
1	目标函数对原问题是极大化，对对偶问题则是极小化
2	原问题目标函数中的收益系数是对偶问题约束不等式中的右端常数，而原问题约束不等式中的右端常数则是对偶问题中目标函数的收益系数
3	原问题和对偶问题约束不等式的符号方向相反
4	原问题约束不等式系数矩阵转置后即为对偶问题约束不等式的系数矩阵
5	原问题的约束方程数对应于对偶问题的变量数，而原问题的变量数对应于对偶问题的约束方程数
6	对偶问题的对偶问题是原问题，这一性质被称为原问题和对偶问题的对称性。对偶定理包括弱对偶定理、强对偶定理、最优准则定理、互补松弛定理、松弛定理等

原—对偶优化方法如下。

1）凸优化问题

$$\min f(x)$$
$$\text{s.t.}\quad \omega_i(x)\leqslant 0, i=1,2,\cdots,m; \upsilon_j=0; j=1,2,\cdots,p$$

对于如上线性优化问题，若 $f(x)$，$\omega(x)$ 是凸函数，可行解集合 x 是可行域 F 上的凸集，则称这类优化问题为凸优化问题。

凸优化问题是线性规划中一种重要的特殊情形，它具有很好的性质。如果凸规划的目标函数是严格凸函数，又存在极小点，那么它的极小点是唯一的，局部极小点就是全局极小点。

2）原—对偶算法

网络问题一般被视为具有特殊限制式结构的线性规划问题。因此，一般用来求解线性规划问题的方法亦可被应用于求解网络问题。原—对偶算法（Primal-Dual Algorithm）作为一种解决复杂调度和整数规划问题的有效方法，已经被成功应用于网络调度问题。它的灵活性为许多问题提供适当的解决方案，已成为如整数规划、线性规划、组合优化和非线性规划等最优化问题的一个最好的解决工具。应用原—对偶算法的前提条件是待求解优化问题必须是严格的凸优化问题。其核心思想是设计算法通过求解原优化问题的对偶问题，来得到原问题的最优解。

采用子梯度算法来求解对偶问题，现对算法基本流程表述如下。

（1）用拉格朗日松弛法对造成原问题不易解决的约束条件进行松弛，并使得目标函数仍保持线性，令 λ,η 为拉格朗日乘子，其中要求满足 $\lambda \geqslant 0$，则对原问题松弛后的拉格朗日函数如下：

$$L(x,\lambda,\eta)=f(x)+\sum_{i=1}^{m}\lambda_i\omega_i(x)+\sum_{\eta=1}^{p}\eta_i v_i(x)$$

（2）求原问题的对偶问题，并推知 $x^*(\lambda,\eta)=\arg\inf_{x\epsilon D} L(x,\lambda,\eta)$，对偶问题为：

$$\max\ g(\lambda,\eta)$$
$$\text{s.t.}\quad \lambda \geqslant 0$$

（3）子梯度法求解对偶问题。

和其他数学优化方法相比，原—对偶算法具有一些不可比拟的优点。最突出的特点是通过使用拉格朗日乘法原则放松了原数学模型中的约束条件，这样可以把原问题中耦合在一起的原变量分离，把复杂的原问题分成几个独立且易解决的子问题进行求解，降低算法的复杂度，能够实现分布式计算。

接下来介绍一下损失函数和结构风险最小化。

4. 几种常用的损失函数

1）l_p 损失函数

$$l(f,y)=\|f(x)-y\|_p$$

其中，$p\geqslant 1$，$\|\cdot\|_p$ 表示 l_p 范数。显然常用的平方损失和绝对值损失是 l_p 损失函数的特例。在回归问题中，平方损失因其光滑性有着广泛的应用（如最小二乘法估计）。而近年来，由于计算能力的改进，绝对值损失也因其良好的稳健性而逐渐成为热点（如最小一乘法估计）。

2）$\in$-不灵敏损失函数

$$l(f,y)=\max\left(|f(x)-y|-\in,0\right)$$

支持向量机（SVM）就是采用上述损失函数的一种处理高维问题的学习算法。

3）logistic 损失函数

$$l(f,y)=\ln\left(1+\mathrm{e}^{-yf(x)}\right)$$

logistic 损失函数多用于分类问题的研究。近期研究发现，AdaBoost 可以看成采用上述损失函数的函数空间的梯度下降算法[19]。

5. 结构风险最小化

结构风险最小化思想：首先，把函数集分解为一个函数子集序列，使各个子集能够按照复杂性大小排列，也就是按照 VC 维（Vapnik-Chervonenkis Dimension）大小排列，这样在同一个子集中置信范围就相同。其次，在每个子集中寻找最小经验风险，通常它随着子集复杂度的增加而减少。最后，选择最小经验风险与置信范围之和最小的子集，就可以达到期望风险的最小，这个子集中使经验风险最小的函数就是要求的最优函数。

结构风险最小化原则为我们提供了一种不同于经验风险最小化的更科学的学习机器设计原则。但是，实施这一原则却非常困难，关键是如何构造函数子集结构。遗憾的是，目前尚无关于如何构造预测函数子集结构的一般性理论。支持向量机是一种比较好的实现结构风险最小化思想的方法。

3.4.3　支持向量机原理

1. 支持向量机（SVM）

支持向量机（SVM）是一种分类算法，通过寻求结构化风险最小来提高学习机泛化能力，实现经验风险和置信范围的最小化，从而达到在统计样本量较少的情况下，亦能获得良好统计规律的目的。

也可以这么表达，SVM 是一种以统计学习理论为基础，具有较好的分类能力和泛化能力的分类算法。SVM 主要有以下 3 种情况[20]。

1）线性可分情况

设训练集 $T=\{(x_1\cdot y_1),\cdots,(x_i\cdot y_i)\}\in(x\times y)^l$，其中，$x_i\in x\in R^n$，$y_i\in y\in\{-1,1\}$，$i=1,2,\cdots,l$，如果存在 $w\in R^n$，$b\in R$ 和正数 ξ，使得对于所有使 $y_i=1$ 下标 i，都有 $(w\cdot x_i)+b\geqslant\xi$。而对于所有使 $y_i=-1$ 的下标 i，都有 $(w\cdot x_i)+b\leqslant\xi$，那么称该训练集 T 是线性可分的，其对应的分类问题也是线性可分的，如图 3-7 所示。

图 3-7 中的圈和叉代表待分类的两类样本，H 就是要求的最优分类超平面，H_1 和 H_2 是与最优分类面平行的直线，且分别通过这两类样本里距离 H 最近的样本点。从图 3-7 可以看出，在 H_1 和 H_2 之间可以有很多条直线与它们平行，但是能够保证两类样本之间的最近距离最大的却只有最优分类超平面。

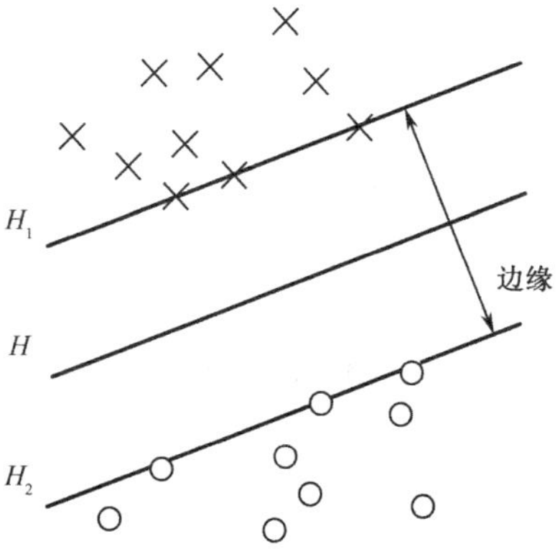

图 3-7　线性可分情况

SVM 是一种有监督的机器学习算法，即需要通过对训练样本进行训练得到 SVM，获得最优分类超平面，然后根据训练结果进行分类。由图 3-7 可知，有分类能力的平面表述如下：

$$(w\cdot x)+b=0$$

$$\text{s.t. } (w\cdot x_i)+b\geqslant 0, y_i=1$$

$$(w\cdot x_i)+b<0, y_i=-1$$

可以看出，分类间隔是 $\dfrac{2}{\|w\|}$，要使得分类间隔最大，那么需要 $\|w\|$ 尽可能小，因此最优分类超平面可以通过求解下式得到：

$$\min\frac{1}{2}\|w\|^2$$

$$\text{s.t. } y_i\left(\left(w\cdot x_i\right)+b\right)\geqslant 1,\ \ i=1,2,\cdots,l$$

将其转化成对偶形式：

$$\min\frac{1}{2}\sum_{i=1}^{l}\sum_{j=1}^{l}y_i y_j a_i a_j\left(x_i\cdot x_j\right)-\sum_{j=1}^{l}a_j$$

$$\text{s.t. } \sum_{i=1}^{l}y_i a_i=0$$

$$a_i\geqslant 0,\ \ i=1,2,\cdots,l$$

求解得到拉格朗日系数的值 a^*，则 $w^*=\sum_{i=1}^{l}y_i a_i^* x_i$，选取 a^*的一个正分量a_j^*，并据此计算$b^*=y_j-\sum_{i=1}^{l}y_i a_i^*\left(x_i\cdot x_j\right)$，此时的分类函数为：

$$f\left(x\right)=\operatorname{sgn}\left(\left(w^*\cdot x\right)+b^*\right)$$

2）线性不可分情况

线性可分就是在样本存在的空间中，可以找到可能正确划分训练样本的最优分类超平面。但在现实世界中，得到的样本所组成的训练样本集往往都无法找到这样一个使得所有训练样本关于分类超平面的间隔都是正值的分类超平面。然而仍然希望找到一个超平面，那么就必须适当软化条件，允许存在不满足约束条件$y_i\left(\left(w\cdot x_i\right)+b\right)\geqslant 1$的样本。因此，最优分类超平面的求解就表述为：

$$\min\frac{1}{2}\|w\|^2+c\sum_{i=1}^{l}\xi_i$$

$$\text{s.t. } y_i\left(\left(w\cdot x_i\right)+b\right)\geqslant 1-\xi_i$$

$$\xi_i\geqslant 0, i=1,2,\cdots,l$$

将其转化为对偶形式为：

$$\frac{1}{2}\sum_{i=1}^{l}\sum_{j=1}^{l}y_i y_j a_i a_j\left(x_i\cdot x_j\right)-\sum_{j=1}^{l}a_j$$

$$\text{s.t. } \sum_{i=1}^{l}y_i a_i=0$$

$$0\leqslant a_i\leqslant c, i=1,2,\cdots,l$$

求解得到拉格朗日系数的值 a^*，则 $w^*=\sum_{i=1}^{l}y_i a_i^* x_i$，选取 a^*的一个小于 c 的正分量 a_j^*，并据此计算$b^*=y_j-\sum_{i=1}^{l}y_i a_i^*\left(x_i\cdot x_j\right)$，此时的分类函数为：

$$f\left(x\right)=\operatorname{sgn}\left(\left(w^*\cdot x\right)+b^*\right)$$

对于那些需要软化的条件，将它们分为两类：一类是虽不满足 KKT（Karush-Kuhn-Tucker）条件但是可以被正确划分的点；另一类是不满足 KKT 条件也不能被正确划分的点。对于第一类点，通过调整惩罚参数 c 来使松弛变量 ξ_i 不取太大的值；对于第二类点，由于该类点往往无法对提高分类器性能提供任何帮助，还会使得分类器的计算负担大大增加，造成过学习现象，因此应该剔除掉。

遇到线性不可分时，常用做法是把样例特征映射到高维空间中去，如图 3-8 所示。

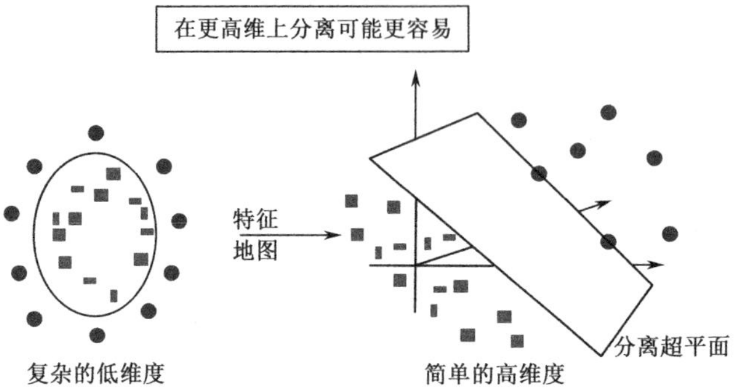

图 3-8　样例特征映射到高维空间

线性不可分映射到高维空间，可能会导致维度大小高到可怕的程度，导致计算复杂。核函数的价值在于它虽然也是将特征从低维到高维转换，但核函数事先在低维上进行计算，而将实质上的分类效果表现在了高维上，这避免了直接在高维空间中的复杂计算。

3）非线性可分情况

即便是引入了松弛变量，用直线划分有些问题还是存在很大的误差，即输入空间中不存在该问题的线性分类超平面，这种问题叫非线性可分问题。处理这类问题时，通过某种映射使得训练样本线性可分，即将输入空间映射到高维空间中后，通过训练支持向量机得到该问题在高维空间中的最优分类超平面，解决该类分类问题。

设原问题对应输入空间 R^n 的训练集为：

$$T=\{(x_1\cdot y_1),\cdots,(x_i\cdot y_i)\}$$

则对应的高维空间的新训练集为：

$$T=\{(\phi(x_1)\cdot y_1),\cdots,(\phi(x_i)\cdot y_i)\}$$

于是相应特征空间的原问题为：

$$\min\frac{1}{2}\|w\|^2+c\sum_{i=1}^{l}\xi_i$$

$$\text{s.t. } y_i((w\cdot x_i)+b)\geqslant 1-\xi_i$$

$$\xi_i\geqslant 0, i=1,2,\cdots,l$$

转化为对偶问题为：

$$\min \frac{1}{2}\sum_{i=1}^{l}\sum_{j=1}^{l} y_i y_j a_i a_j K\left(x_i \cdot x_j\right) - \sum_{j=1}^{l} a_j$$

$$\text{s.t.} \ \sum_{i=1}^{l} y_i a_i = 0$$

$$0 \leqslant a_i \leqslant c, i = 1, 2, \cdots, l$$

其中，$K\left(x_i \cdot x_j\right) = \phi\left(x_i\right) \cdot \phi\left(x_j\right)$。

求解得到拉格朗日系数的值 a^*，则 $w^* = \sum_{i=1}^{l} y_i a_i^* x_i$，选取 a^*的一个正分量 a_j^*（支持向量），并据此计算 $b^* = y_j - \sum_{i=1}^{l} y_i a_i^* K\left(x_i \cdot x_j\right)$。

2．支持向量机（SVM）的优点

（1）SVM 学习问题可以表示为凸优化问题，因此可以利用已知的有效算法发现目标函数的全局最小值。而其他分类方法（如基于规则的分类器和人工神经网络）都采用一种基于贪心学习的策略来搜索假设空间，这种方法一般只能获得局部最优解。

（2）假设现在你是一个农场主，圈养了一批羊群，但为预防狼群袭击羊群，你需要搭建一个篱笆来把羊群围起来。但是篱笆应该建在哪里呢？你很可能需要依据羊群和狼群的位置建立一个“分类器”，图 3-9 是几种不同的分类器解决方案。

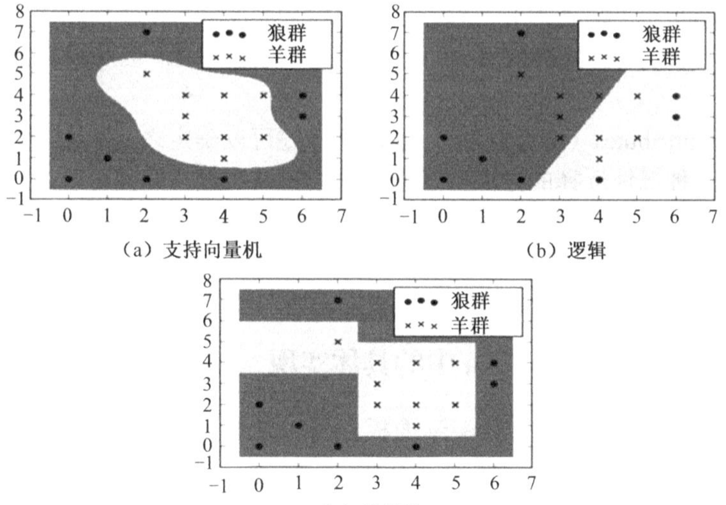

（a）支持向量机　　（b）逻辑

（c）决策树

图 3-9 几种不同的分类器解决方案

比较图 3-9 中这几种不同的分类器，可以看到支持向量机（SVM）完成了一个很完美的解决方案。这从侧面简单说明了支持向量机（SVM）使用非线性分类器的优势，而逻辑模式及决策树模式都使用了直线方法。明显看出，支持向量机的方案要好过其他两种方案。

3.5 实战：决策树算法在 Weka 中的实现

3.5.1 Weka 探索者图形用户界面

Weka（Waikato Environment for Knowledge Analysis）作为一个公开的数据挖掘工作平台，集合了大量能承担数据挖掘任务的机器学习算法，包括对数据进行预处理、分类、回归、聚类、关联规则及在新的交互式界面上的可视化。

开始将数据载入 Explorer（探索者）并分析，启动 Weka 进入 Weka GUI Chooser 画面，从右侧 Applications 中的 Explorer 选项进入图形用户界面。

通过 Weka 的主要图形用户界面 Explorer（探索者）的菜单选择或表单填写的方式，Weka 的所有功能皆可以被访问到。

在 Weka Explorer 下方依次有 6 个不同标签显示了 Weka 中 6 个不同的功能（不同的软件版本可能有着不同的标签），分别对应如下情况。

（1）Preprocess（预处理）：在此项标签中通过“Open File”载入数据集，对数据集做预处理工作，同时也可使用 Filter 功能。

（2）Classify（分类）：对数据集进行分类操作，并做出预测评估。

（3）Cluster（聚类）：学习数据集的聚类，并且测量对应训练数据的聚类的对数似然，一般来说，对数似然越大就说明模型和数据拟合越好。

（4）Associate（关联规则）：学习数据的关联规则并对其进行评估，此面板相对于 Classify 和 Cluster 来说更简单，只有 3 种算法来确定规则，但还没有评估这些规则的手段。

（5）Select attributes（选择属性）：通过此标签可以确定之前载入的数据集中相关的属性。这里有几种属性选择的方法可以通过此按钮来实现，并且可以通过右键单击历史列表中的条目来将对应的数据集可视化（Visualize Reduced Data）。

（6）Visualize（可视化）：查看不同的二维数据点图并与其互动，并且帮助用户可视化一个数据集，但它并不是指某个分类或聚类模型的结果，而是指数据集本身。

3.5.2 决策树算法在 Weka 中的具体实现

通过 Weka Explorer 上的 Classify 面板，可以选择学习算法，Weka 中的分类器包括贝叶斯（Bayes）分类器、决策树（Trees）、规则（Rules）、函数（Functions）、懒惰（Lazy）分类器及一个最终的杂项类（Misc.）分类器。表 3-9 展示了其中的决策树分类器。

表 3-9 Weka 中的决策树分类器

名　称	功　能
ADTree	构造交互决策树
Decision Stump	构造单级决策树
Id3	ID3 算法，经典的决策树算法之一

续表

名　　称	功　　能
J48	C4.5 算法，经典的决策树算法之一
LMT	Logistic 模型树
M5P	M5 模型树
NBTree	采用 Native Bayes 分类器建立的一个决策树
Random Forest	建立随机森林
Random Tree	建立随机树
REPTree	一个减少
User Classifier	自己构造的决策树

从表 3-9 中的决策树分类器中可以看出 Weka 如何实现了 C4.5 算法。启动 Weka Explorer 图形用户界面，在数据预处理标签“Open file”选项下可以从 arff 文件中读取训练数据集，在此，选择 weather nominal 训练集使用 Weka 提供的 J48（C4.5）算法进行测试[21]，weather nominal 数据如表 3-10 所示。

表 3-10　weather nominal 数据

Attribute / NO.	Outlook	Temperature	Humidity	Windy	Play
1	sunny	hot	high	FALSE	no
2	sunny	hot	high	TRUE	no
3	overcast	hot	high	FALSE	yes
4	rainy	mild	high	FALSE	yes
5	rainy	cool	normal	FALSE	yes
6	rainy	cool	normal	TRUE	no
7	overcast	cool	normal	TRUE	yes
8	sunny	mild	high	FALSE	no
9	sunny	cool	normal	FALSE	yes
10	rainy	mild	normal	FALSE	yes
11	sunny	mild	normal	TRUE	yes
12	overcast	mild	high	TRUE	yes
13	overcast	hot	normal	FALSE	yes
14	rainy	mild	high	TRUE	no

首先，从“Open file”读取该训练集，在 Attribute 一栏中会显示出该数据集的各个属性，同时列出属性的统计特性，并以直方图的方式显示出来。weather nominal 训练集的 5 个属性分别对应表 3-10 中的属性，并以直方图统计的方式显示。

通过 Weka Explorer 上的 Classify 面板，选择（Choose）J48（C4.5）算法对该数据集进行处理，结果如图 3-10 所示。

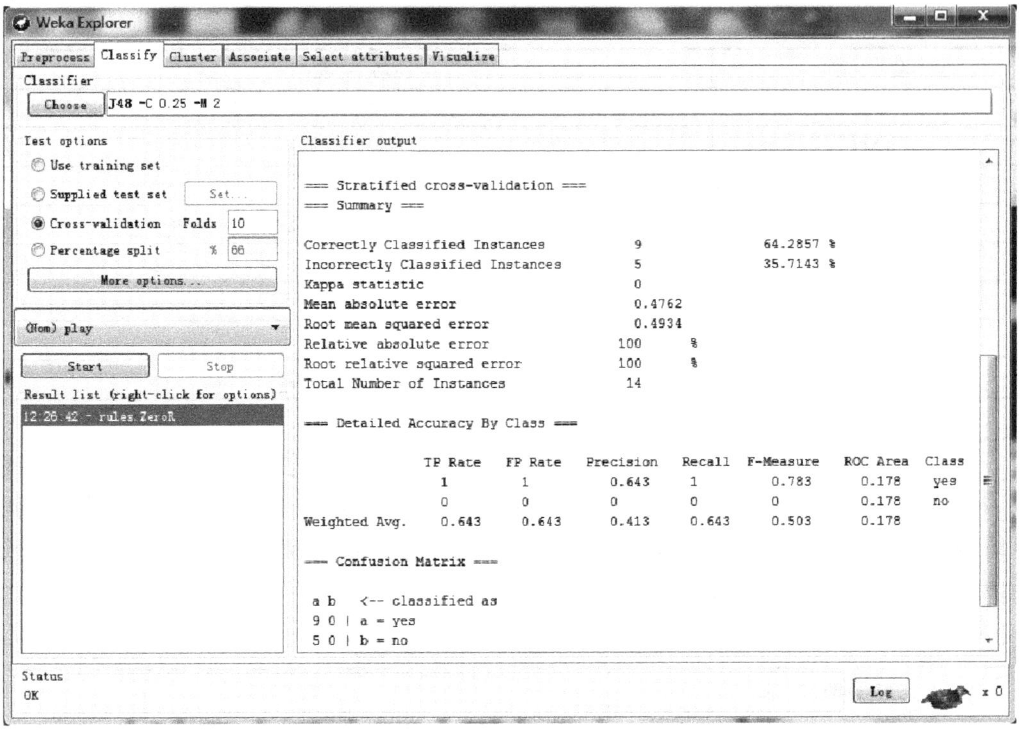

图 3-10　J48（C4.5）算法处理结果

通过处理后的决策树规则为：

```
=== Classifier model (full training set) ===
J48 pruned tree
------------------------------------------------------
outlook = sunny
|    humidity = high: no (3.0)
|    humidity = normal: yes (2.0)
outlook = overcast: yes (4.0)
outlook = rainy
|    windy = TRUE: no (2.0)
|    windy = FALSE: yes (3.0)
Number of Leaves: 5
Size of the tree: 8
```

从以上文本信息可以得出：若 outlook = sunny 且 humidity = high，则 play 的分类结果就是 no，结果数为 3 个；若 outlook = sunny 且 humidity = normal，那么 play 就为 yes，结果数为 2 个。另外由最后两行可以看出，该树共有 8 个节点，其中叶节点有 5 个，根据 weather nominal 训练集 J48（C4.5）算法生成的决策树如图 3-11 所示。

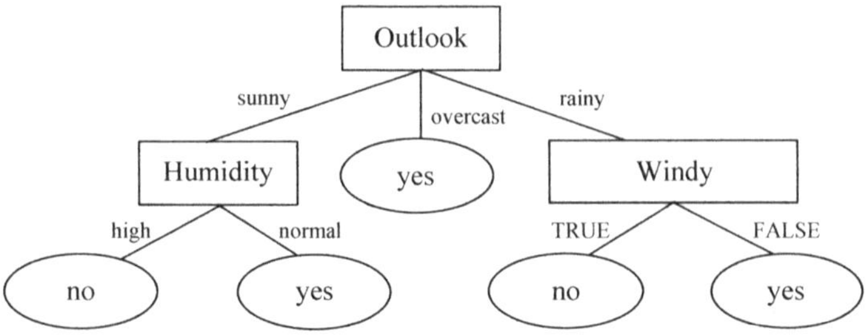

图 3-11 根据 weather nominal 训练集 J48（C4.5）算法生成的决策树

Weka 通过这些简单的步骤就可以完成一个数据集在 J48（C4.5）算法下的分类工作。

3.5.3 使用中的具体实例

以某高校计算机科学与技术专业的《C 语言程序设计》课程成绩为例，具体数据如表 3-11 所示，有平均上机时间、课本知识掌握程度、上课学习情况及平时成绩等因素。

表 3-11 学生成绩综合判定数据集

平均上机时间	课本知识掌握程度	上课学习情况	平时成绩	是否为优良
≤2	基本掌握	差	差	否
2～5	基本掌握	好	好	是
2～5	基本掌握	好	中	否
≥5	一般	好	中	否
2～5	不掌握	好	好	是
2～5	一般	一般	好	是
2～5	一般	好	好	是
≤2	一般	好	差	否
≤2	一般	差	中	是
≥5	基本掌握	好	中	是
2～5	完全掌握	一般	好	是
…	…	…	…	…

表 3-11 共含有 167 条记录，其中包含 111 个正例和 56 个反例，用 J48（C4.5）算法对该数据进行分类处理，并在 Weka 中实现。

通过处理后的决策树规则为：

```
=== Classifier model (full training set) ===
J48 pruned tree
------------------------------------------------------------
score = good
|    study = a:yes
|    study = b:yes
```

```
|     study = c
|     time ≥ 5 : yes
|     time 2 -- 5 : yes
|     time ≤ 2 : no
score = bad:no
score = general
|     book = d : yes
|     book = e : no
|     book = f : no
|     book = g : no
```

其中，score 对应平时成绩，study 对应上课学习情况，a、b、c 分别对应好、一般和差，book 对应课本知识掌握程度，d、e、f、g 分别对应完全掌握、基本掌握、一般和不掌握，time 对应平均上机时间。

根据学生成绩综合判定数据集 J48（C4.5）算法生成的决策树如图 3-12 所示。

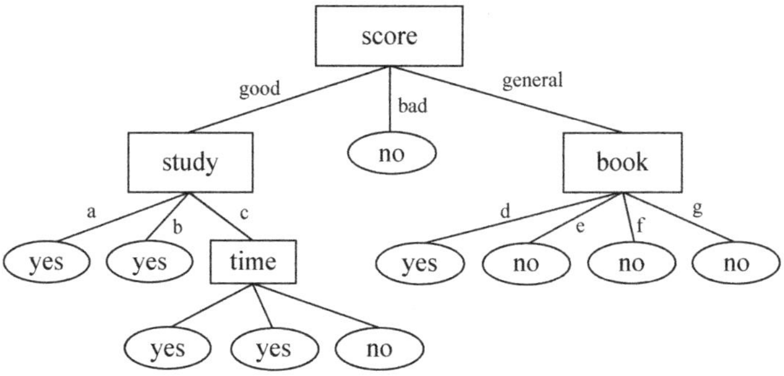

图 3-12　根据学生成绩综合判定数据集 J48（C4.5）算法生成的决策树

是否为优的分类结果如下：总数为 167，正确数为 147，百分率为 88.02%，错误数为 20，百分率为 11.98%。

Weka 通过上面讲的一些步骤，就可以较好地完成一个数据集在 J48（C4.5）算法下的分类工作。以上充分展示了决策树算法在 Weka 中的实现。在现实生活中，类似这样的例子还有很多。只要处理好数据集，选择好算法规则，就可取得相应的结果。

习题

1. 数据分类一般分为哪两个阶段？常用的评估分类方法准确率的技术有哪些？
2. 什么是决策树？决策树的最佳用途是什么？决策树分为哪两种树？决策树中一般包含哪几种节点？决策树构建的基本步骤是什么？一棵决策树的生成过程主要分为哪 3 个部分？决策树的优缺点是什么？
3. ID3 算法生成决策树的过程是什么？请阐述 ID3 算法的优缺点。C4.5 算法有哪两种基本剪枝策略？请分别阐述它们的思路。C4.5 算法建树过程是什么？请阐述 C4.5 算法的优缺点。请阐述 CART 算法的建树过程，以及 CART 算法的优缺点。

4．请阐述朴素贝叶斯分类的优缺点。整个朴素贝叶斯分类一般分为哪三个阶段？贝叶斯分析中的三要素是指哪三要素？贝叶斯决策主要包含哪四个部分？

5．什么叫核函数?常用的核函数主要有哪几种?对偶问题与原问题之间存在哪些关系？请阐述对偶理论。常用的损失函数有哪些？

6．请阐述支持向量机的主要思想。支持向量机的理论有哪几个要点？支持向量机（SVM）主要有哪几种情况？请阐述支持向量机的优点。

参考文献

[1] Tan P N，Michael S，Vipin K．数据挖掘导论（完整版）[M]. 范明，范宏建，等译．北京：人民邮电出版社，2011.

[2] 毛国君，段立娟．数据挖掘原理与算法[M]．3 版．北京：清华大学出版社，2016.

[3] Muqasqas S A，Al Radaideh Q A，Abul-Huda B A．A Hybrid Classification Approach Based on Decision Tree and Naïve Bays Methods[J]．International Journal of Information Retrieval Research(IJIRR)，2014，4(4)：61-72.

[4] 李明辉．基于决策树方法的属性推断技术研究及应用[D]．武汉：中南民族大学，2014.

[5] Li W, Xing C Z. Parallel Decision Tree Algorithm Based on Combination[J]. Information Technology and Applications，2010：99-101.

[6] 杨远洋．带估计的分割点采样的并行决策树[D]．天津：天津大学，2013.

[7] Rastogi R，Shim K．PUBLIC：A decision tree classifier that integrates building and pruning [C]．In VLDB，1998：24－27.

[8] Quinlan J R．Rule induction with statistical data a comparison with multiple regression [J]. Journal of the operational research Society，1987，38：347－352.

[9] Mehta M，Rissanen J，Agrawal R，et al．MDL-Based Decision Tree Pruning[C]．In KDD，1995：216－221.

[10] Vishwakarma U，Ja in A．Reduces Unwanted Attribute in Intruder File Based on Feature Selection and Feature Reduction Using ID3 Algorithm[J]．International Journal of Computer Science & Information Technolo，2014，5(1)：896-900.

[11] Hashim H，Talab A A，Satty A，et al．Data Mining Methodologies to Study Student's Academic Performance Using the C4.5 Algorithm[J]．2015，5(2)：59-68.

[12] Zarei K. Prediction of Infinite Dilution Activity Coeffic ients of Halogenated Hydrocarbons in Water Using Classification and Regression Tree Analysis and Adaptive Neuro-Fuzzy Inference Systems[J]．Journal of Solution Chemistry，2013，42(3)：516-525.

[13] 李力．基于 Hadoop 的决策树分类算法的并行化研究[D]．成都：四川师范大学，2015.

[14] Janaki Meena M, Chandran K R. Naïve Bayes Text Classification With Positive Features Selected by Statistical Method[C]. Advanced Computing. In：Processings of ICAC，2009：28-33.

[15] Mouratis T, Kotsiantis S. Increasing the Accuracy of Discriminative of Multinomial Bayesian Classifier in Text Classification[C]. In：Processings of Computer Sciences and Convergence InformationTechnology，2009：24-26.

[16] Herrero-Lopez S. Accelerating SVMs by integrating GPUs into Map Reduce clusters[C]//Systems, Man, and Cybernetics (SMC), 2011 IEEE International Conference on. IEEE, 2011：1298-1305.

[17] 周英，卓金武，卞月青．大数据挖掘系统方法与实例分析[M]．北京：机械工业出版社，2016.

[18] Smits G F, Jordaan E M. Improved SVM regression using mixture of kernel[A]. IEEE Proceeding of UCNN 02 on Neural Network[C]. 2002, 3：2785-2790.

[19] Freund Y. Schapire R. A decision-theoretic generalization of onlinelearning andapplication to boosting[J]. Journal of Computer and System Sciences. 1997,55：119-139.

[20] 张露．基于改进支持向量机的数据挖掘分类算法研究[D]．兰州：兰州理工大学，2016.

[21] 吴烨. 基于 Weka 平台的决策树算法研究与实现[D]. 西安：西安电子科技大学，2014.

第4章　回　归

在生活中存在很多相互依赖又相互制约的关系，这些关系制约的变量主要有以下两种类型。

（1）确定关系，即变量之间存在明确的函数关系，如我们熟悉的圆的面积与半径之间的函数关系：$S = \pi R^2$ 。

（2）非确定关系，即各变量之间虽有密切的关系，但却无法用确定的函数来表达，比如科学研究表明，人的年龄与血压之间存在非常密切的关系，但是我们却找不到一个能正确表达它们之间关系的函数，变量之间存在的这种非确定性关系，称为相关关系。

事实上，有一些有确定关系的变量，在测量误差的影响下，也经常表现出某种程度的不确定性。

对于不确定的函数关系，通过大量的观测数据，可以发现这些变量之间存在一定的统计规律，研究这些统计规律或研究变量之间相关系统的方法就是所谓的回归分析。回归分析也叫预测，可以帮助我们有效地从一个变量（这个变量是可以控制或精确观察的）的取得值去估计另一个随机变量的取得值，如用年龄去估计血压。

因此，不论是确定关系或不确定关系，只要有相关关系，我们都可以选择一个适当的数学关系式，用于说明一个或几个关系变量变动时，另一个或几个变量的平均变动情况。

4.1　回归概述

4.1.1　回归分析的定义

回归分析是利用数据统计原理，对大量统计数据进行数学处理，并确定变量与某些变量的相关关系，建立一个相关性的回归方程（函数表达式），并加以外推，用于预测今后因变量变化的方法。

根据因变量和自变量的函数表达式回归分析可分为：线性回归分析、非线性回归分析。

根据因变量和自变量的个数，回归分析可分为：一元回归分析、多元回归分析、逻辑回归分析和其他回归分析等。

线性回归分析是回归分析中最基本的方法，遇到非线性回归分析时，可以借助数学手段将其化为线性回归，一旦线性回归问题得到解决，非线性回归问题也就迎刃而解了。如取对数使乘法变成加法等，有一些非线性回归也可直接进行，如多项式回归等。

有一些模型无论采取什么方式变换都不能实现线性化，对这些模型一般采用高斯—牛顿迭代法进行参数估计，即借助泰勒级数展开式进行逐次的线性近似估计。

对于社会经济现象，很难确定因变量和自变量之间的关系，因为它们大多是随机的，只有通过大量的观察统计，才能找出其中的规律，随机分析是利用统计学原理描述随机变量关系的一种方法。

回归分析可简单理解为信息分析与预测，信息即统计数据，分析即对信息进行数据处理，预测就是加以外推，也就是适当扩大已有自变量取值范围，并承认该回归方程在该扩大的定义域内成立，然后就可以在该定义域上取值进行“未来预测”。当然，对回归方程可以进行有效地控制。

因此，回归分析主要解决下面两方面的问题。

（1）确定变量之间是否存在相关关系，若存在，则找出数学表达式。

（2）根据一个或几个变量的值，预测或控制另一个或几个变量的值，且要估计这种控制或预测可达到何种精确度。

4.1.2 回归分析步骤

（1）根据自变量与因变量的现有数据及关系，初步设定回归方程。

（2）求出合理的回归系数。

（3）进行相关性检验，确定相关系数。

（4）在符合相关性要求后，即可根据已经得到的回归方程与具体条件，来确定事物的未来状况，并计算预测值的置信区间。

回归分析的有效性：用回归分析进行预测，首先要对各个自变量做出预测。若各个自变量可以人工控制或易于预测，而且回归方程也较符合实际，则应用回归预测是有效的，否则就很难应用。

回归分析中常用到的几个概念如下。

（1）实际值：实际观测到的研究对象的特征数据值。

（2）理论值：根据实际值可以得到一条倾向线，用数学方法拟合这条曲线，可以得到数学模型，根据这个数学模型计算出来的、与实际值相对应的值，称为理论值。

（3）预测值：实际上也是根据数学模型计算出来的理论值，但它是与未来对应的理论值。

（4）表示符号：实际值用 y_i 表示；理论值用 $\hat{y}_i$ 表示；预测值用 y_0 表示。

4.1.3 回归分析要注意的问题

为使回归分析方程符合实际，首先，应尽可能判断自变量的可能种类和个数，并在观察事物发展规律的基础上定性回归方程的可能类型；其次，力求掌握较充分的高质量统计数据，再运用统计方法，利用数学工具和相关软件，从定量方面计算或改进定性判断。

4.2　一元回归分析

4.2.1　一元回归分析的模型设定

经济变量之间的关系是经济学研究的重要内容，这种关系往往呈现出一定的随机性，是一种随机关系。例如，在研究可支配收入对消费的影响时，可支配收入和消费额之间的关系就是随机关系：收入完全相同的消费者，其消费行为存在差异；即使收入不变，同一个消费者不同情形下的消费行为也会表现出一定的差异。计量经济学用回归模型来描述经济变量之间的随机关系。

设 x, y 为两个经济变量，变量 y 受变量 x 的影响。将 y 和 x 之间的关系表示为：

$$y = f\left(x,\theta\right) + \varepsilon \tag{4.1}$$

式（4.1）称为一元回归模型，其中 f 为满足一定条件的函数，称为回归函数；θ 为参数，称为回归模型参数；ε 为随机变量，称为误差项或扰动项；y 称为因变量；x 称为自变量。

回归模型通过在模型中增加误差项 ε 来反映变量 y 和 x 之间的随机关系：在给定 x 值时，y 是随机变量，由两部分组成，第一部分为确定性部分 $f(x, \theta)$，由给定的 x 完全确定，第二部分为随机部分 ε。例如，x 为家庭可支配收入，y 为消费，当可支配收入一定时，家庭消费是随机变量，完全由收入 x 确定的部分为 $f(x, \theta)$，而由其他因素引起的消费变化则由误差项 ε 来反映。当研究一个经济变量对另一个经济变量的影响时，一元回归分析是最为常用的方法。

在简单的回归模型中，回归函数为解释变量的线性函数，回归模型称为一元线性回归模型，表达式为：

$$y = \beta_0 + \beta_1 x + \varepsilon \tag{4.2}$$

其中的回归模型参数 β_0、β_1 称为回归系数。β_0 称为常数项，也称截距项，β_1 称为斜率。

将变量 y 和 x 的关系用式（4.2）表示出来，称为模型设定，设定的模型称为总体模型。模型设定要以有关的经济学理论为基础。例如凯恩斯消费理论认为，消费受可支配收入的影响，在其他因素影响不大的情况下，可以用一元线性回归模型［式（4.2）］作为消费模型。再如，资产定价理论认为，资产收益率受市场收益率的影响，在理想的市场环境下，资产收益和市场收益之间的关系可以设定为式（4.2），其中 y 为资产收益率，x 为市场收益率（常用市场指数收益率代表），回归系数 β_1 称为资产的贝塔系数。

回归模型的设定给出了回归函数的形式，但模型中的回归参数是未知的。要对模型参数进行估计和统计推断，需要从总体中抽取样本以获得数据。设从总体中抽取 n 个样本，样本编号为 i ，$i = 1,2,\cdots,n$。第 i 个样本为 x_i 和 y_i 。将回归模型式（4.2）应用于每个样本，得到：

$$y_i = \beta_0 + \beta_1 x_i + \varepsilon_i, i = 1, 2, \cdots, n \tag{4.3}$$

式（4.3）称为样本回归模型。注意，来自同一个总体的不同样本，其回归模型具有不同的误差项 ε_i。例如，在研究某个城市的家庭消费行为中，将所有家庭看作总体，总体回归模型为式（4.2），其中 y 为消费，x 为可支配收入。对从总体中抽取的（家庭）来说，其消费除了满足由其收入决定的部分 $\beta_0+\beta_1$ 外，每个家庭消费的随机程度是不一样的。一般情况下，富裕家庭消费伸缩性较大，消费的随机程度高，而贫困家庭（如最低保障家庭）消费的随机程度较低。体现在模型中，不同样本的回归模型具有不同的误差项。

例 4.1 在进行消费行为研究中，从一个地区抽取 20 个不同家庭的月可支配收入和消费数据，如表 4-1 所示。

表 4-1 某地区不同家庭月可支配收入和消费数据样例

序号	消费（百元）	可支配收入（百元）	序号	消费（百元）	可支配收入（百元）
1	72.3	100	11	132.3	189
2	92.65	120	12	149.8	214
3	135.2	200	13	115.3	188
4	94	130	14	132.2	197
5	163.5	240	15	149.5	206
6	100	114	16	100.25	142
7	86.5	126	17	79.6	112
8	142.36	213	18	90.2	134
9	120	156	19	116.5	169
10	112.56	167	20	126	170

以可支配收入为横轴、消费为纵轴画出样本数据的散点图（见图 4-1）。

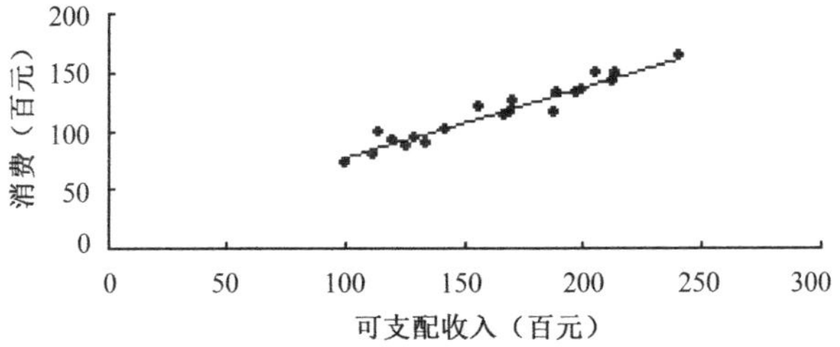

图 4-1 消费和可支配收入的关系

从图 4-1 中可以看出，可支配收入和消费之间存在明显的线性关系。但所有点并不都在一条直线上，表明二者之间的关系是一种随机关系。

在获得样本之后，要对式（4.2）进行参数估计和统计推断，需要对样本回归模型的误差项进行一些假设。一元线性回归模型误差项的基本假设有 4 个，这些假设也是模型设定的一部分。

假设 1 零均值，误差项的数学期望等于 0，$u_{y|x}$ 是 x 的线性函数 $u_{y|x}=\beta_0+\beta_0 x$。

假设 2 同方差，即方差齐次性：对于任意的 x，有 $\sigma_{y|x}^2=\sigma^2$。

假设 3 独立性：y 之间相互独立。

假设 4 正态分布：对于任一固定 x 值，y 是一个随机变量，有确定的概率分布 $y|_x \sim N\left(u_{y|x}, \sigma_{y|x}^2\right)$。

满足 4 个基本假设的线性回归模型［式（4.2）］称为古典线性回归模型。古典线性回归模型是一种理想模型，实际情况很难满足其苛刻的条件，但它提供了一种研究变量之间关系的基本方法，即普通最小二乘法。当有关的条件不满足时，我们可以对模型及其估计方法进行改进，得出更加合理的模型和方法。

4.2.2 一元线性回归模型的参数估计

在回归模型中，给定自变量 x 的值，因变量 y 为服从正态分布的随机变量，x 取值的变化只对 y 的数学期望产生影响，不同的 x_i 对应的数学期望为$\beta_0+\beta_1 x_i$、方差为σ^2 的正态分布。以例 4.1 中的数据进行说明，假设消费 y 和可支配收入之间的关系为 y=15.3 + 0.61x + ε，$\varepsilon \sim N(0,7^2)$，$x$ 给定时，y 为服从 $N(15.3 + 0.61x, |7^2)$ 的随机变量。例如，当家庭收入为 100（百元）时，$y|_{x=100} \sim N$ (76.7, 7^2)，当收入为 240（百元）时，$y|_{x=240} \sim N(161.7, 7^2)$，如图 4-2 所示。

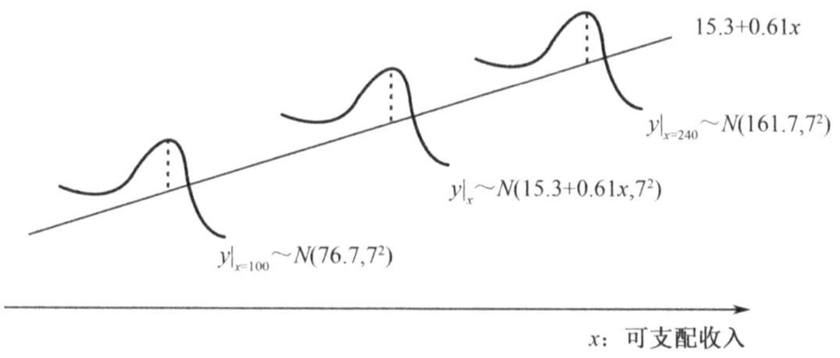

图 4-2 回归关系

如果式（4.2）正确反映了经济变量 y 和 x 之间的关系，在得到变量的 n 个样本(y_i, x_i)（i= 1,2,$\cdots$,n）后，可以对模型中的参数进行估计。式（4.2）中有三个待估计参数：回归系数β_0、β_1 和误差方差σ_2。估计模型参数的方法有 3 种：普通最小二乘法、矩方法和极大似然方法。这里对最小二乘法进行介绍，矩方法和极大似然方法请参考相关资料。

最小二乘法（又称最小平方法）是一种数学优化技术，它通过最小化误差的平方和寻找数据的最佳函数匹配。利用最小二乘法可以简便地求得未知的数据，并使得这些求得的数据与实际数据之间误差的平方和最小。最小二乘法还可用于曲线拟合。其他一些优化问题也可通过最小化能量或最大化熵用最小二乘法来表达。

普通最小二乘法（Ordinary Least Square，OLS）是最为直观的估计方法，对模型条件要求最少，也就是使散点图上的所有观测值到回归直线距离平方和最小。对任一给定的自变量值而言，其相应的估计值表示为 $\hat{y}_i = \hat{\beta}_0 + \hat{\beta}_1 x_i$，$i = 1,2,\cdots,n$。利用最小平方法所得的 $\hat{\beta}_0$ 与 $\hat{\beta}_1$ 值，将使得因变量的观测值 y_i 与因变量的估计值 $\hat{y}_i$ 之间的离差平方和最小，即 $\min\sum\left(y_i - \hat{y}_i\right)^2$。

最小平方法可提供自变量与因变量关系的最佳近似直线。由最小平方法建立的直线方程称为估计回归线或估计回归方程，并以 $\hat{y}_i = \hat{\beta}_0 + \hat{\beta}_1 x_i$ 表示，其中 y_i 是 y 的预测值或估计值，两者之差反映了估计误差，第 i 个观察值之差 $e_i = y_i - \hat{y}_i$，此差值称为第 i 个观察值的残差。

4.2.3 基本假设下 OLS 估计的统计性质

从概率统计中知道，参数估计有不同的方法，同一个未知参数也可以有多个不同的估计量。因此，需要给出估计量的评价标准，以便根据需要选择最优估计量。数理统计中给出的估计量基本评价标准有三个：无偏性、一致性和有效性。无偏性要求估计量的数学期望等于被估计参数，一致性要求当样本量无限增大时，估计量以概率收敛于未知参数，而有效性则是对未知参数的两个无偏估计进行比较，方差越小越有效。

普通最小二乘法得出的估计量具有哪些良好的性质呢？在一些基本假设满足的条件下，OLS 估计具有无偏性、一致性、线性性和有效性。

（1）无偏性。在假设 1 满足时，OLS 估计是无偏估计，无偏性是 $\hat{\beta}_0$，$\hat{\beta}_1$ 的抽样分布性质，并不能说明从具体的样本计算出的一个估计量与参数的真实值 β_0、β_1 有多大的偏差。因此，除了无偏性之外，还需要其他性质来进一步估计，当样本量足够大时，参数估计值逐渐接近真实值。

（2）一致性。在假设 1 和假设 3 成立时，OLS 估计是一致估计。一致性告诉我们，当样本量增大时，参数估计 $\hat{\beta}_0$ 以概率趋近于参数真实值 $\hat{\beta}_0$。我们不能像理解微积分中的收敛概念一样理解 $\hat{\beta}_0$ 对 β_0 的趋近，以概率收敛只能保证当样本量足够大时，随机变量 $\hat{\beta}_0$ 与常数 β_0 的距离可以任意接近的概率趋近 1，因此，不管样本容量多么大，仍然存在 $\hat{\beta}_0$ 与常数 β_0 “相去甚远”的情况发生的可能性，只是这种可能性随着样本增加越来越接近 0。

（3）线性性。OLS 估计量是被解释变量观测值 y_i 的线性组合。线性性有两个作用：一个是给运算带来方便，例如，取数学期望时，由于数学期望运算对随机变量组合具有线性分配率，因此对 $\hat{\beta}_1$ 求期望时，可以直接将期望符号分配到 y_i 面前（此时 x_i 给定，看作非随机变量），而如果假设 3 成立，y_i 之间不相关，对 $\hat{\beta}_1$ 求方差时也可以直接将方差符号分配到 y_i 面前。二是如果假设 4 成立，即 y_i 服从正态分布，则由正态分布性质可以得出 $\hat{\beta}_1$ 也服从正态分布。即使没有假设 4，只要将假设 3 中的不相关加强为独立，由中心极限定理可以得出 $\hat{\beta}_1$ 渐近服从正态分布，因此当样本量足够大时，可以将 $\hat{\beta}_1$ 的分布视为正态分布。

（4）有效性（马尔可夫性）。如果线性回归模型，即式（4.2）满足假设 1～3，则在 β_0、β_1 的所有线性无偏估计中，OLS 估计量 β_0、β_1 的方差最小。马尔可夫性从理论上保证，如果模型满足假设 1～3，则在所有线性无偏估计中，由最小二乘法得出的估计量是最优的，这就保证了采用 OLS 估计的合理性。但 OLS 估计量的有效性是需要条件的，如果假设 1～3 中的条件不成立，则不能保证 OLS 的最小方差性。实际上，当假设 2 和（或）假设 3 不成立时，OLS 确实不再是最小方差线性无偏估计，而采用广义最小二乘法得出的估计量才具有最优性。

如果假设 1～4 成立，则 OLS 估计量 $\hat{\beta}_0$、$\hat{\beta}_1$ 服从正态分布，其方差分别为

$$\begin{cases} \mathrm{Var}\left(\hat{\beta}_0\right)=\dfrac{n^{-1}\sum\limits_{i=1}^{n}x_i^2}{\sum\limits_{i=1}^{n}\left(x_i-\bar{x}\right)^2}\sigma^2 \\ \mathrm{Var}\left(\hat{\beta}_1\right)=\dfrac{\sigma^2}{\sum\limits_{i=1}^{n}\left(x_i-\bar{x}\right)^2} \end{cases} \tag{4.4}$$

注：由于 $\hat{\beta}_1$ 为 $y_i\,(i=1,2,\cdots,n)$ 的线性组合，由假设 3 得出 y_i 不相关，因此，$\hat{\beta}_1$ 的方差为 y_i 方差的线性组合，组合系数为 c_i^2 。假设 2 的同方差性简化了 $\hat{\beta}_1$ 方差的计算。从式（4.4）可以看出，$\sum\limits_{i=1}^{n}\left(x_i-\bar{x}\right)^2$ 越大，$\hat{\beta}_1$ 的方差越小，估计越精确。$\sum\limits_{i=1}^{n}\left(x_i-\bar{x}\right)^2$ 称为数据 $x_i\,(i=1,2,\cdots,n)$ 的离差平方和。在其他条件不变时，解释变量样本数据越富于变化，包含的信息越多，斜率的估计越准确，这是一个很重要的结论。例如，在研究男女工资差别时，性别为解释变量，如果抽样时男女样本比例悬殊，则会影响估计的精确度，因为此时性别变量变化很小，离差平方和很小，导致参数估计量的方差很大，精度很低。

4.2.4　误差方差估计

线性回归模型［式（4.2）］中的误差项 ε_i 表示因变量 y_i 中不能由解释变量 x_i 表达的部分，其随机性大小代表了 y_i 的随机性。因此，误差项方差 σ^2 十分重要。另外，式（4.4）给出的参数估计方差式中含有 σ^2，要想对参数估计进行统计推断，必须估计 σ^2 的值。

由数理统计知道，总体方差可以用样本方差来估计。因此，如果能够得到误差项的样本值，可以很容易地给出 σ^2 的估计。困难在于误差项不可观测，不能得到样本。为此，必须寻找一个可以观测的量来替代误差项。显然，在可以代替误差项 ε_i 的量中，残差 $\hat{\varepsilon}_i$ 是最容易想到的。从式（4.5）可以看出，残差是将误差表达式 $\varepsilon_i=y_i-\beta_0-\beta_1x_i$ 中的未知参数 β_0、β_1 用其最优线性无偏估计 β_0、β_1 代替得出的，因此，可以将残差项看作误差项的“最优线性无偏估计量”。

用残差代替误差，用残差值 $\hat{\varepsilon}_i$ 作为误差的样本构造误差方差的估计量。由残差的性质得出，残差均值为 0，因此，考虑用残差的样本方差 $\sum\limits_{i=1}^{n}\hat{\varepsilon}_i^2/n$ 作为误差方差 σ^2 的估计。但需要注意，由于误差项满足 $\sum\limits_{i=1}^{n}\hat{\varepsilon}_i=0,\sum\limits_{i=1}^{n}x_i\hat{\varepsilon}_i=0$ 这两个约束条件，因此残差平方和 $\sum\limits_{i=1}^{n}\hat{\varepsilon}_i^2$ 的自由度是（n−2），因此，将残差平方和除以（n−2）可以得出误差项方差 σ^2 的无

偏估计。

设$\{\hat{\varepsilon}_i\}$为线性回归模型的最小二乘残差，定义

$$\hat{\sigma}^2 = s^2 = \frac{\sum_{i=1}^{n}\hat{\varepsilon}_i^2}{n-2} \tag{4.5}$$

为误差项方差σ^2的估计量，其平方根$\hat{\sigma}=s$称为回归标准误（standard error of regression）。

可以证明，$\hat{\sigma}^2$是σ^2的无偏估计量。将$\hat{\sigma}^2=s^2$代替式（4.4）中的σ^2，可以得出估计量方差的估计，由此得出$\hat{\beta}_0$、$\hat{\beta}_1$标准差的估计量：

$$s\left(\hat{\beta}_0\right)=\sqrt{\frac{n^{-1}\sum_{i=1}^{n}x_i^2}{\sum_{i=1}^{n}\left(x_i-\bar{x}\right)^2}}\times s,\quad s\left(\hat{\beta}_1\right)=\sqrt{\frac{1}{\sum_{i=1}^{n}\sum_{i=1}^{n}\left(x_i-\bar{x}\right)^2}}\times s \tag{4.6}$$

分别称为$\hat{\beta}_0$、$\hat{\beta}_1$的标准误。

得出参数估计的标准误后，用标准误将估计量标准化，并由 t 分布的定义知，标准化估计量分布服从t分布，即如果回归模型假设 1～4 成立，则统计量

$$t\left(\hat{\beta}_0\right)=\frac{\hat{\beta}_0-\beta_0}{s\left(\hat{\beta}_0\right)}\sim t(n-2),\quad t\left(\hat{\beta}_1\right)=\frac{\hat{\beta}_1-\beta_1}{s\left(\hat{\beta}_1\right)}\sim t(n-2) \tag{4.7}$$

式（4.7）中的t统计量用来进行回归模型系数检验。

4.2.5 回归系数检验（t检验）

因变量y和自变量x之间是否具有线性关系，线性关系的形式如何，需要由实际数据决定。在假设y和x具有线性回归关系并满足一定假设条件，通过自变量和因变量的样本值采用 OLS 方法估计出模型之后，需要对模型的有效性即假设的合理性进行检验。这里首先对模型参数是否显著不为 0 进行检验，如果检验结果表明模型斜率参数显著不为 0，则表明y和x之间具有线性关系，否则说明两个变量之间没有显著的线性关系。由于检验是对每个参数分别进行的，因此称为回归系数检验。下面以斜率参数β_1的检验为例来说明，截距参数β_0的检验完全类似。

检验的原假设和备选假设为：$H_0:\beta_1=0$，$H_1:\beta_1\neq 0$ ，设检验的显著性水平为α，通常取α=0.05 或α=0.01。检验采用的统计量为式（4.7）中的$t\left(\hat{\beta}_1\right)$。在原假设下，检验统计量服从$t$分布，即

$$t\left(\hat{\beta}_1\right)=\frac{\hat{\beta}_1}{s\left(\hat{\beta}_1\right)}\sim t(n-2) \tag{4.8}$$

查t分布表，得出自由度为n–2、显著性水平为α的双边t检验的临界值t_α，将实际计算的$t\left(\hat{\beta}_1\right)$的绝对值与临界值$t_\alpha$进行比较。如果$t\left(\hat{\beta}_1\right)>t_\alpha$，则拒绝原假设，认为$\beta_1$

显著不为 0；如果 $t\left(\hat{\beta}_1\right) < t_\alpha$，则不能拒绝原假设，不能认为 β_1 显著不为 0。通常将 $t\left(\hat{\beta}_1\right)$ 称为参数估计 $\hat{\beta}_1$ 的 t 统计值（t-statistics）。

注：（1）从式（4.8）可以看出，使 $t\left(\hat{\beta}_1\right) > t_\alpha$ 成立有两个方面的因素，第一就是 $\hat{\beta}_1$ 本身绝对值足够大，第二是 $\hat{\beta}_1$ 的标准误 $s\left(\hat{\beta}_1\right)$ 足够小。$s\left(\hat{\beta}_1\right)$ 越小，说明 $\hat{\beta}_1$ 随机性越小，用来估计 β_1 越精确（注意 $\hat{\beta}_1$ 为无偏估计），此时，即使 $\hat{\beta}_1$ 的绝对值不是太大，也足以说明 β_1 不为 0。相反，$s\left(\hat{\beta}_1\right)$ 越大，$\hat{\beta}_1$ 的随机性越大，用来估计 β_1 越不精确，因此，$\hat{\beta}_1$ 必须足够大才能说明 β_1 不是 0。

（2）在样本量 n 较大时（n>35），0.05 显著性水平下双边 t 检验的临界值通常很接近 2，例如，对应 n=40、60、120 的临界值分别为 2.021、2.00、1.98。当 n 更大时，t 分布和标准正态分布几乎相同，0.05 显著性水平对应的临界值为 1.96。因此，人们将 t 值是否大于 2 作为判断参数是否显著不为 0 的经验标准。

4.2.6 拟合优度和模型检验（*F* 检验）

现在从另一个角度考虑如何通过数据检验 y 和 x 之间是否具有线性关系。考察 y 和 x 之间的线性关系，实际上是考察 x 的变化是否引起了 y 的变化，或者说 y 的变化中多少是由 x 的变化引起的，是可以由 x 的变化解释的。这里的重点是变化的概念。前面讲过，一组数据的离差平方和可以作为变化的衡量标准。基于此，我们对因变量 y 的样本离差平方和进行分解。

$$\sum_{i=1}^{n}\left(y_i-\overline{y}\right)^2=\sum_{i=1}^{n}\left(y_i-\hat{y}_i+\hat{y}_i-\overline{y}\right)^2=\sum_{i=1}^{n}\left(y_i-\hat{y}_i\right)^2+\sum_{i=1}^{n}\left(\hat{y}_i-\overline{\hat{y}}\right)^2 \tag{4.9}$$

式中最左边是因变量 y 的样本离差平方和，也称为总平方和，记为 TSS （Total Sum of Squares），最右边表达式中第一项为残差平方和 RSS ，第二项称为解释平方和（也称回归平方和），记为 ESS （Explained Sum of Squares）。由于 $\hat{y}$ 的变化完全由 x 的变化引起，因此回归平方和 ESS 表明了 y 的总变化中可以被 x 解释的部分，而残差平方和是不能被 x 解释的部分。因此，得出如下的平方和分解公式：

$$\text{TSS}=\text{RSS}+\text{ESS} \tag{4.10}$$

回归平方和占总平方和的比例称为模型的拟合优度，记为 R^2（R-squared），即

$$R^2=\frac{\text{ESS}}{\text{TSS}}=1-\frac{\text{RSS}}{\text{TSS}}$$

显然，$0 \leqslant R^2 \leqslant 1$，$R^2$ 越接近 1，残差平方和越接近 0，y 和 x 的线性关系越明显，模型拟合数据的效果越好；R^2 越接近 0，回归平方和越接近 0，y 和 x 的线性关系越不明显，模型拟合数据的效果越差。

R^2 是整个模型拟合效果的衡量。但 R^2 不能像假设检验那样给出一个临界值，大到什么程度模型算好，可以使用，小到什么程度算差，不能使用，没有一个严格的标准，具有很大的主观随意性。要对模型进行整体检验，必须构造出分布已知的统计量。

为此，用回归平方和 ESS 与残差平方和 RSS 的比作为模型整体效果的度量。在模型假设 2 成立的条件下，TSS 的自由度为$(n-1)$，RSS 的自由度为$(n-2)$，由式（4.10）及 RSS 与 ESS 的独立性知道，ESS 的自由度为 1。定义统计量

$$F=\frac{\text{ESS}/1}{\text{RSS}/(n-2)}=\frac{\text{ESS}}{\text{RSS}}\times(n-2)$$

设检验假设为$H_0:\beta_1=0$，$H_1:\beta_1\neq 0$。可以证明，如果模型假设 1～4 成立，在原假设下 F 服从第一自由度为 1、第二自由度为$(n-2)$的分布。F 值越大，越能拒绝原假设。

注：一元线性回归模型中的 t 检验和 F 检验具有相同的原假设和备选假设。实际上，一元线性回归模型的 t 检验和 F 检验是等价的，如果 t 检验拒绝原假设，F 检验也一定拒绝原假设，反之亦然。这是由 t 分布和 F 分布的关系决定的：如果 $x\sim t(n)$，则 $x^2\sim F(1, n)$（可以从 t 分布和 F 分布的定义得出）。但是，在多元回归模型中，t 检验和 F 检验不再具有等价关系。

4.3 多元线性回归分析

4.3.1 多元线性回归模型

在市场的经济活动中，经常会遇到某一市场现象的发展和变化取决于几个影响因素的情况，也就是一个因变量和几个自变量有依存关系的情况。而且有时几个影响因素主次难以区分，或者有的因素虽属次要，但也不能略去其作用。例如，某一商品的销售量既与人口的增长变化有关，也与商品价格变化有关。这时采用一元回归分析进行预测是难以奏效的，需要采用多元回归分析。

多元回归分析，是指通过对两上或两个以上的自变量与一个因变量的相关分析，建立预测模型进行预测的方法。当自变量与因变量之间存在线性关系时，称为多元线性回归分析。

多元回归分析可以达到以下目的。

（1）了解因变量和自变量之间的关系是否存在，以及这种关系的强度。也就是以自变量所解释的因变量的变异部分是否显著，且因变量变异中有多大部分可以由自变量来解释。

（2）估计回归方程，求在自变量已知的情况下因变量的理论值或预测值，达到预测目的。

（3）评价特定自变量对因变量的贡献，也就是在控制其他自变量不变的情况下，该处变量的变化所导致的因变量变化情况。

（4）比较各处变量在拟合的回归方程中相对作用大小，寻找最重要的和比较重要的自变量。

假定被解释变量 y 与多个解释变量 $x_1,x_2,\cdots,x_k$ 之间具有线性关系，是解释变量的多元线性函数，称为多元线性回归模型。即

$$Y=\beta_0+\beta_1x_1+\beta_2x_2+\cdots+\beta_kx_k+\mu \tag{4.11}$$

其中，y 为被解释变量，$x_j\left(j=1,2,\cdots,k\right)$ 为 k 个解释变量，$\beta_j\left(j=1,2,\cdots,k\right)$ 为 k 个未知参数，β_0 是常数项，$\beta_1\beta_2\cdots\beta_k$ 是回归系数，β_1 是 $x_2,x_3,\cdots,x_k$ 固定时，x_1 每增加一个单位对 y 的效应，即 x_1 对 y 的偏回归系数，同理，β_2 是 x_2 对 y 的偏回归系数，μ 为随机误差项。

被解释变量 y 的期望值与解释变量 $x_1,x_2,\cdots,x_k$ 的线性方程

$$E\left(Y\right)=\beta_0+\beta_1x_1+\beta_2x_2+\cdots+\beta_kx_k \tag{4.12}$$

称为多元总体线性回归方程，简称总体回归方程。

对于 n 组观测值，其方程组形式为

$$Y_i=\beta_0+\beta_1x_{1i}+\beta_2x_{2i}+\cdots+\beta_kx_{ki}+\mu_i \tag{4.13}$$

多元线性回归模型包含多个解释变量，多个解释变量同时对被解释变量 Y 发生作用，若要考察其中一个解释变量对 Y 的影响，就必须假设其他解释变量保持不变来进行分析。因此，多元线性回归模型中的回归系数为偏回归系数，即反映了当模型中的其他变量不变时，其中一个解释变量对因变量 Y 的均值的影响。

由于参数 $\beta_0,\beta_1,\beta_2,\cdots,\beta_k$ 都是未知的，可以利用样本观测值（$X_{1i},X_{2i},\cdots,X_{ki},Y_i$）对它们进行估计。若计算得到的参数估计值为 $\hat{\beta}_0,\hat{\beta}_1,\hat{\beta}_2,\cdots,\hat{\beta}_k$，用参数估计值替代总体回归方程的未知参数 $\beta_0,\beta_1,\beta_2,\cdots,\beta_k$，则得多元线性样本回归方程：

$$\hat{Y}_i=\hat{\beta}_0+\hat{\beta}_1x_{1i}+\hat{\beta}_2x_{2i}+\ldots+\hat{\beta}_kx_{ki} \tag{4.14}$$

其中 $\hat{\beta}_j\left(j=1,2,\cdots,k\right)$ 为参数估计值，$\hat{Y}_i\left(i=1,2,\cdots,k\right)$ 为 Y_i 的样本回归值或样本拟合值、样本估计值。

由样本回归方程得到的被解释变量估计值 $\hat{Y}_i$ 与实际观测值 Y_i 之间的偏差称为残差 e_i。

$$e_i=Y_i-\hat{Y}_i=Y_i-\left(\hat{\beta}_0+\hat{\beta}_1x_{1i}+\hat{\beta}_2x_{2i}+\cdots+\hat{\beta}_kx_{ki}\right) \tag{4.15}$$

建立多元线性回归模型时，为了保证回归模型具有优良的解释能力和预测效果，应首先注意自变量的选择，其准则是：

（1）自变量对因变量必须有显著的影响，并呈密切的线性相关；

（2）自变量与因变量之间的线性相关必须是真实的，而不是形式上的；

（3）自变量之间应具有一定的互斥性，即自变量之间的相关程度不应高于自变量与因变量之间的相关程度；

（4）自变量应具有完整的统计数据，其预测值容易确定。

4.3.2　多元线性回归模型的假定

与一元线性回归模型相同，多元线性回归模型利用普通最小二乘法（OLS）对参数进行估计时，有如下假设。

假设 5　零均值假设：$E\left(\mu_i\right)=0$，$i=1,2,\cdots,n$，即

$$\boldsymbol{E}(\mu)=E\begin{bmatrix}\mu_1\\ \mu_2\\ \vdots\\ \mu_k\end{bmatrix}=\begin{bmatrix}E(\mu_1)\\ E(\mu_2)\\ \vdots\\ E(\mu_k)\end{bmatrix}=0 \tag{4.16}$$

假设 6 同方差假设（μ 的方差为同一常数）：

$$\mathrm{Var}=E\left(\mu^2\right)=\sigma^2\ (i=1,2,\cdots,n) \tag{4.17}$$

假设 7 无自相关性：

$$\mathrm{Cov}\left(\mu_i,\mu_j\right)=E\left(\mu_i\mu_j\right)=0\ (i\neq j,i,j=1,2,\cdots,n)$$

假设 8 随机误差项 μ 与解释变量 X 不相关(这个假定自动成立)：

$$\mathrm{Cov}\left(X_{ji},\mu_i\right)=0\ (i=1,2,\cdots,k;\ j=1,2,\cdots,n) \tag{4.18}$$

假设 9 随机误差项 μ 服从均值为零，方差为 σ^2 的正态分布：

$$\mu_i\sim N\left(0,\sigma_\mu^2 I_n\right) \tag{4.19}$$

假设 10 解释变量之间不存在多重共线性：

$$\mathrm{rank}(X)=k+1\leqslant n$$

即各解释变量的样本观测值之间线性无关，解释变量的样本观测值矩阵 $\boldsymbol{X}$ 的秩为参数个数 k+1，从而保证参数 $\beta_0,\beta_1,\beta_2,\cdots,\beta_k$ 的估计值唯一。

4.3.3 多元线性回归模型的参数估计

1. 回归参数的最小二乘估计

对于含有 k 个解释变量的多元线性回归模型

$$Y_i=\beta_0+\beta_1x_{1i}+\beta_2x_{2i}+\cdots+\beta_kx_{ki}+\mu_i\ (i=1,2,\cdots,n)$$

设 $\hat\beta_0,\hat\beta_1,\hat\beta_2,\cdots,\hat\beta_k$ 分别作为参数 $\beta_0,\beta_1,\beta_2,\cdots,\beta_k$ 的估计量，得样本回归方程为

$$Y_i=\hat\beta_0+\hat\beta_1x_{1i}+\hat\beta_2x_{2i}+\cdots+\hat\beta_kx_{ki}$$

观测值 Y_i 与回归值 $\hat{Y}_i$ 的残差 e_i 为

$$e_i=Y_i-\hat{Y}_i=Y_i-(\hat\beta_0+\hat\beta_1x_{1i}+\hat\beta_2x_{2i}+\ldots+\hat\beta_kx_{ki})$$

设 $\hat{\boldsymbol{\beta}}=\begin{bmatrix}\beta_0\\ \beta_1\\ \beta_2\\ \vdots\\ \beta_k\end{bmatrix}$ 为估计值向量，样本回归模型 $Y=\boldsymbol{X}\hat{\boldsymbol{\beta}}+e$，两边同乘样本观测值矩阵 $\boldsymbol{X}$ 的转置 $\boldsymbol{X}^{\mathrm{T}}$ 矩阵，由统计学原理可得

$$\hat{\boldsymbol{\beta}}=\left(\boldsymbol{X}^{\mathrm{T}}\boldsymbol{X}\right)^{-1}\boldsymbol{X}^{\mathrm{T}}\boldsymbol{X} \tag{4.20}$$

称为向量 $\boldsymbol{\beta}$ 的 OLS 估计量。

2. 随机误差项 μ 的方差 σ_μ^2 的估计量

样本回归方程得到的被解释变量估计值 $\hat{Y}_i$ 与实际观测值 Y_i 之间的偏差称为残差 e_i：

$$e_i = Y_i - \hat{Y}_i = Y_i - \left(\hat{\beta}_0 + \hat{\beta}_1 x_{1i} + \hat{\beta}_2 x_{2i} + \ldots + \hat{\beta}_k x_{ki}\right)$$

残差的平方和为

$$\sum e_i^2 = \sigma_\mu^2\left[n-(k+1)\right]$$

随机误差项μ的方差 σ_μ^2 为

$$\sigma_\mu^2 = \frac{E\left(\boldsymbol{e}^{\mathrm{T}}\boldsymbol{e}\right)}{n-(k+1)} = E\left(\frac{\boldsymbol{e}^{\mathrm{T}}\boldsymbol{e}}{n-(k+1)}\right)$$

随机误差项μ的方差 σ_μ^2 的无偏估计量，记作 S_e^2，即 $E(S_e^2)=\sigma_\mu^2$，$S_e^2 = \hat{\sigma}_\mu^2$ ，S_e 为残差的标准差（或回归标准差）。

因此

$$S_e^2 = \frac{\sum e_i^2}{n-k-1} = \frac{\boldsymbol{e}^{\mathrm{T}}\boldsymbol{e}}{n-k-1}$$

其中

$$\sum e_i^2 = \boldsymbol{e}^{\mathrm{T}}\boldsymbol{e} = \boldsymbol{Y}^t\boldsymbol{Y} - \hat{\boldsymbol{\beta}}^{\mathrm{T}}\boldsymbol{X}^{\mathrm{T}}\boldsymbol{Y} \tag{4.21}$$

3. 估计参数的统计性质

1）线性性

线性性指最小二乘估计量 $\hat{\beta}$ 是被解释变量的观测值 $Y_1, Y_2, \cdots, Y_k$ 的线性函数。

由于

$$\hat{\beta} = \left(\boldsymbol{X}^{\mathrm{T}}\boldsymbol{X}\right)^{-1}\boldsymbol{X}^{\mathrm{T}}\boldsymbol{X}$$

设 $\boldsymbol{P} = \left(\boldsymbol{X}^{\mathrm{T}}\boldsymbol{X}\right)^{-1}\boldsymbol{X}^{\mathrm{T}}\boldsymbol{X}$，则矩阵 $\boldsymbol{P}$ 为一非随机的 $(k+1)\times n$ 阶常数矩阵。所以

$$\hat{\beta} = PY$$

显然最小二乘估计量 $\hat{\beta}$ 是被解释变量的观测值 $Y_1, Y_2, \cdots, Y_k$ 的线性函数。

2）无偏性

将 $Y = X\beta + \mu$ 代入式（4.21）得

$$\begin{aligned}\hat{\beta} &= \left(\boldsymbol{X}^{\mathrm{T}}\boldsymbol{X}\right)^{-1}\boldsymbol{X}^{\mathrm{T}}\left(\boldsymbol{X}\beta + \mu\right) = \left(\boldsymbol{X}^{\mathrm{T}}\boldsymbol{X}\right)^{-1}\boldsymbol{X}^{\mathrm{T}}\boldsymbol{X}\beta + \left(\boldsymbol{X}^{\mathrm{T}}\boldsymbol{X}\right)^{-1}\boldsymbol{X}^{\mathrm{T}}\mu \\ &= \beta + \left(\boldsymbol{X}^{\mathrm{T}}\boldsymbol{X}\right)^{-1}\boldsymbol{X}^{\mathrm{T}}\mu \end{aligned} \tag{4.22}$$

则

$$\begin{aligned} E\left(\hat{\beta}\right) &= \beta + E\left[\left(\boldsymbol{X}^{\mathrm{T}}\boldsymbol{X}\right)^{-1}\boldsymbol{X}^{\mathrm{T}}\mu\right] \\ &= \beta + \left(\boldsymbol{X}^{\mathrm{T}}\boldsymbol{X}\right)^{-1}\boldsymbol{X}^{\mathrm{T}}E(\mu) \\ &= \beta \end{aligned}$$

所以 $\hat{\beta}$ 是 β 的无偏估计量。

3）最小方差性

设 $\boldsymbol{P}$ 为 $p \times n$ 阶数值矩阵，$\boldsymbol{X}$ 为 $p \times n$ 阶随机矩阵（随机变量为元素的矩阵），$\boldsymbol{Q}$ 为 $n \times n$ 阶数值矩阵，则

$$E(P\boldsymbol{X}Q) = \boldsymbol{P}\left[E(\boldsymbol{X})\right]\boldsymbol{Q}$$

下面推导 $\hat{\beta}$ 的方差、协方差矩阵：

$$\mathrm{Var}\left(\hat{\beta}\right) = E\left[\left(\hat{\beta}-\beta\right)\left(\hat{\beta}-\beta\right)^{\mathrm{T}}\right] = \sigma_{\mu}^{2}\left(\boldsymbol{X}^{\mathrm{T}}\boldsymbol{X}\right)^{-1}$$

这个矩阵主对角线上的元素表示 $\hat{\beta}$ 的方差，非主对角线上的元素表示 $\hat{\beta}$ 的协方差。例如 $\mathrm{Var}\left(\hat{\beta}\right)$ 是位于 $\sigma_{\mu}^{2}\left(\boldsymbol{X}^{\mathrm{T}}\boldsymbol{X}\right)^{-1}$ 的第 i 行与第 i 列交叉处的元素（主对角线上的元素）；$\mathrm{Cov}\left(\hat{\beta}_i,\hat{\beta}_j\right)$ 是位于 $\sigma_{\mu}^{2}\left(\boldsymbol{X}^{\mathrm{T}}\boldsymbol{X}\right)^{-1}$ 的第 i 行与第 j 列交叉处的元素（非主对角线上的元素）。

在应用上，我们关心 $\hat{\beta}$ 的方差，而忽略协方差，因此把它记作

$$\mathrm{Var}\left(\hat{\beta}\right) = \sigma_{\mu}^{2}\left(\boldsymbol{X}^{\mathrm{T}}\boldsymbol{X}\right)_{ij}^{-1}$$

记 $S^{-1} = \left(\boldsymbol{X}^{\mathrm{T}}\boldsymbol{X}\right)^{-1} = \left(C_{ij}\right)(i,j=0,1,2,\cdots,k)$，则 $\mathrm{Var}\left(\hat{\beta}\right) = \sigma_{\mu}^{2}C_{ij}$，所以 $\hat{\beta}$ 是 β 的最小方差线性无偏估计。这说明多元线性回归模型的无偏估计量中，OLS 计量的方差比用其他估计方法所得的无偏计量的方差都要小。这正是 OLS 的优越性所在。

用 S_e^2 代替 σ_{μ}^{2} 则得 $\hat{\beta}_i$ 的标准估计量的估计值，称为标准差。

$$S\left(\hat{\beta}_i\right) = \sqrt{C_{ij}S_e^2}$$

其中

$$S_e^2 = \frac{e^t e}{n-k-1}$$

4.3.4 显著性检验

所有自变量与因变量之间的直线回归关系的拟合程度，可以用统计量 R^2 来度量，其公式如下：

$$R^2 = \frac{\mathrm{ESS}}{\mathrm{TSS}} = 1 - \frac{\mathrm{RSS}}{\mathrm{TSS}}$$

其中，TSS 称为总偏差平方和，其值为 $\sum\left(\hat{Y}_i - \overline{Y}\right)^2$，体现了观测值 $y_1,y_2,\cdots,y_n$ 总波动大小。ESS（Explained Sum of Squares，或 U）是由于 Y 与自变量 $x_1,x_2,\cdots,x_n$ 的变化而引起，被称为回归平方和，其值为 $\sum\left(Y_i - \hat{Y}_i\right)^2$，体现了 n 个估计值 $\hat{y}_1,\hat{y}_2,\cdots,\hat{y}_n$ 的波动大小。RSS（Residual Sum of Squares，或 Q）称为残差平方和，其值为 $\sum\left(Y_i - \overline{Y}\right)^2$。$R^2$ 称

为样本决定系数，对于多元回归方程，其样本决定系数为复决定系数或多重决定系数。

回归模型的显著性检验包括：①对整个回归方程的显著性检验；②对回归系数的显著性检验。

对整个回归方程的显著性检验的假设为“总体的决定系统 ρ^2 为零”，这个零假设等价于“所有的总体回归系数都为零”，即

$$H_0:\rho^2=0 \quad 或 H_0:\beta_0=\beta_1=\ldots=\beta_k=0$$

检验统计量为 R^2，最终检验统计量为 F 比值，计算式为

$$F=\frac{\text{ESS}/k}{\text{RSS}/(n-k-1)}=\frac{R^2/k}{\left(1-R^2\right)/(n-k-1)}$$

$$自由度=(k,n-k-1)$$

F 比值的意义实际上是“由回归解释的方差”与“不能解释的方差”之比。

检验回归方程是否显著的步骤如下。

第一步，作出假设

$$H_0:\beta_0=\beta_1=\cdots=\beta_k=0$$

备择假设 $H_1:b_1$、b_1、…、b_k 不同时为 0。

第二步，在 H_0 成立的条件下，计算统计量 F

$$F=\frac{\text{ESS}/k}{\text{RSS}/(n-k-1)}\sim F(k,n-k-1)$$

第三步，查表得出临界值。对于假设 H_0，根据样本观测值计算统计量 F 给定显著性水平 α，查第一个自由度为 k，第二个自由度为 $n-k-1$ 的 F 分布表得临界值 $F_\alpha(n-k-1)$。当 $F\geqslant F_\alpha(k,n-k-1)$ 时，拒绝 H_0，则认为回归方程显著成立；当 $F<F_\alpha(k,n-k-1)$ 时，接受 H_0，则认为回归方程无显著意义。

对某个回归参数 β_i 的显著性检验的零假设为：$H_0:\beta_i=0$，检验的最终统计量为

$$t_i=\frac{\hat{\beta}_i}{S\left(\hat{\beta}_i\right)}$$

具体步骤如下。

（1）提出原假设 $H_0:\beta_i=0$，备择假设 $H_1:\beta_i\neq 0$。

（2）构造统计量 $t=\dfrac{\hat{\beta}_i-\beta_i}{S\left(\hat{\beta}_i\right)}$，当 $\beta_i=0$ 成立时，统计量 $t=\dfrac{\hat{\beta}_i}{S\left(\hat{\beta}_i\right)}\sim t(n-k-1)$。这里 $S\left(\hat{\beta}_i\right)$ 是 $\hat{\beta}_i$ 的标准差，k 为解释变量个数。

（3）给定显著性水平 α，查自由度为 $n-k-1$ 的 t 分布表，得临界值 $t_{\frac{\alpha}{2}}(n-k-1)$。

（4）若 $|t|\geqslant t_{\frac{\alpha}{2}}(n-k-1)$，则拒绝 $H_0:\beta_i=0$，接受 $H_1:\beta_i\neq 0$，即认为 β_i 显著不为零。若 $|t|<t_{\frac{\alpha}{2}}(n-k-1)$，则接受 $H_0:\beta_i=0$，即认为 β_i 显著为零。

4.3.5 回归变量的选择与逐步回归

1. 变量选择问题

在实际问题中，影响因变量 Y 的因素（自变量）很多，人们希望从中挑选出影响显著的自变量来建立回归关系式，这就涉及自变量选择的问题。

在回归方程中若漏掉对 Y 影响显著的自变量，那么建立的回归式用于预测时将会产生较大的偏差。但回归式若包含的变量太多，且其中有些对 Y 影响不大，显然这样的回归式不仅使用不方便，而且反而会影响预测的精度。因而选择合适的变量用于建立一个“最优”的回归方程是十分重要的。

选择“最优”子集的变量筛选法包括逐步回归法（Stepwise）、向前引入法（Forward）和向后剔除法（Backward）。

向前引入法是从回归方程仅包括常数项开始，把自变量逐个引入回归方程。具体地说，先在 m 个自变量中选择一个与因变量线性关系最密切的变量，记为 x_i；然后在剩余的 m−1 个自变量中，再选一个 x_i，使得 $\{x_{i,}x_i\}$ 联合起来二元回归效果最好；第三步在剩下的 m−2 个自变量中选择一个变量 x_i，使得 $\{x_i,x_i,x_i\}$ 联合起来回归效果最好……如此下去，直至得到“最优”回归方程为止。

向前引入法中的终止条件为，给定显著性水平 α，当某一个对将被引入变量的回归系数作显著性检查时，若 $p-\text{value}\geqslant\alpha$，则引入变量的过程结束，所得方程即为“最优”回归方程。

向前引入法有一个明显的缺点，就是由于各自变量可能存在着相互关系，因此后续变量的选入可能会使前面已选入的自变量变得不重要。这样最后得到的“最优”回归方程可包含一些对 Y 影响不大的自变量。

向后剔除法与向前引入法正好相反，首先将全部 m 个自变量引入回归方程，然后逐个剔除对因变量 Y 作用不显著的自变量。具体地说，从 m 个自变量中选择一个对 Y 贡献最小的自变量，比如 x_j，将它从回归方程中剔除；然后重新计算 Y 与剩下的 m−1 个自变量回归方程，再剔除一个贡献最小的自变量，比如 x_j，依次下去，直到得到“最优”回归方程为止。向后剔除法中终止条件与向前引入法类似。

向后剔除法的缺点在于，前面剔除的变量有可能因以后变量的剔除，变为相对重要的变量，这样最后得到的“最优”回归方程中有可能漏掉相对重要的变量。

逐步回归法是上述两个方法的综合。向前引入法中被选入的变量将一直保留在方程中，向后剔除法中被剔除的变量将一直排除在外。这两种方程在某些情况下会得到不合理的结果。于是，可以考虑，被选入的变量当它的作用在新变量引入后变得微不足道时，可以将它删除；被剔除的变量，当它的作用在新变量引入情况下变得重要时，也可将它重新选入回归方程。这样一种以向前引入法为主，变量可进可出的筛选变量方法，称为逐步回归法。

2. 逐步回归分析

1）基本思想

逐个引入自变量。每次引入对 Y 影响最显著的自变量，并对方程中的老变量逐个进行检验，把变为不显著的变量逐个从方程中剔除掉，最终得到的方程中既不漏掉对 Y 影响显著的变量，又不包含对 Y 影响不显著的变量。

2）筛选的步骤

首先给出引入变量的显著性水平 α_{in} 和剔除变量的显著性水平 α_{out}，然后按图 4-3 筛选变量。

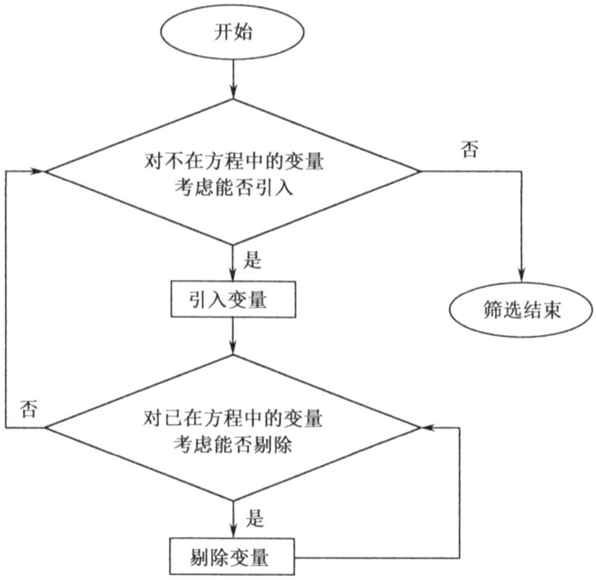

图 4-3　逐步回归筛选步骤

3）逐步筛选变量的基本步骤

逐步筛选变量的过程主要包括两个基本步骤：一是从回归方程中考虑剔除不显著变量的步骤；二是从不在方程中的变量考虑引入新变量的步骤。

（1）考虑可否引入新变量的基本步骤。假设已入选 r 个变量，不在方程中的变量记为 $x_{j_1},x_{j_2},\cdots,x_{j_{m-1}}$。

计算不在方程中的变量的偏回归平方和：

$$P_{j_k}=Q\left(i_1,\cdots,i_r\right)-Q\left(i_1,\cdots,i_r,i_k\right)$$

Q 表示括号中这些变量的回归模型的残差平方和。并设 $P_{j_0}=\max\left(P_{j_1},\cdots,P_{j_{m-r}}\right)$，即不在方程中的变量 x_{j_0} 是对 Y 影响最大的变量。

检验变量 x_{j_0} 对 Y 的影响是否显著。对变量 x_{j_0} 作回归系数的显著性检验，即检验 $H_0:\beta_{j_0}=0$，检验统计量为

$$F_{j_0}=\frac{P_{j_0}}{Q(i_1,\cdots,i_r,i_0)/(n-r-2)}$$

$$p=P\{F\geqslant F_{j_0}\}$$

其中 $F\sim F(1,n-r-1)$，若 $P<\alpha_{\text{in}}$，则引入 x_{j_0},并转入考虑可否剔除变量的步骤。若 $P\geqslant\alpha_{\text{in}}$，则逐步筛选变量的过程结束。

（2）考虑可否剔除变量的基本步骤。假设已引入回归方程的变量为 $x_{i_1},x_{i_2},\cdots,x_{i_{m-1}}$。

计算已在方程中的变量 x_{i_k} 的偏回归平方和 P_{i_k}。

$$\begin{aligned}P_{i_k}&=Q(i_1,\cdots,i_{k-1},i_{k+1},\cdots,i_r)-Q(i_1,\cdots,i_r)\\&=U(i_1,\cdots,i_r)-U(i_1,\cdots,i_{k-1},i_{k+1},\cdots,i_r)\end{aligned}$$

其中，Q 表示括号中这些变量的回归模型的残差平方和，U表示其回归平方和。设

$$P_{i_0}=\min(P_{i_1},\cdots,P_{i_r})$$

即相应的变量 x_{i_0} 是方程中对 Y影响最小的变量。

检验 x_{i_0} 对 Y的影响是否显著。对变量 x_{i_0} 进行回归系数的显著性检验，即检验 $H_0:\beta_{j_0}=0$，检验统计量为

$$F_{j_0}=\frac{P_{j_0}}{Q(i_1,\cdots,i_r)/(n-r-1)}$$

$$p=P\{F\geqslant F_{j_0}\}$$

其中 $F\sim F(1,n-r-1)$，若 $P<\alpha_{\text{out}}$，则剔除 x_{i_0}，重新建立 Y与其余 r–1 个变量的回归方程，然后再检验方程中最不重要的变量可否删除，直到方程中没有变量可删除后，转入考虑能否引入新变量的步骤。

4.4 逻辑回归分析

4.4.1 逻辑回归模型

逻辑回归模型用于分析二分类或有序的因变量与解释变量间的关系，用自变量去预测因变量在给定某个值（如 1 或 0）的概率。当因变量取很多值时，如等距尺度或比例尺度的数据类型时，通常使用简单回归模型，而不使用逻辑回归模型。

逻辑回归模型是一个非线性模型，sigmoid 函数又称逻辑回归函数。但是它本质上又是一个线性回归模型，因为除去 sigmoid 映射函数关系，其他的步骤算法都是线性回归的。可以说，逻辑回归，都是以线性回归为理论支持的。只不过，线性模型，无法做到 sigmoid 的非线性形式，sigmoid 可以轻松处理 0/1 分类问题。

$$\text{Logit}P/1-P=\boldsymbol{\alpha}+\boldsymbol{\beta X}$$

其中，$P=\text{Prob}(y=\boldsymbol{Y}\mid\boldsymbol{X})$，代表在解释变量矩阵下因变量取值的概率，且 y 代表因变量矩阵 $\boldsymbol{Y}$ 中第一个值。$\boldsymbol{\alpha}$ 代表截距参数矩阵，$\boldsymbol{\beta}$ 代表斜率参数矩阵，$\boldsymbol{X}$ 代表解释变量矩阵。

逻辑回归方程即为第 i 组个别事件概率（P_i）的对数（logit）转换，且转换后的逻辑回归模型是解释变量矩阵的一条直线方程。而一般化的模型表示法是用因变量的平均数函数 g=$g(u)$来表示它与自变量之间的线性关系，g 称为链接函数。其他常见的链接函数有 probit function 和 log-log function。logit 函数有较易解释的优点，同时它也可用于分析将来或过去曾收集到的数据。

对数线性模型是将列联表中每格的概率（或理论概率）取对数后分解参数获得的，而逻辑回归模型是将概率比取对数后，再进行参数化后获得的。

4.4.2 logit 变换

人们常常要研究某一事件 A 发生的概率 p，p 值的大小与某些因素有关。例如，研究有毒药物的剂量大小与被试验老鼠的死亡率之间的关系，死亡率 p 随着剂量 x 的增大是增长的。但因 p 的值在[0，1]区间内，所以 p 不可能是 x 的线性函数或二次函数，一般多项式函数也不适合，这就给此类的回归带来困难。另外，当 p 接近于 0 或 1 时，一些因素即使有很大变化，p 值的变化也不会显著。如高可靠系统，可靠度 p 已是 0.998 了，即使再改善条件、工艺和系统结构，可靠度的增大也只能在小数点后三位或四位。又如灾害性天气发生的概率 p 很小，接近于 0，即使能找到一些刻画它发生前兆的信息，也不可能将 p 值提高很多。从数学上看，函数 p 对 x 的变化在 p=0 或 1 附近时是不敏感的、缓慢的，而且非线性的程度较高，于是要寻求一个函数 $\theta(p)$，使得它在 p=0 或 p=1 附近时变化幅度较大，而函数形式又不是太复杂。

首先，用 $\dfrac{\mathrm{d}\theta(p)}{\mathrm{d}p}$ 来反映 $\theta(p)$ 在 p 附近的变化是合理的，同时在 p=0 或 1 时，$\dfrac{\mathrm{d}\theta(p)}{\mathrm{d}p}$ 应有较大的值，这自然要考虑：

$$\frac{\mathrm{d}\theta(p)}{\mathrm{d}p} \propto \frac{1}{p(1-p)}$$

接着，将上式取成等式，就有：

$$\frac{\mathrm{d}\theta(p)}{\mathrm{d}p} = \frac{1}{p(1-p)} = \frac{1}{p} + \frac{1}{1-p}$$

再求积分后可得：

$$\theta(p) = \ln\frac{p}{1-p}$$

上式相对的变换称为 logit 变换，很明显 $\theta(p)$ 在 p=0 与 p=1 附近的变化幅度很大，而且当 p 从 0 变到 1 时，$\theta(p)$ 从 $-\infty$ 变到 $+\infty$，这样就克服了一开始指出的两点困难。如果 p 对 x 不是线性关系，θ 对 x 就可以是线性的关系了，这给数据处理带来了很多方便。根据上式，将 p 由 θ 来表示，就得到：

$$p = \frac{\mathrm{e}^{\theta}}{1+\mathrm{e}^{\theta}}$$

如果θ是某些自变量$x_1,\cdots,x_k$的线性函数$\sum_{i=1}^{k}a_i x_i$，则p就是$x_1,\cdots,x_k$的函数：

$$p=\frac{\mathrm{e}^{\sum_{i=1}^{k}a_i x_i}}{1+\mathrm{e}^{\sum_{i=1}^{k}a_i x_i}}$$

4.4.3 Logistic 分布

如果分布函数满足以下形式：

$$F(x)=\left(1+\mathrm{e}^{-(x-u)/\sigma}\right)^{-1},-\infty<x<\infty \text{（其中}-\infty<\mu<\infty,\sigma>0\text{）}$$

该分布函数称为 Logistic 分布。另外$F(x)$函数也可表示成：

$$F(x)=\frac{1}{2}\left(1+\tanh\left(\frac{x-\mu}{2\sigma}\right)\right)$$

其密度函数为

$$f(x)=\frac{1}{\sigma}\mathrm{e}^{\frac{x-\mu}{\sigma}}\left[1+\exp\left(-\frac{x-\mu}{\sigma}\right)\right]^{-2}$$

再将p表示成$F(x)$的形式：

$$p=1-F(x)=\mathrm{e}^{-(x-\mu)/\sigma}/\left(1+\mathrm{e}^{-(x-\mu)/\sigma}\right)$$

相应地，$\theta=-\frac{x-\mu}{\sigma}$。上式说明了 logit 变换与 Logistic 分布的关系。

上式还说明，Logistic 分布仍然是属于位置—尺度参数族，其中μ是位置参数，σ是尺度参数，这样凡是与位置—尺度参数有关的结果，均对 Logistic 分布有效。当$\mu=0$，$\sigma=1$时，该分布称为标准 Logistic 分布，它的分布函数$F_0(x)$与分布密度函数$f_0(x)$为

$$\begin{cases}F_0(x)=\left(1+\mathrm{e}^{-x}\right)^{-1}\\ f_0(x)=\mathrm{e}^{-x}/\left(1+\mathrm{e}^{-x}\right)^2\end{cases},\quad -\infty<x<\infty$$

很明显，如果考虑：

$$G_0(x)=\mathrm{e}^{x}/\left(1+\mathrm{e}^{x}\right),-\infty<x<\infty$$

则$G_0(x)$也是一个 Logistic 分布函数，且有如下关系式：

$$G_0(x)=1-F_0(-x)=F_0(x)$$

4.4.4 列联表的 Logistic 回归模型

现在来讨论如何将列联表转化为 Logistic 回归模型，现以下例背景进行分析。

假定吸烟人得肺癌概率为 p_1，不得肺癌的概率就是 1- p_1；不吸烟的人得肺癌的概率是p_2，不得肺癌的概率为$1-p_2$。于是经过 logit 变换后：

$$\theta_1=\ln\frac{p_1}{1-p_1},\quad \theta_2=\ln\frac{p_2}{1-p_2}$$

如果记 θ_2 为 θ，则 $\theta_1=\theta_1+(\theta_1-\theta_2)=\theta+\varDelta$。因此患肺癌是否与吸烟有关，就等价于检验 $H_0:\varDelta=0$ 。

考察了 92 个吸烟者，其中 60 个得肺癌，对于不吸烟的 14 个人中有 3 个得肺癌。更一般地，若考察了 n_1 个吸烟者，得肺癌有 r_1 个；考察 n_2 个不吸烟者，得肺癌有 r_2 个，因此 p_1 与 p_2 的估计值分别为 $\hat{p}_1=\frac{r_1}{n_1},\hat{p}_2=\frac{r_2}{n_2}$ 。令：

$$z_i=\ln\frac{r_i}{n_i-r_i}(i=1,2)$$

可以证明，当 n_i 充分大时，有下列等式成立：

$$E(z_i)=\theta_i,\mathrm{Var}(z_i)=\frac{1}{n_ip_i(1-p_i)}(i=1,2)$$

如果写成向量式，就是：

$$\begin{cases}\boldsymbol{E}\begin{bmatrix}z_1\\z_1\end{bmatrix}=\begin{bmatrix}1&1\\1&0\end{bmatrix}\begin{bmatrix}\theta\\\varDelta\end{bmatrix}\\ \mathbf{Var}\begin{bmatrix}z_1\\z_2\end{bmatrix}=\begin{bmatrix}\dfrac{1}{n_1p_1(1-p_1)}&0\\0&\dfrac{1}{n_2p_2(1-p_2)}\end{bmatrix}\end{cases}$$

如果 z_1,z_2 是正态变量，这就是 2×2 列联表的 Logistic 回归模型。

一般地，当 n_i 充分大时，z_i 服从渐近正态分布，并将这一类问题的回归称为 Logistic 回归。

4.5 其他回归分析

4.5.1 多项式回归（Polynomial Regression）

对于一个回归方程，如果自变量的指数大于 1，那么它就是多项式回归方程。如果自变量只有一个时，称为一元多项式回归；如果自变量有多个时，称为多元多项式回归。在一元回归分析中，如果因变量 y 与自变量 x 的关系为非线性的，但是又找不到适当的函数曲线来拟合，则可以采用一元多项式回归。在这种回归技术中，最佳拟合线不是直线，而是一个用于拟合数据点的曲线。

多项式回归的最大优点就是可以通过增加 x 的高次项对实测点进行逼近，直至满意为止。事实上，多项式回归可以处理相当一类非线性问题，它在回归分析中占有重要的地位，因为任一函数都可以分段用多项式来逼近。因此，在通常的实际问题中，不论因变量与其他自变量的关系如何，我们总可以用多项式回归来进行分析。

多项式回归问题可以通过变量转化为多元线性回归问题来解决。多项式回归在回归分析中很重要，因为任意一个函数至少在一个较小的范围内都可以用多项式任意逼近，因此在比较复杂的实际问题中，有时不考虑 y 与诸元素的确切关系如何，而用回归分析进行分析运算。

4.5.2 逐步回归（Stepwise Regression）

在处理多个自变量时，我们可以使用这种形式的回归。在这种技术中，自变量的选择是在一个自动的过程中完成的，其中包括非人为操作。

这一壮举是通过观察统计的值，如 R-square，t-stats 和 AIC 指标，来识别重要的变量。逐步回归通过同时添加/删除基于指定标准的协变量来拟合模型。下面列出了一些最常用的逐步回归方法。

（1）标准逐步回归法做两件事情，即增加和删除每个步骤所需的预测。

（2）向前选择法从模型中最显著的预测开始，然后为每一步添加变量。

（3）向后剔除法与模型的所有预测同时开始，然后在每一步消除最小显著性的变量。这种建模技术的目的是使用最少的预测变量数来最大化预测能力。这也是处理高维数据集的方法之一。

4.5.3 岭回归（Ridge Regression）

当自变量间存在多重共线性关系时，回归系数方差变大，使得一个或多个自变量因为无法通过参数的显著性检验而被舍弃，这些自变量就不适合放入同一模型。因此，在建模前，需要对变量间的多重共性进行检查，最直接的方法是同一模型中避免选取有高度相关性的自变量，另一种办法就是采用岭回归来降低回归系数估计值的方差。

岭回归是一种用于存在多重共线性（自变量高度相关）数据的技术。在多重共线性情况下，尽管最小二乘法（OLS）对每个变量很公平，但它们的差异很大，使得观测值偏移并远离真实值。岭回归通过给回归估计上增加一个偏差度来降低标准误差。

在一个线性方程中，预测误差可以分解为 2 个子分量。一个是偏差，一个是方差。预测错误可能会由这两个分量或者这两个中的任何一个造成。

我们可以通过计算方差膨胀因子（VIF）来表示多重共线性的指数，其计算公式为

$$\mathrm{VIF}_i = \frac{1}{1-R^2}(i=1,2,\cdots,m)$$

当 $R^2=0$ 时，表示第 i 个自变量与其他 m-1 个自变量不相关，则 $\mathrm{VIF}_i=1$； $R^2=1$，表示第 i 个自变量与其他 m-1 个自变量趋近于完全相反，则 $\mathrm{VIF}_i=\infty$，可见 VIF_i 具有测度多重共线性的能力。m 个自变量可以计算出 m 个 VIF 值，其中若是最大的 VIF 值超过 10（表明至少某个判定系数大于 0.9），则认为自变量存在高度的多重共线性，当自变量过多时，可以对 m 个 VIF 求平均数，若平均数明显大于 1，则认为多重共线性存在。

多重共线性检验的方法主要有以下几种。

1. 相关系数检验

对于有两个解释变量的模型，可以利用两个解释变量之间的相关系数来判断两个解释变量之间是否存在显著的线性关系。

判断规则：一般而言，如果两个解释变量的相关系数比较高，例如大于 0.8，则可认为存在较严重的多重共线性。

2. 辅助回归模型检验

对于多于两个解释变量的模型，可以分别利用其中一个解释变量对其他所有解释变量进行线性回归，并计算出拟合优度 $R_1^2, R_2^2, \cdots, R_k^2$，如果某一个拟合优度较大，则说明对应的解释变量与其他解释变量之间存在多重共线性。

3. 方差膨胀因子法

统计上可以证明，解释变量 X_j 的参数估计式 $\hat{\beta}_j$ 的方差可表示为

$$\mathrm{Var}\left(\hat{\beta}_j\right)=\frac{\sigma^2}{\sum X_j^2}\cdot\frac{1}{1-R_j^2}$$

其中，R_j^2 是关于其他解释变量的辅助回归模型的可决系数。式中第二项因子 $\frac{1}{1-R_j^2}$ 称为方差膨胀因子（Variance Inflating Factor），记为 VIF_j，即

$$\mathrm{VIF}_j=\frac{1}{1-R_j^2}$$

经验规则：方差膨胀因子越大，表明解释变量之间的多重共线性越严重。反过来，方差膨胀因子越接近 1，多重共线性越弱。经验表明，方差膨胀因子≥10 时，说明解释变量与其解释变量之间有严重的多重共线性，且这种多重共线性可能会过度地影响乘估计。

4. 直观判断法

（1）考察参数最小二乘估计值的符号和大小，如果不符合经济理论或实际情况，说明模型可能存在多重共线性。

（2）增加或减少解释变量，变动样本观测值，考察参数估计值的变化，如果变化明显，说明模型中可能存在多重共线性。

（3）若多元线性回归模型的拟合优度较大，但回归系数在统计上均不显著，即 t 统计量的绝对值过小，说明模型可能存在多重共线性。

（4）解释变量的相关矩阵中，自变量之间的相关系数较大时，可能会存在多重共线性。

4.5.4　套索回归（Lasso Regression）

套索回归类似于岭回归，Lasso（Least absolute shrinkage and selection operator）也会惩罚回归系数的绝对值大小。此外，它能够减少变化程度并提高线性回归模型的精度。

套索回归与岭回归有一点不同，它使用的惩罚函数是绝对值，而不是平方。这导致惩罚（或等于约束估计的绝对值之和）值使一些参数估计结果等于零。使用惩罚值越大，进一步估计会使得缩小值趋近于零。这将导致我们要从给定的 n 个变量中选择变量。

除常数项以外，这种回归的假设与最小二乘回归类似；收缩系数接近零（等于零），这确实有助于特征选择；这是一个正则化方法，使用的是 L_1 正则化。

如果预测的一组变量是高度相关的，套索回归会选出其中一个变量，并且将其他的收缩为零。

4.5.5 弹性网络（ElasticNet）

ElasticNet 是套索回归和岭回归技术的混合体，是一种使用 L_1 和 L_2 先验作为正则化矩阵的线性回归模型，这种组合用于只有很少的权重非零的稀疏模型，比如：class:Lasso，且又能保持 class:Ridge 的正则化属性。当有多个相关的特征时，ElasticNet 是很有用的。套索回归会随机挑选它们其中的一个，而 ElasticNet 则会选择两个。

套索回归和岭回归之间的实际优点是，它允许 ElasticNet 继承循环状态下岭回归的一些稳定性。在高度相关变量的情况下，它会产生群体效应；选择变量的数目没有限制；它可以承受双重收缩。

4.6 实战：用回归分析方法给自己的房子定价

房子的价格（因变量）是很多自变量——房子的面积、占地的大小、厨房是否有花岗石及卫生间是否刚重装过等的结果。所以，不管是购买过一个房子还是销售过一个房子，您都可能会创建一个回归模型来为房子定价。这个模型建立在邻近地区内的其他有可比性房子的售价基础上（模型），然后再把您自己房子的值放入此模型来产生一个预期价格。

表 4-2 所示是美国某地区一套待销售房子周边房子出售的价格，从中可以找出待销售房子的预期价格。

表 4-2 房屋装修材料及价格样本数据

房子面积（平方英尺）	占地的大小	卧室	花岗岩	卫生间有无重装	销售价格（美元）
3529	9191	6	0	0	205000
3247	10061	5	1	1	224900
4032	10150	5	0	1	197900
2397	14156	4	1	0	189900
2200	9600	4	0	1`	195000
3536	19994	6	1	1	325000
2983	9365	5	0	1	230000
3198	9669	5	1	1	待估价

4.6.1 为 Weka 构建数据集

为了将数据加载到 Weka，我们必须将数据放入一个我们能够理解的格式。Weka 建议的加载数据的格式是 Attribute-Relation File Format（ARFF），您可以在其中定义所加载数据的类型，然后再提供数据本身。在这个文件内，我们定义了每列及每列所含内容。对于回归模型，只能有 NUMERIC 或 DATE 列。最后，以逗号分割的格式提供每行数据。为 Weka 使用的 ARFF 文件如下所示。请注意在数据行内，并未包含待销售的房子。

因为在创建模型，待销售的房子的价格还不知道，所以还不能输入待销售的房子。

清单 1. Weka 文件格式

```
@RELATION house
@ATTRIBUTE houseSize NUMERIC
@ATTRIBUTE lotSize NUMERIC
@ATTRIBUTE bedrooms NUMERIC
@ATTRIBUTE granite NUMERIC
@ATTRIBUTE bathroom NUMERIC
@ATTRIBUTE sellingPrice NUMERIC
@DATA
3529,9191,6,0,0,205000
3247,10061,5,1,1,224900
4032,10150,5,0,1,197900
2397,14156,4,1,0,189900
2200,9600,4,0,1,195000
3536,19994,6,1,1,325000
2983,9365,5,0,1,230000
```

4.6.2 将数据载入 Weka

数据创建完成后，就可以开始创建回归模型了。启动 Weka，然后选择 Explorer。将会出现 Explorer 屏幕，其中 Preprocess 选项卡被选中。选择 Open File 按钮并选择前面创建的 ARFF 文件。在选择了文件后，Weka Explorer 应该类似于图 4-4 所示的这个屏幕快照。

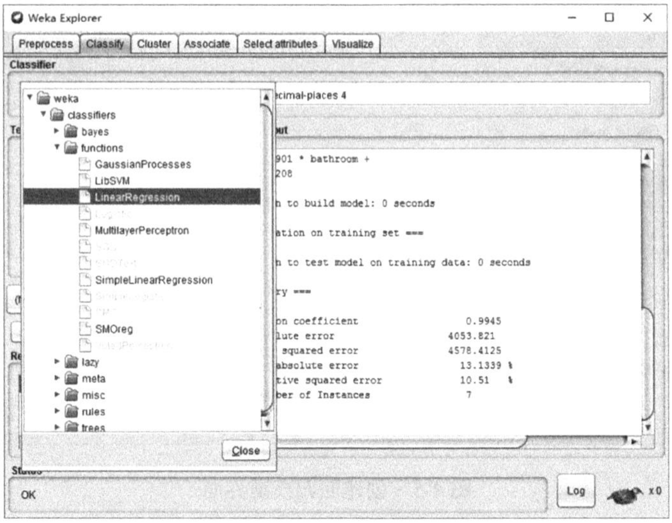

图 4-4　数据载入界面

在这个视图中，Weka 允许您查阅正在处理的数据。在 Explorer 窗口的左边，给出了数据的所有列（Attributes）及所提供的数据行的数量（Instances）。若选择一列，Explorer 窗口的右侧就会显示数据集内该列数据的信息。比如，通过选择左侧的 houseSize 列（它应该默认选中），屏幕右侧就会变成显示有关该列的统计信息。它显示了数据集内此列的最大值为 4032 平方英尺，最小值为 2200 平方英尺。平均大小为 3131 平方英尺，标准偏差为 655 平方英尺（标准偏差是一个描述差异的统计量度）。此外，还有一种可视的手段来查看数据，单击"Visualize All"按钮即可。由于在这个数据集内的行数有限，因此可视化的功能显得没有更多数据点（比如有数百个）时那么功能强大。

下面，创建一个模型来获得待销售房子的价格。

4.6.3 用 Weka 创建一个回归模型

为了创建这个模型，单击 Classify 选项卡。第一个步骤是选择我们想要创建的这个模型，以便 Weka 知道该如何处理数据及如何创建一个适当的模型。

单击"Choose"按钮，然后扩展 functions 分支，选择 LinearRegression 页。这会告诉 Weka 我们想要构建一个回归模型。除此之外，还有很多其他的选择，这说明可以创建的模型有很多。在同一个分支还有另外一个选项，称为 SimpleLinear Regression。请不要选择该选项，因为简单回归只能有一个变量，而我们有六个变量。选择了正确的模型后，Weka Explorer 应该类似于图 4-5 所示。

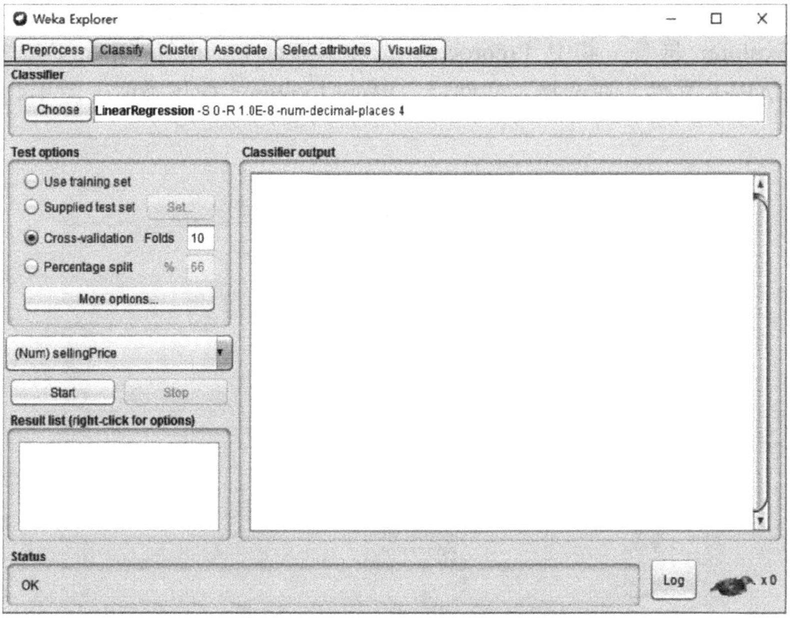

图 4-5　创建回归模型界面

选择了想要的模型后，必须告诉 Weka 它创建这个模型应该使用的数据在哪里。虽然很显然我们想要使用在 ARFF 文件内提供的那些数据，但实际上有不同的选项可供选择，有些甚至远比将要使用的选项高级。其他的三个选择是：Supplied test set 允许提供一个不同的数据集来构建模型；Cross-validation 让 Weka 基于所提供的数据的子集构建一个模型，然后求出它们的平均值来创建最终的模型；Percentage split 让 Weka 取所提供数据的百分之一来构建一个最终的模型。这些不同的选择对于不同的模型非常有用，在本书后续章节中会看到这一点。对于回归，可以简单地选择 Use training set。这会告诉 Weka 为了构建想要的模型，可以使用在 ARFF 文件中提供的那些数据。

创建模型的最后一个步骤是选择因变量（想要预测的列）。在本例中指的就是房屋的销售价格，因为那正是我们想要的。在这些测试选项的正下方，有一个组合框，可用它来选择这个因变量。列 sellingPrice 应该默认选中，如果没有，请选择它。

4.6.4 结果分析

准备好创建模型后，单击“Start”按钮，图 4-6 显示了分析结果。

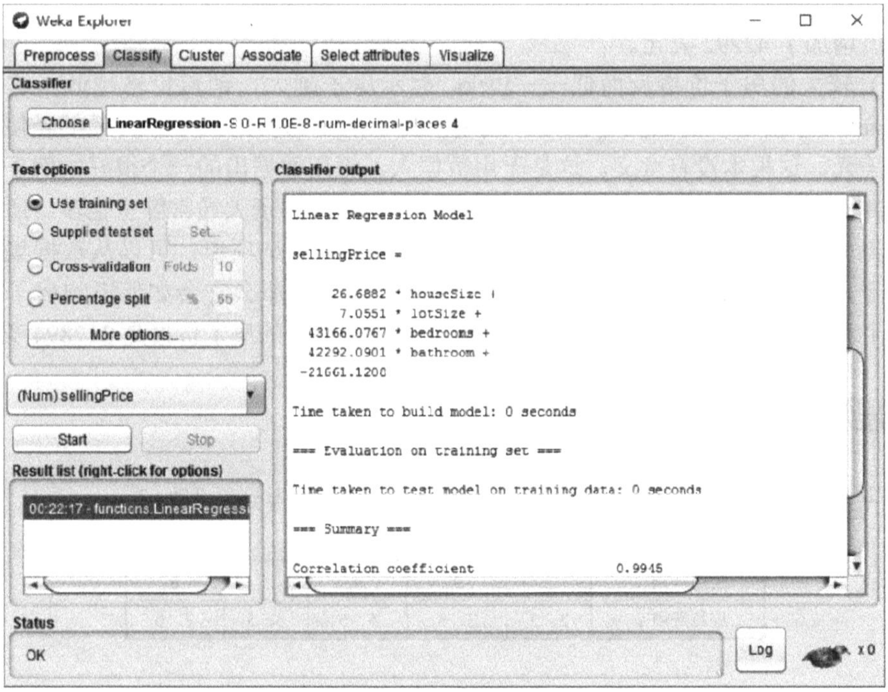

图 4-6 分析结果界面

得到回归模型的预测输出公式为

sellingPrice = (-26.6882 * houseSize) +
(7.0551 * lotSize) +
(43166.0767 * bedrooms) +
(42292.0901 * bathroom)
- 21661.1208

把待销售的房屋的相关数据输入，就得到待销售的房屋的价格：

```
sellingPrice = (-26.6882     * 3198) +
               (7.0551       * 9669) +
               (43166.0767 * 5) +
               (42292.0901 * 1)
               - 21661.1208

sellingPrice = 219,328
```

除了房屋价格，还可得到如下信息：

（1）花岗石无关紧要——Weka 将只使用在统计上对模型的正确性有贡献的那些列（以 R-squared 量度，但这超出了本书的范围）。它将会抛弃并忽视对创建好的模型没有任何帮助的那些列。所以这个回归模型说明厨房里的花岗石并不会影响房子的价值。

（2）卫生间是有关系的——因卫生间使用了简单的 0 或 1 值，所以可以使用来自回归模型的这个系数来决定卫生间的这个值对房屋价值的影响。这个模型说明卫生间使房子的价值增加了 42292 美元。

（3）较大的房子价格反而低——Weka 显示房子越大，销售价格越低。这可以从 houseSize 变量前面负的系数看出来。此模型显示房子每多出一平方英尺都会使房价减少 26 美元，这根本没有意义。这是无用数据入、无用数据出的一个很好的例子。房子的大小并不是一个自变量，它还与卧室变量相关，因为房子大通常卧室也多。所以这个模型并不完美。但是可以修复这个问题。在 Preprocess 选项卡，可以从数据集中删除列。对于本例，删除 houseSize 列并创建另一个模型。那么它会如何影响房子的价格呢？这个新模型又如何更有实际意义？（修改后的待销售的房子价格是 217894 美元）

习题

1. 调查某市出租车使用年限和年支出维修费用（万元），得到数据如下：

使用年限 x	2	3	4	5	6
维修费用 y	2. 2	3. 8	5. 5	6. 5	7. 0

（1）求线性回归方程；

（2）由（1）中结论预测第 10 年所支出的维修费用。（提示：$\begin{cases} b=\dfrac{\sum_{i=1}^{n}(x_i-\overline{x})(y_i-\overline{y})}{\sum_{i=1}^{n}(x_i-\overline{x})^2} \\ a=\overline{y}-b\overline{x} \end{cases}$）

2. 以下是某地收集到的新房屋销售价格 y 和房屋面积 x 的数据：

房屋面积（m^2）	115	110	80	135	105
销售价格（万元）	24.8	21.6	18.4	29.2	22

（1）画出数据对应的散点图；

（2）求线性回归方程，并在散点图中加上回归直线；

（3）据（2）的结果估计当房屋面积为 150m^2 时的销售价格；

（4）求第 2 个点的残差。

参考文献

[1] 刘鹏，张燕，张重生，等. 大数据[M]. 北京：电子工业出版社，2017.

[2] [美]Daniel T L，Chantal D L.数据挖掘与预测分析[M]. 2 版. 北京：清华大学出版社，2017.

[3] 王振武. 数据挖掘算法原理与实现[M]. 2 版. 北京：清华大学出版社，2017.

[4] [美]Trevor H, Robert T, Jerome F. 统计学学习基础——数据挖掘、推理与预测[M]. 北京：电子工业出版社，2005.

[5] [新西兰]Ian H. Witten Eibe Frank Mark A. Hall.数据挖掘——实用机器学习工具与技术[M]. 北京：机械工业出版社，2015.

第5章 聚 类

“物以类聚，人以群分”，聚类（Clustering）是人类认识世界的一种重要方法。所谓聚类就是按照事物的某些属性，把事物聚集成簇，使簇内的对象之间具有较高的相似性，而不同簇的对象之间的相似程度较差。聚类是一个无监督的学习过程，它同分类的根本区别在于：分类需要事先知道所依据的对象特征，而聚类是要找到这个对象特征。因此，在很多应用中，聚类分析作为一种数据预处理过程，是进一步分析和处理数据的基础。在商业上，聚类能帮助市场分析人员从客户基本库中发现不同的客户群，并且用购买模式来刻画不同客户群的特征。在生物学上，聚类能用于推导植物和动物的分类，对基因进行分类，获得对种群中固有结构的认识。聚类也能用于对 Web 上的文档进行分类，以发现信息。同一类事物往往具有更多的近似特征，分门别类地对事物进行研究远比在一个混杂多变的集合中研究更为清晰、细致。

5.1 聚类概述

聚类（Clustering）是一种常见的数据分析方法，就是将对象集合分组成由类似的对象组成的多个类或簇（cluster）的过程。由聚类所生成的类是对象的集合，这些对象与同一个类中的对象彼此相似，与其他类中的对象相异。在许多应用中，可以将一个类中的数据对象作为一个整体来对待。下面给出聚类的数学描述。

被研究的对象集为 X，度量对象空间相似度的标准为 s，聚类系统的输出是对对象的区分结果，即 $C=\{C_1,C_2,\cdots,C_k\}$，其中 $C_i\subseteq X$，$i=1,2,\cdots,k$，且满足如下条件。

（1）$C_1\cup C_2\cup\cdots\cup C_k=X$；

（2）$C_i\cap C_j=\Phi$，$i,j=1,2,\cdots,k$，$i\neq j$。

C 中的成员 $C_1,C_2,\cdots,C_k$ 称为类或簇。由第一个条件可知，对象集 X 中的每个对象必定属于某一个类；由第二个条件可知，对象集 X 中的每个对象最多只属于一个类。每个类可以通过一些特征来描述，有如下几种表示方式。

（1）通过类的中心或边界点表示一个类。

（2）使用对象属性的逻辑表达式表示一个类。

（3）使用聚类树中的节点表示一个类。

聚类分析就是根据发现的数据对象的特征及其关系的信息，将数据对象分簇。簇内的相似性越大，簇间差别越大，聚类就越好。虽然聚类也起到了分类的作用，但和大多数分类是有差别的。大多数分类都是演绎的，即人们事先确定某种事物分类的准则或各类别的标准，分类的过程就是比较分类的要素与各类别标准，然后将各要素划归于各类别中。聚类分析是归纳的，不需要事先确定分类的准则来分析数据对象，不考虑已知的类标记。聚类分析算法取决于数据的类型、聚类的目的和应用。按照聚类分析算法主要思路的不同，聚类分析算法可以分为：划分方法、层次方法、基于密度的算法、基于网格的算法、基于模型的算法。

（1）划分方法（Partitioning Methods）。给定一个包含 n 个对象的数据集，划分方法构建数据集的 k 个划分，每个划分表示一个簇，并且 $k \leqslant n$。划分方法首先创建一个初试划分，然后采用一种迭代的重定位技术，尝试通过对象在划分间的移动来改进划分。也就是说，它将数据集划分为 k 个组，同时满足以下的要求：每个组至少包括一个对象，并且每个对象必须属于且只属于一个组（硬划分）。属于该类的聚类分析算法有：k 均值、k 中心点、PAM（Partitioning Around Medoid，围绕中心点的划分）、CLARA（Clustering LARge Applications，大型应用中的聚类方法）、CLARANS（Clustering Large Applications based upon RANdomized Search，用于空间数据库的聚类算法）等。

（2）层次方法（Hierarchical Methods）。划分方法获得的是单级聚类，而层次方法是将数据集分解成多级进行聚类，层的分解可以用树形图来表示。根据层次的分解方法，层次方法可以分为凝聚（Agglomerative）的和分裂（Division）的。凝聚的方法也称为自底向上的方法，一开始将每个对象作为单独的一簇，然后不断地合并相近的对象或簇，如 AGNES 算法属于此类。分裂的方法也称为自顶向下的方法，一开始将所有的对象置于一个簇中，在迭代的每一步中，一个簇被分裂为更小的簇，直到每个对象在一个单独的簇中，或者达到算法终止条件，如 DIANA 算法属于此类。相对于划分方法，层次方法不需要指定聚类数目，在凝聚或者分裂的层次聚类算法中，用户可以定义希望得到的聚类数目来作为一个约束条件。

（3）基于密度的算法（Density-based Method）。绝大多数划分方法基于对象之间的距离进行聚类，这样的方法只能发现球状的类，而在发现任意形状的类上遇到了困难。基于密度的算法的主要思想是：只要临近区域的密度（对象或数据点的数目）超过某个阈值就继续聚类。也就是说，对给定类中的每个数据点，在一个给定范围的区域中必须至少包含某个数目的点。这样的方法可以用来过滤噪声和孤立点数据，发现任意形状的类。属于该类的聚类算法有：DBSCAN（Density Based Spatial Clustering of Applications with Noise）、OPTICS（Ordering Points To Identify the Clustering Structure）等。

（4）基于网格的算法（Grid-based Method）。基于网格的算法首先把对象空间划分成有限个单元的网状结构，所有的处理都是以单个单元为对象的。这种方法的主要优点是处理速度快，其处理时间独立于数据对象的数目，只与划分数据空间的单元数有关。属于该类的聚类算法有：STING（STatistical INformation Grid）算法、Wave Cluster 算法、CLIQUE（CLustering In QUEst）算法等。

（5）基于模型的算法（Model-based Method）。基于模型的算法为每个簇假定一个模型，然后去寻找能够很好地满足这个模型的数据集。这样的算法经常基于这样的假定：数据集是由一系列的概率分布所决定的。基于模型的算法主要有两类：统计学模型算法和神经网络模型算法。基于统计学模型的算法有 COBWEB、Autoclass，基于神经网络模型的算法有 SOM。

基于聚类分析的数据挖掘在实践中已经取得了很好的效果，但由于要处理巨大的、复杂的数据集，对聚类算法也提出了特殊的挑战，根据应用类型的不同，数据挖掘对聚类算法的要求主要有以下 9 个方面。

（1）可伸缩性。可伸缩性是指算法不论对小数据集还是对大数据集，都应是有效的。很多聚类算法，在几百个小数据集合上鲁棒性很好，而对包含上万个数据对象的大规模数据集合进行聚类时，将导致不同的偏差结果。因此，研究大容量可伸缩性高效聚类算法是数据挖掘必须面对的挑战。

（2）处理不同类型属性数据的能力。算法不仅要能处理数值型数据，还要有处理其他类型数据的能力，包括布尔类型、标称类型、序数型、枚举类型，或者这些数据类型的混合。随着数据挖掘在商务、科学、医学、社交网络和其他领域的作用越来越大，越来越需要能够处理多种属性数据的技术。

（3）挖掘算法应具有处理高维数据的能力。一个数据库或数据仓库可能包含数目众多的维或属性，并且数据可能是非常稀疏的，这就要求对现有方法进行改进或是研究新的适用于高维数据的聚类算法来满足数据挖掘的需要。

（4）基于约束的聚类。在实际应用中，可能需要在各种约束条件下进行聚类。要找到既满足特定的约束，又具有良好聚类性能的数据分组是一项具有挑战性的任务。

（5）可理解的和可用的。数据挖掘中，用户得到的聚类模式应该是易理解的和可用的。聚类要和特定的语义解释和应用相联系。

（6）输入参数对领域知识的弱依赖性。在聚类分析中，许多聚类算法要求用户输入一定的参数，例如希望产生类的数目。聚类结果对于输入的参数十分敏感，参数通常很难确定，特别是包含高维对象的数据集。要求用户输入参数不仅加重了用户的负担，也使得聚类的质量难以控制。

（7）发现任意形状的簇。许多聚类算法基于欧氏距离作为相似性度量方法，决定聚类。基于这样的距离度量的算法趋向于发现具有相近尺度和密度的球状簇。对于可能是任意形状的簇的情况，提出能发现任意形状簇的算法是很重要的。

（8）处理噪声数据的能力。在现实应用当中，绝大多数的数据都包含了孤立点、空缺、未知数据或错误的数据。若聚类算法对这样的数据敏感，将会导致低质量的聚类结果。

（9）对输入数据的顺序不敏感。有些聚类算法对数据输入的顺序是敏感的。例如，同一个数据集合，以不同的顺序提交给同一个算法时，可能生成差别很大的聚类结果。研究和开发对数据输入顺序不敏感的算法是非常有意义的。

5.2 划分方法

对于给定的数据集，划分方法通过选择适当的初始代表点将数据样本进行初始聚类，之后通过迭代过程对聚类的结果进行不断地调整，直到使评价聚类性能准则函数的值达到最优为止。划分方法以距离作为数据集中不同数据间的相似性度量，将数据集划分成多个簇。划分方法是最基本的聚类方法，属于这样的聚类方法有：*k* 均值（*k*-means）、*k* 中心点（*k*-medoids）等。

1. 划分方法的主要思想

给定一个包含 n 个数据对象的数据集，划分方法将数据对象的数据集进行 k 个划分，每个划分表示一个簇（类），并且 $k \leqslant n$。也就是说，它将数据划分为 k 个簇，同时满足下列条件：①每个簇至少包含一个对象；②每个对象属于且仅属于一个簇。对于给定的要构建的划分的数目 k，划分方法首先给出一个初始的划分，然后采用一种迭代的重定位技术，尝试通过对象在划分间移动来改进划分，使得每一次改进之后的划分方案都较前一次更好。好的划分是指同一簇中的对象之间尽可能“接近”，在不同簇中的对象之间尽可能“远离”。

2. 评价函数

评价聚类效果的评价函数着重考虑两个方面：每个簇中的对象应该是紧凑的；各个簇间的对象的距离应该尽可能远。实现这种考虑的一种直接方法就是观察聚类 C 的类内差异 $w(C)$和类间差异 $b(C)$。类内差异衡量类内对象之间的紧凑性，类间差异衡量不同类之间的距离。

类内差异可以用距离函数来表示，最简单的就是计算类内每个对象点到它所属类中心的距离的平方和，即

$$w(C)=\sum_{i=1}^{k} w(C_i)=\sum_{i=1}^{k}\sum_{x\in C_i} d(x,\overline{x}_i)^2 \tag{5.1}$$

类间差异定义为类中心之间距离的平方和，即

$$b(C)=\sum_{1\leqslant j<i\leqslant k} d(\overline{x}_j,\overline{x}_i)^2 \tag{5.2}$$

式（5.1）和式（5.2）中的 $\overline{x}_i$ 、$\overline{x}_j$ 分别是类 C_i 、C_j 的中心。

聚类 C 的聚类质量可用 $w(C)$ 和 $b(C)$ 的一个单调组合来表示，比如 $w(C)/b(C)$ 。

下面着重讨论划分方法中的 k 均值算法和 k 中心点算法。

5.2.1 *k* 均值算法

k 均值（k-means）也被称为 k-平均，是一种最老的、最广泛使用的聚类算法。k 均值用质心来表示一个簇，其中质心是一组数据对象点的平均值，通常 k 均值聚类用于连续空间中的对象。k 均值算法以 k 为输入参数，将 n 个数据对象划分为 k 个簇，使得簇内数据对象具有较高的相似度。相似度用一个簇中数据对象的平均值来表示。

k 均值算法的算法思想：从包含 n 个数据对象的数据集中随机选择 k 个对象，每个对象初始代表一个簇的平均值或质心或中心，其中 k 是用户指定的参数，即所期望的要划分成的簇的个数；对剩余的每个数据对象点根据其与各个簇中心的距离，将它指派到最近的簇；然后，根据指派到簇的数据对象点，更新每个簇的质心；重复指派和更新步骤，直到簇不发生变化，或等价地，直到质心不发生变化，或度量聚类质量的目标函数收敛。

k 均值算法的目标函数 E 定义为

$$E=\sum_{i=1}^{k}\sum_{x\in C_i}[d(x,\overline{x}_i)]^2 \tag{5.3}$$

其中，x 是空间中的点，表示给定的数据对象，$\overline{x}_i$ 是簇 C_i 的数据对象的平均值，例如 3 个二维点（1, 3），（2, 1）和（6, 2）的质心是（(1+2+6）/3, (3+1+2）/3）=（3, 2），$d(x,\overline{x}_i)$ 表示 x 与 $\overline{x}_i$ 之间的距离。这个目标函数可以保证生成的簇尽可能紧凑和独立。

1. 算法描述

算法 5.1 k 均值算法

输入：所期望的簇的数目 k，包含 n 个对象的数据集 D。

输出：k 个簇的集合。

1：从 D 中任意选择 k 个对象作为初始簇中心；

2：repeat；

3：将每个点指派到最近的中心，形成 k 个簇；

4：重新计算每个簇的中心；

5：计算目标函数 E；

6：until 目标函数 E 不再发生变化或中心不再发生变化。

算法分析：k 均值算法的步骤 3 和步骤 4 试图直接最小化目标函数 E，步骤 3 通过将每个点指派到最近的中心形成簇，最小化关于给定中心的目标函数 E；而步骤 4 重新计算每个簇的中心，进一步最小化 E。

例 5.1 假设要进行聚类的元组为{2, 4, 10, 12, 3, 20, 30, 11, 25}，假设要求的簇的数量为 k=2。

应用 k 均值算法进行聚类：

第一步，初始时用前两个数值作为簇的质心，这两个簇的质心记作：m_1=2，m_2=4；

第二步，对剩余的每个对象，根据其与各个簇中心的距离，将它指派给最近的簇中，可得：C_1={2, 3}，C_2={4, 10, 12, 20, 30, 11, 25}；

第三步，计算簇的新质心：m_1=(2+3)/2=2.5，m_2=(4+10+12+20 +30+11+25)/7=16。

重新对簇中的成员进行分配可得 C_1={2, 3, 4}和 C_2={10, 12, 20, 30, 11, 25}，不断重复这个过程，均值不再变化时最终可得到两个簇：C_1={2, 3, 4, 10, 11, 12}和 C_2={20, 30, 25}。

2. 算法的性能分析

1）优点

（1）k 均值算法快速、简单。

（2）当处理大数据集时，k 均值算法有较高的效率并且是可伸缩的，算法的时间复杂度是 $O(nkt)$ ，其中 n 是数据集中对象的数目，t 是算法迭代的次数，k 是簇的数目。

（3）当簇是密集的、球状或团装的，且簇与簇之间区别明显时，算法的聚类效果更好。

2）缺点

（1）在 k 均值算法中 k 是事先给定的，k 值的选定是非常难以估计的（k 是机器学习中的超参数）。很多时候，事先并不知道给定的数据集应该分成多少个类别才最合适。

（2）在 k 均值算法中，首先需要选择 k 个初始聚类中心来确定一个初始划分，然后对初始划分进行优化。这个初始聚类中心的选择对聚类结果有较大的影响，对于不同的初始值，可能会导致不同的聚类结果。

（3）仅适合对数值型数据聚类，只有当簇均值有定义的情况下才能使用（如果有非数值型数据，需另外处理）。

（4）不适合发现非凸形状的簇、不同密度或者大小差别很大的簇（因为使用的是欧氏距离，适合发现凸状的簇）。

（5）对“噪声”和孤立点数据敏感，少量的该类数据能够对中心产生较大的影响。

k 均值算法的中心是虚拟的，并不是某个确实存在的对象，算法对于孤立点是敏感的。为解决这个问题，选用簇中位置最靠近中心的数据对象作为簇的代表对象，即用中心对象（Medoid）代替中心（Mean），这就是 k 中心点算法。k 中心点算法的基本思想：首先为每个簇随意选择一个代表对象；剩余对象根据其与代表对象的距离分配给最近的一个簇。然后反复地用非代表对象来替代代表对象，以改进聚类的质量。

5.2.2 k中心点算法

k 均值算法对离群数据对象点是敏感的，一个极大值的对象可能在相当大的程度上扭曲数据的分布。目标函数（5.3）的使用更是进一步恶化了这一影响。

改进的方法：为了减轻 k 均值算法对孤立点的敏感性，k 中心点算法不采用簇中对象的平均值作为簇中心，而是在每个簇中选出一个最靠近均值的实际的对象来代表该簇，其余的每个对象指派到与其距离最近的代表对象所在的簇中。在 k 中心点算法中，每次迭代后的簇的代表对象点都是从簇的样本点中选取，选取的标准就是当该样本点成为新的代表对象点后能提高簇的聚类质量，使得簇更紧凑。该算法使用绝对误差标准作为度量聚类质量的目标函数，其定义如下：

$$E=\sum_{i=1}^{k}\sum_{x\in C_i}d(x,o_i) \tag{5.4}$$

其中，E 是数据集中所有数据对象的绝对误差之和，x 是空间中的点，代表簇 C_i 中一个给定的数据对象，o_i 是簇 C_i 中的代表对象。如果某样本点成为代表对象点后，绝对误差能小于原代表对象点所造成的绝对误差，那么 k 中心点算法认为该样本点是可以取代原代表对象点的，在一次迭代重新计算簇代表对象点的时候，选择绝对误差最小的那个样本点成为新的代表对象点。通常，该算法重复迭代，直到每个代表对象都成为它的簇的实际中心点，或最靠中心的对象。

PAM（Partitioning Around Medoids，围绕中心点的划分）是最早提出的 k 中心点算法之一，它尝试将 n 个对象划分出 k 类。PAM 算法的主要思想：首先为每个簇任意选择一个代表对象（中心点），计算其余的数据对象与代表对象之间的距离，将其加入到最近的簇，接着反复尝试用更好的非代表对象点来替代代表数据对象点，即分析所有可能的对象对，每对中的一个对象看作代表对象，而另一个不是，对于每个这样的组合，计算聚类结果的质量，对象 o_i 被那个可以使误差值减少最多的对象所取代。聚类结果的质量用代价函数来评估，如果当前的代表对象 o_i 被非代表对象 o_{random} 所取代，代价函数就计算绝对误差值的差。交换的总代价是所有非代表对象所产生的代价之和，如果总代价是负的，实际的绝对误差 E 将会减小，o_i 可以被 o_{random} 取代；如果总代价是正的，则当期的代表对象是可接受的，在本次迭代中没有变化发生。每次迭代中产生的每个簇中最好的对象成为下次迭代的代表对象。

为了确定非代表对象 o_{random} 是否是当前代表对象 o_j 的好的替代，需要根据以下 4 种情况（见图 5-1）对各非代表对象 x 进行检查。

图 5-1（a）表示若对象 x 当前属于 o_j（所代表的簇），如果用 o_{random} 替换 o_j 作为新簇代表，而使 x 更接近其他 o_i（$i≠j$），那么就将 x 重新划分到 o_i（所代表的簇）中；

图 5-1（b）表示若对象 x 当前属于 o_j（所代表的簇），如果用 o_{random} 替换 o_j 作为新簇代表，而使 x 更接近 o_{random}，那么就将 x 重新划分到 o_{random}（所代表的簇）中；

图 5-1（c）表示若对象 x 当前属于 o_i（$i≠j$）（所代表的簇），如果用 o_{random} 替换 o_j 作为新簇代表，而 x 仍然最接近 o_i，那么 x 划分不发生变化；

图 5-1（d）表示若对象 x 当前属于 o_i（$i≠j$）（所代表的簇），如果用 o_{random} 替换 o_j 作为新簇代表，而 x 更接近 o_{random}，那么就将 x 重新划分到 o_{random}（所代表的簇）中。

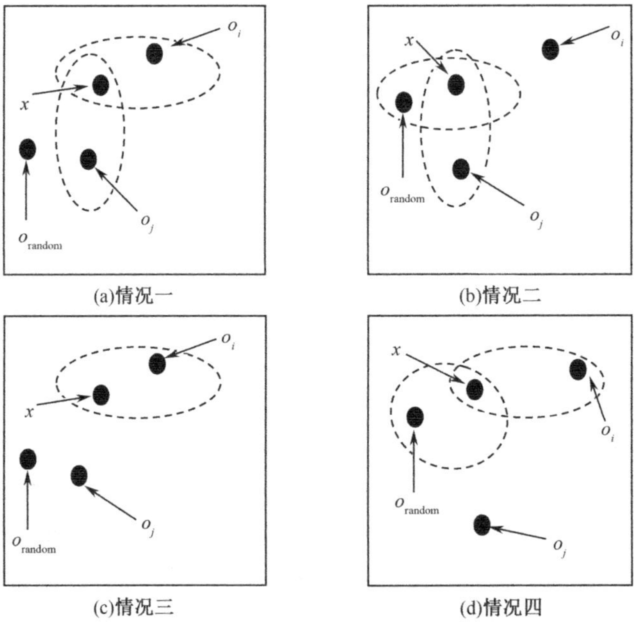

(a)情况一　(b)情况二

(c)情况三　(d)情况四

图 5-1　PAM 围绕中心点划分的四种情况

在 PAM 算法中，可以把过程分为两个步骤：

（1）建立：随机选择 k 个对象点作为初始的簇中心点；

（2）交换：对所有可能的对象对进行分析，找到交换后可以使误差减少的对象，代替原中心点。

算法 5.2 PAM（k 中心点算法）

输入：簇的数目 k，包含 n 个对象的数据集 D。

输出：k 个簇，使得所有对象与其最近代表对象点的距离总和最小。

1：任意选择 k 个对象作为初始的簇中心点；

2：将每个剩余对象指派给离它最近的中心点所代表的簇；

3：任意选择一个非中心对象 o_{random}；

4：计算用 o_{random} 代替中心对象 o_i 的总代价 S；

5：如果 S 为负，则可以用 o_{random} 代替 o_i 以构成新聚类的 k 个中心对象；

6：重复 2～5，直到每个簇不再发生变化为止。

算法分析：k 中心点算法消除了 k 均值算法对孤立点的敏感性；k 中心点算法比 k 均值算法更健壮，这是因为中心点不像平均值那么容易被极端数据影响。

例 5.2 给定含有 5 个数据对象的数据集 D，D 中的对象为 A、B、C、D、E，各对象之间的距离如表 5-1 所示，根据所给的数据对其运行 k 中心点算法实现划分聚类（设 k=2）。

表 5-1 对象之间的距离

样本点	A	B	C	D	E
A	0	1	2	2	3
B	1	0	2	4	3
C	2	2	0	1	5
D	2	4	1	0	3
E	3	3	5	3	0

算法按下面步骤执行：

步骤 1：假如从 5 个对象中随机选取 A、C 作为初始聚类中心。

步骤 2：计算其他对象与中心对象之间的距离，将每个剩余对象指派给离它最近的中心点所代表的簇，通过查询表 5-1 可知，可得到 2 个划分：$\{A, B, E\}$和$\{C, D\}$。

步骤 3：任选非中心对象 B、D、E 分别与中心对象 A、C 交换，计算样本点的代价。

设定非中心对象 B 替代中心对象 A，用 S_{AB} 来表示代价函数输出，分情况考虑如下：

（1）A 原本为簇中心对象，当它被 B 替代后，$d_{AB}=1$，$d_{AC}=2$，A 被指派到 B 所在的簇，样本点 A 的代价为 $d_{AB}- d_{AA}=1-0=1$。

（2）B 之前在 A 所在的簇，且 $d_{BA}=1$，它替换 A 之后成为中心点，样本点 B 的代价为 $d_{BB}- d_{BA}=0-1=-1$。

（3）C 是一个中心点，A 被 B 替代后，C 不受影响，样本点 C 的代价为 0。

（4）D 原本属于 C 所在的簇，A 被 B 替代后，离 D 最近的仍然是 C，故样本点 D 的代价为 0。

（5）E 原本属于 A 所在的簇，A 被 B 替代后，离 E 最近的是 B，故样本点 E 的代价为 $d_{EB}- d_{EA}=3-3=0$。

S_{AB} 为上述所求的代价总和，得出 $S_{AB}=0$。按照同样的方法，分别求出 $S_{AD}=2$、$S_{AE}=$

−2、S_{CB}=2、S_{CD}=0、S_{CE}=0。

步骤 4：通过上面计算得出只有 S_{AE}<0，用 E 交换中心点 A，则新的中心点为 C、E，新的划分为{A，B，C，D}和{E}。

步骤 5：重新回到步骤 2，进行下一次迭代，直到 S 为非负，此时的划分为最后的聚类结果。

k 中心点与 k 均值算法的比较：

（1）当存在噪声和离群点时，k 中心点算法比 k 均值算法更加鲁棒（稳定）。这是因为中心点不像均值那样易被极端数据（噪声或者离群点）影响。

（2）k 中心点算法的执行代价比 k 均值算法要高。K 均值算法为 $O(nkt)$，k 中心点算法为 $O(k(n-k)^2)$。当 n 与 k 较大时，k 中心点算法的执行代价很高。

（3）两种方法都需要事先指定簇的数目 k。

5.3 层次方法

层次方法是通过递归地对数据对象进行合并或者分裂，直到某种终止条件满足为止。根据层次分解是自底向上（合并）还是自顶向下（分裂）形成，层次方法可以进一步分为凝聚层次聚类方法和分裂层次聚类方法。单纯的层次方法无法对已经做的合并或分裂进行调整，如果在某一步没有很好地选择合并或分裂，就可能导致低质量的聚类结果。但是层次方法没有使用准则函数，它所潜含的对数据结构的假设更少，所以它的通用性更强。代表算法有：BIRCH 算法、CURE 算法、CHAMELEON 算法等。

5.3.1 层次方法的分类

在实际应用中一般有两种类型的层次方法，它们分别如下。

（1）自底向上的凝聚层次聚类方法。这种自底向上的策略首先将每个对象作为一个簇，然后合并这些原子簇为越来越大的簇，直到所有的对象都在一个簇中，或者达到了某个终止条件。绝大多数的层次聚类方法都属于这一类，只是在簇间相似度的定义上有所不同。凝聚层次聚类方法的代表是 AGNES 算法。

（2）自顶向下的分裂层次聚类方法。这种自顶向下的策略与凝聚层次聚类方法相反，它首先将所有对象置于一个簇中，然后逐渐细分为越来越小的簇，直到每个对象自成一簇，或者达到了某个终止条件，例如达到了某个希望的簇数目，或者两个最近的簇之间的距离超过了某个阈值。分裂层次聚类方法的代表是 DIANA 算法。

图 5-2 描述了一种凝聚层次聚类方法 AGNES（AGglomerative NESting）算法和一种分裂层次聚类方法 DIANA（DIvisive ANAlysis）算法对一个包含 5 个数据对象的数据集合{a,b,c,d,e}的处理过程。最初，AGNES 算法将每个对象看作一个簇，然后将这些簇根据某些准则逐步合并。例如：如果簇 C_1 中的一个对象和簇 C_2 中的一个对象之间的距离是所有属于不同簇的对象间欧氏距离中最小的，则 C_1 和 C_2 可能被合并。这是一种单链接（single-link）方法，其每个簇可以被簇中所有对象代表，簇间的相似度用属于不同簇中最近的数据点对之间的相似度来度量。聚类的合并过程反复进行，直到所有的对象最

终合并形成一个簇。在 DIANA 算法的处理过程中，所有的对象初始都放在一个簇中。根据一些原则（比如最邻近的最大欧氏距离），将该簇分裂。簇的分裂过程反复进行，直到最终每个新的簇只包含一个对象。在凝聚或者分裂的层次聚类方法中，用户可定义希望得到的簇数目作为算法结束的一个条件。

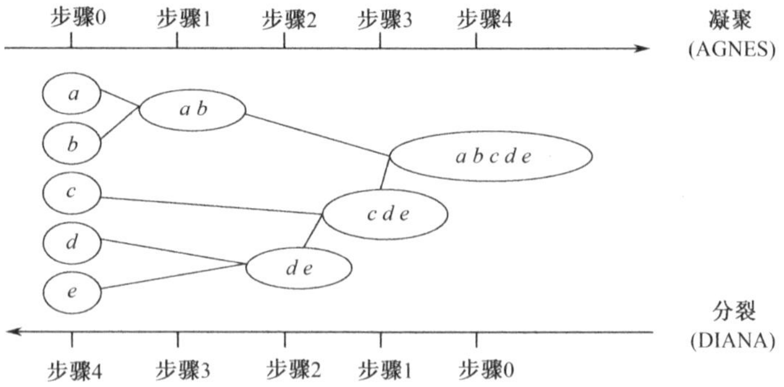

图 5-2　凝聚和分裂层次聚类方法

四个广泛采用的簇间距离度量方法如下，其中$|p-p'|$是数据对象集中两个对象点 p 和 p'之间的距离，m_i是簇 C_i的均值，n_i是簇 C_i中数据对象的数目。

（1）簇间最小距离：是指用两个簇中所有数据点的最近距离代表两个簇的距离。最小距离度量方法的直观图如图 5-3 所示。

簇间最小距离：

$$d_{\min}(C_i, C_j)=\min_{p\in C_i, p'\in C_j} |p-p'| \tag{5.5}$$

（2）簇间最大距离：是指用两个簇所有数据点的最远距离代表两个簇的距离。最大距离度量方法的直观图如图 5-4 所示。

簇间最大距离：

$$d_{\max}(C_i, C_j)=\max_{p\in C_i, p'\in C_j} |p-p'| \tag{5.6}$$

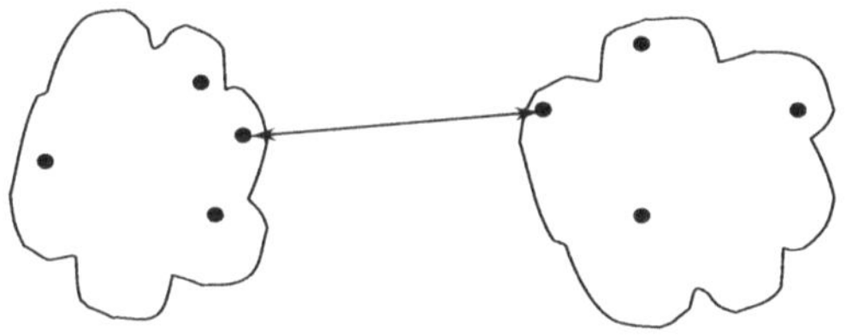

图 5-3　簇间最小距离

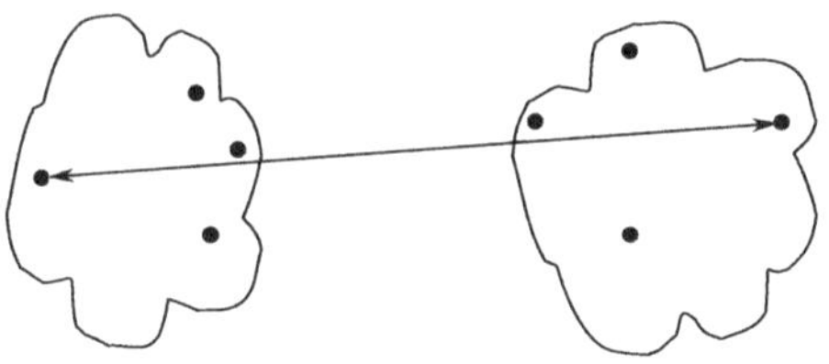

图 5-4　簇间最大距离

（3）簇间均值距离：是指用两个簇各自中心点之间的距离代表两个簇的距离。簇间均值距离度量方法的直观图如图 5-5 所示。

簇间均值距离：

$$d_{\text{mean}}(C_i, C_j)=|m_i-m_j| \tag{5.7}$$

（4）簇间平均距离：是指用两个簇所有数据点间的距离的平均值代表两个簇的距离。簇间平均距离度量方法的直观图如图 5-6 所示。

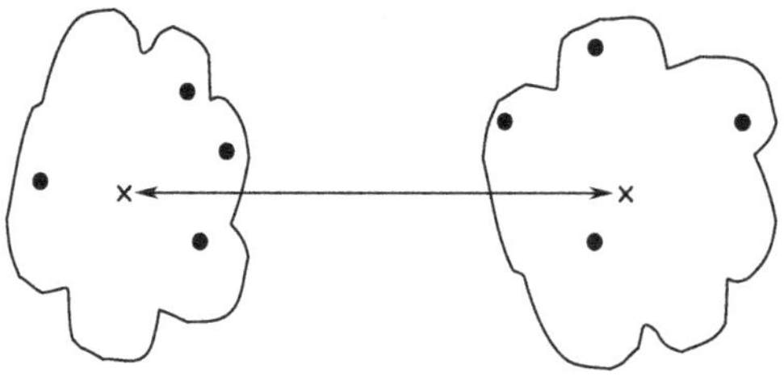

图 5-5　簇间均值距离

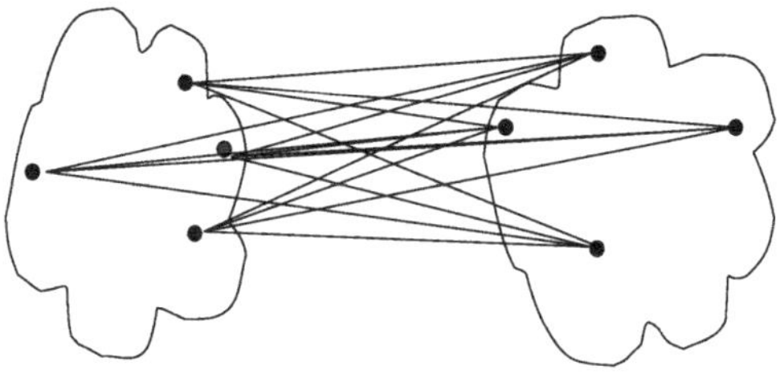

图 5-6　簇间平均距离

簇间平均距离：

$$d_{\text{avg}}(C_i, C_j)=\frac{1}{n_i n_j}\sum_{p\in C_i}\sum_{p'\in C_j}|p-p'| \tag{5.8}$$

当算法使用最小距离 $d_{\min}(C_i,\ C_j)$衡量簇间距离时，有时称它为最近邻聚类算法。此外，如果当最近的簇之间的距离超过某个任意的阈值时聚类过程就会终止，则称其为单链接算法。当一个算法使用最大距离 $d_{\max}(C_i,\ C_j)$度量簇间距离时，有时称为最远邻聚类算法。如果当最近簇之间的最大距离超过某个阈值时聚类过程便终止，则称其为全连接算法。

最小、最大距离度量代表了簇间距离度量的两个极端，它们趋向对离群点或噪声数据过分敏感。使用均值距离和平均距离是对最小和最大距离之间的一种折中方法，而且可以克服离群点敏感性问题。尽管均值距离计算简单，但是平均距离也有它的优势，因为它既能处理数值数据又能处理分类数据。

算法 5.3　AGNES（自底向上凝聚层次聚类）算法

输入：包含 n 个对象的数据集 D，终止条件簇的数目 k。

输出：k 个簇。

1：将每个对象当成一个初始簇；

2：repeat;

3：根据两个簇中最近的数据点找到最近的两个簇；

4：合并两个簇，生成新的簇的集合；

5：until 达到定义的簇的数目。

算法分析：

（1）简单，但会遇到合并点选择困难的情况；

（2）一旦一组对象被合并，不能撤销；

（3）算法的复杂度为 $O(n^2)$，不适合大数据集。

算法 5.4　DIANA （自顶向下的分裂层次聚类）算法

输入：包含 n 个对象的数据集 D，终止条件簇的数目 k。

输出：k 个簇。

1：将包含 n 个对象的数据集 D 当成一个初始簇；

2：repeat；

3：在同类簇中找到距离最远的样本点对；

4：以该样本点为代表，将原类簇中的样本点重新分属到这两个新簇中；

5：until 达到定义的簇的数目。

算法分析：

（1）缺点是已做的分裂操作不能撤销，类之间不能交换对象。

（2）如果在某步没有选择好分裂点，可能会导致低质量的聚类结果。

（3）算法的复杂度为 $O(tn^2)$，t 为迭代次数，不适合大数据集。

层次聚类方法的优点是可以通过设置不同的相关参数值，得到不同粒度上的多层次聚类结构；在聚类形状方面，层次聚类适用于任意形状的聚类，并且对样本的输入顺序是不敏感的。

层次聚类方法的困难在于合并或分裂点的选择。这样的决定是非常关键的，因为一旦一组对象被合并或者分裂，下一步的处理将在新生成的簇上进行。已做的处理不能被撤销，簇之间也不能交换对象。如果在某一步没有很好地选择合并或分裂的决定，就可能会导致低质量的聚类结果。此外，这种聚类方法不具有很好的可伸缩性，因为合并或分裂的决定需要检查和估算大量的对象或簇。改进层次聚类方法聚类质量的一个方向是集成层次聚类和其他的聚类方法，形成多阶段聚类。

5.3.2　BIRCH 算法

BIRCH（Balanced Iterative Reducing and Clustering using Hierarchies）算法，首先用树结构对数据对象进行层次划分，其中叶节点或低层次的非叶节点可以看作是由分辨率决定的“微簇”，然后使用其他的聚类算法对这些微簇进行宏聚类，它克服了凝聚聚类方法所面临的两个困难：①可伸缩性；②不能撤销前一步所做的工作。BIRCH 算法最大的特点是能利用有限的内存资源完成对大数据集高质量地聚类，通过单遍扫描数据集最小化 I/O 代价。

BIRCH 算法使用聚类特征来概括一个簇，使用聚类特征树（CF 树）来表示聚类的层次结构。这些结构帮助聚类方法在大型数据库中取得好的速度和伸缩性，还使得 BIRCH 算法对新对象增量和动态聚类也非常有效。

BIRCH 算法的特点：

（1）BIRCH 算法试图利用可用的资源来生成最好的聚类结果，给定有限的主存，一个重要的考虑是最小化 I/O 时间。

（2）BIRCH 算法采用了一种多阶段聚类方法：数据集的单边扫描产生了一个基本的聚类，一或多遍地额外扫描可以进一步改进聚类质量。

（3）BIRCH 算法是一种增量的聚类方法，因为它对每一个数据点聚类的决策都是基于当前已经处理过的数据点，而不是基于全局的数据点。

（4）如果簇不是球形的，BIRCH 算法不能很好地工作，因为它使用了半径或直径的概念来控制聚类的边界。

1. 聚类特征（Clustering Feature，CF）

给定由 n 个 d 维数据对象或点组成的簇，可以用以下公式定义该簇的质心 x_0、半径 R 和直径 D：

$$x_0 = \frac{\sum_{i=1}^{n} x_i}{n} \tag{5.9}$$

$$R = \sqrt{\frac{\sum_{i=1}^{n}(x_i - x_0)^2}{n}} \tag{5.10}$$

$$D = \sqrt{\frac{\sum_{i=1}^{n}\sum_{j=1}^{n}(x_i - x_j)^2}{n(n-1)}} \tag{5.11}$$

其中，R 是簇中数据对象到质心的平均距离，D 是簇中逐对对象的平均距离。R 和 D 都反映了质心周围簇的紧凑程度。

CF 是 BIRCH 算法的核心，CF 树中的节点都是由 CF 组成的。考虑一个由 n 个 d 维数据对象或点组成的簇，簇的聚类特征 CF 可用一个三元组来表示，这个三元组就代表了簇的所有信息。定义如下：

$$\text{CF}=\langle n, \text{LS}, \text{SS}\rangle \tag{5.12}$$

其中，n 是簇中点的数目，LS 是 n 个点的线性和（$\sum_{i=1}^{n} x_i$），SS 是数据点的平方和（$\sum_{i=1}^{n} x_i^2$）。

聚类特征本质上是给定簇的统计汇总：从统计学的观点来看，它是簇的零阶矩、一阶矩和二阶矩。使用聚类特征，可以很容易地推导出簇的许多有用的统计量，如簇的质心 x_0、半径 R 和直径 D 分别是：

$$x_0 = \frac{\sum_{i=1}^{n} x_i}{n} = \frac{\text{LS}}{n} \tag{5.13}$$

$$R = \sqrt{\frac{\sum_{i=1}^{n}(x_i - x_0)^2}{n}} = \sqrt{\frac{n\text{SS} - 2\text{LS}^2}{n^2}} \tag{5.14}$$

$$D = \sqrt{\frac{\sum_{i=1}^{n}\sum_{j=1}^{n}(x_i - x_j)^2}{n(n-1)}} = \sqrt{\frac{2n\text{SS} - 2\text{LS}^2}{n(n-1)}} \tag{5.15}$$

使用聚类特征概括簇，可以避免存储个体对象或点的详细信息，只需要固定大小的空间来存放聚类特征，有效地利用了存储空间。

聚类特征是可加的。也就是说，对于两个不相交的簇 C_1 和 C_2，其聚类特征分别为 $\text{CF}_1=\langle n_1, \text{LS}_1, \text{SS}_1\rangle$ 和 $\text{CF}_2=\langle n_2, \text{LS}_2, \text{SS}_2\rangle$，那么由 C_1 和 C_2 合并而成的簇的聚类特征就是 $\text{CF}_1+\text{CF}_2=\langle n_1+n_2, \text{LS}_1+\text{LS}_2, \text{SS}_1+\text{SS}_2\rangle$。

例 5.3　假设簇 C_1 中有三个数据点：（2, 4），（4, 5），（5, 6），则 $CF_1=<3，(2+4+5, 4+5+6)，(2^2+4^2+5^2, 4^2+5^2+6^2)>=\{3, (11, 15), (45, 77)\}$，簇 C_2 的 $CF_2=<4, (40, 42), (100, 101)>$，那么，由簇 C_1 和簇 C_2 合并而来的簇 C_3 的聚类特征 CF_3 计算如下：

$CF_3=<3+4, (11+40, 15+42), (45+100, 77+101) >=<7, (51, 57), (145, 178)>$

2. 聚类特征树（CF 树）

CF 树是一棵高度平衡的树，它存储了层次聚类的聚类特征。图 5-7 给出了一个例子。根据定义，树中的非叶节点有后代或“子女”。非叶节点存储了其子女的 CF 的总和，因而汇总了关于其子女的聚类信息。CF 树有两个参数：分支因子 *B* 和阈值 *T*。分支因子定义了每个非叶节点子女的最大数目，而阈值 *T* 给出了存储在树的叶节点中的子簇的最大直径。这两个参数影响树的大小。

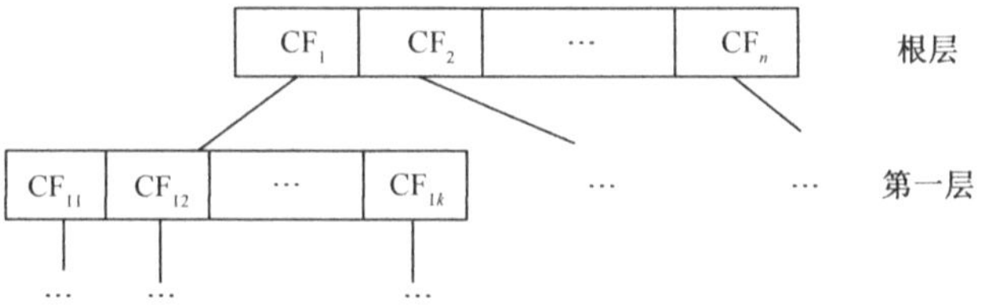

图 5-7　CF 树结构

从图 5-7 中可以看出，根节点的 CF_1 的三元组的值，可以从它指向的 k 个子节点（CF_{11} –CF_{1k}）的值相加得到，即 $CF_1= CF_{11}+ CF_{12}+...+ CF_{1k}$。这样在更新 CF 树的时候可以很高效。

BIRCH 算法试图利用可用的资源生成最好的簇。给定有限的主存，一个重要的考虑是最小化 I/O 所需时间。BIRCH 算法采用了一种多阶段聚类技术：数据集的单遍扫描产生一个基本的聚类，单遍或多遍地额外扫描可以用来进一步（优化）改进聚类质量。

一棵 CF 树是一个数据集的压缩表示，叶节点的每一个输入都代表一个簇 *C*，簇 *C* 中包含若干个数据点，并且原始数据集中越密集的区域，簇 *C* 中包含的数据点越多，越稀疏的区域，簇 *C* 中包含的数据点越少，簇 *C* 的半径小于等于阈值 *T*。随着数据点的加入，CF 树被动态地构建，插入过程有点类似于 B–树。一个对象被插入到最近的叶节点（子簇）。如果在插入后，存储在叶节点中的子簇的直径大于阈值，则该叶节点或其他节点被分裂。新对象插入后，关于该对象的信息向树根节点传递。通过修改阈值，CF 树的大小可以改变。如果存储 CF 树需要的内存大于主存的大小，可以定义较小的阈值，并重建 CF 树。

构建 CF 树的过程中，一个重要的参数是簇半径阈值 *T*，因为它决定了 CF 树的规模，从而让 CF 树适应当前内存的大小。如果 *T* 太小，那么簇的数量将会非常大，从而导致树节点数量也会增大，这样可能会导致所有数据点还没有扫描完之前内存就不够用了。

BIRCH 算法的实现分为以下四个阶段。

算法 5.5　BIRCH 算法

输入：数据集$\{x_1,\cdots, x_n\}$，阈值 *T*。

输出：m 个簇。

1：for each $i\in\{1, 2,\cdots, n\}$；

2：将 x_i 插入到与其最近的一个叶节点中；

3：if 插入后的簇小于或等于阈值；

4：将 x_i 插入该叶节点，并重新调整从根到此叶节点路径上的所有三元组；

5：else if 插入后节点中有剩余空间；

6：把 x_i 作为一个单独的簇插入并重新调整从根到此叶节点路径上的所有三元组；

7：else 分裂该节点并调整从根到此叶节点路径上的三元组。

该算法的优点：

（1）节约内存，所有的对象都在磁盘上。

（2）聚类速度快，只需要一遍扫描训练集就可以建立 CF 树，CF 树的增删改都很快。

（3）可以识别噪声点，还可以对数据集进行初步分类的预处理。

该算法的缺点：

（1）由于 CF 树对每个节点的 CF 个数有限制，导致聚类的结果可能和真实的类别分布不同。

（2）对高维特征的数据聚类效果不好。

（3）如果簇不是球形的，则聚类效果不好。

5.4 基于密度的方法

由于层次方法和划分方法往往只能发现“类圆形”的聚类。为弥补这一缺陷，发现各种任意形状的聚类，提出基于密度的方法，该类方法认为在整个样本空间点中，各目标类簇是由一群稠密样本点组成的，而这些稠密样本点被低密度区域（噪声）分割，此方法的目的就是要过滤低密度区域，发现稠密样本点。基于密度的方法以数据集在空间分布上的稠密程度为依据进行聚类，无须预先设定簇的数量，特别适合对于未知内容的数据集进行聚类。基于密度的方法的基本思想是：只要一个区域中的点的密度大于某个阈值，就把它加到与之相近的聚类中去，对于簇中每个对象，在给定的半径 ε 的邻域中至少要包含最小数目（MinPts）个对象。代表算法有：DBSCAN、OPTICS、DENCLUE 算法等。

DBSCAN 算法：DBSCAN 算法是一种基于高密度连通区域的基于密度的聚类方法，该算法将具有足够高密度的区域划分为簇，并在具有噪声的空间数据集中发现任意形状的簇，它将簇定义为密度相连的点的最大集合。DBSCAN 算法所用到的基本术语如下。

对象的ε邻域：给定对象在半径ε内的区域。

核心对象：如果一个对象的ε邻域至少包含最小数目 MinPts 个对象，则称该对象为核心对象。如图 5-8 中，ε=1，MinPts=5，q 是一个核心对象。

边界点：不是核心点，但落在某个核心点的ε邻域内。

噪声：不包含在任何簇中的对象被认为是“噪声”。

直接密度可达：给定一个对象集合 D，如果 p 是在 q 的 ε 邻域内，而 q 是一个核心对象，我们说对象 p 从对象 q 出发是直接密度可达的。如果 q 是一个核心对象，p 属于 q 的邻域，那么称 p 直接密度可达 q。

密度可达的：如果存在一个对象链 p_1，p_2，…，p_n，$p_1=q$，$p_n=p$，对 $p_i \in D$，$(1 \leqslant i \leqslant n)$，$p_{i+1}$ 是从 p_i 关于 ε 和 MitPts 直接密度可达的，则对象 p 是从对象 q 关于 ε 和 MinPts 密度可达的，如图 5-9 所示。由一个核心对象和其密度可达的所有对象构成一个聚类。

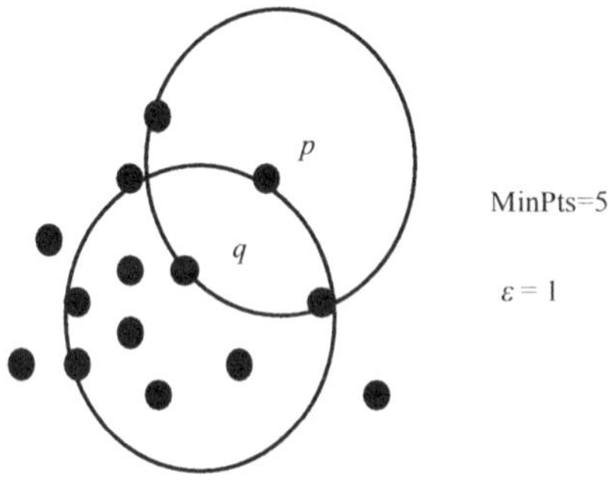

图 5-8　核心对象、边界点和噪声

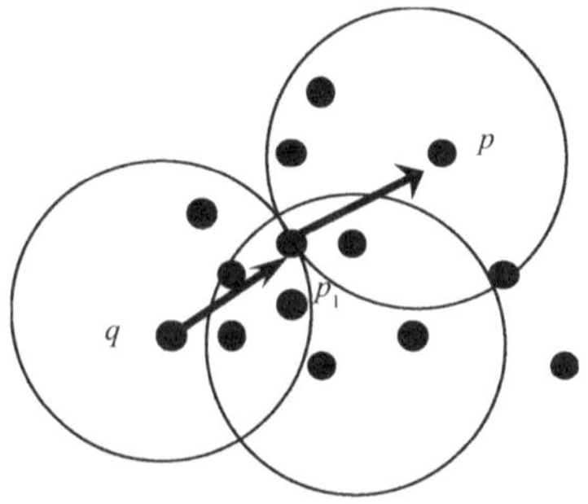

图 5-9　密度可达的

密度相连的：如果对象集合 D 中存在一个对象 o，使得对象 p 和 q 是从 o 关于 ε 和 MinPts 密度可达的，那么对象 p 和 q 是关于 ε 和 MinPts 密度相连的（见图 5-10）。

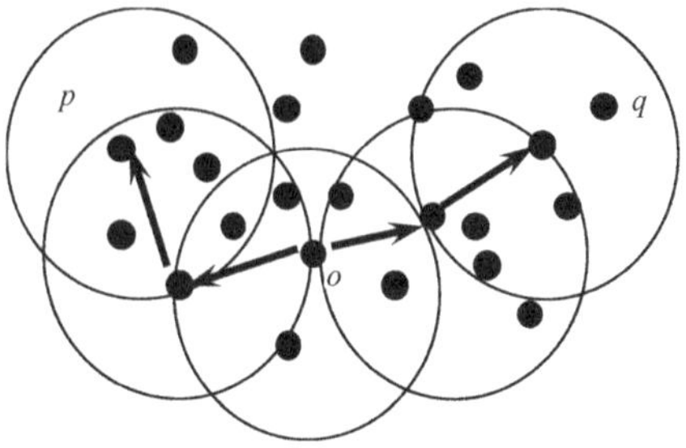

图 5-10　密度相连的

例 5.4　假设半径 $\varepsilon=3$，MinPts=3，点 p 的 ε 邻域中有点 $\{m, p, p_1, p_2, o\}$，点 m 的 ε 邻域中有点 $\{m, q, p, m_1, m_2\}$，点 q 的 ε 邻域中有 $\{q, m\}$，点 o 的 ε 邻域中有点 $\{o, p, s\}$，点 s 的 ε 邻域中有点 $\{o, s, s_1\}$。

那么核心对象有 p, m, o, s(q 不是核心对象，因为它对应的 ε 邻域中点数量等于 2，小于 MinPts=3)；

点 m 从点 p 直接密度可达，因为 m 在 p 的 ε 邻域内，并且 p 为核心对象；

点 q 是从点 p 密度可达的，因为点 q 从点 m 直接密度可达，并且点 m 从点 p 直接密度可达；

点 q 到点 s 是密度相连的，因为点 q 是从点 p 密度可达的，并且 s 是从点 p 密度可达的。

算法 5.6　DBSCAN 算法

输入：ε ——半径，MinPts—— 给定点在 ε 邻域内成为核心对象时邻域内至少要包含的数据对象数，D ——数据对象集合。

输出：目标簇集合。

1：repeat;

2：判断输入点是否为核心对象；

3：找出核心对象的ε邻域中的所有直接密度可达点；

4：until 所有输入点都判断完毕；

5：repeat;

6：针对所有核心对象的ε邻域所有直接密度可达点；

7：找到最大密度相连对象集合，中间涉及一些密度可达对象的合并；

8：until 所有核心对象的ε邻域都遍历完毕。

DBSCAN 算法分析：

（1）时间复杂度：DBSCAN 算法要对每个数据对象进行邻域检查，时间性能较低；DBSCAN 算法的基本时间复杂度是 O，n 是点的个数，最坏情况下时间复杂度是 $O(n^2)$；在低维空间数据中，有一些数据结构如 k-d 树，使得可以有效地检索特定点给定距离内的所有点，时间复杂度可以降低到 $O(n\log n)$。

（2）空间复杂度：在聚类过程中，DBSCAN 算法一旦找到一个核心对象，即以该核心对象为中心向外扩展，此过程中核心对象将不断增多，未处理的对象被保留在内存中。若数据集中存在庞大的聚类，将需要很大的存储空间来存储核心对象信息。当数据量增大时，要求较大的内存支持 I/O，低维或高维数据中，其空间都是 $O(n)$。

（3）优点：能克服基于距离的算法只能发现“类圆形”聚类的缺点，可发现任意形状的聚类，有效地处理数据集中的噪声数据，数据输入顺序不敏感。

（4）缺点：输入参数敏感，确定参数 ε 、MinPts 困难，若选取不当，将造成聚类质量下降；由于在 DBSCAN 算法中，变量 ε 、MinPts 是全局唯一的，当空间聚类的密度不均匀、聚类间距离相差很大时，聚类质量较差。

例 5.5 下面给出一个样本数据对象集，其数据对象的属性信息如表 5-2 所示，对它实施 DBSCAN 算法。表 5-3 所示为算法的步骤（设 n=12，用户输入 ε =1，MinPts=4）。

表 5-2 样本数据对象的属性信息

序 号	属性 1	属性 2
1	2	1
2	5	1
3	1	2
4	2	2
5	3	2
6	4	2
7	5	2
8	6	2
9	1	3
10	2	3
11	5	3
12	2	4

表 5-3　算法执行过程

步　骤	选择的点	在 ε 中点的个数	通过计算可达点而找到的新簇
1	1	2	无
2	2	2	无
3	3	3	无
4	4	5	簇 C_1：{1，3，4，5，9，10，12}
5	5	3	已在一个簇 C_1 中
6	6	3	无
7	7	5	簇 C_2：{2，6，7，8，11}
8	8	2	已在一个簇 C_2 中
9	9	3	已在一个簇 C_1 中
10	10	4	已在一个簇 C_1 中
11	11	2	已在一个簇 C_2 中
12	12	2	已在一个簇 C_1 中

5.5　实战：聚类分析

5.5.1　背景与聚类目的

聚类的任务是把所有的实例分配到若干的簇，使得同一个簇的实例聚集在一个簇中心的周围，它们之间的距离比较近；而不同簇实例之间的距离比较远。它能够作为一个独立的分析工具获得数据的分布情况，观察每一类数据的特征，集中对特定的聚类集合作进一步的分析。在商业上，聚类分析被用来发现不同的客户群，并且通过购买模式刻画不同客户群的特征。聚类分析是细分市场的有效工具，同时也可用于研究消费者行为，寻找新的潜在市场。

现在我们使用最常见的 k 均值（k-means）算法对银行客户购买股权计划的数据文件“bank-data.arff”（本案例数据来源于（www.tipdm.org））作聚类分析，k 均值算法只能处理数值型的属性，遇到分类型的属性时需把它变为若干个取值 0 和 1 的属性。Weka 将自动实施这个分类型到数值型的变换，而且 Weka 会自动对数值型的数据作标准化。

若银行客户购买股权计划的原始客户数据是 excel 文件格式的“bank-data.xls”数据，则需要转换成 Weka 支持的 ARFF 文件格式的数据。转换方法是：用 Excel 打开“bank-data.xls”，选择菜单“文件”→另存为，在弹出的对话框中，文件名设为 bank-data，保存类型选择“CSV 逗号分隔”，保存便可得到“bank-data.csv”文件。之后，打开 Weka 的 Exporler，单击“Open file”按钮，打开刚才保存的“bank-data.csv”文件，然后单击“save”按钮，在弹出的对话框中，文件名设为“bank-data.arff”，文件类型选择“Arff data files（*.arff）”，保存便可得到格式为 ARFF 的数据文件“bank-data.arff”。

通过对 bank-data.arff 客户数据进行聚类，可发现购买股权计划的客户都具有哪些相似的属性，从而为银行向新的客户推销股权计划提供推荐参考，提高营销成功率。部分银行客户个人信息如表 5-4 所示。

表 5-4 银行客户个人信息

age	sex	region	income	married	children	car	save_act	current_act	mortgage	pep
48	FEMALE	INNER_CIT	17546	NO	1	NO	NO	NO	NO	YES
40	MALE	TOWN	30085.1	YES	3	YES	NO	YES	YES	NO
51	FEMALE	INNER_CIT	16575.4	YES	0	YES	YES	YES	NO	NO
23	FEMALE	TOWN	20375.4	YES	3	NO	NO	YES	NO	NO
57	FEMALE	RURAL	50575.3	YES	0	NO	YES	NO	NO	NO
57	FEMALE	TOWN	37869.6	YES	2	NO	YES	YES	NO	YES
22	MALE	RURAL	8877.07	NO	0	NO	NO	YES	NO	YES
58	MALE	TOWN	24946.6	YES	0	YES	YES	YES	NO	NO
37	FEMALE	SUBURBAN	25304.3	YES	2	YES	NO	YES	NO	NO

表 5-4 中客户数据各属性及含义如下。

age：客户的年龄。

sex：客户的性别（MALE / FEMALE）。

region：客户居住的区域（inner_city/rural/suburban/town）。

income：客户的收入。

married：客户的婚姻状况（YES/NO）。

children：客户的子女数目。

car：客户是否购买私家车（YES/NO）。

save_act：客户是否有储蓄账户（YES/NO）。

current_act：客户是否开了一个活期存款账户（YES/NO）。

mortgage：客户是否有抵押（YES/NO）。

pep：银行向客户推销股权计划后客户是否购买（YES/NO）。

5.5.2 聚类过程

（1）打开 Weka 应用程序，在主界面上选择 Explorer 并打开。首先从预处理面板顶部单击“open file”按钮，启动文件选择对话框，找到 bank-data.arff 文件并打开，完成数据集加载，加载数据集如图 5-11 所示。

（2）数据集加载完成后，可以在 Current relation 面板中查看数据集的基本信息，包括样本实例数、属性个数。下面的 Attributes 面板列出了数据集属性名称，用鼠标选中某个属性后，在右侧 Selected attribute 面板中显示属性类型、属性值分布情况等详细信息，查看数据集属性基本信息如图 5-12 所示。

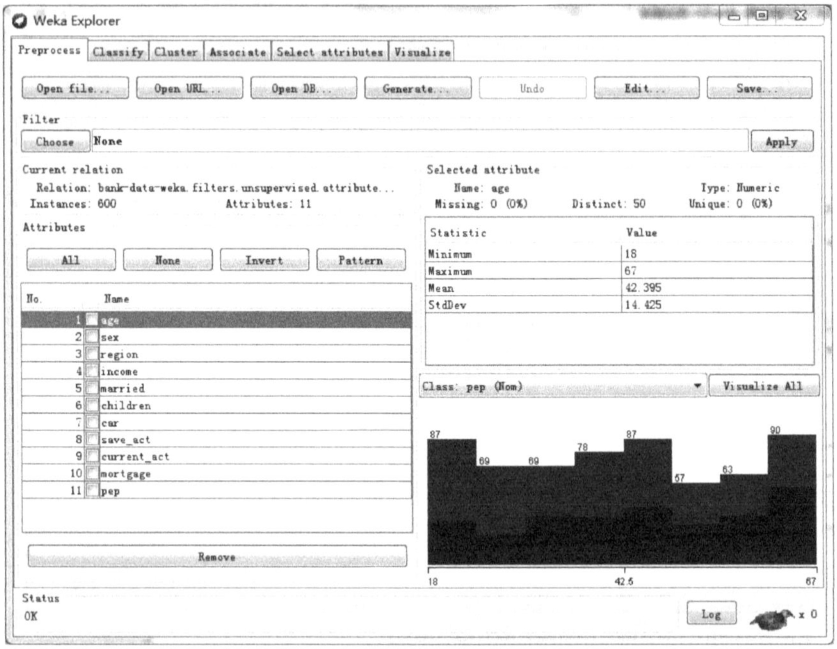

图 5-11　加载数据集

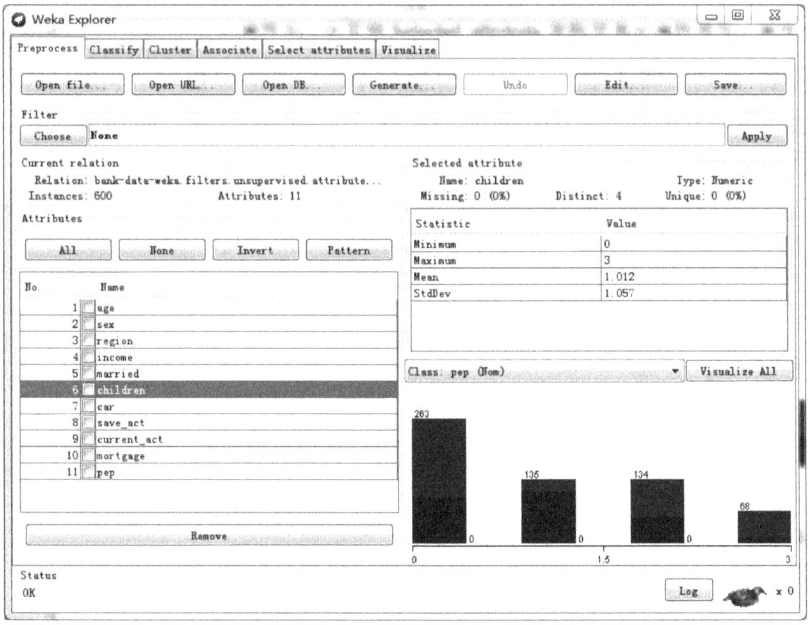

图 5-12　查看数据集属性基本信息

（3）在 Explorer 界面顶部选择 Cluster 面板，进入聚类分析界面。单击“Choose”按钮选择“SimpleKMeans”，这时 Weka 中实现 k 均值算法，选择“SimpleKMeans”聚类算法，如图 5-13 所示。

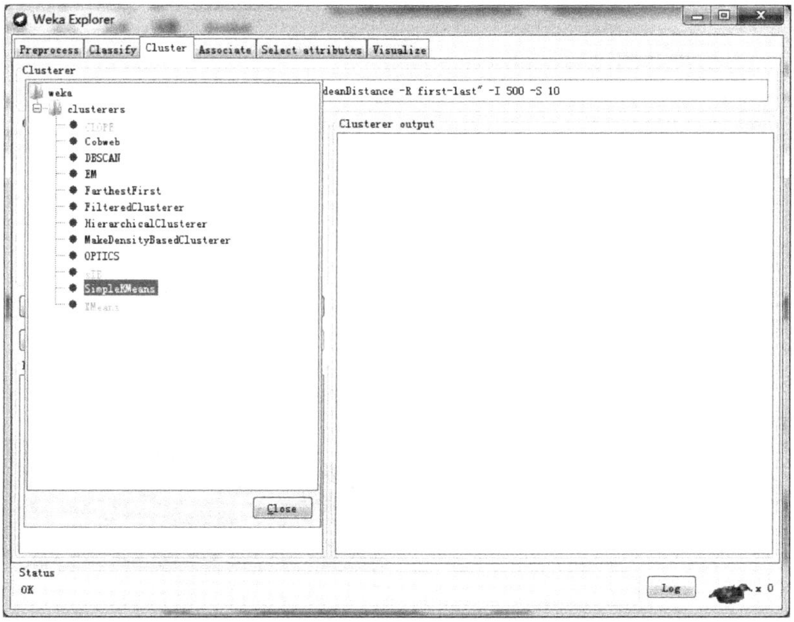

图 5-13　选择“SimpleKMeans”聚类算法

（4）设置聚类分析算法参数。单击“Choose”按钮右边的文本框，修改“numClusters”为 6，将实例聚成 6 类，即 k=6；“seed”参数是要设置一个随机种子，依此产生一个随机数，用来得到 k 均值算法中第一次给出的 k 个簇中心的位置，实验中可以反复修改该值，对比最终聚类分析效果。不妨暂时让它为 10，单击“OK”按钮确定，设置聚类算法参数如图 5-14 所示。

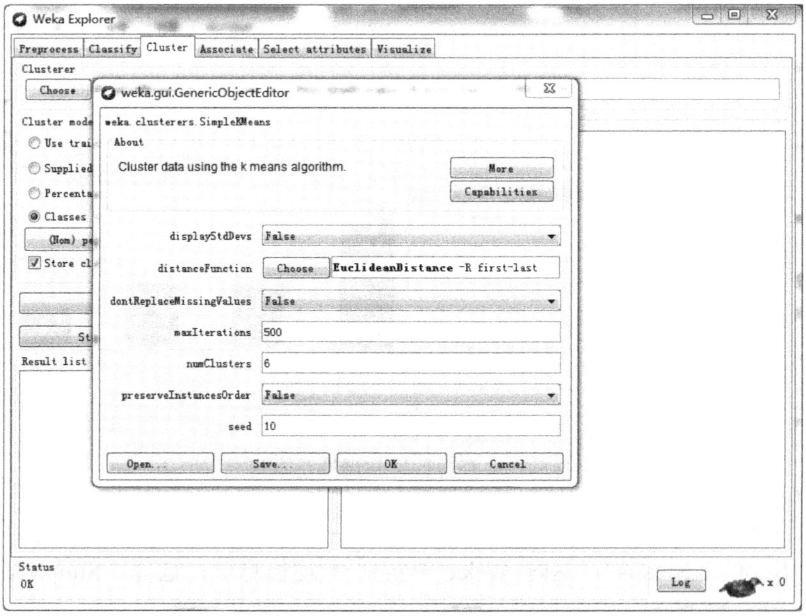

图 5-14　设置聚类算法参数

（5）选中 Cluster Mode 的 Use training set（使用训练集），选择 Store clusters for visualization（存储聚类可视化），聚类分析设置如图 5-15 所示。

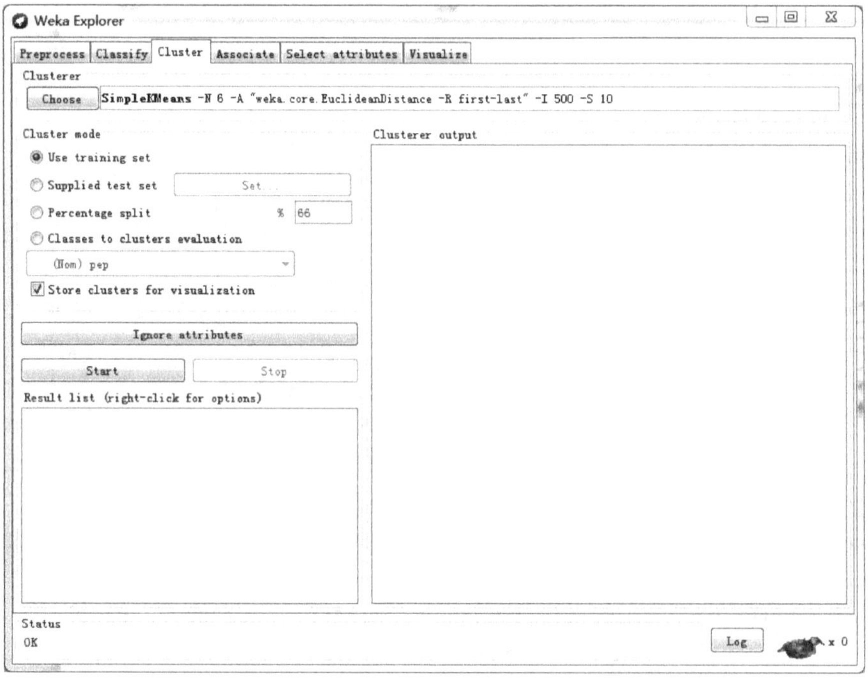

图 5-15　聚类分析设置

单击“Start”按钮开始聚类分析，观察右边“Clusterer output”给出的聚类结果。也可以在左下角“Result list”中这次产生的结果上单击右键，选择“View in separate window”，在新窗口中浏览结果。结果如下：

```
=== Run information ===
Scheme:weka.clusterers.SimpleKMeans -N 6 -A "weka.core.EuclideanDistance -R first-last" -I 500 -S 10
Relation:     bank-data-weka.filters.unsupervised.attribute.Remove-R1
Instances:    600
Attributes:   11
              age
              sex
              region
              income
              married
              children
              car
              save_act
              current_act
              mortgage
```

```
pep
Test mode: evaluate on training data
=== Model and evaluation on training set ===
kMeans
======
Number of iterations: 16
Within cluster sum of squared errors: 1360.8718391528164
Missing values globally replaced with mean/mode
Cluster centroids:
                                    Cluster#
Attribute     Full Data        0          1           2          3          4          5
                (600)        (72)      (166)        (71)       (58)       (99)      (134)
===========================================================================================
age           42.395      43.4444    43.7952     38.7465    37.3103     38.404     47.1791
sex           FEMALE      FEMALE     FEMALE      FEMALE     FEMALE      MALE       MALE
region        INNER_CITY  RURAL      INNER_CITY  INNER_CITY TOWN        INNER_CITY TOWN
income        27524.0312  29322.789  28672.09    20239.3776 20600.8528  25720.037  33324.4929
married       YES         NO         YES         YES        YES         YES        NO
children      1.0117      2.0139     0.6265      0.6761     1.6207      0.899      0.9478
car           NO          NO         NO          NO         NO          YES        YES
save_act      YES         YES        YES         NO         NO          NO         YES
current_act   YES         YES        YES         YES        YES         YES        YES
mortgage      NO          NO         NO          NO         NO          YES        NO
pep           NO          NO         NO          YES        NO          YES        YES

Time taken to build model (full training data) : 0.11 seconds
=== Model and evaluation on training set ===
Clustered Instances
0        72 ( 12%)
1       166 ( 28%)
2        71 ( 12%)
3        58 ( 10%)
4        99 ( 17%)
5       134 ( 22%)（各类包含的实例个数以及占总实例的百分比）
```

5.5.3 聚类结果分析

1．查看误差平方和

运行结果中“Within cluster sum of squared errors: 1360.8718391528164”簇内误差平方和是评价聚类好坏的标准，数值越小说明同一簇实例之间的距离越小。可修改 seed 参数改变簇中心起始位置，运行查看误差平方和的变化，选择最优结果。

2. 查看簇中心位置及簇实例数目和百分比

“Cluster centroids”之后列出了各个簇中心的位置。对于数值型的属性，簇中心就是它的均值（Mean）；对于分类型的属性，簇中心就是它的众数（Mode），也就是说这个属性上取值为众数值的实例最多。最后的“ Clustered Instances”是各个簇中实例的数目及百分比。

3. 聚类可视化分析

为了观察可视化的聚类结果，我们在左下方“Result list”列出的结果上右击，选择“Visualize cluster assignments”，可视化设置如图 5-16 所示。

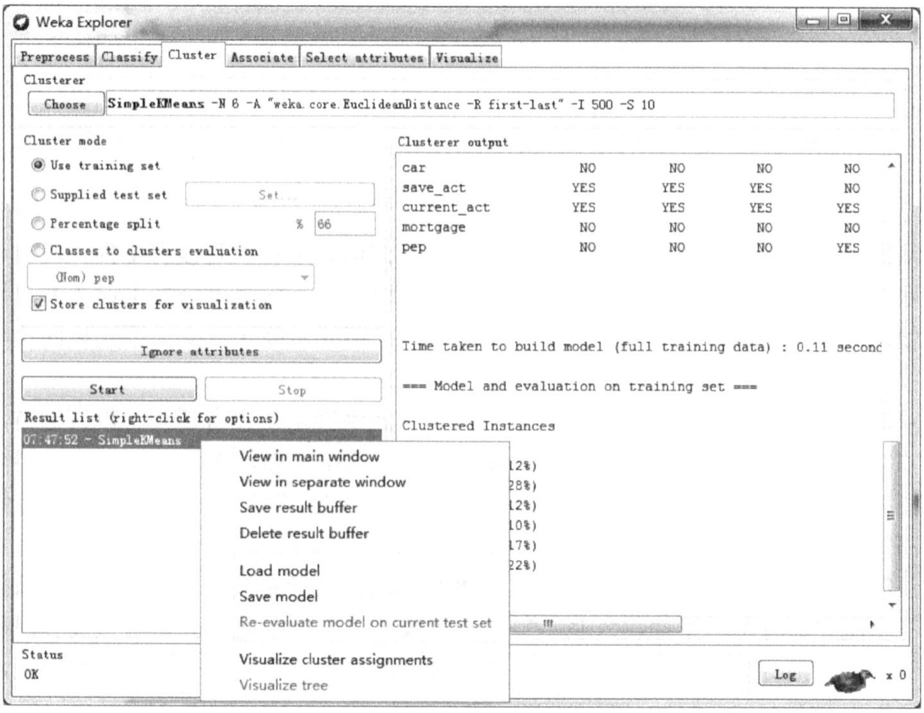

图 5-16　可视化设置

弹出的窗口给出了各实例的散点图。最上方的两个框是选择横坐标和纵坐标，第二行的“color”是散点图着色的依据，默认是根据不同的簇“Cluster”给实例标上不同的颜色。可以在这里点“Save”把聚类结果保存成 ARFF 文件，可视化结果如图 5-17 所示。

4. 聚类结果分析

从“ Clustered Instances”中可以看到整个银行客户被分为 6 簇。从中看出实例数最多的 3 个簇是簇 1、簇 4 和簇 5，更具有代表性，共占实例总数的 67%，应将这 3 个簇的客户数据作为数据分析的重点。簇 1 中含有实例 166 个，占实例总数的 28%，没有购买股权计划；簇 5 中含有实例 134 个，占实例总数的 22%，购买了股权计划；簇 4 中含有实例 99 个，占实例总数的 17%，购买了股权计划。

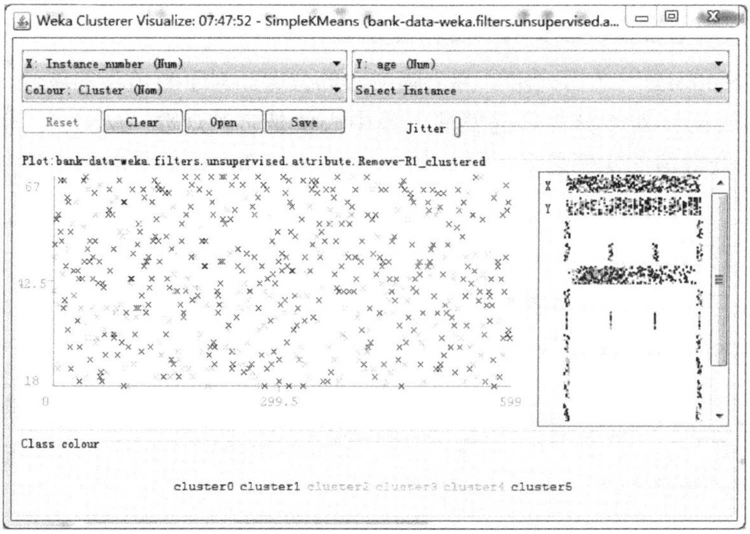

图 5-17 可视化结果

从簇 1 中可以看出，没有购买股权计划的客户的属性特征是没有抵押、没有车，有储蓄账户、有活期存款账户，平均收入高于总平均收入。据此可分析出该类客户投资比较谨慎，倾向于把钱存起来而不去做投资计划，推销的难度比较大，不建议向该类型的客户推销股权计划，除非能改变他们的理财理念。

从簇 5 中可以看出，购买股权计划的客户的属性特征是没有抵押、没有结婚，有储蓄账户、有活期存款账户、有车，平均收入在几个簇中最高。据此可分析出该类客户经济基础好，倾向于把钱用来做投资，理财理念新，向该类客户推销股权计划的推销成功率最高，建议重点推销。

从簇 4 中可以看出，购买股权计划的客户的属性特征是没有储蓄账户，有抵押、有活期存款账户、有车，平均收入基本与总平均收入持平。据此可分析出该类客户有一定的经济基础，消费理念新，开销大，向该类客户推销股权计划的推销成功率较高，建议有选择性地推荐。

习题

1. 简述聚类分析的基本思想和基本步骤。
2. 一个好的聚类算法应该具备哪些特性？
3. 简述划分聚类方法的主要思想。
4. 简述凝聚层次聚类方法的主要思路。
5. 说出划分聚类方法与层次聚类方法的主要特点。
6. 在一维点集 1, 4, 9, 16, 25, 36, 49, 64, 81 上执行层次聚类方法，假定簇表示其质心（平均），每一步质心最近的两个簇合并。
7. 某校从高中二年级女生中随机抽取 16 名，测得身高和体重数据如下表所示：

序号	身高（cm）	体重（kg）	序号	身高（cm）	体重（kg）
1	160	49	9	160	45
2	159	46	10	160	44
3	160	41	11	157	43
4	169	49	12	163	50
5	162	50	13	161	51
6	165	48	14	158	45
7	165	52	15	159	48
8	154	43	16	161	48

试分别利用最小距离法、最大距离法将它们聚类（分类统计量采用绝对距离），并画出聚类图。

8．在下表中给定的样本上运行 AGNES 算法，假定算法的终止条件为 3 个簇，初始簇为 {1}，{2}，{3}，{4}，{5}，{6}，{7}，{8}。

序号	属性 1	属性 2	序号	属性 1	属性 2
1	2	10	5	7	5
2	2	5	6	6	4
3	8	4	7	1	2
4	5	8	8	4	9

参考文献

[1] Jain A K, Dubes R C. Algorithms for Clustering Data[M]. NJ: Prentice-Hall, 1988.

[2] Chavent M. Amonothetic clustering method[J]. Pattern Recognition Letters. 1998,19(11)：989 -996.

[3] Margaret H. D. 数据挖掘教程[M]. 北京：清华大学出版社, 2005.

[4] 黄翔. K 中心点和 K 均值聚类算法研究[D]. 长沙：长沙理工大学, 2012.

第 6 章　关联规则

关联规则是一种描述性的而非预测性的方法，经常用于发现隐藏在大型数据集背后的、项集之间的有趣关联或相互关系。20 世纪 60 年代，Hajek 等人[1]在早期研究中介绍了许多关联规则学习的关键概念和方法，但是主要关注的是数学表达，而不是算法。20 世纪 90 年代初，IBM 公司 Almaden 研究中心的 Agrawal[2]等人将关联规则学习架构引入数据库社区，在超市内的销售终端系统记录的客户交易大型数据库中寻找商品之间的联系规则，这些规则刻画了客户购买行为模式，可以用来指导商家科学地安排进货、库存及货架设计等。作为一种无监督分析技术，关联规则在购物篮分析、点击流分析、推荐系统、医疗诊断和科学数据分析等方面得到广泛应用。

6.1　概述

6.1.1　购物篮分析：啤酒与尿布的经典案例

购物篮分析是关联规则挖掘的一种特定应用，通过发现顾客放入他们“购物篮”中的商品之间的关联，分析顾客的购物习惯。这种关联的发现可以帮助公司用于多种目的，例如：普通产品与高利润或者奢侈商品之间的交叉销售；商场相关类别产品的物理或逻辑摆放位置。购物篮分析结果可以用于营销规划、广告策划或新的分类设计。我们以购物篮分析中的“啤酒与尿布”经典案例来引出关联规则的基本概念和相关术语。

早在 20 世纪 80 年代，沃尔玛超市就已经将关联规则应用到了商品管理之中。沃尔玛曾经对数据仓库中一年多的原始交易数据进行了详细的分析，发现许多顾客会同时购买尿布与啤酒。原来，许多美国家庭都是妻子在家照顾婴儿，丈夫去超市为婴儿买尿布。丈夫们在购买尿布时往往会顺便买两瓶啤酒来犒劳自己。这一现象引起了沃尔玛的重视，沃尔玛调整了货架的位置，把尿布和啤酒摆在相邻的位置，以便于年轻的爸爸们能顺利地同时找到这两种商品，这种独特的摆放法则不仅为同时想要购买尿布和啤酒的年轻爸爸提供了方便，也刺激了仅想单独购买啤酒或尿布的年轻爸爸同时购买两种商品，能够提升超市中尿布和啤酒的销售量。这一故事中的“啤酒”与“尿布”的关系即为所谓的“关联性”，而“关联性”的发掘和利用则是本章所要讨论的“关联规则挖掘”。

6.1.2　关联规则的概念

我们不妨假设一个较简单的购物篮分析的情景。如表 6-1 所示，表中列出了面包、牛奶、尿布、啤酒、茶 5 种商品的销售记录，共 10 张清单，每张清单都是一个购物篮，即顾客选取的一种商品组合。购物篮分析的目标是从给定的销售记录中挖掘搜索出反复出现的商品之间的联系，即哪些商品频繁地被顾客同时购买。本节不展开阐述如何采用关联规则从这些清单中找出出现次数最频繁的商品组合，主要介绍采用关联规则分析的几个基本概念，作为本章后续内容的理论基础。

表 6-1 某超市的交易数据库

交易号 TID	顾客购买的商品	交易号 TID	顾客购买的商品
T_1	面包，牛奶，茶	T_6	面包，牛奶，啤酒，尿布，茶
T_2	面包，尿布，啤酒，茶	T_7	啤酒，牛奶，茶
T_3	牛奶，尿布，啤酒	T_8	面包，茶
T_4	面包，牛奶，尿布，茶	T_9	面包，尿布，牛奶，啤酒，茶
T_5	面包，尿布，牛奶	T_{10}	面包，牛奶

一般来说，关联规则挖掘是指从一个大型的数据集（Dataset）中发现有趣的关联或相关关系，即从数据集中识别出频繁出现的属性值集，也称为频繁项集，然后利用这些频繁项集创建描述关联规则的过程。

关联规则及其相关的定义如下。

1. 项集（Itemset）

设 $I=\{i_1,i_2,\cdots,i_m\}$，是 m 个不同的项目的集合，每个 i_j 称为一个项目。项目的集合 I 称为项集。其元素的个数称为项集的长度，长度为 k 的项集称为 k-项集。表 6-1 中每个商品就是一个项目，项集 I={面包，牛奶，尿布，啤酒，茶}，I 的长度$|I|$= 5。

每笔交易 T 是项集 I 的一个子集。对应每一个交易有一个唯一标识交易号，记作 TID。交易全体构成了交易数据库 D，$|D|$等于 D 中交易的个数。表 6-1 中包含 T_1～T_{10} 共 10 笔交易，因此$|D|$=10。其中，T_1={面包, 牛奶, 茶}，为项集 I 的子集，包含面包、牛奶、茶 3 种商品。

2. 关联规则（Association Rule）

关联规则一般表示为 $X\rightarrow Y$ 的形式，左侧的项集 X 为先决条件，右侧项集 Y 为关联结果，用于表示数据内隐含的关联性。例如：假定关联规则“尿布→啤酒”成立，则表示购买了尿布的消费者往往也会购买啤酒这一商品。

关联规则的有用性和可靠性，由规则的支持度（Support）、置信度（Confidence）和提升度（Lift）来度量。

3. 支持度（Support）

规则的支持度是指在所有项集中$\{X,Y\}$出现的可能性，即项集中同时含有 X 和 Y 的概率：$\text{support}(X\rightarrow Y)=P(X,Y)$。该指标作为关联规则有用性的度量标准，衡量了所考察关联规则在“量”上的多少。其意义在于通过最小支持度阈值（minsup，Minimum Support）的设定，来剔除那些“出镜率”较低的无意义规则，而相应地保留下出现较为频繁的项集所隐含的规则。从商务角度来看，低支持度的规则多半也是无意义的，因为对顾客很少同时购买的商品进行促销可能并无益处。上述过程用公式表示，即筛选出满足 $\text{support}(T)\geqslant \text{minsup}$ 的项集 T，称其为频繁项集（Frequent Itemset）。

以表 6-1 为例，当我们设置最小支持度阈值 minsup=10%，关联规则“尿布→啤酒”的支持度 $support=\frac{4}{10}=40\%$，意味着所分析的超市所有购买交易中的 40%显示尿布和啤酒被同时购买。由于关联规则“尿布→啤酒”的支持度大于最小支持度阈值，因此，该规则是有效的。

4. 置信度（Confidence）

规则的置信度表示在关联规则的先决条件 X 发生的条件下，关联结果 Y 发生的概率，即含有 X 的项集中，同时含有 Y 的可能性：$confidence(X\rightarrow Y)=P(Y|X)=P(X,Y)/P(X)$。该指标是关联规则可靠性的度量标准，衡量了所考察关联规则在“质”上的可靠性。类似地，需要设置置信度最小阈值（mincon，Minimum Confidence）来进一步筛选，最终生成满足需要的关联规则，即 $confidence(X\rightarrow Y)\geqslant mincon$。

以表 6-1 为例，当我们设置最小置信度阈值为 50%，关联规则“尿布→啤酒”的置信度 $confidence=\frac{4}{6}=66.7\%$，意味着购买尿布的顾客中有 66.7%也购买了啤酒。由于关联规则“尿布→啤酒”的置信度大于最小置信度阈值，因此，该规则是可靠的。

5. 提升度（Lift）

提升度表示在含有 X 的条件下同时含有 Y 的可能性，与没有这个条件下项集中含有 Y 的可能性之比。即在 Y 自身出现可能性 $P(Y)$的基础上，X 的出现对于 Y 的出现 $P(Y|X)$ 的提升程度：$lift(X\rightarrow Y)=\frac{P(Y|X)}{P(Y)}=confidence(X\rightarrow Y)/P(Y)$。提升度与置信度同样用于衡量规则的可靠性，可以看作是置信度的一种互补指标。举例来说，如果有 2000 个消费者，发现有 1000 人购买了茶叶，其中有 900 人同时购买了咖啡，另 100 人没有，由于规则的置信度高达 900/1000=90%，由此可能认为喜欢喝茶的人同时也喜欢喝咖啡。但是，反过来观察，没有购买茶叶的另外 1000 人中同样有 900 人购买了咖啡，因此可以得出结论，不爱喝茶的人也爱喝咖啡。这样看来，是否购买咖啡与有没有购买茶叶并没有关联，两者是相互独立的，其提升度为 90%/(900+900)/2000=1。由此可见，在某种程度上提升度弥补了置信度的缺陷，当 lift 值为 1 时表示 X 与 Y 相互独立，X 的出现对 Y 出现的可能性没有提升作用，而其值越大（>1）则表明 X 对 Y 的提升程度越大，也即表明关联性越强。

从表 6-1 中可以得出，lift(尿布→啤酒)=1.33>1。进一步说明了关联规则“尿布→啤酒”的可靠性。

综上所述，一个关联规则的完整表示可以表示如下：

$$尿布\rightarrow 啤酒[support=40\%;confidence=66.7\%] \tag{6.1}$$

关联规则（6.1）表示购买了尿布的消费者往往也会购买啤酒这一商品，两个购买行为之间具有一定的关联性。规则的支持度反映规则的有用性，支持度是指在所有项集中关联规则（6.1）的支持度为 40%，这就表示，超市中 40%的交易显示尿布和啤酒被同时购买。规则的置信度和提升度反映规则的确定性。本例中，置信度 66.7%，意味着购买尿布的顾客 66.7%也购买了啤酒。

6. 关联规则分类

关联规则可以分为以下几种情况。

1）布尔型关联规则和数值型关联规则

基于规则或模式中所处理的值类型，关联规则可以分为布尔型和数值型两种。如果规则考虑的关联是项是否出现，则是布尔关联规则，例如：性别=“女”→职业=“会计”，是布尔型关联规则；如果规则描述的是量化的项或属性之间的关联，则它是数值型关联规则，例如：职业=“计算机”→avg（收入）=9000，属性“收入”是数值类型，所以是一个数值型关联规则。但是要注意，关联规则本身不能处理连续型数值变量，寻求这类变量的关联规则前要对它进行处理，常见处理即将该变量转换成类别变量，如高、中、低等。

2）单层关联规则和多层关联规则

按照关联规则中数据的抽象层次，关联规则可以分为单层关联规则和多层关联规则。在单层关联规则中，所有的项都没有考虑到现实的数据具有多个不同的层次；而在多层关联规则中，对数据的多层性已经进行了充分的考虑。例如：“IBM 台式机→Sony 打印机”，是一个细节数据上的单层关联规则；“台式机→Sony 打印机”，是一个较高层次和细节层次之间的多层关联规则。

3）单维关联规则和多维关联规则

基于规则或模式所涉及的维数，关联规则可以分为单维和多维。如果关联规则或模式中的项或属性只涉及一个维，则它是单维关联规则。例如：“尿布→啤酒”，这条规则只涉及购买的商品这个维度；而在多维的关联规则中，要处理的数据将会涉及多个维。例如：年龄（x，“30…39”）收入（x，“50k…70k”）→购买（x，“iPAD”），该关联规则涉及年龄、收入和购买的商品等多个维度。

本章重点讲解布尔型关联规则挖掘算法。

一般而言，关联规则的挖掘是一个两步的过程[2]。

（1）找出所有的频繁项集。根据定义，这些项集的每一个频繁出现的次数至少与预定义的最小支持度计数一样。发现所有的频繁项集是形成关联规则的基础。通过用户定义的最小支持度阈值，寻找所有支持度大于或等于 minsup 的频繁项集。实际上，由于这些频繁项集可能存在包含关系，因此，只需要寻找那些不被其他频繁项集所包含的最大频繁项集的集合即可。

（2）由频繁项集产生强关联规则。根据定义，这些规则必须满足最小支持度和最小置信度。利用频繁项集生成强关联规则就是逐一测试所有可能生成的关联规则及其对应的支持度和置信度，可以分为以下两步：

①对于事务数据库 D 中的任一频繁项集 X，生成其所有的非空子集。

②对于每个非空子集 $x \subset X$，若置信度 $confidence(x \rightarrow (X-x)) \geqslant mincon$，那么规则 $x \rightarrow (X-x)$是强关联规则。

如何迅速高效地发现所有频繁项集，是关联规则挖掘的核心问题，也是衡量关联规则挖掘算法效率的重要问题。相对来说，生成关联规则相对简单，其求解也比较容易，因此，发现频繁项集成为近年来关联规则挖掘算法的重点。发现频繁项集比较经典的算法有 Apriori 算法和 FP-growth 算法，具体讲解分别见 6.2 节和 6.3 节。

6.1.3 频繁项集的产生

格结构（lattice structure）常常用来表示所有可能的项集。一般来说，一个包含 k 个项的数据集可能产生 2^k-1 个子集（不包括空集在内），这些子集称为候选项集（candidate itemset）。项集 $I=\{a,b,c,d,e\}$ 的项集格如图 6-1 所示，共有 15 个候选项集。

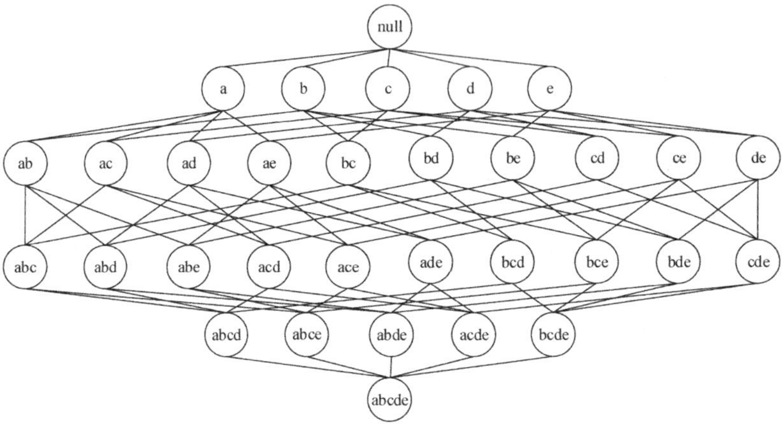

图 6-1　项集格

发现频繁项集的一种原始方法是确定格结构中每个候选项集的支持度计数，为了完成这一任务，必须将每个候选项集与每个事务进行比较。如果候选项集包含在事务中，则候选项集的支持度计数增加。假设事务数为 N，事务的最大宽度为 s，候选项集数为 $M=2^k-1$，该方法的时间复杂度为 $O(NMs)$，即需要进行 $O(NMs)$次比较，开销非常大。

为了降低频繁项集产生的计算复杂度，可以有如下方法：

（1）减少候选项集的数目。6.2 节介绍的 Apriori 算法是其中的典型代表，该算法使用支持度度量，帮助减少频繁项集产生时需要探查的候选项集个数。

（2）减少比较次数。替代将每个候选项集与每个事务相匹配，可以使用更高级的数据结构，或者存储候选项集或者压缩数据集，来减少比较次数。6.3 节的 FP-growth 算法使用一种称作 FP 树的紧凑数据结构组织数据，并直接从该结构中提取频繁项集。

6.2 Apriori 算法：通过限制候选项集产生发现频繁项集

Apriori 算法是 Agrawal 和 R. Srikant 于 1994 年提出的，为布尔型关联规则挖掘频繁项集的原创性算法[1,2]。Apriori 算法的核心是使用候选项集寻找频繁项集[3,4]。

6.2.1 Apriori 算法的频繁项集产生

Apriori 算法使用一种称为逐层搜索的迭代方法，k 项集用于搜索（k+1）项集。首先，找出所有频繁 1 项集的集合 C_1，然后用 C_1 生成候选 2 项集的集合 C_2，最后，通过探查候选 2 项集的集合来形成频繁 2 项集的集合 L_2。以此类推，使用 L_2 寻找 L_3。如此迭代，直至不能找到频繁 k 项集为止。

Apriori 算法中提高频繁项集逐层搜索效率的方法是减少频繁项集产生时需要探查的候选项集的个数，该方法基于先验性质（Apriori Property），从而达到了压缩搜索空间的目的。

先验性质：频繁项集的所有非空子集也一定是频繁项集。

该先验性质可引申出两个结论：

结论 1　若 X 为频繁项集，则 X 的所有子集都是频繁项集。

结论 2　若 X 为非频繁项集，则 X 的所有超集均为非频繁项集。

如图 6-2 所示，假定{c,d,e}是频繁项集，则任何包含项集{c,d,e}的事务一定包含它的子集{c,d}，{c,e}，{d,e}，{c}，{d}和{e}。由结论 1，{c,d,e}的所有子集（图 6-2 中右边虚线闭合的部分）一定也是频繁的。因此，我们需要找到最大频繁项集的集合。所有最大频繁项集的子集合就是所有的频繁项集。

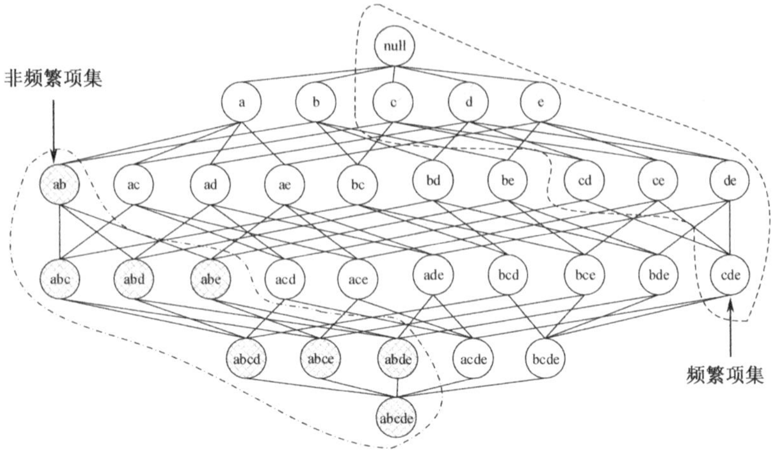

图 6-2　先验原理的图示

相反，由结论 2，如果项集{a,b}是非频繁的，则它的所有超集（图 6-2 中左边虚线闭合的部分）也一定是非频繁的。那么，包含{a,b}超集的整个子图可以被立即剪枝。这种基于支持度度量修剪指数搜索空间的策略称为基于支持度的剪枝。这种剪枝策略依赖于支持度度量的一个关键性质，即一个项集的支持度绝不会超过它的子集的支持度。这个性质也称支持度度量的反单调性。

利用先验性质，我们在使用频繁$(k-1)$项集的集合 L_{k-1} 寻找频繁 k 项集的集合 L_k 时分两个过程：连接步和剪枝步。

1）连接步

L_{k-1} 与其自身进行连接，产生候选 k 项集的集合 C_k。L_{k-1} 中某个元素与其中另一个元素可以执行连接操作的前提是它们中有$(k-2)$个项是相同的，也就是只有一个项是不同的。例如：项集$\{I_1,I_2\}$与$\{I_1,I_5\}$有共同的 I_1，连接之后产生的项集是$\{I_1,I_2,I_5\}$；反之，项集$\{I_1,I_2\}$与$\{I_3,I_4\}$没有 1 个共同的项集，不能进行连接操作。

2）剪枝步

候选 k 项集的集合 C_k 中的元素可以是频繁项集，也可以不是。但所有的频繁 k 项集一定包含在 C_k 中，所以，C_k 是 L_k 的超集。扫描事务集 D，计算 C_k 中每个候选 k 项集出现的次数，所有出现次数大于等于最小支持度计数[1]的候选 k 项集的集合便组成频繁 k 项集的集合 L_k。

但是，由于 C_k 很大，所以计算量也会很大。为此，需要压缩 C_k，对其进行剪枝。剪枝的依据就是先验性质结论 2：任何非频繁的（k−1）项集都不是频繁 k 项集的子集。根据该结论，可以得出：如果一个（k−1）项集是非频繁的，那么它的超集也一定是非频繁的。因此，如果一个候选 k 项集的（k−1）项子集不在 L_{k-1} 中，那么该候选 k 项集也不可能是频繁的，可以直接从 C_k 中删除。这种子集测试可以使用所有频繁项集的散列树快速完成。

例 6.1 Apriori 算法。以表 6-1 所示的某超市交易数据为例，图 6-3 解释了如何用 Apriori 算法发现该超市交易的频繁项集，设定最小支持度计数为 3（相对支持度 minsup=30%）。

（1）第一次迭代时，每个项都是候选 1 项集的集合 C_1 的成员。算法扫描一次所有的事务，对每个项的出现频次计数。

（2）由满足最小支持度的候选 1 项集组成频繁 1 项集的集合 L_1。注意，由于候选项集{茶}的支持度计数小于 3，因此，生成的频繁 1 项集的集合 L_1 不包含候选项集{茶}。

（3）发现候选 2 项集的集合 C_2。首先是连接步，使用连接 $L_1 \bowtie L_1$，产生候选 2 项集的集合 C_2。其次是剪枝步，压缩候选项集空间，由于这些候选项集的每个子集都是频繁的，在剪枝步，没有候选项集从 C_2 中删除。最后，计算 C_2 中每个候选项集的支持度计数。

（4）确定频繁 2 项集的集合 L_2。保留 C_2 中支持度计数大于等于 3 的候选 2 项集，形成频繁 2 项集的集合 L_2。

（5）发现候选 3 项集的集合 C_3。首先是连接步，使用连接 $L_2 \bowtie L_2$，产生候选 3 项集的集合 C_3。其次是剪枝步，压缩候选项集空间，其中，把由频繁 2 项集{面包，尿布}，{尿布，啤酒}进行连接生成的 3 项集{面包，尿布，啤酒}从候选项集的集合 C_3 中删除，因为，其子集{面包，啤酒}是非频繁的。最后，计算 C_3 中每个候选项集的支持度计数。

（6）确定频繁 3 项集的集合 L_3。保留 C_3 中支持度计数大于等于 3 的候选 3 项集，形成频繁 3 项集的集合 L_3。

到此为止，频繁 3 项集的集合只有一个频繁 3 项集，停止迭代。

---

1 最小支持度计数是最小支持度阈值与事务集 D 中事务总数的乘积，有些书上也称最小支持度阈值为相对最小支持度，最小支持度计数为绝对最小支持度。

扫描D，对每个候选计数 →

(1)C_1

项集	支持度计数
{面包}	5
{牛奶}	7
{尿布}	6
{啤酒}	5
{茶}	2

候选的支持度计数与最小支持度计数比较，得到L_1 →

(2)L_1

项集	支持度计数
{面包}	5
{牛奶}	7
{尿布}	6
{啤酒}	5

由L_1产生候选C_2，同时，候选C_2计数 →

(3)C_2

项集	支持度计数
{面包, 牛奶}	3
{面包, 尿布}	3
{面包, 啤酒}	1
{牛奶, 尿布}	4
{牛奶, 啤酒}	4
{尿布, 啤酒}	4

候选的支持度计数与最小支持度计数比较，得到L_2 →

(4)L_2

项集	支持度计数
{面包, 牛奶}	3
{面包, 尿布}	3
{牛奶, 尿布}	4
{牛奶, 啤酒}	4
{尿布, 啤酒}	4

由L_2产生候选C_3，同时，候选C_3计数 →

(5)C_3

项集	支持度计数
{面包, 牛奶，尿布}	2
{面包, 牛奶，啤酒}	1
{牛奶, 尿布，啤酒}	3

候选的支持度计数与最小支持度计数比较，得到L_3 →

(6)L_3

项集	支持度计数
{牛奶, 尿布，啤酒}	3

图 6-3　候选项集和频繁项集的产生，最小支持度计数为 3

6.2.2 Apriori 算法描述

APriori 算法的具体实现如下：宽度优先搜索整个项集空间，从 k=0 开始，迭代产生长度为 k+1 的候选项集的集合 C_{k+1}。候选项集是其所有子集都是频繁项集的项集。C_1 由 I_0 中所有的项构成，在第 k 层产生所有长度为 k+1 的项集。这由两步完成。第一步，L_k 自连接。将 L_k 中具有相同（k−1）前缀的项集连接成长度为 k 的候选项集。第二步是剪枝，如果项集的所有长度为 k 的子集都在 L_k 中，该项集才能作为候选项集被加入 C_{k+1} 中。为了计算所有长度为 k 的候选项集的支持度，在数据库水平表示方式下，需要扫描一遍数据库。在每次扫描中，记录数据库中的每条交易，为其中所包含的所有候选 k 项集的支持度计数加 1。所有频繁 k 项集被加入 L_k 中。此过程直至 C_{k+1} 等于空集时结束。

算法的基本过程如下。

首先扫描所有事务，得到候选 1 项集 C_1，根据支持度要求滤去不满足条件项集，得到频繁 1 项集。

下面进行递归运算：

已知频繁 k 项集(频繁 1 项集已知)，根据频繁 k 项集中的项，连接得到所有可能的 k+1 项，并进行剪枝（如果该 k+1 项集的所有 k 项子集不都能满足支持度条件，那么该 k+1 项集被剪掉），得到候选 k+1 项集的集合 C_{k+1}，然后滤去该集合中不满足支持度条件的项集，从而得到频繁 k+1 项集的集合。如果得到的 C_{k+1} 项集为空，则算法结束。

连接的方法：假设 L_k 项集中的所有项都是按照相同顺序排列的，那么如果 $L_k[i]$和 $L_k[j]$中的前 k−1 项都是完全相同的，而第 k 项不同，则 $L_k[i]$和 $L_k[j]$是可连接的。比如 L_2 中的$\{i_1, i_2\}$和$\{i_1, i_3\}$就是可连接的，连接之后得到$\{i_1, i_2, i_3\}$，但是$\{i_1, i_2\}$和$\{i_2, i_3\}$是不可连接的，否则将导致项集中出现重复项。

关于剪枝再举例说明一下，如在由 L_2 生成 K_3 的过程中，列举得到的 3 项集包括$\{i_1, i_2, i_3\}$，$\{i_1, i_3, i_5\}$，$\{i_2, i_3, i_4\}$，$\{i_2, i_3, i_5\}$，$\{i_2, i_4, i_5\}$，但是由于$\{i_3, i_4\}$和$\{i_4, i_5\}$没有出现在 L_2 中，所以$\{i_2, i_3, i_4\}$，$\{i_2, i_3, i_5\}$，$\{i_2, i_4, i_5\}$被剪枝掉了。

对于海量数据，Apriori 算法的时空复杂度都不容忽视。空间复杂度：如果 L_1 数量达到 10^4 的量级，那么 C_2 中的候选项将达到 10^7 的量级。时间复杂度：每计算一次 C_k 就需要扫描一遍数据库。

Apriori 算法伪代码如下。

Input: Transaction DataBase D，Minimum support threshold minsup。

Output: Frequent pattern L

（1）L1=search_frequent_1-itemsets(D);

（2）**for**(k=2;$L_{k-1}\neq\varphi$;k++) **do**

（3）begin

（4）Ck=apriori-gen(L_{k-1});

（5）**for all** transactions *t* D **do**

（6）**begin**

（7）Ct=subset(Ck，t);

（8）**for all** candidates c Ct **do**

（9）c.count++;

（10）**end**

（11）L_k ={c Ck|c.count≥minsup}

（12）**end**

（13）Answer L=$\cup_k L_k$;

Procedure Search_frequent_1-itemsets(D)

（1）**begin**

（2）**for all** transactions t D **do**

（3）**begin**

（4）for each item i_k t **do**

（5） i_k.count++;
（6） **end**
（7） L_1 ={ i I | i.count≥minsup}
（8） **return** L_1;
（9） **end**

Procedure apriori_gen(L_k)
（1） **begin**
（2） **for each itemset** l_1 L_k **do**
（3） **for each itemset** l_2 L_k **do**
（4） **begin**
（5） **if** ($l_1[1]$=$l_2[1]$) ($l_1[2]$=$l_2[2]$) … ($l_1[k-1]$=$l_2[k-1]$) ($l_1[k]$<<em>$l_2[k]$) **then**
（6） **begin**
（7） c= l_1 l_2;
（8） **if** Is_include_infrenquent_subset(c,L_k) **then**
（9） delete c;
（10） **else** add c to C_{k+1} ;
（11） **end**
（12） **end**
（13） **return** C_{k+1} ;
（14） **end**

Procedure Is_include_infrenquent_subset(c,L_k)
（1） **begin**
（2） **for each** k-subset s of c
（3） **if** s L_k **then**
（4） **reture TURE**;
（5） **return FALSE** ;
（6） **end**

在主程序中，第一步首先扫描整个交易数据库 ***D***，统计每个项目（item）的支持数，计算其支持度，将支持度大于等于最小支持度 minsup 的项目构成的集合放入到 L_1 中；从第 2 步到第 11 步，用（k−1）频繁项集构成的 L_{k-1} 生成候选项集的集合 C_k，以便从中生成 L_k，其中 apriori_gen 函数（第 4 步）用来从 L_{k-1} 中生成 C_k，然后对数据库进行扫描（第 5 步），对于数据库中的每一个交易，subset 函数用来发现此交易包含的所有候选项集（第 7 步），并为这些候选项集的计数器加 1（第 8～9 步）。最后满足 minsup 的候选项集被放入到 L_k 中。

apriori_gen 过程完成两种操作：并（Join）和剪枝（Prune）。在并运算步骤中，频繁 k-1 项集两两进行并运算生成潜在的 k 项候选项集（第 2～7 步），条件 $l_1[k-1]$<<em>$l_2[k-1]$保证不会有重复的候选项集生成（第 5 步）。在剪枝步骤中（第 8～10 步），利用 Apriori 性质，删除那些存在子集不是频繁项集的候选项集，测试子集是否为频繁项集由过程 Is_include_infrenquent_subset 完成。

6.3 FP-growth 算法

本节介绍 FP-growth 算法。与 Apriori 算法的“候选产生—检查”方式不同，该算法使用一种称为 FP 树的紧凑数据结构组织数据，并直接从该数据结构中提取频繁项集。

在许多情况下，Apriori 算法显著地压缩了候选项集的规模，并产生很好的性能。但是，该算法存在以下不足。

（1）可能产生大量频繁项集。例如，如果有 10^4 个频繁 1 项集，则 Apriori 算法需要产生多达 10^7 个候选 2 项集。

（2）可能需要重复地扫描整个数据库，通过模式匹配检查一个很大的候选集合。检查数据库中每个事务来确定候选项集支持度的开销很大。

Jiawei Han 等人[3]提出 FP-growth 算法，其采取分而治之的思路：首先，将代表频繁项集的数据库压缩到一棵频繁模式树（Frequent Pattern tree，FP 树）中，该树仍然保留项集的关联信息。然后，把这种压缩后的数据库划分成一组条件数据库（一种特殊类型的投影数据库），每个数据库关联一个频繁段或“模式段”，并分别挖掘每个条件数据库。对于每个“模式片段”，只需要考察与它相关联的数据集。因此，随着被考察模式的“增长”，这种方法可以显著地压缩被搜索的数据集的大小。由上可知，FP-growth 算法包含两个步骤：第一步，构造 FP 树；第二步，在 FP 树上挖掘频繁项集。

6.3.1 构造 FP 树

FP 树是一种输入数据的压缩表示，通过逐一读入事务并把每个事务映射到 FP 树中的一条路径来构造。由于不同的事务可能会有若干个相同的项，因此它们的路径可能会部分重叠。路径相互重叠越多，使用 FP 树结构获得的压缩效果越好。如果 FP 树足够小，能够存放在内存中，就可以直接从这个内存中的结构提取频繁项集，而不必重复地扫描存放在硬盘上的数据。

下面结合一个小案例来说明生成 FP 树的全过程。

如表 6-2 所示是一个事务数据集，扫描该事务数据集，确定该事务数据集中包含的所有项的集合 *I* 及每个项的支持度计数 *I&S*={a:3，b:3，c:4，d:1，e:1，f:4，g:1，h:1，i:1，j:1，k:1，l:2，m:3，n:1，o:2，p:3，s:1}。针对得到的集合 *I*，丢弃非频繁项集，并将频繁项集按照支持度的递减排序，结果集或表记为 *L*，有 *L*={f:4，c:4，a:3，b:3，m:3，p:3，l:2，o:2}。最后，对事务数据集中的项集逐一扫描，每个项集剔除非频繁项集后，余下的频繁项集按照 *L* 的降序重新排列，如表 6-2 中第三列所示。

表 6-2 事务数据集（设定最小支持度计数为 2）

TID	项　集	删除非频繁 1 项集，并重新排序后的项集
100	{f,a,c,d,g,i,m,p}	{f,c,a,m,p}
200	{a,b,c,f,l,m,o}	{f,c,a,b,m,l,o}
300	{b,f,h,j,o}	{f,b,o}
400	{b,c,k,s,p}	{c,b,p}
500	{a,f,c,e,l,p,m,n}	{f,c,a,m,p,l}

接下来开始构建 FP 树，先设定 FP 树的根节点为 null。对事务数据集进行第二次扫描，不断构建 FP 树的分支（见图 6-4）。

（1）读入第一个事务{ f,c,a,m,p }，创建标记为 f，c，a，m，p 的节点，然后形成 null→f→c→a→m→p 路径，对该事务编码。该路径上的所有节点的频度计数为 1，如图 6-4（a）所示。

（2）读入第二个事务{ f,c,a,b,m,l,o }，第二个事务与第一个事务共享前缀< f,c,a >，所以第二个事务的路径 null→f→c→a→b→m→l→o 与第一个事务的路径 null→f→c→a 部分重叠。所以节点 f，c，a 的频度计数增加为 2，新创建的 b，m，l，o 节点的频度计数等于 1，如图 6-4（b）所示。

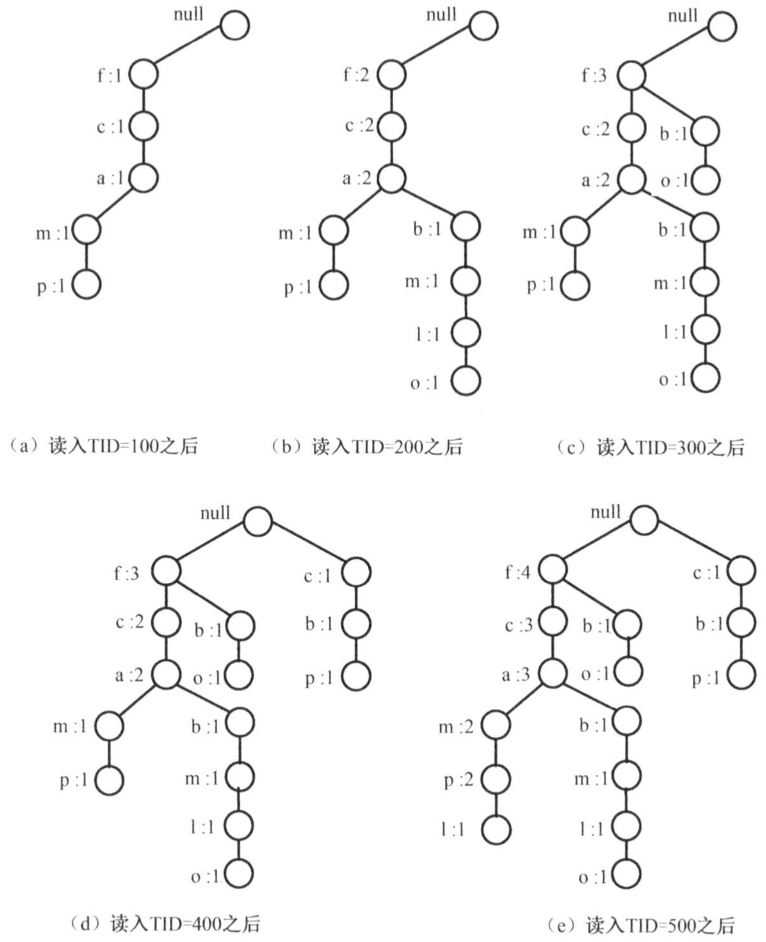

图 6-4　生成 FP 树的迭代过程

（3）读入第三个事务{ f,b ,o}，第三个事务与前两个事务共享前缀< f >，所以第三个事务的路径 null→f→b→o 与第一个和第二个事务的路径 null→f 部分重叠。所以节点 f 的频度计数增加为 3，新创建的 b，o 节点的频度计数等于 1，如图 6-4（c）所示。

（4）读入第四个事务{ c,b,p }，该事务与前三个事务无共享前缀，所以创建标记为 c，b，p 的节点，然后形成 null→c→b→p 路径，对该事务编码。该路径上的所有节点的频度计数为 1，如图 6-4（d）所示。

（5）读入第五个事务{ f,c,a,m,p ,l}，该事务与第一个事务共享前缀< f,c,a,m,p >，所以第五个事务的路径 null→f→c→a→m→p→l 与第一个事务的路径 null→f→c→a→m→p 重叠。故路径 null→f→c→a→m→p 上的节点 f，c，a，m，p 的频度次数各增 1。新创建的 l 节点的频度计数等于 1，如图 6-4（e）所示。

为了方便树的遍历，创建一个项头表，使每项通过一个节点链指向它在树中的位置。扫描所有的事务，得到的 FP 树显示在图 6-5 中，带有相关的节点链。因此，构造 FP 树，是将事务数据表中的各个事务数据项按照支持度排序后，把每个事务中的数据项按降序依次插入到一棵以 null 为根节点的树中，同时在每个节点处记录该节点出现的支持度。

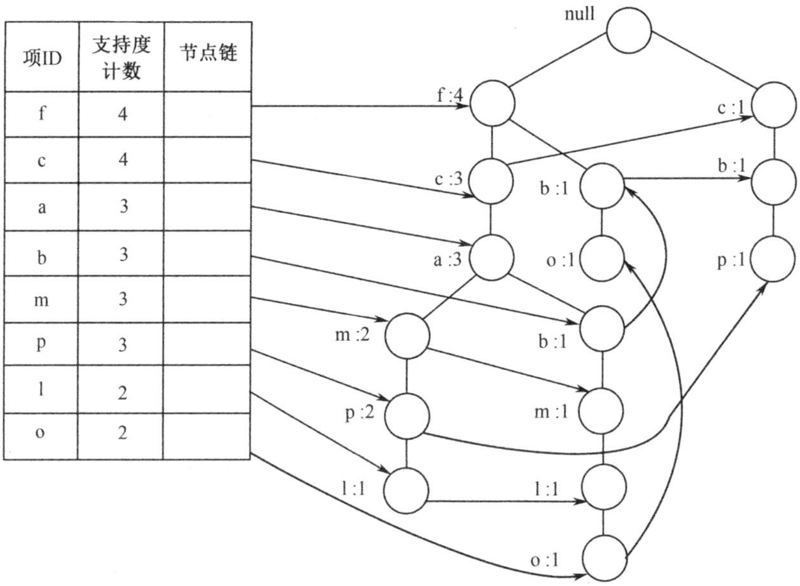

图 6-5　存放压缩的频繁模式信息的 FP 树

6.3.2　挖掘 FP 树

FP 树的挖掘过程为：从长度为 1 的频繁模式（初始后缀模式）开始，构造它的条件模式基（一个“子数据库”，由 FP 树中与该后缀模式一起出现的前缀路径集组成）。然后，构造它的（条件）FP 树，并递归地在该树上进行挖掘。模式增长通过后缀模式与条件 FP 树产生的频繁模式连接实现。具体思路如下。

（1）对 FP 树的项头表从表尾向表头逆序逐一扫描，当扫描到某个频繁 1 项集 i_j 时，由其节点链得到 FP 树中以 i_j 结尾的前缀路径。

例如，图 6-5 中，对于项头表的频繁 1 项集 o，由 FP 树可得到以 o 结尾的前缀路径。如图 6-6（a）所示。

（2）以频繁项集 i_j 在该路径上的支持度计数为依据，更新前缀路径上节点的支持度计数。根据已更新支持度计数的前缀路径，可以得到频繁项集 i_j 的条件模式基。

如图 6-6（b）所示，首先依据节点 o 在该路径上的支持度更新前缀路径上节点的支持度计数。在此基础上，得到节点 o 的条件模式基{f,c,a,b,m,l}，{f,b}。

（3）构建条件 FP 树。对频繁项集 i_j 的条件模式基，按照上一节的构造 FP 树的方法来构造条件 FP 树。

如图 6-6（c）所示，得到节点 o 的条件 FP 树。该树只有一条路径。

（4）构建频繁项集。如果该条件 FP 树有多条路径，则继续迭代，构造条件 FP 树（详细说明见步骤（5））。否则，如果该条件 FP 树只有一条路径，则直接求以该节点结尾的频繁项集。

如图 6-6（c）所示，节点 o 的条件 FP 树只有一条路径<f:2,b:2>。由节点 o 与{f,b}进行连接，产生频繁模式{f,o:2}，{b,o:2}，{f,b,o:2}。

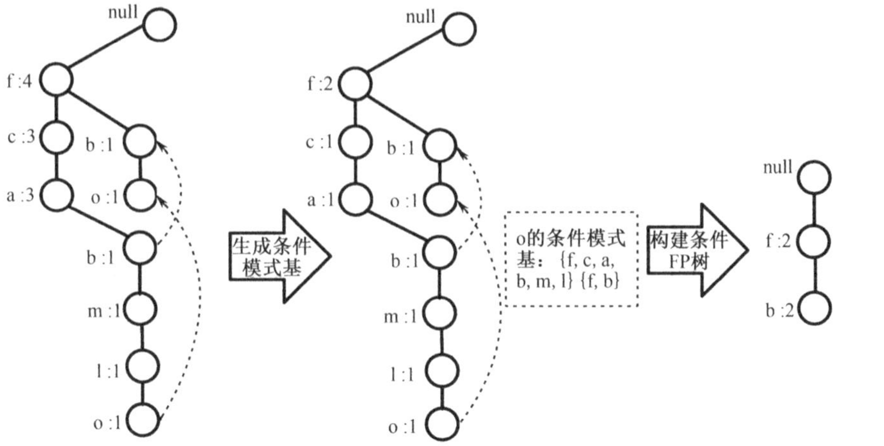

（a）以o结尾的前缀路径　（b）以节点o的支持度计数为依据，更新前缀路径上的支持度计数，在此基础上得到条件模式基　（c）节点o的条件FP树

图 6-6　使用 FP 增长算法发现以 o 结尾的频繁项集的例子

（5）如果该条件 FP 树有多条路径，则继续迭代，构造条件 FP 树。

以节点 b 为例，其条件 FP 树有路径 null→f→c 和 null→c，需要继续迭代。迭代思路如下：采用分治策略将一个问题划分为较小的子问题，从而发现某个特定后缀结尾的所有频繁项集。对于节点 b，则分别考虑以 cb 为后缀的条件 FP 树和以 fb 为后缀的条件 FP 树。

以 cb 为后缀的条件 FP 树构造如下：以节点 b 的 FP 树为基础，考虑以 cb 为后缀的前缀路径，如图 6-7（d）所示。处理 c 的前缀路径后，只发现项集{c,b}是频繁的，也即以 cb 为后缀的条件 FP 树为空。

以 fb 为后缀的条件 FP 树构造如下：以节点 b 的 FP 树为基础，考虑以 fb 为后缀的前缀路径，如图 6-7（e）所示。处理 f 的前缀路径后，只发现项集{f,b}是频繁的，也即以 fb 为后缀的条件 FP 树为空。

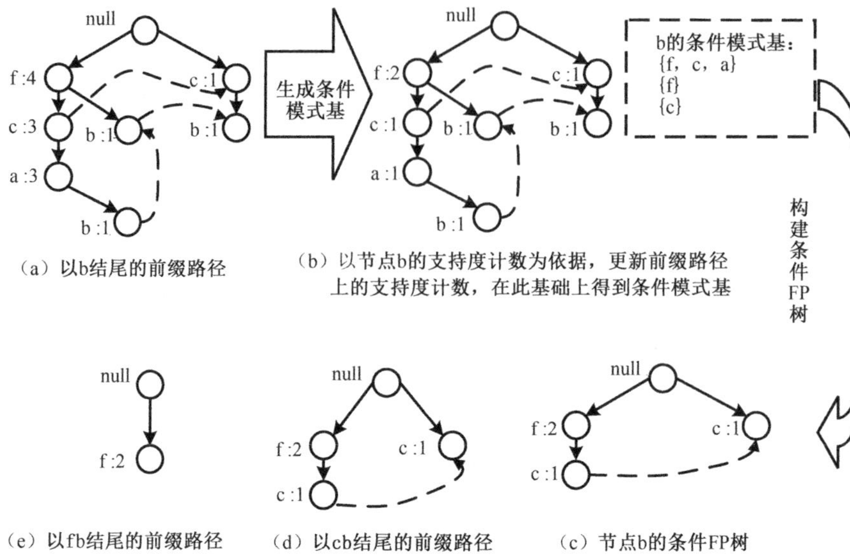

图 6-7　使用 FP 增长算法发现以 b 结尾的频繁项集的例子

6.3.3　FP-Tree 算法

FP-Tree 算法[3,4]能够在不生成候选项集的情况下，完成 Apriori 算法的功能。其基本的数据结构包含一棵 FP 树和一个项头表，每个项通过一个节点链指向它在树中出现的位置，如图 6-5 所示。需要注意的是，项头表需要按照支持度递减排序，在 FP-Tree 中高支持度的节点只能是低支持度节点的祖先节点。

1. FP-Tree 算法相关概念

条件模式基：包含 FP 树中与后缀模式一起出现的前缀路径的集合，也就是同一个频繁项集在 FP 树中的所有节点的祖先路径的集合。比如图 6-7（b），节点 b 在 FP 树中一共出现了 3 次，其祖先路径分别是{f,c,a:1}，{f:1}和{c:1}。这 3 个祖先路径的集合就是频繁项集 b 的条件模式基。

条件树：将条件模式基按照 FP 树的构造原则形成的一个新的 FP 树，如图 6-7（c）为节点 b 的条件 FP 树。

2. FP-Tree 算法步骤

（1）构造项头表：扫描一遍数据库，得到频繁项集的集合 F 和每个频繁项集的支持度。把 F 按支持度递降排序，记为 L。

（2）构造原始 FP-Tree：把数据库中每个事物的频繁项集按照 L 中的顺序进行重排，并按照重排之后的顺序把每个事物的每个频繁项集插入以 null 为根的 FP-Tree 中。如果插入时频繁项集节点已经存在了，则把该频繁项集节点支持度加 1；如果该节点不存在，则创建支持度为 1 的节点，并把该节点链接到项头表中。

（3）调用 FP-growth(Tree，null)开始进行挖掘。伪代码如下：

```
procedure FP-growth(Tree, a)
  if Tree 含单个路径 P then
        for 路径 P 中节点的每个组合（记作 b）
          产生模式 b∪a，其支持度 support=b 中节点的最小支持度；
  else
        for each a_i 在 Tree 的头部(按照支持度由低到高顺序进行扫描){
     产生一个模式 b=a_i∪a，其支持度 support=a_i.support；
          构造 b 的条件模式基，然后构造 b 的条件 FP-Tree；
          if Tree 不为空 then
          调用 FP-growth (Tree,b)；}
```

FP-growth 是整个算法的核心，FP-growth 函数的输入：tree 是指原始的 FP-Tree 或者是某个模式的条件 FP-Tree，a 是指模式的后缀（在第一次调用时 a=null，在之后的递归调用中 a 是模式后缀）。FP-growth 函数的输出：在递归调用过程中输出所有的模式及其支持度。每一次调用 FP-growth 输出结果的模式中一定包含 FP-growth 函数输入的模式后缀。

FP-growth 是一种常被用来进行关联分析，挖掘频繁项集的算法。与 Aprior 算法相比，FP-growth 算法采用前缀树的形式来表征数据，减少了扫描事务数据库的次数，通过递归地生成条件 FP-tree 来挖掘频繁项集。文献[1]详细分析了这一过程。事实上，面对大数据量时，FP-growth 算法生成的 FP-Tree 非常大，无法放入内存，挖掘到的频繁项集也可能呈指数级规模。

6.4 其他关联规则算法

除了常用的 Apriori 算法和 FP-growth 算法外，很多专家学者在此基础上进行了拓展和研究，提出了很多其他的关联规则算法。本节主要介绍约束性关联规则算法、增量式关联规则算法和多层关联规则算法。

6.4.1 约束性关联规则算法

关联规则挖掘最典型的算法是 Apriori、FP-Tree 或 Elcat 的改良算法 [4~6]，但这 3 类算法在挖掘中没有用户的参与和控制，会产生大量冗余无价值的关联规则，使挖掘缺乏针对性。在实际的应用中，如识别信用卡欺诈、发现忠诚和潜在客户，用户更希望挖掘出包含某些项的关联规则。另外，管理人员对不同商品的关注程度也不尽相同，他们通常对某些特定商品的销售，如新推广商品、高利润商品特别关注，而不是泛泛地发现全部商品的规则。这就需要分析者根据用户的信息需求，设定分析条件，然后对数据库中的数据进行分析，缩减关联规则的数量，快速挖掘出满足用户需求及有价值的信息，而不是在生成的大量冗余规则中自己去筛选需要的关联规则，因此，提出一类基于约束的关联规则挖掘。

1. 相关概念及定义

设 $I=\{I_1,I_2,I_3,\cdots,I_n\}$ 是所有项目（Items）的集合，设 D 为一个事务数据库，其中的每

个事务 T 为一个项集，且 $T\subset 1$。

定义：基于项约束条件 C 的关联规则就是形如 $X \geqslant Y$ 的蕴含式，其中 $X\subset I$，$Y\subset I$，$X\cap Y=\Phi$，且 $X \geqslant Y$ 成立的条件是：

（1）它具有支持度 s，即交易数据库中至少有 s%的记录包含 $X\cup Y$；

（2）它具有置信度 c，即在交易数据库中包含 X 的记录至少有 c%同时也包含 Y；

（3）它必须满足项约束条件 C。

设 C 为 I 上的一个布尔表达式，将 C 转化为 DNF 形式，形如：$d_1\vee d_2\vee d_3\vee\cdots\vee d_m$，其中每个 d_i 形如：$d_i=a_{i1}\wedge a_{i2}\wedge\cdots\wedge a_{im}$，$a_{ij}\in I$，如表 6-3 所示。

表 6-3 数据集合案例

TID	Item	TID	Item
T_1	I_1,I_3	T_4	I_1,I_2,I_3
T_2	I_1,I_2,I_3,I_5	T_5	I_1,I_4,I_5
T_3	I_2,I_3,I_4,I_5	T_6	I_3,I_5

约束条件 C 可表示成:$(I_1\wedge I_2)\vee I_3$。

对于给定的事务数据库和项约束条件布尔表达式 C，发现所有满足用户设定的最小支持度（minsup）和最小置信度（minconf）及约束条件 C 的关联规则。

2. **相关算法及改进**

MultipleJoins、Recorder 和 Direct 算法[7,8]是最早提出的项约束算法，这些算法在生成频繁项集的过程中，利用项约束条件对项集进行筛选，得出关联规则。在此基础上，后来的研究者利用频繁项集和非频繁项集的性质，将项约束条件划分为单调性约束、反单调性约束及简洁约束等几类，运用递归的思想进行剪枝，得出所需的频繁项集，如 ElcatA[9]、AMMC[10]、FIC[11]、CSAR[12]等算法。随着项约束算法研究的深入，更多的约束方法和思想加入了项约束算法中，如 DFTFH[13]、VCM [14]、MSEB[15]等算法。这些算法利用 FP-Tree 或概念格的思想，采用垂直数据形式表示数据集和深度优先的挖掘策略得出关联规则[16,17]。此外，还有基于二进制约束的关联规则算法、基于权重和时序约束的关联规则算法[18,19]等。

6.4.2 增量式关联规则算法

在实际应用中，数据库不是静止的，它会随着数据记录的增加而不断地改变，而根据用户需要，常常要求发现的关联规则能反映数据库的当前状态，从而为决策支持、企业管理等提供理论依据。一个理想的 KDD（Knowledge Discovery in Database）系统既应该是高效率的，又应该是能够有效被维护的。衡量的标准就是开发一种有效的算法，通过使用先前的知识去更新知识，而不是重新运行一次挖掘过程。关于关联规则的更新维护问题在 KDD 系统成为一个新的挑战。通常，先前发现的部分知识可能是无效的，余下的那部分可能仍然有效。而且新的知识不仅仅可能存在于已经被发现的知识中，也可能存在于已被更新的数据库中。事实上，在规则维护问题中发现新的知识是最困难和复杂的，那么在旧的数据库中的关联规则怎样高效地被更新的问题就成为每一个完善的数据挖掘系统应该考虑的问题。

增量式关联规则算法的核心就是如何利用已挖掘的关联规则，在变化了的数据库或参数上发现新的关联规则、删除失效的关联规则的关联规则更新维护问题。这些算法高效的关键在于尽可能利用已有的挖掘结果来生成较小的候选项集或较少次数地扫描数据库。

1. 相关概念及定义

根据实际应用需求，关联规则的更新问题可以分为以下几种情况：

（1）事务数据库不变，最小支持度发生变化时，关联规则的高效更新问题；

（2）最小支持度不变，一个事务数据集 d_1 添加到事务数据库 D 中时，如何生成最新事务数据库 $D \cup d_1$ 中的关联规则；

（3）最小支持度不变，从事务数据库 D 中删除一个事务数据集 d_2 ($d_2 \subset D$)后，如何高效地生成事务数据库 $D-d_2$ 中的关联规则。

至于其他情况，可由上述 3 种情况组合而成，因此，这 3 种情况是更新问题的基础和核心。

2. 相关算法及改进

Cheung[20]提出了 FUP 算法，在此基础上 Cheung 又提出了改进算法——FUP2 算法，可以处理数据集减少时的频繁项集挖掘，而面向增量数据集时，算法和 FUP 相似。UWEP 算法[21]与 FUP 算法类似，但此算法采用提前对原频繁项集剪枝的策略，在 k 频繁项集挖掘时，候选项集在增量数据集上产生。而针对在每个时间节点，都有新数据产生的问题，文献[22]提出了 YAMI 算法。针对支持度变小时，频繁模式增加的问题，冯玉才[23]提出了 IUA 算法。周海岩[24]最早论证了 IUA 算法存在误剪枝问题，提出了改进算法 NEWIUA。

以上这些算法都是基于 Apriori 算法提出的，还有一些算法则是基于 FP-growth 算法的。比较典型的有 Koh[25]提出的 AFPIM 算法，对增加的数据集调整树的结构。朱玉全[26]提出基于 FP 树的，面向支持度变化的 FIUA1 算法和数据量增加的 FIUA2 算法。易彤[27]提出的 IFP-growth 算法整合了支持度变化和数据集变化情况，提出的 IFP 树在调整时通过调整子树来完成。IACAI 算法[28]采用提前缩减数据集的策略，即将不含任何频繁项集的空事务提前剪去。

总体而言，在面向增量式关联规则处理时，FP-growth 改进算法性能要比 Apriori 改进算法好，但是操作远比后者繁琐。

6.4.3　多层关联规则算法

现实生活中的许多概念之间存在层次性，例如，IBM 笔记本电脑是笔记本电脑的一种，笔记本电脑又是计算机的一种等，我们可以把这些相关的概念组织起来形成一棵概念层次树，这就为我们利用概念层次树进行多层关联规则挖掘提供了可行性。

同时，对于很多的应用来说，由于数据库中数据的稀疏性（如超级市场的销售数据库中有上万种不同的商品），在原始数据上进行单层关联规则挖掘很难发现一些有价值的关联规则。当引入概念层次树后，就可以在较高的层次上进行挖掘，在多个概念层的项之间找有趣的关联比仅在原始层数据之间更容易。

另外，在实际应用中，某些用户可能会要求在概念层次树的较高层进行挖掘，以便能够发现普遍意义上的知识，单层关联规则挖掘只能在在原始数据上进行，显然无法满足该要求；多层关联规则挖掘能够在概念层次树的每一层进行挖掘，能够满足该要求。

多层关联规则挖掘是基于概念分层进行关联规则的挖掘。概念层次结构通常使用概念树表示，是各种概念依据抽象程度不同而构成的一个层次结构。它将各个层次的概念按从一般到特殊的顺序排列，树中高层概念是低层概念的概括，树根是概念可能取值的最一般的描述，树叶是概念的具体描述。中间节点是在抽象过程中产生的更宏观性的概念。我们称概念层次树的树根为树的第零层，树根的孩子节点属于第一层，依次向下分别称为第二层、第三层等。图 6-8 所示是关于药品的一个简单的概念层次树，该树是按照国家药监局公布的标准构建的。

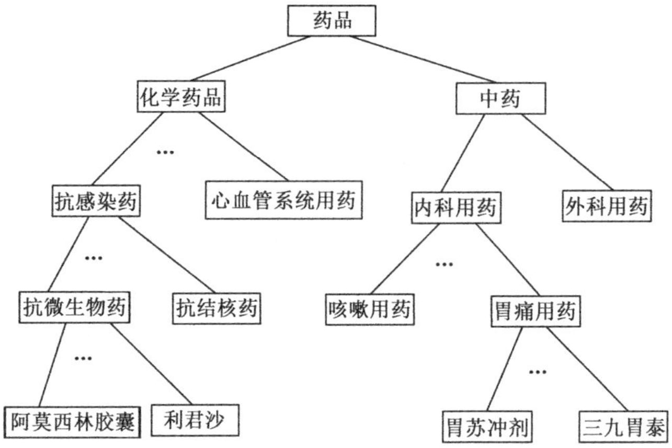

图 6-8　药品概念层次树

1. 多层关联规则的定义

设 $I=\{I_1,I_2,\cdots,I_m\}$是由称作项（Item）的 $I_k(k=1,2,\cdots,m)$构成的项的集合，项的集合上的概括层次关系用概念层次树 T 表示，节点表示项或项的概括。若从节点 P 到 Q 之间有弧，则称 P 是 Q 的祖先（P 是 Q 的概括），Q 是 P 的子孙。祖先、子孙关系具有传递性，如果 B 是 D 的祖先，A 是 B 的祖先，则 A 是 D 的祖先。

定义 1　多层关联规则是形式为 $A\Rightarrow B$ 的蕴含式，其中 $A\subset I$、$B\subset I$、$A\cap B=\Phi$，且 B 中任意项目均不是 A 中项目的祖先。其支持度 $\text{support}(A\Rightarrow B)=\text{support}(A\cup B)$；置信度 confidence 为：$\text{confidence}(A\Rightarrow B)=\text{support}(A\cup B)/\text{support}(A)\times 100\%$。

定义 2　多层关联规则挖掘是指给定一个事务数据库 D，项集上的概念层次树 T，最小支持度和最小置信度，发现所有的强关联规则，而规则中的项可以位于 T 的任一层次。

以图 6-8 所示的概念层次树为例，多层关联规则挖掘不但能够发现全部项集位于同一概念层上的关联规则，如“抗感染药→内科用药”，还能发现跨层的关联规则，如“抗微生物药→咳嗽用药”。

定义 3　冗余频繁模式：设 A 是一个频繁模式，若其同时包含项目 x 和 x 的祖先 y，则称 A 为冗余频繁模式。

2. 多层关联规则挖掘步骤

给定一个事务数据库 D 和项集上的概念层次树 T，多层关联规则挖掘的任务就是产生支持度和置信度分别大于用户给定的最小支持度（minsup）和最小置信度（minconf）的关联规则。

多层关联规则挖掘一般包含 3 个基本步骤：

（1）根据事务数据库 D 和 D 上的概念层次树 T，挖掘出所有的频繁模式 $\text{FP}=\{X|X\subseteq I, \text{support}(X)\geqslant \text{minsup}\}$；

（2）由频繁模式产生强关联规则，由频繁模式产生关联规则的方法如下：

①对于每个频繁项集 t，产生 t 的所有非空子集。

②对于 t 的每个非空子集 s，如果 $\text{support}(t)/\text{support}(s)\geqslant \text{minconf}$，则输出规则"$s\Rightarrow(t\text{-}s)$"。其中，minconf 是最小置信度阈值。

（3）从所有的多层关联规则中删除用户不感兴趣的、冗余的规则。

在这 3 个步骤中，第（2）步和第（3）步相对容易，多层关联规则挖掘的总体性能由第（1）步决定。

3. 常用算法及改进

在用于多层关联规则挖掘的经典算法中，以 Cumulate[29]和 ML-T2L1[30]最为著名。Cumulate 算法能进行多层及跨层次频繁模式的挖掘，但该算法仅是将源数据放在同一层次级别上考虑的普遍化关联规则挖掘算法；ML-T2L1 算法采用自顶向下方式进行逐层挖掘，但不支持跨层次的挖掘。这两种算法都基于 Apriori 算法思想，因此存在与 Apriori 算法相同的缺陷。

MLAR-FP[31]算法是以 FP-growth 算法为基础构建的，通过把每个事务中每个项的全部祖先加入到该条事务中，并删除重复的祖先，从而保证了算法能够发现多层关联规则。Ada-FP[32]是基于 FP-growth 算法的多层多维频繁模式挖掘算法，采用了多支持度约束。但如果原始数据只是最低抽象层的项，则无法挖掘出隐藏在层间的关联规则。研究者们还提出了许多其他的改进算法，文献[33]提出了一种多支持度挖掘算法；文献[34]提出了一种加权的关联规则挖掘方法；文献[35]提出了基于遗传算法的多层关联规则改进算法；文献[36]则提出了一种并行化挖掘多层关联规则的算法。

6.5　实战：个人信用关联规则挖掘

6.5.1　背景与挖掘目标

关联规则作为数据挖掘中一个重要的组成部分，能够有效地发现大量数据中相关属性集之间有趣的关联关系，从而为政策或规则的制订提供参考依据。近年来关联规则分析已经被广泛应用于物流、零售、信用卡营销及其风险管理等众多领域。

面对激烈的市场竞争，各大银行为了挖掘更多有用的客户信息，对现有银行客户关系管理系统中存在的大量的客户数据进行客户细分，客户细分需要采用专门的方法对这些数据进行合理地处理，挖掘有用的客户信息。应用到客户细分中的数据挖掘技术有关联分析、分类发现、聚类分析等。关联规则可以从大量的客户数据中发现各种不同的关联规则，在客户关系管理中帮助进行客户分类、交叉销售等服务。本节案例通过数据挖掘工具 Weka，结合机器学习中的关联规则 Apriori 算法，有效地挖掘个人信用数据中各个属性之间的关联规则。

6.5.2 分析方法与过程

本案例包含的数据属性有：年龄、性别、地区、收入、婚姻状态、是否生育、是否有车、按揭时是否有抵押、是否有股权计划。对个人信用数据进行相关性分析，利用 Apriori 算法挖掘个人信用数据中各个属性之间的关联规则。本案例数据来源于 www.tipdm.org，银行客户关系管理系统中存有大量的客户数据，数据抽取、数据预处理、数据转换等步骤省略。图 6-9 为银行客户个人信息部分数据截图。

age	sex	region	income	married	children	car	mortgage	pep
48	FEMALE	INNER_CITY	17546	NO	YES	NO	NO	YES
40	MALE	TOWN	30085.1	YES	YES	YES	YES	NO
51	FEMALE	INNER_CITY	16575.4	YES	NO	YES	NO	NO
23	FEMALE	TOWN	20375.4	YES	YES	NO	NO	NO
57	FEMALE	RURAL	50576.3	YES	NO	NO	NO	NO
57	FEMALE	TOWN	37869.6	YES	YES	NO	NO	YES
22	MALE	RURAL	8877.07	NO	NO	NO	NO	YES
58	MALE	TOWN	24946.6	YES	NO	YES	NO	NO
37	FEMALE	SUBURBAN	25304.3	YES	YES	YES	NO	NO
54	MALE	TOWN	24212.1	YES	YES	YES	NO	NO
66	FEMALE	TOWN	59803.9	YES	NO	NO	NO	NO
52	FEMALE	INNER_CITY	26658.8	NO	NO	YES	YES	NO
44	FEMALE	TOWN	15735.8	YES	YES	NO	YES	YES
66	FEMALE	TOWN	55204.7	YES	YES	YES	YES	YES
36	MALE	RURAL	19474.6	YES	NO	NO	YES	NO
38	FEMALE	INNER_CITY	22342.1	YES	NO	YES	YES	NO
37	FEMALE	TOWN	17729.8	YES	YES	NO	YES	NO
46	FEMALE	SUBURBAN	41016	YES	NO	NO	YES	NO
62	FEMALE	INNER_CITY	26909.2	YES	NO	NO	NO	YES
31	MALE	TOWN	22522.8	YES	NO	YES	NO	NO
61	MALE	INNER_CITY	57880.7	YES	YES	NO	NO	YES
50	MALE	TOWN	16497.3	YES	YES	NO	NO	NO
54	MALE	INNER_CITY	38446.6	YES	NO	NO	NO	NO
27	FEMALE	TOWN	15538.8	NO	NO	YES	YES	NO

图 6-9　银行客户个人信息

由于 Apriori 关联分析只能处理离散型的数据属性（若需要分析年龄、收入属性，则需事先进行离散处理），故在此选择性别（sex）、区域（region）、婚姻状况（married）、是否生育（children）、是否有车（car）、按揭时是否有抵押(mortage)、是否有股权计划(pep)等样本属性及所有样本数据，进行相关性分析。数据截图如图 6-10 所示。

A	B	C	D	E	F	G
sex	region	married	children	car	mortgage	pep
FEMALE	INNER_CIT	NO	YES	NO	NO	YES
MALE	TOWN	YES	YES	YES	YES	NO
FEMALE	INNER_CIT	YES	NO	YES	NO	NO
FEMALE	TOWN	YES	YES	NO	NO	NO
FEMALE	RURAL	YES	NO	NO	NO	NO
FEMALE	TOWN	YES	YES	NO	NO	YES
MALE	RURAL	NO	NO	NO	NO	YES
MALE	TOWN	YES	NO	YES	NO	NO
FEMALE	SUBURBAN	YES	YES	YES	NO	NO
MALE	TOWN	YES	YES	YES	NO	NO
FEMALE	TOWN	YES	NO	NO	NO	NO
FEMALE	INNER_CIT	NO	NO	YES	YES	NO
FEMALE	TOWN	YES	YES	NO	YES	YES
FEMALE	TOWN	YES	YES	YES	YES	YES
MALE	RURAL	YES	NO	NO	YES	NO
FEMALE	INNER_CIT	YES	NO	YES	YES	NO
FEMALE	TOWN	YES	YES	NO	YES	NO
FEMALE	SUBURBAN	YES	NO	NO	YES	NO
FEMALE	INNER_CIT	YES	NO	NO	NO	YES
MALE	TOWN	YES	NO	YES	NO	NO
MALE	INNER_CIT	YES	YES	NO	NO	YES
MALE	TOWN	YES	YES	NO	NO	NO
MALE	INNER_CIT	YES	NO	NO	NO	NO
FEMALE	TOWN	NO	NO	YES	YES	NO
MALE	INNER_CIT	NO	YES	YES	NO	NO
MALE	INNER_CIT	YES	NO	YES	YES	NO

图 6-10　筛选后的银行客户个人信息

下面介绍通过 Weka 中的 Apriori 算法实现不同客户价值分组。

（1）在 Weka Explore 界面，通过“open file…”按钮，加载数据，如图 6-11 所示。

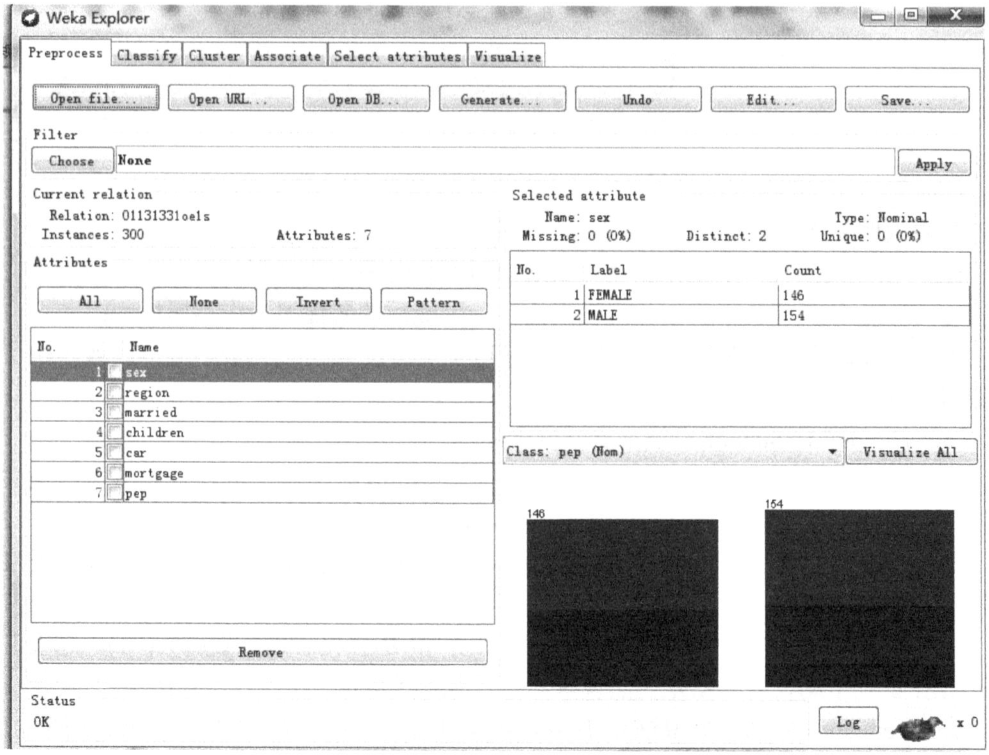

图 6-11　Weka 中加载银行客户个人信息数据

（2）选择 Apriori 算法。

如图 6-12 所示，设置 Apriori 参数。

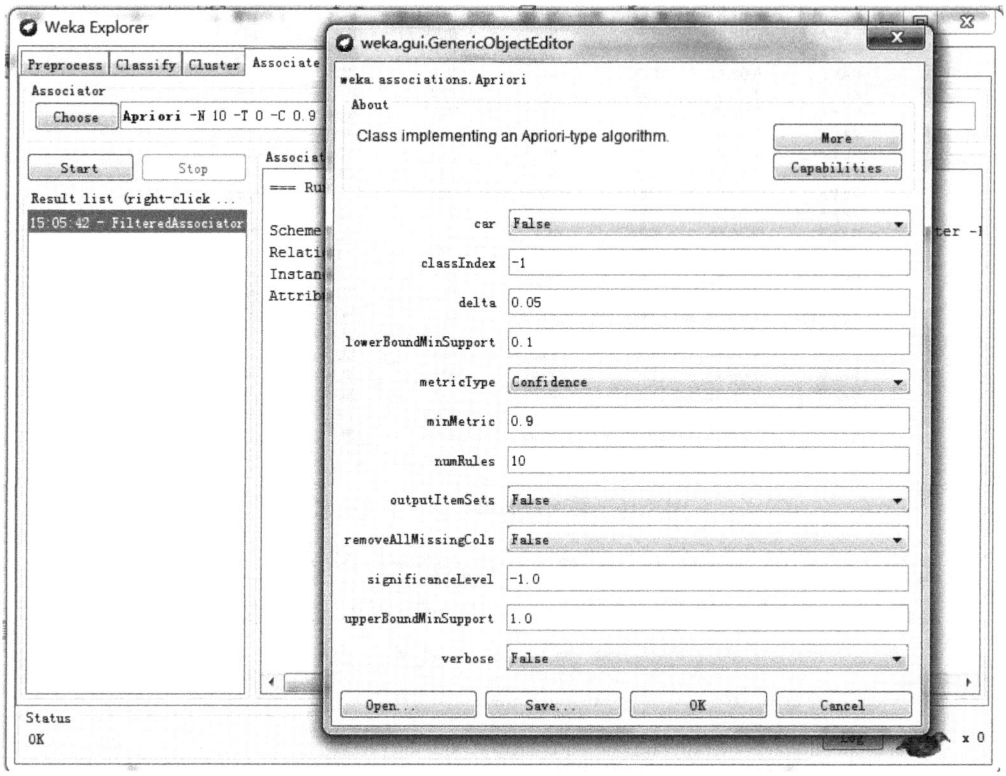

图 6-12　Weka 中 Apriori 算法参数设置

参数说明如下：

car：如果设为真，则会挖掘类关联规则而不是全局关联规则。

classIndex：类属性索引。如果设置为-1，则最后的属性被当作类属性。

delta：以此数值为迭代递减单位。不断减小支持度直至达到最小支持度或产生了满足数量要求的规则。

lowerBoundMinSupport：最小支持度下界。

metricType：度量类型。设置对规则进行排序的度量依据。可以是置信度（类关联规则只能用置信度挖掘）、提升度（Lift）、杠杆率（Leverage）、确信度（Conviction）。

在 Weka 中设置了几个类似置信度（Confidence）的度量来衡量规则的关联程度，它们分别如下所述。

①Lift：$P(A,B)/(P(A)P(B))$，Lift=1 时表示 A 和 B 独立。这个数越大(>1)，越表明 A 和 B 存在于一个购物篮中不是偶然现象，有较强的关联度。

②Leverage：$P(A,B)-P(A)P(B)$，Leverage=0 时表示 A 和 B 独立，Leverage 越大，A 和 B 的关系越密切。

③Conviction：$P(A)P(!B)/P(A,!B)$（$!B$ 表示 B 没有发生），Conviction 也是用来衡量 A

和 *B* 的独立性。从它和 Lift 的关系（对 *B* 取反，代入 Lift 式后求倒数）可以看出，这个值越大，*A*、*B* 越关联。

minMetric：度量的最小值。

numRules：要发现的规则数。

outputItemSets：如果设置为真，会在结果中输出项集。

removeAllMissingCols：移除全部为默认值的列。

significanceLevel：重要程度。重要性测试（仅用于置信度）。

upperBoundMinSupport：最小支持度上界。从这个值开始迭代减小最小支持度。

verbose：如果设置为真，则算法会以冗余模式运行。

算法运行结果如图 6-13 所示。

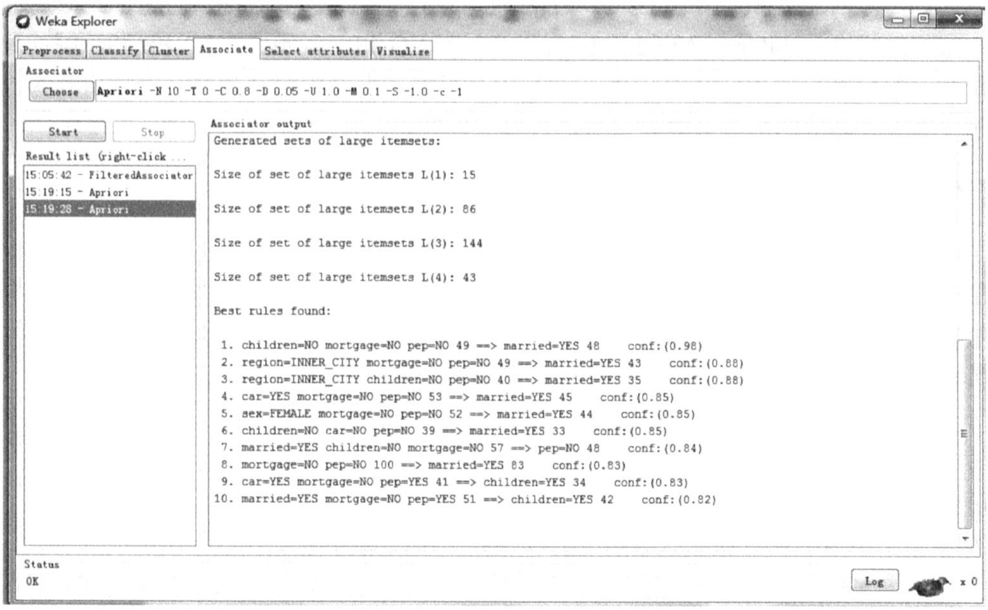

图 6-13　Weka 中 Apriori 算法运行结果

运行结果分析：

Minimum support: 0.1 (30 instances)

Minimum metric <confidence>: 0.8

Number of cycles performed: 18

Generated sets of large itemsets:

Size of set of large itemsets L(1): 15

Size of set of large itemsets L(2): 86

Size of set of large itemsets L(3): 144

Size of set of large itemsets L(4): 43

Best rules found:

1. children=NO mortgage=NO pep=NO 49 ==> married=YES 48　　conf:(0.98)

```
2. region=INNER_CITY mortgage=NO pep=NO 49 ==> married=YES 43    conf:(0.88)
3. region=INNER_CITY children=NO pep=NO 40 ==> married=YES 35    conf:(0.88)
4. car=YES mortgage=NO pep=NO 53 ==> married=YES 45    conf:(0.85)
5. sex=FEMALE mortgage=NO pep=NO 52 ==> married=YES 44    conf:(0.85)
6. children=NO car=NO pep=NO 39 ==> married=YES 33    conf:(0.85)
7. married=YES children=NO mortgage=NO 57 ==> pep=NO 48    conf:(0.84)
8. mortgage=NO pep=NO 100 ==> married=YES 83    conf:(0.83)
9. car=YES mortgage=NO pep=YES 41 ==> children=YES 34    conf:(0.83)
10. married=YES mortgage=NO pep=YES 51 ==> children=YES 42    conf:(0.82)
```

根据预先设置的参数，最小支持度下界为 0.1，关联分析产生的高频 1-项目组有 15 个，高频 2-项目组有 86 个，高频 3-项目组有 144 个，高频 4-项目组有 43 个。

最好的规则：children=NO mortgage=NO pep=NO 49 ==> married=YES 48，解读最好的规则，置信度为 0.98，不是儿童，并且没有抵押，没有股权计划书，则推出其为已经结婚了的人。其他的参数可根据自身进行修改设置。

6.5.3 总结

由上述 Apriori 算法分析，可得出相关的关联规则，然而 Apriori 算法存在产生候选项集效率低和频繁扫描数据等缺点，Apriori 算法有两个致命的性能瓶颈：多次扫描事务数据库，需要很大的 I/O 负载；产生庞大的候选项集。若需要进行大数据分析，则需要对其性能进行改进，或者是考虑使用 FP-growth 算法来高效发现频繁项集。

习题

1. 给出一个小例子表明强关联规则中的项实际上可能是负相关的。

2. 假定大型事务数据库 DB 的频繁项集已经存储，讨论：如果新的事物集△DB 加入，在相同的最小支持度阈值下，如何有效地挖掘全局关联规则？

3. 考虑下面的频繁 3 项集的集合：

{1,2,3}，{1,2,4}，{1,2,5}，{1,3,4}，{1,3,5}，{2,3,4}，{2,3,5}，{3,4,5}

假定数据集中只有 5 个项。列出 Apriori 算法的候选产生过程得到的所有候选 4 项集，以及剪枝步后剩下的所有候选 4 项集。

4. 下表为某超市事务数据，其中 hot dog 表示含热狗的事务，$\overline{\text{hot dog}}$ 表示不包含热狗的事务，hamburger 表示包含汉堡包的事务，$\overline{\text{hamburger}}$ 表示不包含汉堡包的事务。

	hot dog	$\overline{\text{hot dog}}$	∑row
hamburger	2000	500	2500
$\overline{\text{hamburger}}$	1000	1500	2500
∑col	3000	2000	5000

假设最小支持度阈值 minsup=20%，最小置信度阈值 mincon=70%，试问热狗和汉堡包的关联性如何？

5. 证明从包含 d 个项的数据集提取的可能规则总数是：

$$R=3^d-2^{d+1}+1$$

提示：首先，计算创建形成规则左部项集的方法数，然后对每个选定为规则左部的 k 项集，计算选择剩下的 $d-k$ 个项集形成规则右部的方法数。

参考文献

[1] Hajek P, Havel I, Chytil M. The GUHA Method of Automatic Hypotheses Determination, Computing, 1966, 1(4): 293-308.

[2] Agrawal R, Srikant R. Fast algorithms for mining association rules[C]. In proc. 1994 int. Conf. Very Large Data Bases (VLDB’94), 1994: 487-499.

[3] 范明，孟小峰. 数据挖掘：概念与技术[M]. 北京：机械工业出版社，2001.

[4] Tan P N, Michael S, Vipin K. Introduction to Data Mining[M]. 北京：机械工业出版社，2006.

[5] 戴珂，王占俊，张仁平. 关联规则挖掘算法的改进和实现[J]. 后勤工程学院学报，2008.4，24(2).

[6] 张岳，王洪国，邵增珍，等. 基于先验位运算的频繁项集挖掘[J]. 计算机应用研究，2013，20(9).

[7] 陶再平. 基于约束的关联规则挖掘[M]. 杭州：浙江工商大学出版社，2012.

[8] 张慧霞. 常用数据挖掘算法的分析对比[J]. 河南科技，2014(19): 22-23.

[9] 陈凤娟. 关联规则的 ECLAT 算法[J]. 消费电子，2014,16.

[10] 关心，李广原.一种多约束关联规则挖掘算法[J]. 计算机应用研究，2012(4):149.

[11] 陈晓云. 一种带约束条件的关联规则频繁集挖掘[J]. 计算机工程与应用，2003,39(2):205-208.

[12] 张钰，刘玉文. 基于约束的序列模式关联规则挖掘算法[J]. 太原师范学院学报，2015(1): 44-48.

[13] 付冬梅，王志强. 基于 FP-tree 和约束概念格的关联规则挖掘算法及应用研究[J]. 计算机应用与研究，2014,31(4): 1013-1015.

[14] 姚全珠，李如琼，王美君. 项约束先过滤的最大频繁项集挖掘算法[J]. 计算机工程，2012, 38（4）：73-75.

[15] 李英杰. 项约束频繁项集挖掘的新方法[J]. 计算机工程与应用，2009,45（3）:161-164.

[16] 赵佳璐，杨俊，韩晶，等. 基于事物 ID 集合的带约束的关联规则挖掘算法[J]. 计算机工程与设计，2013，34（5）：1663-1667.

[17] 方刚. 一种快速挖掘约束性关联规则的算法[J]. 计算机应用与软件，2009，35（7）.

[18] 赵北松，张争龙，李星毅. 一种基于时态约束的加权关联规则挖掘算法[J]. 福建电脑，2013(5):88-90.

[19] 张令杰，徐维祥. 基于时态约束的关联规则挖掘算法[J]. 计算机工程，2012,38（5）：50-52.

[20] Cheung D W，Han J，et al. Maintenance of discovered association rules in Large

Databases: an incremental updating techniques[C]. Proc.of the 12th Int. Conf. on Data Engineering (ICDE'96), 1996:106-114.

[21] Feng Y C, Feng J L. Incremental updating algorithms for mining association rules[J]. Journal of Softw are，1998，9(4) : 62-67.

[22] Ayan N F, Tansel A U, Arkun E. An efficient algorithm to update large item sets with early pruning[C]. Proc. of the 5th Int. Conf. on Knowledge Discovery and Data Mining (KDD'99), 1999: 287-291.

[23] Yafi E, Hegami A, et al. YAMI: Incremental mining of interesting association patterns[J]. International Arab Journal of Information Technology (IAJIT)，2012，9: 504-510.

[24] Zhou H Y. Data mining and incremental updating on association rules[J]. Journal of Software,1999,10(10) : 1078-1084.

[25] Koh J L, Shieh S F. An efficient approach for maintaining association rules based on adjusting FP-tree structures[C]. Proc. of the 9th Int. Conf. on Database Systems for Advanced Applications (DAS-FAA'03), 2003: 417-424.

[26] Zhu Y Q, Sun Z H, Ji X J. Incremental updating algorithm based on frequent pattern tree for mining association rules[J]. Chinese Journal of Computers，2003, 26(1) : 91-96.

[27] Yi T, Xu B W, Wu F J. A FP-Tree based incremental updating algorithm for mining association rules[J]. Chinese Journal of Computers, 2004, 27(5) : 703-710.

[28] Karim M R, Halder S, et al. Efficient mining frequently correlated, associated-correlated and independent patterns synchronously by removing null transactions[J].Human Centric Technology and Service in Smart Space LNEE, 2012, 182: 93-103.

[29] Parthasarathy S, Zaki M, Ogihara M, et al. Incremental and Interactive Sequence Mining[C]//Proc. of the 8th Int'l Conf. on Information and Knowledge Management. 1999.

[30] Zaki M J. SPADE: An Efficient Algorithm for Mining Frequent Sequences[J].Machine Learning, 2001, 42(1).

[31] 朱嗣珍. 基于 FP-tree 的多层关联规则挖掘算法的研究[D]. 西安：西安科技大学，2011.

[32] Mao R Y. Adaptive-FP: An Efficient and Effective Method for Multi-level Multi-dimensional Frequent Pattern Mining[D]. [S. l.]: Simon Fraser University, 2001.

[33] 王振宇，白石磊，熊范纶. 多最小支持度策略的关联规则挖掘方法[J]. 小型微型计算机系统，2002, 23(8): 971-973.

[34] 李成军，杨天奇. 一种改进的加权关联规则挖掘方法[J]. 计算机工程，2010, 36(7): 55-57.

[35] 朱玉，张虹，孔令东. 基于免疫遗传算法的多维多层关联规则挖掘[J]. 计算机工程，2009, 35(23): 181-183.

[36] 王秋华，王越，曹长修. 并行多层关联规则的挖掘算法研究[J]. 计算机应用，2006, 26(2): 373-375.

第 7 章　常用大数据挖掘算法优化改进

随着“信息爆炸”时代的来临，数据挖掘的应用日趋广泛。许多商业决策者利用数据挖掘技术从海量的数据中获取有用的信息，为以后企业更好地决策提供帮助。然而，传统的数据挖掘算法在面对海量数据的时候，由于各种原因，执行效率低下，已经不能够满足人们日益增长的性能需求，需要寻找更加高效的算法或者执行策略。为了解决这一系列效率低下的问题，本章对常用大数据挖掘算法进行优化和改进，并将改进后的算法应用到具体的实例中。

7.1　分类算法

所谓分类，简单来说，就是根据数据的特征或属性，划分到已有的类别中。如在自然语言处理 NLP（Natural Language Processing）中，经常提到的文本分类就是一个分类问题，一般的模式分类方法都可用于文本分类研究。常用的分类算法包括：决策树分类法，朴素贝叶斯分类算法、支持向量机（Support Vector Machine，SVM）的分类器，神经网络法，k-近邻法（k-Nearest Neighbor，kNN），模糊分类法（Fuzzy Classification）等。

分类问题的方法有很多，单一的分类方法主要包括：决策树、贝叶斯、人工神经网络、k-近邻、支持向量机和基于关联规则的分类等；另外还有用于组合单一分类方法的集成学习算法，如 Bagging 和 Boosting 等。

7.1.1　分类算法的并行化

1. 并行算法简介

简单地说，算法就是求解问题的方法和步骤。并行算法就是在并行机上用很多个处理器联合求解问题的方法和步骤。实际上，在自然界中，并行是客观存在的普遍现象，关键问题在于能不能很好地利用。由于人们的思维能力及思考问题的方法对并行不太习惯，且并行算法理论也不够成熟，所以总是出现了需求后再来研究算法，不具有导向性，同时实现并行算法的并行程序性能较差，往往满足不了人们的需求。并行算法的研究历史可简单归纳为：20 世纪 70—80 年代，并行算法研究处于高潮；到 20 世纪 90 年代跌入低谷；目前，又处于研究的热点阶段。现在，人们已经可以自己搭建 PC cluster 来解决实际问题，而不再是纸上谈兵。

2. 并行算法的常规研究内容

1）并行计算模型

并行算法作为一门学科，研究的是并行计算模型。并行计算模型是算法设计者与体系结构研究者之间的一个桥梁，是并行算法设计和分析的基础。它屏蔽了并行机之间的差异，从并行机中抽取若干个能反映计算特性的可计算或可测量的参数，并按照模型所定义的计算行为构造成函数，以此进行算法的复杂度分析。

并行计算模型的第一代是共享存储模型，如 SIMD-SM 和 MIMD-SM 的一些计算模型，模型参数主要是 CPU 的单位计算时间，这样科学家可以忽略一些细节，集中精力设计算法。第二代是分布存储模型。在这个阶段，人们逐渐意识到对并行计算机性能带来影响的不仅仅是 CPU，还有通信。因此如何把不同的通信性能抽象成模型参数，是这个阶段的研究重点。第三代是分布共享存储模型。随着网络技术的发展，通信延迟固然还有影响，但对并行带来的影响已不再像当年那样重要。它注重计算系统的多层次存储特性的影响。

2）并行算法的设计技术

虽然并行算法研究还不太成熟，但并行算法的设计依然是有章可循的，例如，划分法、分治法、平衡树法、倍增法、指针跳跃法、流水线法和破对称法等都是常用的设计并行算法的方法。另外人们还可以根据问题的特性来选择适合的设计方法。

3）并行算法分类

并行算法可分为多机并行和多线程并行。多机并行，如 MPI 技术；多线程并行，如 OpenMP 技术。

3. 并行计算和并行算法

1）并行计算

并行计算一般是指许多指令同时进行的计算模式。从处理器的角度看，并行计算可划分为时间并行和空间并行，时间并行即流水线技术，空间并行则是使用多个处理器同时计算。从算法设计的角度来看，并行计算可分为数据并行和任务并行，数据并行把大的任务化解成若干个相同的子任务，处理起来比任务并行相对简单[1]。

从体系结构来说，空间并行导致两类并行机的产生：单指令流多数据流（SIMD）和多指令流多数据流（MIMD）。MIMD 类的机器又可分为常见的 5 类：并行矢量处理机（PVP）、对称多处理机（SMP）、大规模并行处理机（MPP）、工作站集群（COW）和分布式共享存储处理机（DSM）。

从访存模型来说，并行计算有以下 5 种访存模型：均匀访存模型（UMA）、非均匀访存模型（NUMA）、全高速缓存访存模型（COMA）、一致性高速缓存非均匀存储访问模型（CC-NUMA）和非远程存储访问模型（NORMA）。

2）并行算法

并行算法是用多台处理机联合求解问题的方法和步骤，其执行过程是将给定问题先分解成若干个尽量相互独立的子问题，然后使用多台计算机同时进行求解，从而最终求得原问题的解[2]。

并行算法设计最常用的方法是 PCAM（Partition、Communication、Assembly、Map）方法，即划分、通信、组合、映射。划分就是将一个问题平均划分成若干份，并让各个处理器同时执行。通信就是要分析执行过程中所要交换的数据和任务的协调情况；组合就是将较小的问题组合到一起，以便提高性能和减少任务开销；映射是要将任务分配到每一个处理器上。相较于串行算法，并行算法不仅要考虑问题本身，而且还要考虑所使用的并行模型[3]。

4. 共享内存

共享内存（Shared Memory）指在多处理器的计算机系统中，可以被不同中央处理器（CPU）访问的大容量内存。由于多个 CPU 需要快速访问存储器，这样就要对存储器进行缓存（Cache）。任何一个缓存的数据被更新后，由于其他处理器也可能要存取，共享内存就需要立即更新，否则不同的处理器可能用到不同的数据。

共享内存技术是指开辟一块特殊内存区域，使得多个进程可以共享这块内存进行读写操作。一旦进程将共享内存区映射到它的地址空间，这些进程间数据的传递就不再涉及内核，有利于进程间交换大批量数据。

共享内存相比其他方式有着更方便的数据控制能力，数据在读写过程中会更透明。当成功导入一块共享内存后，它只是相当于一个字符串指针来指向一块内存，在当前进程下用户可以随意访问。其缺点是，数据写入进程或数据读出进程中，需要附加数据结构控制。

共享内存系统的应用程序开发有多进程和多线程两种方式。多进程程序中的各进程管理各自的计算资源，进程间的数据共享通过消息方式的数据传递实现；而多线程程序中的各线程可以分享主进程程序分配的所有计算资源，直接共享程序中的数据，如图 7-1 所示。

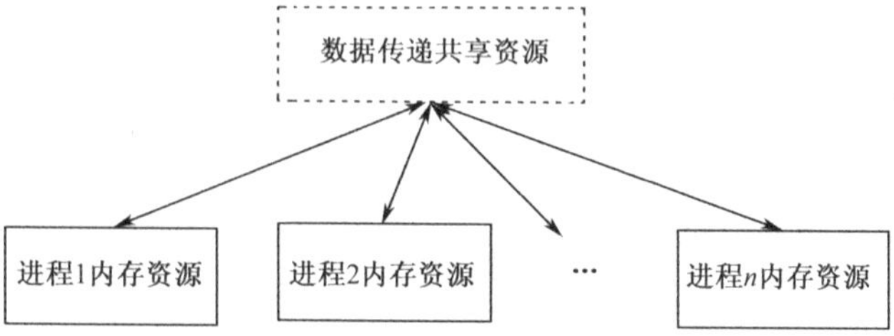

（a）各进程间数据共享方式

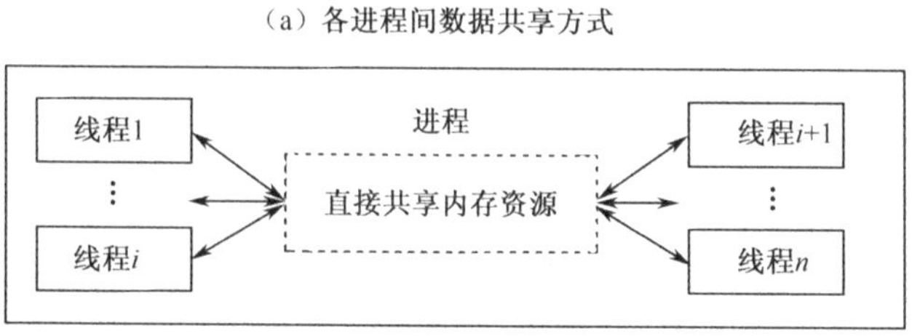

（b）进程中各线程间数据共享方式

图 7-1　应用程序共享数据资源

5. MapReduce 并行计算框架

MapReduce 本身就是一个并行计算框架，但是任务可以在 MapReduce 框架下并行计算的前提是，任务所对应的数据集可分，且分割后的各子数据集可以并行地被计算，它们之间并没有依存关系，最终只需要合并它们各自产生的结果来作为最终结果。

在 MapReduce 框架下，一个任务通常会被分为两个阶段：Map 阶段和 Reduce 阶段，且所有的操作都是基于<key，value>键值对的。如图 7-2 所示为 MapReduce 任务的工作过程，从图中可以看出，MapReduce 任务首先将输入文件分割成若干个数据分片，每个 Map 任务按规定的格式读取一个分片，经过处理，按一定的格式进行输出。Map 任务的输出会按分割（Partitioner）的规定进行分区，一般 key 值相同的键值对会被划分到同一个 Reduce 上进行处理。当然，也可以根据实际需要重写 Partitioner 类，以实现<key，value>键值对按需要被划分到不同的 Reducer 上进行处理。最后，每个 Reducer 都会产生一个对应的文件。另外，Map 任务和 Reduce 任务都是一个并行过程[4]。

对于一个作业，很多时候不可能执行一次 MapReduce 过程就能得到想要的结果，而是需要多次 MapReduce 串联起来才能完成，即一个作业需要分为多个阶段，每个阶段对应一个 MapReduce 过程，上一个 MapReduce 任务的输出作为下一个 MapReduce 任务的输入，此时 MapReduce 任务与 MapReduce 之间为一个串行过程。

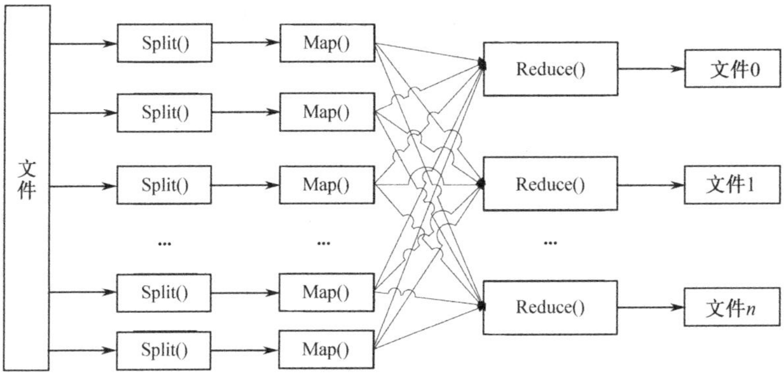

图 7-2　MapReduce 任务工作过程

6. 常用的分类算法并行化

常用的分类算法并行化有：决策树算法并行化、贝叶斯分类算法的并行化、支持向量机并行化、神经网络算法的并行化和遗传算法的并行化等。

7.1.2　并行化的决策树算法优化

1. 决策树算法的并行策略

目前已有许多关于决策树分类算法的并行实现，总结起来关于决策树算法的并行训练策略主要有以下两种实现方式。根据数据划分方式的不同可以分为动态数据划分和静态数据划分；根据程序设计模式的不同可以分为主从模式和对等模式[5]。

1）数据划分方式

（1）动态数据划分法。

动态数据划分方式就是根据任务进行分片。在构建决策树之前，主处理机上存储着整个训练数据集。假设当前系统中有可供运行的 *n* 台处理机，则要将训练数据集划分为

n 个训练子集，主处理机将划分好的 n 个训练子集分配给包含自己在内的 n 台处理机。这 n 台处理机接收到训练子集后，并行地构建决策树的子树。主处理机重复上面的过程，为完成任务的处理机分配训练集直至所有的处理机都得到任务。

当然，上面提出的这种动态数据划分方法也并不是完美的，它会带来严重的负载不均，为了解决这个矛盾给出了一种改进方法。在改进方法中不是所有的处理机都参与训练数据集的分配，主处理机保存一个空闲处理机队列，开始时所有的处理机均在空闲队列中。产生分裂时，任何一台处理机都可以向主处理机申请空闲处理机；任务结束时，处理机向主处理机报告，然后主处理机将该处理机放入空闲队列中。

改进方法虽然一定程度上缓解了负载不均，但是它需要大量的数据移动和处理机之间要进行大量的数据通信，造成较大的时间浪费。

（2）静态数据划分法。

为了解决动态数据方式需要各处理机之间大量通信和频繁数据移动的缺点，给出了静态数据划分方式。静态数据划分方式又可以分为横向数据划分方式和纵向数据划分方式。

①横向数据划分方式。

横向数据划分方式是指将训练数据集进行水平分割，各个处理机保存的训练数据子集的大小一样。假设训练数据集为 N，处理机的个数为 m，则每个处理机处理的数据集大小为 N/m。每个处理机按照同样的扩展策略负责统计本地数据，获取并计算每个属性分裂点相关的信息，各个处理机之间需要互相通信，按照算法所采用的最佳属性测试标准，找出最佳属性和分裂点。在划分数据集到各子节点的过程中，各处理机只对本机数据进行划分。

在横向数据划分方式下，计算最佳分裂点和划分数据集的过程都能很好地并行进行。由于每个处理机只负责处理训练数据集的 $1/m$，减少了需要遍历大量数据记录的时间消耗。但是在横向数据划分方式下，各处理机之间的通信量相对较大。

②纵向数据划分方式。

纵向数据划分方式就是将一个或若干个完整的属性列表分配给一个单独的处理机进行处理，每个处理机并行地完成一个或者多个属性分裂点相关信息的计算过程。

在纵向数据划分方式下，每个属性的分裂点信息的计算过程是并行执行的。假设该训练数据集有 M 个属性，则计算分裂点的时间复杂度比串行时减少到了 $1/M$，而且通信代价相对横向数据划分方式明显减少。

2）程序设计模式

（1）主从模式。

基于主从模式的并行决策树方法中选择一个处理机运行主进程，其余处理机运行从进程。各从进程之间不相互通信，也不要求进行同步。

在主从模式下，主处理机先将训练数据集横向划分后平均分配到 N 个从处理机上，各从处理机接收数据后并行统计和计算各分裂点的信息；然后，各从处理机把结果信息传送给主处理机，主处理机综合各从处理机的结果信息，得出最佳分裂属性；最后，主处理机根据最佳分裂属性的分裂结果形成哈希表（Hash Table）后发送到各从处理机上，从处理机再根据哈希表分割本机上的数据子集。

采用主从模式的方法，在有 n 个从节点的情况下，通信只存在求最佳属性时主节点与从节点之间，节省了大量的通信代价，而且各处理机的工作量相同，负载比较均衡，以及具有良好的并行性能。

（2）对等模式。

在对等模式下，系统中所有处理机都是对等的，没有主从之分，处理器之间通过相互通信完成决策树的创建。其描述如下：

①通过水平分割的方法把 N 条训练数据集均匀地分配给系统中的 M 个处理器，每个处理器得到 N/M 条记录。

②因为每个处理机中只有该属性的局部列表信息，因此，每个处理器在初始化类直方图时，必须与其他的处理器交换信息才能得到全局的类直方图；然后，计算本处理机上的各分裂点所需的信息，比较后得到本处理机上的局部最佳分裂点；最后，再比较各处理机的局部最佳分裂点信息，根据算法采用的最佳属性测试标准选出该节点的最佳分裂点。

③基于最佳属性和分裂点，每个处理机独立分割自己局部的最佳属性列表，并创建局部的哈希表；然后，每个处理机互相交换自己的局部哈希表信息形成全局哈希表，并将其存储于各处理机上；最后，基于全局哈希表，各处理机独立地分割自己局部的非最佳属性列表到相应子节点上。

在对等模式下，虽然构造决策树的时间所减少，但处理机之间通信量太大，哈希表在各个处理机中都需要存储，一定程度上造成了内存浪费。

2. 决策树中 C4.5 算法并行化

在实现 C4.5 算法在 Hadoop 平台下并行化之前，首先对其可行性进行分析，主要从两个方面进行分析，一是算法本身，二是 MapReduce 计算框架[6,7]。

1）生成决策树是一个迭代过程，存在以下几种并行性

（1）决策属性并行性。

对于经典的决策树，其构造过程是基于属性间独立的。在选择最佳分裂属性时，需要计算剩余所有属性各自对应的分裂指标值，此时只和各属性本身对应的数据集有关，因此同一个节点各个属性分裂指标值的计算可以独立、并行地进行，即为属性并行性。

（2）各个树节点之间的并行性。

在决策树的构造过程中，决策树同一层的所有节点所对应的数据集互不相同，因此各个节点计算最佳分裂属性的过程是相互独立的，可以同时进行，即为节点并行性。

（3）排序并行性。

通过上述并行性知道，决策树同一层各节点的任务是相互独立的，如果构造树的过程中需要排序，那么可以对各节点的数据并行地进行排序，互不相关，即为排序并行性。

2）C4.5 算法并行化

对于 C4.5 决策树分类算法，如果给定数据集和属性集，在构造树的过程中需要计算所有剩余属性各自对应的分裂指标值，此过程就需要对数据集进行划分，耗时最长，此时利用 MapReduce 并行框架，可大大缩短时间。根据划分结果，分别计算各属性对应

的分裂指标值，从中找出最佳的分裂属性，以此属性为节点，再根据此属性的取值，进行分支，递归地进行即可得到一棵完整的决策树。其实一棵决策树就对应一系列的决策规则集，而决策规则集的个数与决策树叶节点的个数相同[8,9]。

对于经典的 C4.5 算法，基于 MapReduce 的并行算法，在构造决策树时，分裂指标的计算方法相同，所以逻辑上若数据集相同，它们构造的决策树应该相同，只是 MapReduce 是一并行计算框架，数据集较大时，执行效率高，而经典的决策树算法对大数据却无能为力。

基于 Hadoop 平台的 C4.5 算法（H_C4.5）解决了传统的 C4.5 算法不能处理大规模数据的问题。

C4.5 算法的并行化实现如下[4]。

算法：H_C4.5(S)。输入：训练集 S（文本文件）。输出：决策规则集。

C4.5 算法并行化步骤如表 7-1 所示。

表 7-1　C4.5 算法并行化步骤

步骤	内　容
1	计算决策属性的编号，以及属性值为连续属性的属性编号
2	MapReduce 过程：数据集的纵向划分
3	MapReduce 过程：计算每个条件属性对应的信息增益
4	计算最大增益率属性，并以其作为根节点，以其取值 a_i，$i\in(1,2,\cdots,m)$ 及对应的元组编号作为分支，每个分支对应一条不完整的决策规则集
5	根据步骤 3 生成的期望信息文件，该文件中包含了属性号、期望信息、各属性值及对应的元组编号集合，为每个属性对应的每个属性值，从 0 开始编号，此步骤是为了方便根据已生成的非完整决策规则集设定后续操作相关的输入、输出路径
6	设置决策树最大高度
7	while 决策树的当前深度 tree_depth 还未达到最大值，则继续执行步骤 8～12，否则退出 while 循环
8	if 决策树深度为 1，则将不完整规则集中属性值换成对应属性值的编号
9	MapReduce 过程：根据已生成的非完整决策规则集 $\overline{R}$ 横向划分剩余属性对应的上一次划分得到的属性集文件
10	MapReduce 过程：计算所有决策规则 $\overline{r_i}\{i\in(1,2,\cdots,m)\}$ 各自剩余属性的期望信息
11	计算最大增益属性
12	if 还存在非完整的决策规则集，则决策树当前深度加 1，并跳到步骤 7 继续执行相关操作
13	else 不存在非完整决策规则集，then 退出决策树的构造

H_C4.5 算法停止树生长的条件：

（1）没有条件属性可以继续划分；

（2）给定分支的数据集为空；

（3）数据集属于同一类；

（4）决策树已经达到设置的最大值。

3）实验比较传统 C4.5 算法和 H_C4.5 算法的运行时间

本实验的步骤为：

（1）固定数据集，比较 H_C4.5 算法与 C4.5 算法的运行时间。

（2）增大数据集的规模，比较 H_C4.5 算法和 C4.5 算法的效率。

本实验用到的集群规模具有的 salve 节点的个数为 4。数据集的规模可为 50M、100M、200M、500M、800M、1000M。根据这些数据，运行传统 C4.5 算法和 H_C4.5 算法得到的实验结果如图 7-3 所示。

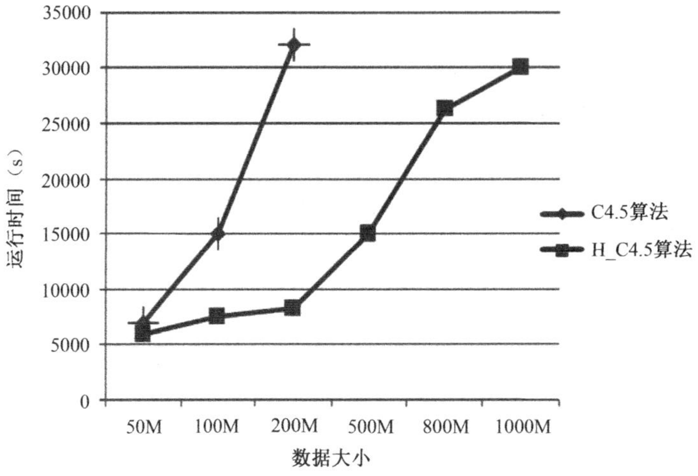

图 7-3　C4.5 算法和 H_C4.5 算法运行时间对比

C4.5 算法随着数据量的增大，当其数据量超过一定的值之后，将不能运行，其原因是 C4.5 算法也是内存驻留算法，受内存大小的限制，数据量太大就无法装入内存，算法失效；另外，随着数据量的增加，其运行时间与数据量大小的比值增大，算法的效率也越来越差。而 H_C4.5 随着数据量的增加仍能运行；随着数据量增加，其运行时间也不会急剧增加，算法效率高。

结论：C4.5 算法并行化后的 H_C4.5 算法可以解决 C4.5 算法不能处理大数据的问题。在 C4.5 算法能处理的数据规模范围内，且当数据集较大时，与 C4.5 算法相比，H_C4.5 算法的效率更高。

7.1.3　一种新的朴素贝叶斯改进方法

朴素贝叶斯分类是一种典型的被广泛应用的分类问题解决方案。朴素贝叶斯分类方法以条件独立性假设，并设定不同条件属性对决策属性相关程度相同为前提。这简化了算法逻辑，降低了计算复杂度，但在实际数据集中很难达到独立性要求，导致了在很多应用中，朴素贝叶斯分类不能达到很理想的分类效果。

针对朴素贝叶斯分类方法要求数据集独立性假设的问题，应用统计量分布的方法给出一种 χ^2 分布加权的贝叶斯分类改进方法，有效地改进了卡方独立性（Chi-square Test of Independance）假设对朴素贝叶斯方法独立性假设难以广泛适用的情况。

1. 属性间的相关关系

将训练样本集分成多个条件属性和一个决策属性来进行描述。在求取相关系数过程中，将各条件属性字段视为随机变量 $X_i(i=1,2,\cdots,n)$，决策属性视为随机变量 Y。每个属性的属性值的分布就是每个随机变量的取值分布。对任意随机变量 X_i，其所有可能的取值为 $X_{ij}(j=1,2,\cdots,s)$，则 X_i 取各个可能值的概率 $P\{X_i=x_{ij}\}=P_j(i=1,2,\cdots,n;j=1,2,\cdots,s)$ 称为随机变量 X_i 的概率分布。所以，整个训练样本集合也就是随机变量的集合，按一定的概率分布对每个随机变量进行取值。根据以上对集合的处理就可以对每个条件属性与决策属性之间的相关关系程度进行度量。

卡方统计量可以有效验证两个属性间的独立程度，所以利用卡方独立性检验验证两属性之间的相关程度：$\chi^2=\sum\frac{(f_0-f_e)^2}{f_e}$。

上式中 f_0 为属性现值，f_e 为属性期望值。利用卡方统计量方法确定属性间权重系数。在指定的类别 C_i 中设定样本 X 的决策属性为 X_i，条件属性为 X_j，利用卡方统计量公式获得相关系数：

$$\chi^2(x_i,x_j)=\sum\frac{\left(f_{x_ix_j}-\frac{f_{x_i}f_{x_j}}{N}\right)^2}{\frac{f_{x_i}f_{x_j}}{N}}=N\left(\sum_{j=1}^{C}\sum_{i=1}^{R}\frac{{f_{x_jx_i}}^2}{f_{x_i}f_{x_j}}-1\right)$$

在计算相关关系时，将条件属性和决策属性映射到同一张表格中，$f_{x_ix_j}$、f_{x_i}、f_{x_j} 皆为表中数据。它反映了 X_i 与 X_j 两个变量之间相关关系的强度，即相关关系的密切程度。

2. 算法设计

设分类表 T 具有 n 个条件属性和 m 个决策属性，分别用随机变量 $X_i(i=1,2,\cdots,n)$ 和 Y 表示，则在加权朴素贝叶斯算法分类模型中，权值表示为：

$$w_i=\left|\chi^2(x_i,Y)\right|=\left|N\left(\sum_{j=1}^{C}\sum_{i=1}^{R}\frac{{f_{x_jy}}^2}{f_{x_i}f_y}-1\right)\right|$$

式中，w_i 是分类表中第 i 个条件属性的权值系数。基于权值系数的改进朴素贝叶斯算法的实现关键在于求解各条件属性与决策属性之间的相关系数[10]。其算法的具体描述步骤如表 7-2 所示。

表 7-2　改进朴素贝叶斯算法步骤

步骤	内　容
1	数据预处理，离散化训练样本和待分类样本数据，并将其中缺失值进行填充
2	判断，对数据集进行分类则转到步骤 6；继续进行数据训练则进行步骤 3
3	学习概率表，针对训练样本集中每个样本属性 A_i 的属性值 a_{ik}，分别计算类别 C_j 下属性值 a_{ik} 出现的先验概率 $P(a_{ik}\|C_j)$，以及类别 C_j 出现的概率 $P(C_j)$

续表

步骤	内　容
4	相关系数学习，对所有样本进行扫描，计算各条件属性与决策属性的相关关系值，再求得相关系数 w_i，将 w_i 作为 A_i 属性的权重系数
5	生成加权朴素贝叶斯分类器，即生成概率表和加权值列表
6	分类，调用分类器，得出分类结果

7.1.4 支持向量机并行优化改进

1. 并行支持向量机发展

近年来，随着数据规模的不断扩大，传统支持向量机在处理大数据规模时显得力不从心，不仅训练时间变长，而且内存不足，无法得到较好的分类效果。于是，随着大数据的兴起和发展，并行支持向量机（Parallel Support Vector Machines，PSVM）逐渐成为学者们探索的焦点，在这摸索的 20 余年间，多种 SVM 的并行化策略被提出，常见的 PSVM 设计模式主要有分组式、级联式、反馈式和混合式 4 种[11]。

1）分组式并行支持向量机（GroupedPSVM）

分组式并行支持向量机（GroupedPSVM）是四种并行 SVM 设计模式中最简单且最容易实现的，仅仅通过集群节点的并行计算来提高训练速度，并未引入其他保证算法准确率的步骤。其设计思路是：将原始训练集 TD 按照一定原则切分成 n 个子训练样本集，每个子训练样本集中均匀分布着各类样本，之后利用 Map 操作在集群各节点上并行训练这 n 个子训练样本集，训练结果为 n 个子支持向量集，最后采用 Reduce 简单地合并 n 个子支持向量集，从而得到全局最优支持向量集。

2）级联式并行支持向量机（CascadePSVM）

级联式并行支持向量机（CascadePSVM）是并行支持向量机的研究基础，在 CascadePSVM 的基础上衍生出多种其他的并行设计模式。CascadePSVM 同样采用数据分割的思想，通过并行处理样本子集节省大量时间，对子样本集的合并并非像分组式那样全部合并，而是两两合并子集，按照分而治之的原则进行再次训练，直至最终得到全局支持向量模型。将原始训练集 TD 按照一定原则切分成 n 个子训练样本集（n 为偶数，且 $n \geqslant 2$），SV 为训练子样本集所得的支持向量。

3）反馈式并行支持向量机（FeedbackPSVM）

为提高 CascadePSVM 算法的训练精度，得到更精准的分类模型，反馈式并行策略被提出，即在 CascadePSVM 的基础上引入反馈，将最后一步得到的全局支持向量反馈到初始数据子集中进行再次训练，从而避免不合理的数据划分对分类模型性能产生的潜在影响，该策略以迭代的方式进行，通过判断迭代停止条件来终止迭代，从而提高训练精度。

4）混合式并行支持向量机（HybridPSVM）

常见的混合式并行 SVM 是分组式和级联式并行 SVM 的某种组合，该模型先将原始

训练样本集分成 n 个子集，分别对这些子集进行训练生成各子集的支持向量，这一步与分组式 SVM 一样。之后根据预设值 k，将这些支持向量合并到 k 个子集，再次并行训练后得到最终结果，k 个子集中，每个子集含有 n/k 个原始训练样本子集，这一步并非像分组式 SVM 整体合并，也不像级联式 SVM 两两合并，而是选取适合的子集数进行合并。最后合并这些支持向量，得到最终的 SVM 分类模型，整个过程分为三层。该算法的准确度接近于单机情况下样本的准确度，但运行时间短，由于该方法出现时间较晚，随机性较强，缺乏一定的实例验证。

2. 反馈式并行支持向量机算法实现

反馈式并行支持向量机的基本思想在前面已做简要介绍，简而言之，就是将原始训练数据集分块，通过并行训练子样本集加速全局支持向量的训练速度，为消除初始数据集划分对分类器性能和训练结果的潜在影响，特地引入迭代反馈机制，通过反馈，将本次迭代的结果返回初始分类器进行调整和更新，从而进一步提高分类准确率。

设计和实现基于 MapReduce 编程框架的反馈式并行支持向量机时，需要格外重视数据集的划分和迭代这两个问题。图 7-4 给出了 FeedbackpSVM 流程。

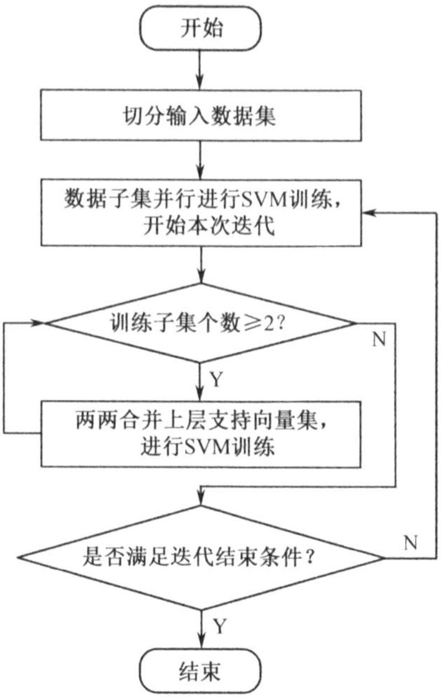

图 7-4　FeedbackpSVM 流程

7.2　聚类算法

对聚类进行研究是数据挖掘中的一个热门方向，聚类就是对大量未知标注的数据集，按数据的内在相似性将数据集划分为多个类别，使类别内的数据相似度较大而类别间的数据相似度较小。

7.2.1 聚类分析研究的主要内容及算法应用

1. 目前聚类分析研究的主要内容

由于传统所介绍的聚类方法都存在某些缺点，因此近些年对聚类分析的研究很多都专注于改进现有的聚类方法或者提出一种新的聚类方法。

以下对传统聚类方法中存在的问题及人们在这些问题上所做的努力做一个简单的总结。

（1）从对传统的聚类分析方法所做的总结来看，不管是 *k*-means 方法，还是 CURE（Clustering Using Representatives）方法，在进行聚类之前都需要用户事先确定要得到的聚类的数目。然而在现实数据中，聚类的数目是未知的，通常要经过不断的实验来获得合适的聚类数目，得到较好的聚类结果。

（2）传统的聚类方法一般都是适合于某种情况的聚类，没有一种方法能够满足各种情况下的聚类，比如 BIRCH（Balanced Iterative Reducing and Clustering using Hierarchies）方法对于球状簇有很好的聚类性能，但是对于不规则的聚类，则不能很好地工作；*k*-medoids 方法不太受孤立点的影响，但是其计算代价很大。因此如何解决这个问题成为当前的一个研究热点，有学者提出将不同的聚类思想进行融合以形成新的聚类算法，从而综合利用不同聚类算法的优点，在一次聚类过程中综合利用多种聚类方法，能够有效地缓解这个问题。

（3）随着信息时代的到来，对大量的数据进行分析处理是一个很庞大的工作，这就关系到计算效率的问题。有文献提出了一种基于最小生成树的聚类算法，该算法通过逐渐丢弃最长的边来实现聚类结果，当某条边的长度超过了某个阈值，那么更长边就不需要计算而直接丢弃，这样就极大地提高了计算效率，降低了计算成本。

（4）处理大规模数据和高维数据的能力有待于提高。目前许多聚类方法处理小规模数据和低维数据时性能比较好，但是当数据规模增大，维度升高时，性能就会急剧下降，比如 *k*-medoids 方法，而现实生活中的数据大部分又都属于规模比较大、维度比较高的数据集。有文献提出了一种在高维空间挖掘映射聚类的方法 PCKA（Projected Clustering based on the *k*-means Algorithm），它从多个维度中选择属性相关的维度，去除不相关的维度，沿着相关维度进行聚类，以此对高维数据进行聚类。

（5）目前的许多算法都只是理论上的，经常处于某种假设之下，比如聚类能很好地被分离，没有突出的孤立点等，但是现实数据通常是很复杂的，噪声很大，因此如何有效地消除噪声的影响，提高处理现实数据的能力还有待进一步研究。

2. 聚类算法的应用

聚类主要应用于模式识别中的语音识别、字符识别等，机器学习中的聚类应用于图像分割和机器视觉，图像处理中聚类用于数据压缩和信息检索。聚类的另一个主要应用是数据挖掘（多关系数据挖掘）、时空数据库应用（GIS 等）、序列和异类数据分析等，聚类分析对生物学、心理学、考古学、地质学、地理学及市场营销等研究也都有重要作用[12~15]。

典型的聚类过程主要包括数据（或称为样本或模式）准备、特征选择、特征提取、接近度计算和聚类（或分组）、对聚类结果进行有效性评估等步骤，如表 7-3 所示。

表 7-3　典型的聚类过程步骤

步　骤	内　容
1	数据准备：包括特征标准化和降维
2	特征选择：从最初的特征中选择最有效的特征，并将其存储于向量中
3	特征提取：通过对所选择的特征进行转换，形成新的突出特征
4	接近度计算和聚类（或分组）：首先选择合适特征类型的某种距离函数（或构造新的距离函数）进行接近度计算；而后执行聚类或分组
5	聚类结果有效性评估：对聚类结果进行评估。评估主要有 3 种：外部有效性评估、内部有效性评估和相关性测试评估

7.2.2　并行聚类相关技术及算法体系结构和模型

1. 并行聚类相关技术

当遇到海量数据时，在单机上进行聚类分析会遇到内核处理速度和内存容量的瓶颈问题，将聚类算法并行化能够有效地解决这类问题。

并行计算作为一种提高运算速度的方法，通过多个计算机节点协同工作，将一个数据集分解成若干个数据子集，各个数据子集均由一台独立的计算机进行运算处理。并行计算体系结构主要有以下四种。

1）集群（Cluster）

具有免费、稳定、开源的 Unix 和 Linux 操作系统的计算机集群系统已成为当下最流行的高性能计算平台，在高性能计算方式中占有越来越大的比重。

2）对称多处理（SMP）

由高速缓存 Cache、处理单元、总线、交叉开头、共享内存及输入/输出等组成。

3）分布式共享存储多处理（DSM）

它能够很好改善 SMP 的可扩展能力，当前主流的高性能计算机很多都采用这种方式。

4）大规模并行处理（MPP）

它是目前并行计算机发展过程的主要方向，大规模并行处理可在上万台机器上进行并行处理，并可应用多种并行计算框架和文件存储系统等。

2. 并行聚类算法体系结构和模型

1）并行聚类算法的基本体系结构[16]

相对于串行计算来说，如果按照划分方式来分，并行算法可以划分为时间上的并行和空间上的并行。空间上的并行主要是利用多个处理器并发计算执行的，目前主要的研究工作是空间上的并行，而时间上的并行又叫作流水线技术。从程序和算法设计人员的角度看，并行算法按逻辑又可分为数据并行和任务并行，数据并行的方法就是将大的数据任务分割成若干个子任务；任务并行和数据并行相似，就是将大的任务分割成若个子任务，这种方式要比数据并行复杂一些。空间并行方式主要是针对串行算法提出的，空间并行的方式有两种模式，一种是单指令流多数据流（SIMD），另一种是多指令流多数据流（MIMD），前者是常说的串行机的处理方式，后者就是所谓的并行模式。

2）并行计算模型

并行计算模型现在没有统一的模型，目前计算采用的都是冯•诺伊曼的串行模型，这种模型一直用到今天，其他并行模型没有冯•诺伊曼模型这么成熟和应用广泛。但是，并行计算方式也有几种公认有价值的模型，例如 PRAM（Parallel Random Access Machine）模型，BSP（Bulk Synchronous Parallel）模型，LogP（Latency overhead gap Processor）模型等，这些模型都是现在普遍采用的，其中 PRAM 模式应用最为广泛，下面具体介绍一下 PRAM 模式。

PRAM 模型是一种单指令流多数据流并行机模式，它的思想是，假设有一个无限大的共享存储内存和多个处理能力相同的处理器，处理器可以同时处理资源，并且可以随时访问内存。其实这是一种理想模型，无限大的存储空间是没有的，而且多处理器访问内存，在目前来看是相对较慢的，影响了处理速度。这种模型主要用于科学计算和理论研究，该模型中还有一种时间同步功能，这使得处理器可以同步进行处理访问。

近年来，随着互联网的快速发展，数据量与日俱增，传统的并行计算、网格计算、分布式计算都面临着计算时间长、数据量大的挑战，这时候一个新名词出现，它就是云计算，云计算的出现很好地解决了这一系列问题。

7.2.3 *k*-means 聚类算法的一种改进方法

聚类一直以来都是研究最广泛的学科之一。现在基于划分数据的聚类算法已经成为数据挖掘和 *k*-means 聚类算法的热点研究对象[17~20]。然而 *k*-means 聚类算法也有很多的不足之处，例如易陷入局部最优解。此外，最后分区也非常依赖初始聚类中心值，使得选择启动分区更为重要。

下面首先介绍 *k*-means 聚类算法所包含的局限性，接着详细描述算法的流程。然后提出改进算法，并详细讲述改进算法的基本思想和基本流程[21]。

1. *k*-means 聚类算法的局限性

k-means 算法是一种基于划分的方法，尽可能地去找到数据中的自然聚类中心。将对象属性的向量空间进行假定。它想要实现的目标是最小化总的簇内方差或平方误差函数：

$$V=\sum_{i=1}^{k}\sum_{x_j\in s_i}\left(x_j-u_i\right)^2$$

k-means 聚类算法在 1956 年被劳埃德发明出来的。这个常见的算法使用了迭代的方式，后来被称为劳埃德算法。无论是在随机或使用其他一些启发式数据时，劳埃德算法首先将输入点划分成初始值集。然后计算出每个集合的平均点或重心。它通过关联每个

点构造一个新的分区。然后再重新计算出新的集群点，并交替应用这两个步骤的算法程序，直到收敛，这是获得当前点不再开关集群，利用 coresets 原始数据相类似的一种算法设计。劳埃德算法很受欢迎的原因在于它在实践中能够快速地收敛。事实上，很多人已经观察到其迭代次数通常比点的数量要少得多。

在性能方面的算法并不保证返回全局最优。该算法的结果质量在很大程度上依赖于初始集合的数据集，并且在实践中比全局最优要差得多。由于算法的速度非常快，一个常用的方法是运行算法几次迭代并返回最好的解到集群中去。

k-means 算法的一个缺点是：数据集的 *k* 数目是一个输入参数。如果选择不适合的 *k* 值，可能会产生糟糕的结果。该算法还假定了方差集群分散的适当措施。在 2006 年，一个新的选择初始聚类中心的方法被提了出来，称为“*k* 均值”，这个想法是选择初始聚类中心。

2. 算法流程描述

输入：聚类数 *k*，数据集：*n* 个。输出：聚类结果。

k-means 聚类算法的主要流程描述步骤如表 7-4 所示。

表 7-4　*k*-means 聚类算法的主要流程步骤

步　骤	内　容
1	*k* 个初始中心是从数据集中随机选出来的
2	依照聚类数据对象中所求出来的平均值，将每个数据对象分配到最合适该数据的类中去，即将该数据对象分配到最近邻的类中去
3	又一次计算出每个类的平均值，计算出每一个类中所有数据对象的平均值：$\overline{x_i}=\sum_{x\in c_i}\frac{x}{\lvert C_i\rvert}$；同时对类进行更新
4	计算出误差平方和函数值，即 $E=\sum_{i=1}^{k}\sum_{x\in c_i}\lvert x-\overline{x_i}\rvert^2$
5	直到聚类准则函数值 *E* 不发生任何改变或者相邻之间的差值小于给定的值，否则返回到步骤 2 做进一步的迭代

综合发现，聚类结果质量的高低与初始聚类中心的选取有很大的关联，在一般情况下所做的实验当中，大部分的实验者都是从数据集中随机地选取初始聚类中心，这就导致了 *k*-means 聚类算法得到的结果在通常情况下是不够准确的，所以也就不能保证初始聚类中心能分配到最适合自己的类当中去，这样算法就易陷入局部最优解问题。因此，算法还需要进一步改进。

3. 改进算法的主要思想

大量的研究工作集中在对初始聚类中心的选择上。利用蚁群算法来处理最大数据集中心数量。通过初始搜索密度和分布中心及其他的方法来提高 *k*-means 算法效率。建立初始聚类数 $n=\sqrt{N}$ 。也就是说初始聚类分到大规模的空间中心的样品中，从最大 maxdis 点的所有样品质量的中心计算，以质量为中心，以 maxdis 为半径画一个圆，将所有样品分布在圈子包围点内。其被分成 *n* 个区间，在该点的样品中，样品可以归因于这样的点。所有样品被分为 n 个类，每一类导出其质量中心。合并：上述聚合中，可以是一个类，其中继续给类别数迭代。如果第一类 n 存在的任何样品中，具有第 i 级中心取得的抽样小于所有样本质量的第 i 级的中心与点之间的距离，即最大欧氏距离，那么第一类和第 i 类可以组合。综合考虑以上因素，给出了基于改变初始聚类中心的 k-means 聚类算法。

4. 改进算法的基本流程

输入：N 对象包含一个数据集。输出：k 个数据集，得到最小平方误差准则函数。

改进算法的基本流程步骤如表 7-5 所示。

表 7-5　改进算法的基本流程步骤

步骤	内容 1	内容 2
1	标准化进程	建立一组新的测试样本（是用来存储样本组之后进行归化的）
		应遵循每个样品的属性及其规范化
		每个样品将归化后的第一属性值作为横坐标，每个其他样品标准化属性的值作为纵坐标，这些值代入 X 和 Y 的阵列
		将每个样本的归化值再进行测试
2	找到中心质点	找到所有属性值样本的质量
		创建一个示例，上述中心的每一个质量进行属性初始化
		以每一个质量属性作为标准化中心
		第一个属性作为横坐标质量的中心，其他均作为纵坐标
		质量中心的全部样品（横坐标和纵坐标）
3	找到最大的半径作为样本，使用两点之间的距离公式，并基于 X 和 Y 的阵列，找到最大的价值	
4	所有的样品分配给各自的范围	布尔变量 ACC_1 和 ACC_2，分别在两者样品之间用直线代表
		样本被分为一定的区间，它是由所有样品来决定的
		所有样品将被分配到寄主范围
5	建立初始聚类中心	
6	重复	
7	类合并	

如果第一类 n 存在于任何样品中，具有大的第 i 级中心取得的抽样小于最大欧几里德距离的点，那么第一类和第 i 类就可以组合起来。实践证明，基于改变初始聚类中心的 k-means 聚类算法比随机选取 k-means 算法初始聚类中心的聚类结果质量要好得多。

了解更多实验结果及分析可参考文献[21]。

7.2.4　基于 Spark 的 *k*–means 算法并行化设计与实现

Spark 与 Hadoop 之间最大的差异之处为 Spark 对所有类簇中心点的全部迭代计算基本都是于内存中计算完成的，当数据处理量远小于节点的内存容量时，计算过程中几乎不需要再与磁盘进行 I/O，而 Hadoop 则不行，基于 Spark 的 k-means 算法的并行实现流程[22]如图 7-5 所示。

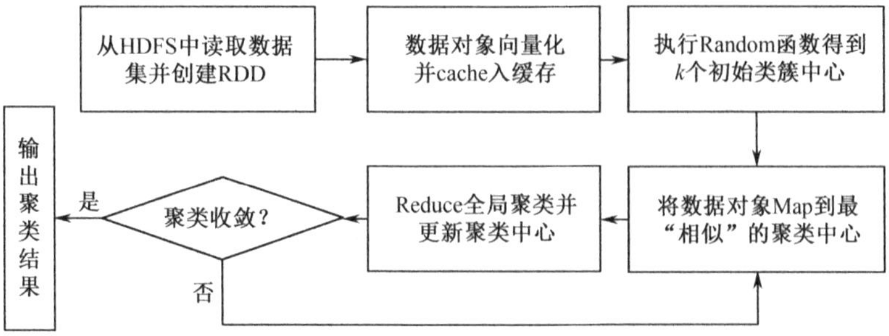

图 7-5 *k*-means 算法在 Spark 上并行化的流程图

Spark 使用 Scala 语言来实现 *k*-means 算法的并行化代码编写，因为 Scala 语言的表现力比较强大，其代码相比 Java、C++、Python 等编程语言要简洁许多[23]。

k-means 算法用 Scala 编程的主要代码如下：

```
Algorithm Km: Code of Canopy_K-means algorithm general framework
object Spark Kmeans {
val R = 1000
val rand = new Random(42)
def parse Vector(line:String): Vector[Double] = {
Dense Vector(line.split( ‘ ’ ).map(_.to Double))     }
def closest Point(p:Vextor[Double],centers:Array[Vector[Double]]):Int={
var index =0
var best Index = 0
var closest = Double.positive Infinity
for( i<-0 until centers,length)     {
    val temp Dist = squared Distance(p,centers(i))
    if (temp Dist < closest)     {
      closest = temp Dist
      best Index = I }
}
best Index
}
def main(args:Array[String]) {
  val Spark Conf = new Spark Conf().set App Name( “Spark Kmeans” )
  val sc = new Spark Context( “Spark Kmeans” )
  val lines = sc.text File(args(0))
  val K = args(1).to Int
  val converge Dist = args(2).to Double
  val data = lines.map(parse Vector _).cache()
var k Points = data.take Sample(with Replacement = false,K,42).to Array
  val temp Dist=1.0
```

```
27:        val Max Iteration = args(3).to Int
28:        Val temp Iteration = 0
29:        while(temp Dist > converge Dist && temp Iteration < Max Iteration){
30:            val closet = data.map (p => (closest Point(p,k Points),(p,1)))
31:            val point Stats = closest.reduce By Key {
32:                case ((x1,y1),(x2,y2)) => (x1+x2 , y1+y2)     }
33:                val new Points = point Stats.map {pair =>
34:                (pair._1,pair._2._1*(1.0/pair._2._2))}.collect As Map()
35:                temp Dist = 0.0
36:                for(i <-0 until K){
37:                  temp Dist += squared Distance(k Points(i),new Points(i)) }
38:                for(new P <- new Points) {
39:                    k Points(new P._1) = new P._2     }
40:                println( "Finished iteration (delta =  "+ temp Dist +" )" )
41:                temp Iteration= temp Iteration + 1      }
43:        println( "Final centers:" )
44:        k Points.foreach(println)
45:        sc.stop()     }
47: }
```

对上面的代码解释如下。

Step4～5 是数据预处理函数定义，Step6～18 是将数据对象划分到最近的聚类中心点函数定义，Step19～45 为 *k*-means 的主函数，是整个程序的入口。其中 Step20～21 执行 Spark 集群初始化，Step22～24 从 HDFS 读入预处理过的数据向量、输入参数，对相应变量进行初始化，Step25 将每个数据分区以 RDD（Resilient Distributed Datasets）的形式缓存到内存中，Step26 随机产生 *k* 个初始类簇中心，Step27～29 完成相应变量的初始化操作。Step30～42 为 *k*-means 算法主要代码段，当聚类准则比较变量 temp Dist 比聚类准则值 converge Dist 大，而且当前迭代次数 temp Iteration 小于最大迭代次数 Max Iteration 时，运行循环内容，具体执行流程如下：Step31 求数据对象的局部数据聚类，由 closest Point 函数求得数据向量 ***p*** 与哪一个类簇中心的相似度最高，然后标记数据对象的所属类别，每个数据对象 ***p*** 可以映射成(id，(point，1))。Step32～33 中的 point Stats 操作是对具有相同 id 的 ***p*** 进行合并，可以表示为（数据对象特征值和，数据对象数量和）。Step34 中 new Points 变量是指求得的新类簇中心点，键值对（id，数据对象特征值和/数据对象数量和）。Step36 将 temp Dist 重新归零。Step37～38 求新旧类簇中心点的差平方和。Step39～40 更新聚类中心。Step42 对当前迭代次数进行更新。

7.2.5 基于 Spark 的 *k*–means 改进算法的并行化

基于 Spark 的 *k*-means 算法的并行化实现策略虽然可以在集群计算节点增多的条件下提高数据并行挖掘的效率，但是当集群中的节点资源有限时，其计算效率则达到瓶颈，此时以优化 *k*-means 算法内部效率来作为突破口将是一个不错的选择。为了提高

k-means 聚类算法对维度比较高的海量数据集的聚类效率，同时也解决 k-means 算法类簇初始中心点的选取和 k 值的选取问题，选取 Canopy 粗糙聚类算法来对基于 Spark 分布式框架的 k-means 并行算法进一步改进。通过 Canopy 算法优化初始中心点和 k 值可以降低 k-menas 算法的迭代次数，从而改进 k-means 聚类算法在处理大数据集时数据挖掘的效率和实用性，也可以避免局部最优解[22]。

1. Canopy 算法思想概述

Canopy 算法适用于高维度的大数据集预聚类分析，它使用简单粗糙的距离测量方法，可以把数据对象集高效地分割为多个不完全重叠却可以相交的子集 Canopy，接着再在各个 Canopy 中执行精细聚类算法，这样粗细聚类的结合能提高海量数据处理的效率和准确性。

Canopy 算法聚类逻辑过程如下，首先从数据对象点集中随机地选择一个数据对象点 A 作为第一个子集 E_1 的聚类中心点，然后再根据其他数据对象点与 A 的相似度（一般以欧氏距离作为相似度计算准则），将一些数据对象点划分到子集 E_1 中；接着通过子集 Canopies 的创建，将数据对象集中的所有数据对象划分到各个子集 Canopy 中，使这些 Canopy 子集必须完全包含全部数据对象。每个数据对象至少要属于其中的任何一个 Canopy 子集，而且它还有可能同时属于一个以上的 Canopy 子集。由上述 Canopy 算法定义可知：任意两个数据对象点如果没有归属于同一个子集 Canopy，那么这两个数据对象点就一定不可能是同一类簇的数据对象。

2. Canopy 算法流程详述

虽说 Canopy 算法可以不用如 k-means 算法那样人为设置聚类的数目，但仍需要设置两个相似性度量标准 T_1、T_2 来间接决定聚类后子集 Canopy 的数目和每个子集 Canopy 中数据对象点的数目，Canopy 算法的详细计算流程如表 7-6 所示。

表 7-6　Canopy 算法的详细计算流程

步骤	内　　容
1	将数据对象集 D 预处理后得到一个数据列表 D'，写入内存，选取距离阈值 T_1、T_2。T_1、T_2 可以通过交叉校验决定
2	从数据列表 D' 中随机选取数据对象 P，并计算 P 与全部 Canopy 子集中心点之间的距离（假如 Canopy 不存在，则可以将数据对象 P 作为一个新的 Canopy 加入到 Canopy 列表中去，同时将 P 从 D' 中去除），如果 P 与某个 Canopy 中心的距离小于等于 T_1，则可以将点 P 加入此 Canopy 中的数据对象列表 $D_i'(i=1,2,\cdots,k)$ 中
3	只要数据对象 P 与某个 Canopy 中心的距离小于等于 T_2，则需要将数据对象 P 从数据列表 D' 中去除，这一步主要是判断数据对象点 P 是否与此 Canopy 已经比较接近，故 P 不能再当作另外 Canopy 子集的中心
4	重复步骤 2、3，当数据列表 D' 为空时，迭代计算结束

3. 基于 Spark 的 Canopy_k-means（CKM）算法的并行化设计

CKM 算法主要由 Canopy 和 k-means 两部分组成，基于 Spark 的并行化思路就是依据 CKM 算法的两部分来执行并行化设计。基于 Spark 的 CKM 并行算法与其串行逻辑大致相同，不同之处就在于 CKM 并行算法在使用 DAG 并行编程模型的同时也利用了 Spark 最具特色的 RDD（Resilient Distributed Datasets）。在基于 Spark 的 k-means 算法的并行化实现基础上，将 Canopy 算法的预聚类思想添加进去，则可以实现改进优化后的 CKM 算法的并行化实现。CKM 算法基于 Spark 平台实现其并行化的流程如表 7-7 所示。

表 7-7 CKM 算法基于 Spark 平台实现其并行化的流程

步骤	内容
1	配置 Spark 和 Yarn 集群的有关参数，初始化集群计算环境
2	从 HDFS 中读出数据对象集，生成初始 RDD
3	各节点执行 Map 操作，对原始数据进行格式化，将文本数据向量化
4	集群中各个并行节点执行 Map 操作，计算各自分片的数据对象与 Canopy 中心点的距离，从而得到局部 Canopy 中心点
5	执行 Reduce 操作，合并成全局 Canopy 子集中心点
6	各节点依据全局 Canopy 子集中心点执行 Map 操作，将数据对象全集划分到不同的 Canopy，并执行 cache 操作将其数据持久化
7	将 Canopy 中心点列表赋值给 Cluster 中心点列表
8	各节点再对经过 cache 之后的 RDD 进行 Map 操作，执行 *k*-means 局部聚类
9	主控节点执行 Reduce 操作，将各个计算节点产生的局部聚类结果归并为全局聚类结果，更新类簇中心点
10	判断迭代退出条件是否满足，如果满足则输出全局聚类结果，如果不满足则重复执行步骤 8 和步骤 9

其中 Canopy 中的数据对象是放置在内存的，所以 *k*-means 聚类时可以多次重复使用，并不需要每次都在 HDFS 分布式文件系统上读取，这样提高了算法实现的效率。Spark 会根据算法的逻辑自动实现 CKM 聚类算法的并行化，并行化实现中的任务分配和数据分配都是由系统自动实现的。

了解更多实验结果及分析可参考文献[22]。

7.2.6 基于 MapReduce 的聚类算法并行化

在目前很多分布式计算框架中，存储集群和计算集群都存在不同程度的重合。也就是说，大多数的计算任务都可以在数据端完成，以本地的数据作为输入来进行计算。MapReduce 作为一个分布式计算框架，可以非常简单有效地应用于上述环境。在典型的应用中，大部分 Map 操作都是通过本地输入的数据来完成的，然后把这些中间结果发送至其他节点继续执行 Reduce 操作。这样做最大的优势是 MapReduce 可以透明地应用到不同数量的节点上，这就保证了最大的可伸缩性。当然，在搭建分布式计算框架时，容错性、计算任务的本地化、任务调度、任务备份都是需要考虑的问题。

1. 基于 MapReduce 的 *k*-means 并行算法的设计

k-means 聚类算法进行 MapReduce 的基本思路：对串行算法中每 1 次迭代启动对应的 1 次 MapReduce 计算过程，完成数据记录到聚类中心的距离计算及新的聚类中心的计算。图 7-6 描述了 *k*-means 聚类算法 MapReduce 并行化实现方法。为了适合 MapReduce 计算模型处理，需要将待处理数据记录以行形式存储，使待处理数据能按行分片，且片间数据无相关性，分片过程由 MapReduce 运行的环境完成，不需要编写代码[24]。

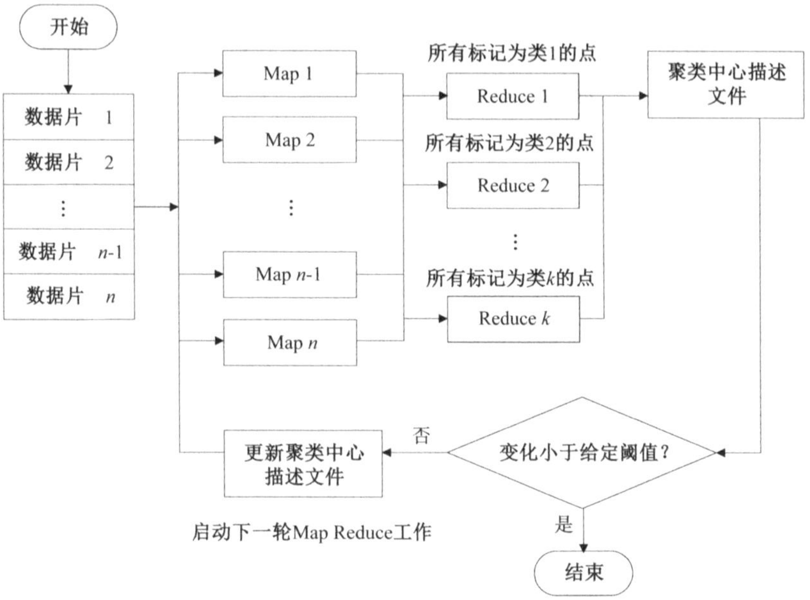

图 7-6　*k*-means 聚类算法 MapReduce 并行化实现方法

2. Map 函数的设计

Map 函数的任务是完成每个记录到中心点距离的计算，并重新标记其属于的新聚类类别，其输入为待聚类所有记录数据和上一轮迭代（或初始聚类）的聚类中心，输入数据记录<key，value>对的形式为<行号，记录行>；每个 Map 函数都读入聚类中心描述文件，Map 函数对输入的每个记录点计算出距离其最近的类中心，并做新类别的标记；输出中间结果<key，value>对的形式为<聚类类别 ID，记录属性向量>。

Reduce 函数的任务是根据 Map 函数得到的中间结果计算出新的聚类中心，供下一轮 MapReduce 工作使用。输入数据<key，value>对的形式为<聚类类别 ID，{记录属性向量集}>；所有 key 相同的记录（有相同类别 ID 的记录）送给一个 Reduce 任务——累加 key 相同的点个数和各记录分量的和，求各分量的均值，得到新的聚类中心描述文件[25]；输出结果<key，value>对的形式为<聚类类别 ID，均值向量>。

判断该聚类是否已收敛：比较上一轮 MapReduce 工作得到的聚类中心与本轮 MapReduce 工作聚类中心距离，若变化小于给定阈值，则算法结束；反之，则用本轮的聚类中心文件替换上一轮的中心文件，并启动新一轮的 MapReduce 工作。

7.2.7　谱聚类算法并行化方法

1. 谱聚类算法并行化设计

从传统的谱聚类算法步骤可以看出，算法主要的工作是计算对角矩阵 $\boldsymbol{D}$，拉普拉斯（Laplacian）矩阵 $\boldsymbol{L}$ 及计算出矩阵 $\boldsymbol{L}$ 的前 K 个最小特征值及对应的特征向量，因此考虑对以上几步在 Hadoop 平台下进行分布式研究，给出了谱聚类算法并行化过程[16]。图 7-7 是谱聚类算法并行化流程，从图中可以看出，第一部分是数据的输入，输入数据作为一个整体上传至 HDFS 时进行分块，将分好块的数据交给 Map 处理，图中第二部分是中间部分的处理。谱聚类算法并行化的 MapReduce 过程分为两个阶段，一部分是 Map 阶段，另一部分是 Reduce 阶段[27]。

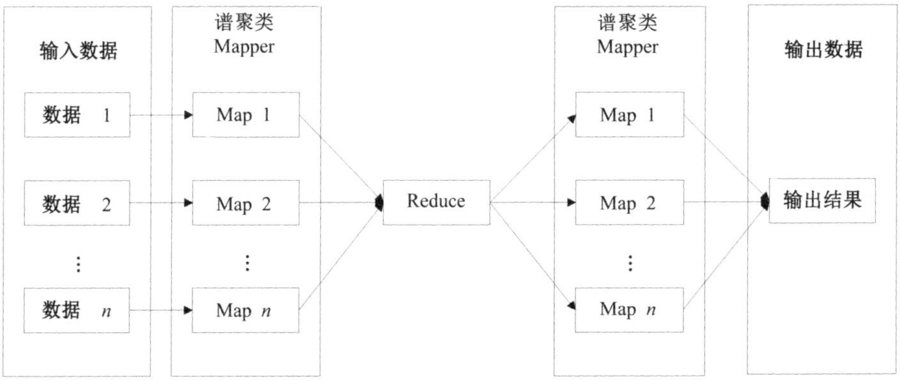

图 7-7　谱聚类算法并行化流程

2. 谱聚类算法并行化过程

1）构建相似矩阵

构建相似矩阵 $\boldsymbol{W}$ 有很多方法，首先要对原始数据进行处理、构建文本向量，在构建文本向量时要计算每个词在文本中出现的次数，这就要利用 TF-IDF（Term Frequency Inverse Document Frequency）算法。

2）并行计算对角矩阵[16]

对角矩阵 $\boldsymbol{D}$ 计算方法很简单，即将上一步中求出的相似矩阵每一行相加，这是由对角矩阵的公式决定的，计算得出的结果再按照相似矩阵的形式将数据放到相应的对角位置上。

3）并行计算拉普拉斯矩阵

这一步主要的工作是并行计算规范拉普拉斯矩阵，拉普拉斯矩阵有规范和非规范化之分，非规范化拉普拉斯矩阵表示为 $\boldsymbol{L}=\boldsymbol{D}-\boldsymbol{W}$，由非规范拉普拉斯矩阵可以推导出规范的拉普拉斯矩阵。

4）并行计算特征向量及特征值

这一步主要计算拉普拉斯矩阵的最小特征值及特征向量，计算矩阵的最小特征值及特征向量有很多方法，比如雅克比算法，雅克比算法在求解特征值和特征向量时用的是一种迭代的思想，迭代次数随着数据量的增大而增多，这种迭代方式收敛速度较慢，占据的存储空间较大，而且 MapReduce 编程模式不适合反复迭代的算法，反复迭代会降低效率，本书选用 Lanczos 算法。Lanczos 算法是将对称矩阵通过正交相似变换变成对称三对角矩阵的算法[28]。得到的三对角矩阵和原来的矩阵是相似的，也就是说求出这个三对角矩阵的前 k 个最小特征向量就是求出拉普拉斯矩阵的前 k 个最小特征向量，求

三对角矩阵的前 k 个最小特征向量只需简单地将矩阵 $\boldsymbol{L}$ 和向量 $\boldsymbol{v}$ 相乘[29]，从而简化了计算。

5）并行 *k*-means 算法

谱聚类算法的最后步骤是要选择一个合适的聚类算法，对上述处理过的数据进行最后的聚类，在此选择了 *k*-means 算法对数据进行最后的聚类。并行 *k*-means 算法的思想是将每个样本分配给其选定的中心点，重复迭代，这个过程是可以在 Hadoop 平台上并行执行的。*k*-means 算法并行化主要工作是 Map 阶段设计、Combiner 函数设计、Reduce 函数设计，其具体方法已有相应的实现[30]。

7.3 关联规则

关联规则是形如 $X \rightarrow Y$ 的蕴含式，其中，X 和 Y 分别称为关联规则的先导（Antecedent 或 Left-Hand-Side，LHS）和后继（Consequent 或 Right-Hand-Side，RHS）。关联规则 *XY*，存在支持度和信任度。

7.3.1 Apriori 算法的一种改进方法

1. 各种改进的 Apriori 算法

Apriori 算法是数据挖掘中经典的方法之一，很多学者和研究机构都对它进行了相应的研究，并加以改进。典型的改进有基于压缩矩阵的改进、基于划分和压缩数据库的改进、基于 Spark 的改进等。下面分别对这几种方法进行简单的分析介绍[31]。

基于压缩矩阵的方法是罗丹提出来的，改进的主要思路是将数据压缩存储在 0-1 矩阵中，并用两个额外的数组来分别记录矩阵中各行各列中 1 的总数，这样减少了扫描矩阵的次数，并且能够减少那些不能连接的项目集，提高了空间的利益率，增加了结果的准确率。

基于划分和压缩数据库的方法是由胡绿慧提出来的，主要是为了解决处理大规模数据时，效率比较低的问题。改进的主要方面是，根据特征数据的频率高低，以升序的方式存储在临时数组中；然后对数据库进行划分，划分成几个互不相交的子数据库，保证它们能够存储在内存中；最后对频繁项集的频繁率进行计算，有效地减少了冗余的数据集。改进后的算法在面对海量数据时，挖掘的效率和速度有所提高，但是应用方面也有所限制，且对数据集的划分也需要考虑相应的策略，不可能保证划分的结果总是优秀的。

基于 Spark 的方法是由牛海玲提出的，主要是为了使算法能够并行化运行。改进的主要方面是利用 Spark 技术，将频繁项集的计算引入到内存中，并且利用矩阵存储来减少数据库的扫描，将局部剪枝和全局剪枝结合起来，减少候选项集的生成。它的优点是采用了最新的云计算技术，即 Spark 和 Hadoop，利用云计算的并行处理框架，对数据挖掘的处理过程能够并行化处理，提高了效率。

Apriori 算法作为经典的方法之一，简单有效，简化了算法挖掘的过程，能够进一步改进算法，提高效率，所以它吸引了很多学者对其进行研究并加以改进。

2. 基于 Hadoop 平台的 Apriori 并行化算法改进

1）Apriori 算法并行化

在生成频繁项集的过程中，需要多次扫描事务数据库，算法运行过程需要通过扫描数据库得到每个阶次的候选项集中元素的出现次数（支持度计数），然后决定是要删减还是要保留输出。这个过程会引起大量的计算，尤其是数据库中长事务较多时，过重的计算负担、I/O 负载的压力将导致过长的运行时间，影响算法的执行效率。下面给出一种优化的并行化算法 POP-Apriori（Prune One Phase Apriori）。

2）算法改进方向[32]

Apriori 算法总体来说思想简单，就是通过不断地迭代找出所有的项集，而且算法易于实现。在运算过程中，通过剪枝操作，在连接生成候选项集的过程中，减少不必要项集的生成，从而减少了接下来工作的任务量。但是当处理项集多、事务长度大的数据集时，算法负担较重，尤其是在用户设定较小支持度阈值时，算法的执行效率很低。

Apriori 算法采用的是合并连接的方式得到新的候选项集，使用 Apriori-gen 函数，对项集进行合并。具体做法是：保证两个项集中的元素只有最后一项是不同的，然后连接得到新的候选项集。这种方法会影响到算法运行的时间，是决定算法效率的一个关键。如果能对生成候选项集的方法进行改进，算法效率会在一定程度上得到提高。

在生成 1～k 阶频繁项集的过程中，算法按照用户给定的最小支持度计数进行剪枝操作，运算过程中，将没有达到给定最小支持度计数的项集忽略。随着给定支持度阈值的增大，删减掉的不符合条件的项集也就越多，但是，支持度阈值设定高将可能导致有价值的低频项集被视为小概率事件而忽略。应考虑如何在频繁项集生成过程中达到减少候选项集生成的目的。

另外，在实际应用中，还应该考虑项集实用价值方面的问题。

3）算法并行化分析

一般情况，每次在执行一个 MapReduce 任务时，都有一个初始化的过程，这个过程所需要的时间基本上是一定的，每多一次 MapReduce 任务，就会多一次初始化时间消耗，所以在算法设计的过程中，应该尽可能地减少 MapReduce 迭代次数。Apriori 算法的核心就是通过逐层地迭代，生成 1～k 阶频繁项集。完全地将 Apriori 算法应用到 MapReduce 之上，并不能适应其框架特点，对于 Apriori 算法的并行化改进方法，张凯等人提出了一种基于幂集的 MapReduce 改进算法，新的算法基于幂集定义，将每个事务根据幂集思想进行拆分，将得到的所有子集追加到最初定义的集合中，通过不断地追加计数，得到数据集中所有候选项集的支持度计数。这种算法的好处是，减少了数据集扫描次数，一次得到所有候选项集的同时，也获得了各项集对应的支持度计数。这种改进方式在时间复杂度和空间复杂度上相对于串行算法有一定优势。

LI 等人提出的 one-phase 算法，极大程度地适应了 MapReduce 框架，通过一次任务计算，在 map 中得到所有 1-k 阶候选项集，在 Reduce 中统计每个候选项集的支持度计数，最后得到频繁项集，但是这种方法会产生大量的低频候选项集，占用了大量的内存，影响运行时间。

后来提出的 FAMR 算法，通过删减小于支持度阈值的 1 项集，对原始数据的数据库进行约减，然后再一次性生成所有的 2～k 阶候选项集，这种方法有效减少了无用候选项集的产生，一定程度上缓解了算法执行过程中的内存压力，同时也降低了中间结果的通信压力。但是当数据集太大，长模式项集多时，效果依然不好。

综合上面提到一些算法的思想和特点，下面给出一种改进的 Apriori 算法，新的算法通过事务约减，利用频繁 2 项集对生成的 3～k 阶候选项集进行剪枝，达到缩减候选项集产生量的目的，同时，引入了最高阶次确定的思想，通过确定可能出现的最高阶频繁项集的阶次，减少不必要项集的输出。

4）POP-Apriori 算法的实现流程[32]

如表 7-8 所示，设有一个初始事务交易数据库，里面存放着 5 笔事务记录。首先，将初始数据库转换成 TID 表格形式，得到所有的候选 1 项集，1 项集的支持度计数可以通过对项目的 TID 值进行统计计数得到。这时就得到了所有的频繁 1 项集，之后，要将所有的非频繁项集从列表中删除，使得表中存放的是所有频繁 1 项集的信息。

表 7-8　初始数据数据库

TID	Item
1	A B C H
2	B C D G H
3	A B D G
4	A B D E F G
5	A D

当初始数据集转换为 TID 表的形式后，可以清晰地看出每个项目出现在哪些事务中，如表 7-9 所示，通过统计其 TID 值就可以得到该项目的支持度计数。例如，当最小支持度阈值设置为 60%的时候，表中项集 TID 值大于等于 3 的项成为频繁 1 项集，即 A、B、D、G 是 1 阶频繁项集，将其保留，而 C、E、F、H 的支持度计数小于最小给定阈值，将其从数据表中删除。

表 7-9　TID 表格形式表示

项　目	TID	项　目	TID
A	1 3 4 5	E	4
B	1 2 3 4	F	4
C	1 2	G	2 3 4
D	2 3 4 5	H	1 2

接下来，将通过此 TID 表信息计算得到所有的频繁 2 项集，通过对表中所有项目进行交集操作，即可得到所有候选 2 项集的支持度计数，然后将不符合条件的删除，得到所有的频繁 2 项集。最后，将结果保存在 HDFS 上，用于之后的剪枝操作。在上面的例

子中计算得到的候选 2 项集有：{AB，3}{AD，3}{AG，2}{BD，3}{BG，3}{DG，3}。由最小支持度阈值可知最后得到的频繁 2 项集为：{AB，3}{AD，3}{BD，3}{BG，3}{DG，3}，低频 2 项集有：{AG，2}。将计算得到的频繁 2 项集和低频 2 项集分别保存在 HDFS 中，以备后续使用。将 TID 表转换为初始数据集的存储格式，得到更新后的数据集如表 7-10 所示，新数据的特点是其中的每一个项目都是 1 频繁项集。将更新后的数据集存放在 HDFS 中，接下来的 MapReduce 作业将使用更新后的数据集进行运算。

表 7-10　更新后的数据集

TID	Item
1	A B
2	B D G
3	A B D G
4	A B D G
5	A D

由最高阶次确定思想（具体可参考文献[32]）可知，交易 4 和 5 中出现了 4 阶频繁项集，即该数据集中存在两个 4 阶项集，则可得更新后的数据集中可能生成的最高阶次的频繁项集的阶数 K_m=3，接下来对更新后的数据集进行挖掘计算，通过一次计算得到所有的 3～K_m 阶候选项集，如表 7-11 所示。

表 7-11　生成所有候选项集

TID	Item	候选项集
1	A B	
2	B D G	BDG
3	A B D G	ABD ABG BDG ADG
4	A B D G	ABD ABG BDG ADG
5	A D	

由表 7-11 可以看出，对比之前的算法，新算法通过 K_m 的确定减少了高阶低频候选项集的计算，在一定程度上减少了内存的占用量，同时提高了算法运行效率。在生成 3～K_m 阶的候选项集时，通过基于频繁 2 项集的剪枝操作，减少了候选项集的数量，在保证运行结果准确的前提下降低了算法的运算复杂度，同时也减少了内存的消耗。之后，将在 Map 端生成的所有候选项集以<key，value>的形式传递到 Reduce 端进行统计计数，之后检查候选项集是否符合最小支持度阈值，将高频项集输出得到最终结果。

7.3.2　Apriori 算法基于 Spark 的分布式实现

Spark 整个生态系统涵盖支持结构化数据 SQL 查询引擎 Spark SQL、分布式机器学习库 MLlib、并行大规模图计算框架 GraphX、实时大规模流式计算框架 Spark Streaming、资源管理框架 Mesos 等子项目。这些子项目基于 Spark，在 Spark 的上层，提供了更高层、更丰富、更专口的服务。

Spark 框架还提供多语言支持，它不仅仅支持编写其源码的 Scala 语言，而且对现在非常流行的 Java 和 Python 语言也有着良好的支持。

1. 并行 Apriori 算法实现思路

Apriori 算法分布式实现使用 Scala 语言进行编程，结合 Spark 框架和其 RDD（Resilient Distributed Datasets）算子进行综合设计。算法的实现思路主要分为以下两步[33]：

步骤 1：产生频繁 1 项集 L_1。

（1）使用 flatMap 将事务集 T 以 RDD<String，1>的形式分布到多个机器上。

（2）使用 reduceByKey 累计项目数。

（3）使用 Filter 过滤掉低于支持度的项集。

步骤 2：从频繁 k 项集 L_k 产生频繁 k+1 项集 L_{k+1}。

（1）L_k 自连接，产生 C_{k+1}。

（2）扫描数据库，比对 C_{k+1}（采用步骤 1 的方法），产生 L_{k+1}。

图 7-8 为分布式 Apriori 算法的实现流程。

2. 并行 Apriori 算法核心步骤

步骤 1：得到频繁 1 项集 L_1 并保存。

步骤 2：频繁 1 项集 L_1 自连接产生 C_1，扫描数据库比对 C_1，产生 fim_2，保存。

步骤 3：循环产生 3 项集到 8 项集。mine 函数主要包括 L 自连接和扫描 DB 过滤 C。

图 7-9 为步骤 2 和步骤 3 的流程。

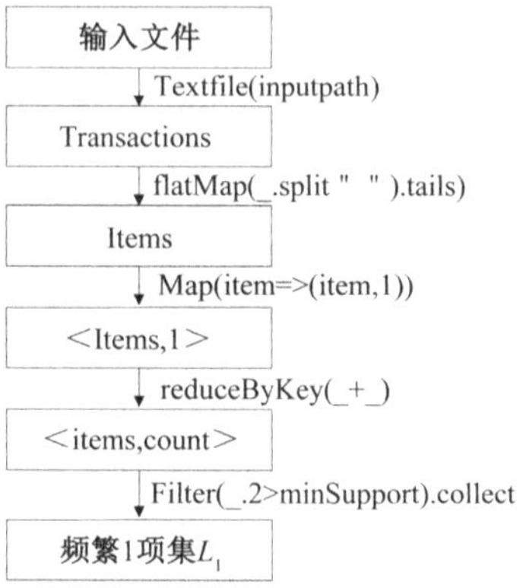

图 7-8　分布式 Apriori 算法的实现流程

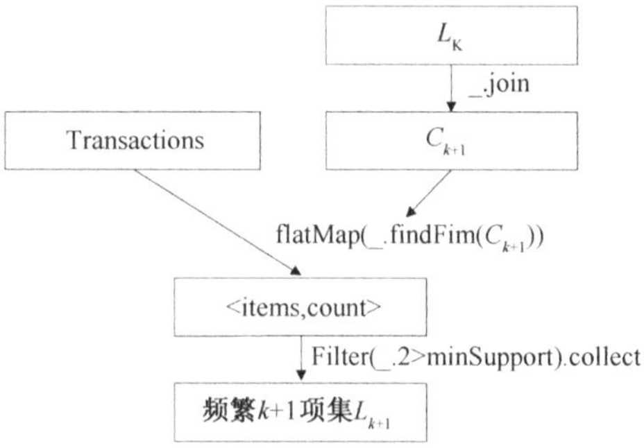

图 7-9　步骤 2 和步骤 3 的流程

7.3.3 并行 FP-growth 关联规则算法研究

关联规则是数据挖掘领域中一种基本且重要的模型，其中频繁模式增长算法（FP-growth 算法）是关联规则里的经典算法，但随着所需处理的数据集越来越大，FP-growth 算法的挖掘效率变得低下，甚至不能在内存中构建一棵全局的 FP-Tree，因此，并行的 FP-growth 算法就相继被提出。但传统的 FP-growth 并行算法并没有考虑各个计算子节点的负载均衡问题，以及节点间通信消耗的问题。下面给出一种基于 FP-growth

的并行化方法。

1. 并行化基本思想

当处理大规模数据集时，FP-growth 算法的缺点是不能构建基于内存的全局 FP-Tree，并且算法递归挖掘条件 FP-Tree 的时间消耗较大。为了解决算法在时间和空间上的局限性，通常利用“数据分解”的思想来设计并行 FP-growth 算法。

数据分解[34]的基本思想是分而治之。对于任意的原始数据集 D，当 D 的大小比可用内存容量 M 小时，则采用某种基于内存的关联规则算法来挖掘关联规则，如 FP-growth。当 D 的大小超过内存时，则采用某种分解策略将 D 分解为 k 个子数据集 $D_1,D_2,\cdots,D_k$，然后对每一个 D_k 递归调用数据分解算法。由于每个子数据集的挖掘结果是全集数据挖掘结果的一部分，因此 combine 函数将每个子数据集的结果合并得到数据集 D 的挖掘结果。

在上述分解算法中，最重要的是分解策略，它的目的是将大规模数据集划分为一个个小规模的数据子集。这样的划分可以解决 FP-growth 算法在时间和空间上的局限性，主要体现在以下 2 个方面[35]：

（1）每个子数据集的 FP-Tree 树会远远小于原始数据集的全局 FP-Tree 树，因此可以放入各个处理节点的内存中进行计算，有效地解决了数据集过大时全局 FP-Tree 无法一次性读入内存的问题。

（2）经典 FP-growth 算法中递归挖掘条件 FP-Tree 的时间复杂度较高，但子数据集可以在各个处理节点上并行地挖掘其局部条件 FP-Tree，减少算法的执行时间。

由此看来，数据分解方法是一种较好的并行化设计框架，但不同的分解策略会带来不同的时间和空间复杂度。

2. 并行 FP-growth 算法的设计

针对 Apriori 算法可能存在内存抖动现象，并且算法时间复杂度较高的问题，韩家炜等人在 2000 年提出了 FP-growth 算法，该算法也被称为不产生候选项集的关联规则挖掘算法。FP-growth 算法见 6.3 节，它包含了两次扫描数据集的过程，对于每次扫描数据集，可以利用数据分解算法将其并行化。并行化算法分为 2 个阶段：①并行化统计频繁 1 项集列表。②并行化挖掘局部 FP-Tree 上的关联规则。

1）频繁 1 项集的并行化方法

统计频繁 1 项集的过程类似于计数统计，因此可以利用数据分解中的划分策略进行数据集分解。每个处理节点需要对划分到本地数据集中的数据项进行频数的统计，得到局部的项集计数。然后各个节点之间通信得到每个项目的全局频数，根据最小支持度阈值删除非频繁项集，从而得到频繁 1 项集。将频繁 1 项集广播至各个子节点，保证每个子节点都保存了频繁 1 项集列表。

2）关联规则的并行化方法

从 FP-growth 算法可知，在得到频繁 1 项集列表之后，需要建立全局的 FP-Tree 才能获得每个项目的条件模式基，当数据集过大时，全局 FP-Tree 无法放入内存。因此，并行化的方法将数据集分解为子集之后，在数据子集上建立 FP-Tree，这被称为“局部 FP-Tree”，然后针对局部 FP-Tree 调用 FP-growth 方法递归挖掘局部的关联规则。

给出利用局部 FP-Tree 就可得到全局关联规则的理论基础：

（1）全局数据集 D 或者各个子节点的数据 D_i 中，$D=\sum_{i=1}^{P}D_i(1<=i<p)$，其中 p 表示节点的数目，根据全局的频繁 1 项集列表，删除事务中的不在频繁 1 项集中的项目，并对事务中余下的项目按照频繁 1 项集列表排序，所得到的新的数据集是相同的，$D'=\sum_{i=1}^{P}D_i'(1\leqslant i<p)$。

（2）对于数据集中的任意一条事务 T，在将它插入到全局或者局部 FP-Tree 中时，在 FP-Tree 上所对应的路径是一定的，因为 FP-Tree 上的路径就是事务的项目按降序排列而成的。

（3）在全局或者局部 FP-Tree 的任意一条路径上，各项目的前缀路径相同。

（4）各个节点的前缀路径就是各个项目的条件模式基。

由上述 4 点原因可知，构建局部 FP-Tree 时，并未损坏项集间的关联信息，对任意一个项目而言，它的条件模式基是一定的。算法不需要生成全局 FP-Tree，只需将各个项目的条件模式基发送给指定的计算节点，再在该节点上构建该项目的条件 FP-Tree，并利用该 FP-Tree 进行关联规则挖掘。在数据集和最小支持度阈值一定时，多个局部 FP-Tree 也能挖掘到与全局 FP-Tree 相同的关联规则。构建局部条件 FP-Tree 时，数据集的分解策略通常有 3 种，即划分、水平投影和垂直投影，不同的分解策略具有不同的时间复杂度和空间复杂度。

7.3.4 基于 Spark 的 FP-growth 算法的并行化实现

1. 基于 Spark 的并行 FP-growth 算法的设计思想

实现算法的并行化需要考虑任务的划分与结果合并的问题。在 Spark 上实现算法的并行化与 Hadoop 不同，因为在 Hadoop 平台上，每实现一个并行化任务都需要一个 MapReduce 程序，在这种情况下，若完成一个需要多次 MapReduce 操作的任务则需要多次 Map 和 Reduce，也需要编写多个对应的 MapReduce 操作函数。而 Spark 只需要对其弹性分布式数据集 RDD 调用相关的转换或动作操作即可，它可以对同一数据集进行多次操作，因此操作数据集更加方便，更易于实现数据挖掘的并行化。因为 FP-growth 算法是依靠消耗内存来提高算法效率的，因此目前所实现的并行化算法大都会有内存瓶颈，而 Spark 是一个基于内存计算的分布式计算框架，采用多线程模型，更适合计算内存密集型的任务。所以，可以结合 Spark 的优势，实现 FP-growth 算法的并行化。Spark 的操作是基于 RDD 数据集的，因此要实现 FP-Growth 算法在 Spark 上的并行化，需要考虑将数据集转移到 RDD 中，然后基于 RDD 进行频繁模式的挖掘[36]。

在 Spark 平台上实现的 FP-growth 算法的主要思路分为 5 步，其算法步骤如表 7-12 所示。

表 7-12 在 Spark 平台上实现的 FP-Growth 算法步骤

步骤	内　容
1	数据集分布到 RDD。因为 Spark 是基于 RDD 进行并行计算的，因此需要将原始数据集分布到 RDD 中，将存储事务集的 RDD 记作 Trans
2	并行计算 item 支持度。通过并行计算挖掘出事务数据集中的频繁项集及其支持度计数，在传统的 FP-growth 算法中，要先计算得到频繁 1 项集的集合，而在并行算法中也不例外，通过并行化思想得到存储频繁 1 项集及其支持度计数的集合，然后按项的支持度计数对集合进行降序排列，并且删除集合中支持度小于预定义支持度的项，得到一个集合 F_list
3	数据分组。根据第 2 步得到的 F_list 将 Trans 中存储的事务集中的事务进行排序，然后按照 PFP 算法的分组策略，对事务集进行分组，得到存储组号及其划分到对应组的事务集的对应部分，记为 Group_list
4	并行执行 FP-growth 算法。其实这步和经典的普通 FP-growth 算法是一样的，只不过是通过并行化的思想来完成。在这一步中首先对 RDD 中所存储的每个事务按照某种规则进行逐个划分分区，将每个项 item 所属的事务的一部分根据 Group_list 的分组规则划分到该 item 所属的组 Group 中去，然后对每一个组进行频繁模式挖掘，需要注意的是，在对每个组进行挖掘时，每个组只需生成该组的频繁模式，以避免重复挖掘
5	聚合。通过聚合得到最终结果，等到各个节点中的任务都执行完毕后，算法将对每组所挖掘出的结果进行转换处理，以得到最终的结果。在第 3 步完成后，只是得到了分散的频繁模式，需要对结果进行处理转换成最终想要的格式，需要将相同长度的频繁模式聚集在一起。这一步也是通过并行思想来完成，将各个节点上的频繁模式按照长度聚集，以得到最终结果，然后输出到存储结果的文件中

2. 基于 Spark 的 FP-growth 算法的并行化实现

1）并行计算 item 支持度

在计算 item 支持度之前，首先，经过转换操作将原始事务集转移到 RDD 中，以后的挖掘算法完全是基于该 RDD，而不需要再重复扫描事务集。通过 Spark 系统提供的 map 及 reduce By Key 这两个转换操作配合即可完成。转换过程：map 转换将原始事务集按行划分成<key，value>模式，其中 key 为事务，value 为 1，然后，通过 reduce By Key 转换将 RDD 中具有相同 key 的元素的 value 值相加，得到存储事务集及其事务出现次数的数据集，在此记为 Trans，其存储数据的格式为<事务 list，事务出现次数>。最后，基于 Trans 通过并行计算得到频繁 1 项集（item）及其支持度计数。操作通过 flat Map 与 Reduce By Key 转换配合完成。

具体转换方法如下。

首先，对 Trans 中的每一个 key 进行切分，将其切分成一个个 item，通过 flat Map 转换操作，key 值被切分成了<item，1>的数据分片。然后，通过 reduce By Key 转换，将 RDD 中具有相同 item 的 key 值对应的 value 相加得到 item_list 数据集，其存储着事务集中所包含的所有项集及项的支持度计数。可以看出，整个计算的完成是通过 flat Map 和 reduce By Key 配合转换得到<item，support>数据集的（其中 support 为 item 对应的支持度），在转换结束后，将得到的 RDD 缓存起来，以便于后续工作的快速读取。得到新的 RDD 数据集后，通过 collect 动作和 to Array 操作将该数据集转换成 list 数据结构的集合，并按 item 的支持度计数进行降序排列，然后需要删除集合中支持度计数不满足预定义好的支持度的项，最终得到 F_list 集合，集合中存储着事务集中的频繁项集及其支持度计数，而且列表中的元素是按支持度计数降序排列。

2）数据分组

数据分组需要先将 F_list 中的项集进行映射使得频繁项集的项名映射成为其在 F_list 中的位置，得到映射集合 F_map，集合中 key 值为项名，value 值为项在 F_list 中的位置。

结合 F_map 对分布在 RDD 中的事务集 Trans 进行重新编码并排序，得到 Trans_list。对于 Trans 中每一个事务，按照 F_map 中的映射规则对事务中的每个项 item 进行重新编排序列号，并按编号升序排列且删除非频繁项集，这样每个事务列表元素是按照项集的支持度计数将项集进行降序排列的，也就是出现最频繁的项集排在最前面，由此得到一个新的数据集 Trans_list，其存储数据的格式为<T_list，value>，其中，T_list 数据格式为 List[int]()，存储重新编号后的事务对应的序列，value 为该事务出现的次数。这样可以保证最终挖掘出所有的频繁模式，且不会重复挖掘，因为对于每个组进行本组的 FP-growth 算法挖掘时，都会将本组的频繁 1 项集作为项集表（FP-Tree 的表头）。因此，对事务集中的事务按照 F_list 项的排序结果进行排序后再划分事务，可以保证每组在建立本组的树时，项头表中项的前后次序跟 F_list 中的次序保持一致，这样就保证了最终挖掘出的频繁模式的完整性。

在对事务集进行重新编号以后，需要对编号后的 Trans_list 数据集进行分组划分，这里与 PFP 算法不同的是，并不需要对项集进行分组，算法做了一个优化措施，求出每个组可以分得的最大个数 g_size，然后根据 g_size 对 Trans_list 中的事务直接进行分组。

对事务进行划分需要对 T_list 进行从后向前遍历，T_list[i]/g_size 作为组号 group Id，若组号没有出现过，则删除 T_list 中 i 以后的部分，将剩余该部分划分到组 group Id 中，将最后结果并到 result。若组号 group Id 出现过，说明该事务已经把属于该组的部分划分到该组，避免重复划分，继续向前遍历，直到组号不同。按照这个规则对 Trans_list 的所有 key 进行划分，将划分方式传递到 flat Map()对 Trans_list 集进行处理。最后，再进行 group By Key()转换，就得到 Group_list（flat Map 可以将每一个事物 list 划分到不同的组，group By Key()转换将使划分好的事务集按组号聚合在一起），其存储组号和划分到每组的事务组及各个事务出现的次数，即存储格式为<组号 group Id， List（<事务 1 划分到该组的部分，事务 1 出现次数>，…，<事务 *i* 划分到该组的部分，事务 *i* 出现次数>，…）>。

3）并行化频繁模式挖掘

在对事务集进行分组划分后，需要对每组进行频繁模式的本地挖掘，每组只需挖掘本组的项集的频繁模式，这样可以避免重复挖掘，保证结果的正确性。对负载均衡分组所得到的 Group_list 数据集调用 flat Map 转换（处理函数为 fp_growth()）可以对每组进行挖掘，flat Map 转换可以对 Group_list 中的每一组进行频繁模式挖掘以生成本组的频繁模式[37]。根据传统 FP-growth 算法描述可以看出，对频繁模式的挖掘过程包括 3 个部分，即建树、单枝处理和递归挖掘。传递到 flat Map 的 fp_growth()方法首先要完成建树工作，建树工作如同传统 FP-growth 算法所述，对每一个组创建属于本组的 FP-Tree。其中 FP-Tree 需要用到如下数据结构。

```
class tree(parent: tree, next: tree, item: Int) {
child = Map[Int, tree]()    //存储当前节点的子节点
```

```
    support = 0              //当前节点的支持度，初始化为0
    item = item              //当前节点
    next = next              //与当前节点项名相同的下一节点
    parent = parent          //父节点
    }
```

该数据结构是用来创建 FP-Tree 的，在将事务压缩到 FP-Tree 时，需要提取事务中每个项的信息，以填充到该数据结构。

频繁模式的挖掘通过 flat Map 转换调用 FP_growth 算法完成，FP_growth 算法包括建树、单枝处理以及递归挖掘。由建树的伪代码可以看出，将每条事务的项插入树中时，有两个选择，若已存在的相同项存在于当前节点的孩子节点中，就将对应节点的支持的计数加 1，若不存在，就创建新节点，直到整个事务插入到树中。在建树工作完成以后，可以对树进行剪枝操作。算法用到了一个比较简单的剪枝策略，对于每组的 FP_Tree 的某些项集，若其在该组内的频繁 1 项集就不满足最小支持度，那么以该项集所在节点为前缀的其他节点的支持度在该"树枝"上肯定也不满足最小支持度，因此在 FP_Tree 中以该项集为前缀节点的"树枝"就应该剪去，这样可以减少算法不必要的挖掘，减少频繁模式挖掘的递归次数，并且不会影响最终的挖掘结果，仍然能得到精确的条件模式基，也提高了每组频繁模式挖掘的速度。

然后，开始单枝处理工作。单枝处理是在递归挖掘前进行的。因为在对每组建树时有可能生成的是本组的 FP-Tree，或者是某个项集的条件模式树。而建立 FP-Tree 时是在递归前建立的，单枝处理方法 single_branch 中的 group 参数接收的是本组的项集，这样在处理单枝时只需要生成本组的项对应的频繁模式，以免重复挖掘。根据划分到该组的每个项集挖掘出在该单枝上的属于该组的每个项集对应的频繁模式，该过程通过 filter 来完成条件过滤，过滤出以本组的项集为后缀的频繁模式。而进入递归过程则生成的是项集的条件模式树，group 参数为空，则生成整个单枝上的频繁模式。

若树中没有单枝，则挖掘任务进入递归挖掘过程。递归挖掘过程也与经典 FP-growth 算法相似，但不同点是在第一次调用算法的时候，并不是遍历所有的项，而是遍历分到该组的项，这保证了每个事务组只需要挖掘属于该组的频繁模式，这样也就避免了频繁模式的重复挖掘。而且在递归挖掘的过程中，挖掘某个项时，会生成该项的条件模式基，然后将该项的条件模式基传递到 FP-growth 函数进行递归挖掘，并对挖掘结果添加后缀项，以得出该项的频繁模式。

4）聚合

当每组的挖掘工作完成以后，就需要对各个组的结果进行聚合以得到最终结果。在并行频繁模式挖掘的过程中，通过 flat Map 转换调用 FP-growth（）算法得到了存储所有组所挖掘出的频繁模式的数据集 preResult，因为在对频繁模式进行挖掘之前，对事物集中的各个项都进行了编号，所以这个数据集中的频繁模式中的项还都是序号，需要将项的序号转化成项名，通过 map 操作将结果中的项的编号根据 F_map 中的映射关系转换成项名。在转换之后，频繁模式还是不规则分布的，因此需要将频繁模式按照模式的长度进行聚集，就是将长度为 k 的频繁模式划分到一起，这步操作也是通过 map 转换来完成，对于 freResult 中的每个元素进行处理，得到每个元素 key 的长度，然后按长度进行聚合。剩下的工作就是将这个聚集后的数据集存储的结果输出来。而在这里用到了 Spark 的 Actions 操作，将 result 转换成想要输出的格式，然后传递给 save As Sequence File()，这样就将 result 中的存储内容以 Hadoop sequence file 的格式保存到了指定的目录下。目录可以在本地系统，也可以在 HDFS 分布式文件系统，又或者在任何其他的 Hadoop 所兼容支持的文件系统。

了解更多更详细过程可参考文献[36]。

习题

1. 常用的分类算法有哪些？单一的分类方法主要有哪些？组合单一分类方法有哪些？并行算法的常规研究内容是哪些？什么叫并行计算？什么叫共享内存？
2. 从体系结构来说，空间并行导致哪两类并行机的产生？多指令流多数据流（MIMD）的机器又可分为常见的哪五类？从访存模型来说，并行计算有哪 5 种访存模型？并行算法设计最常用的方法是 PCAM 方法，请阐述 PCAM 的具体含义。
3. 常用的分类算法并行化有哪些？根据决策树生成算法的并行机制，它主要有哪两种并行性？按照生成决策树的并行方式划分，可划分为哪 4 种并行？请阐述。
4. 根据数据划分方式的不同，决策树算法的并行训练策略有哪两种划分？请阐述。根据程序设计模式的不同，决策树算法的并行训练策略可分为哪两种模式？请阐述。
5. 生成决策树是一个迭代过程，存在哪几种并行性？请阐述 MapReduce 任务的工作过程。请阐述 C4.5 算法的并行化步骤。请阐述基于权值系数的改进朴素贝叶斯算法步骤。
6. 常见的并行支持向量机设计模式主要有哪 4 种？请阐述。请阐述 FeedbackpSVM 的流程。请阐述典型的聚类过程主要包括哪些步骤。请阐述并行计算体系结构主要有哪 4 种。请阐述 PRAM 模型的思想。
7. 请阐述 *k*-means 聚类算法的局限性。请阐述 *k*-means 聚类改进算法的主要思想。请阐述 *k*-means 聚类改进算法的基本流程。
8. 基于 Spark 的 *k*-means 算法并行化如何实现？基于 Spark 的 Apriori 算法分布式如何实现？谱聚类算法并行化过程有哪些步骤？请阐述基于 FP-growth 的并行化方法的基本思想。基于 Spark 的 FP-growth 算法的并行化如何实现？

参考文献

[1] 陈国良. 并行计算[M]. 北京：高等教育出版社，2011.
[2] 陈国良. 并行算法[M]. 合肥：中国科学技术大学出版社，1990.
[3] 刘智勇. 关联规则挖掘的并行化算法研究[D]. 南京：东南大学，2016.
[4] 李力. 基于 Hadoop 的决策树分类算法的并行化研究[D]. 成都：四川师范大学，2015.

[5] 朱敏．基于 MapReduce 的并行决策树分类算法研究与实现[D]．南昌：江西师范大学，2011．

[6] Dean J, Ghemawat S. MapReduce：simplified data processing on large clusters[C]. In：IEEE Transactions on Pattern Analysis and Machine Intelligence, 2004：137-150．

[7] Cheng T. Chu Sang K．Kim, Yi A. Lin, ect．Map-reduce for Machine Learning on Multicore[C]. In：advances in Neural Information Processing System (NIPS), 2007, 19：281-288．

[8] Cintra M E, Monard M C, Ca margo H A．Fuzzy DT--A Fuzzy decision tree algorithm based on C4.5[J]．Mathware & Soft Computing, 2013, 20(1)：56－62．

[9] Sivapriya T R, Arnb K, Prj T．Ensemble Merit Merge Feature Selection for Enhanced Multinomial Classification in Alzheimer's Dementia[J]．Computational & Mathematical Methods in Medicine, 2015, 2015(3)：1-11．

[10] 董庆辉．Hadoop 环境下分类算法研究[D]．锦州：辽宁工业大学，2016．

[11] 庞进．基于 Hadoop 的分布式支持向量机的研究与应用[D]．北京：华北电力大学，2016．

[12] Ozturk C, Hancer E，Karaboga D．Dynamic clustering with improved binary artificial bee colony algorithm[J]．Applied Soft Computing, 2015, 28：69-80．

[13] Ozturk C, Hancer E, Karaboga D．Improved clustering criterion for image clustering with artificial bee colony algorithm[J]．Pattern Analysis and Applications, 2015, 18(3)：587-599．

[14] Menon N, Ramakrishnan R. Brain Tumor Segmentation in MRI images using unsupervised Artificial Bee Colony algorithm and FCM clustering[C]. In：Communications and Signal Processing (ICCSP), 2015 International Conference on. IEEE, 2015：0006-0009．

[15] Küçükkülahli E, Erdoğmuş P, Polat K．Brain MRI Segmentation based on Different Clustering Algorithms[J]．Brain, 2016,155(3)．

[16] 杨宝光．基于 Hadoop 平台的谱聚类算法研究[D]．包头：内蒙古科技大学，2014．

[17] Zhao Weizhong, MA Huifang, FU Yanxiang, et al．Research on parallel k-means algorithm design based on hadoop platform. Computer Science[J]. 2011, 38(10)：166-176．

[18] Qing Liao, Fan Yang, Jingming Zhao．An improved parallel k-means clustering algorithm with mapreduce[C]．in：Proceedings of ICCT, 2013：764-768．

[19] Jensi R, Jiji G W．Hybrid data clustering approach using K-Means and Flower Pollination Algorithm[J]．arXiv preprint arXiv：1505. 03236, 2015．

[20] Krishnasamy G, Kulkarni A J, Paramesran R．A hybrid approach for data clustering based on modified cohort intelligence and K-means[J]. Expert systems with applications, 2014, 41(13)：6009-6016．

[21] 刘越．*k*_means 聚类算法的改进[D]．桂林：广西师范大学，2016．

[22] 张波．Spark 的 k_means 算法的并行化实现与优化 [D]．武汉：华中科技大学，2015．

[23] Cay S．Horstmann．Scala for the Impatient[M]．高宇翔，译．北京：电子工业出版社，2012．

[24] 于春深．基于 Map_Reduce 并行聚类算法的研究[D]．西安：西安电子科技大学，2012．

[25] Ranger C, Raghuraman R, Penmestsa A．Evaluating Map-Reduce for multi-core and multi-processor systems[C]．IEEE Computer Society, 2007：13-24．

[26] Renxia W, Xiaoya Y, and Xiaoke S．A weighted fuzzy clustering algorithm for data stream[C]．Proceeding of the 2008 ISECS International Colloquium on Computing, Communication, Control, and Management, Guangzhou, China, Aug. 2008：360-364．

[27] Zhou D, Burges C J C．Spectral clustering and transductive learning with multiple views[C]In：Proceedings of the 24th international conference on Machine learning. New York：ACM, 2007：1159-1166．

[28] Cullum, Willoughby. Lanczos Algorithms for Large Symmetric Eigenvalue Computations：Programs Vol．II[M]．Boston：Birkhauser Boston Inc, 2012：6-10．

[29] Hefeeda M, Gao F, Abd-Almageed W．Distributed approximate spectral clustering for large-scale datasets[C]．In：Proceedings of the 21st international symposium on High Performance Parallel and Distributed Computing．New York：ACM, 2012：223-234．

[30] 赵卫中，马慧芳，傅燕翔，等．基于云计算平台 Hadoop 的并行 k-means 聚类算法设计研究[J]．计算机科学，2011，38(10)：166-176．

[31] 许静．多级空间关联规则挖掘及性能评价方法[D]．北京：北方工业大学，2016．

[32] 周雯．大数据环境下关联规则算法的研究[D]．西安：西安邮电大学，2016．

[33] 李文栋．基于 Spark 的大数据挖掘技术的研究与实现[D]．济南：山东大学，2015．

[34] 申彦，宋顺林，朱玉全．基于磁盘表存储 FP-TREE 的关联规则挖掘算法[J]．计算机研究与发展，2012（6）：1313-1322．

[35] 娄书青．并行 FP-growth 关联规则算法研究[D]．成都：电子科技大学，2016．

[36] 付永刚．基于 Spark 的 FP-growth 算法的并行化实现与优化[D]．武汉：华中科技大学，2015．

[37] Yang Y, Wang W．A parallel FP-growth algorithm based on Mapreduce[J]．Journal of Chongqing University of Posts and Telecommunications, 2013 (5)：017．

第8章　推荐系统

面对互联网上的海量信息，普通用户往往无所适从。为了满足用户的信息需求，计算机科学家发明了两项意义深远的技术：一是搜索技术，它帮助计算机系统被动地应答用户的查询，将与之最相关、最重要的信息返回给用户；二是推荐系统（Recommendation System，RS）技术，它根据用户的兴趣、行为、情景等信息，把用户最可能感兴趣的内容主动推送给用户。近年来，推荐系统技术得到了长足的发展，不但成为学术研究的热点之一，而且在电子商务、在线广告、社交网络等重要的互联网应用中大显身手。

8.1　推荐系统概述

8.1.1　基本概念

推荐系统（RS）是一种软件工具和技术方法，它可以向用户建议有用的物品[1~3]，这种建议适用于多种决策过程，如基于顾客过去的购物历史或商品搜索历史，为在线零售商的顾客推荐可能想要买的商品；基于对用户兴趣的预测结果，推荐用户看什么电影、听什么音乐、在网上浏览什么新闻等。

推荐系统的发展源于一个很简单的现象：人们在日常工作和决策时经常采用找朋友聊聊、从可信的第三方获取信息、在互联网上咨询、凭直觉或索性随大流等方法获得建议。例如，要选择一本书时，通常依靠朋友的推荐；想出去度假时，经常通过互联网咨询相关的旅游攻略来确定度假地点和方式；当选择观看的影片时，人们倾向于阅读并依赖影评家的评论。然而，上述方法带来的决策并不那么有效，大多数情况下，花费了大量的时间和金钱，结果总是让人半信半疑，例如，推销员大献殷勤的建议并不那么有用；凭感觉跟着邻居或好友投资，却没有真正给我们带来收益；无休止地在互联网上花费时间会导致困惑，不能做出迅速而正确的决定。

随着 Web 技术的发展，每天都有大量的图片、博客、视频发布到网上。一方面，内容的创建和分享变得越来越容易；另一方面，互联网信息的爆炸式增长和种类的纷繁复杂使得人们在找到他们需要的信息、做出最恰当的选择时变得非常困难。这种选择多样性不但没有产生经济效益，反而降低了用户满意度。传统的搜索技术是一个相对简单的帮助人们找到信息的工具，被人们广泛地所使用，但搜索引擎并不能完全满足用户对信息发现的需求。原因之一是用户很难用恰当的关键词描述自己的需求，原因之二是基于关键词的信息检索在很多情况下是不够的。推荐系统的出现，使用户获取信息的方式从简单的、目标明确的数据搜索转换到更高级、更符合人们使用习惯的、上下文信息更丰富的信息发现。

近年来，推荐系统被证明是一种解决信息过载问题的有效工具。从根本上来讲，推荐系统是通过为用户指引该用户陌生的新物品来解决信息过载现象的，这些新物品或许与该用户当前的需求有关。首先，针对用户每个清晰表达的请求，根据不同的推荐方法和用户所处的环境和需求，推荐系统利用存储在自定义数据库的关于用户、可用物品及先前交易的数据和各种类型的其他知识产生推荐内容。然后，用户可以浏览推荐的内容，用户可能接受也可能不接受推荐，也可能马上或者过一段时间提供隐式或者显式的反馈，所有这些用户的行为和反馈可以存储在推荐数据库中，并且可用于在下一次用户和系统相互作用时产生新的推荐。

8.1.2 发展历史

相比其他经典信息系统的工具和技术，如数据库和搜索引擎，推荐系统的研究是相对较新的。在 20 世纪 90 年代中期，推荐系统成为一个独立的研究领域。回顾推荐系统发展过程，目前为止可分为 4 个阶段[4]。

1. 探索性阶段

本阶段主要以早期的协同过滤系统为代表。帕洛阿尔托研究中心的 Tapestry 系统[5]引入了协同过滤的思想和概念，介绍了如何将显式标注数据和隐式行为数据存入可查询的数据库中，以及用户如何利用这些数据进行个性化过滤。随后，GroupLens 系统[6]展示了协同过滤方法既能跨网计算又能自动完成。早期的代表性推荐系统中，GroupLens 针对 Usenet 新闻消息进行自动协同过滤，麻省理工学院（MIT）的 Ringo 系统针对音乐唱片和艺术家进行过滤，贝尔通信研究中心的视频推荐系统针对影片进行过滤。上述系统有共同之处——使用相似的自动化技术，通过算法识别出其他有相似爱好的用户，然后综合他们的评分给出个性化的加权平均值[6]。其中，简单的 k 最近邻算法非常有效，在所有协同过滤算法中脱颖而出，很快就成为黄金标准。这一阶段的标志性实践是 1996 年 3 月在伯克利举办的协同过滤专题研讨会。这次集会将工作在个性化与非个性化系统、不同算法（从统计汇总、k 最近邻到贝叶斯聚类）、不同领域的人们聚集在了一起，最后达成了一项共识：这些研究都围绕一个主题，即后来人们所说的推荐系统来展开[7]。本阶段证明了推荐系统的可行性和效果，极大地激发了人们推动该领域在科研及商业实践方面不断地向前发展。

2. 商业化阶段

信息大爆炸的互联网环境下，人们对精准有效信息的渴求催生了推荐系统的出现，因此，推荐系统的商业化几乎刻不容缓。MIT 的 Pattie Maes 研究组于 1995 年创立了 Agents 公司（后来更名为萤火虫网络，Firefly Networks）。美国明尼苏达州的 GroupLens 研究组于 1996 年创立了 Net Perceptions。在商业化推进的过程中，推荐系统的商业化应用遇到了实验室里未曾面临的真实挑战：必须在不降低现有 Web 站点速度的情况下证明能够提供有价值的推荐，这些系统必须能够在大大超越实验室规模的情况下运行（处理上百万的用户和物品及每秒成百上千的交易）。这一时期研究工作的主要目标是要解决这些技术挑战。例如，开发新的算法以降低在线计算时间（包括沿用至今的基于物品的关联算法和降维方法），提出评价推荐系统性能的各种度量指标。这一时期的研究领域非常广泛，包括隐式评分、新用户和新物品的冷启动问题[1]及可信度、可解释性和透明度等用户体验相关问题。

3. 大爆发阶段

2000—2005 年，一方面，互联网泡沫逐渐破灭；另一方面，推荐系统被整合到更全面的商业产品线的主流公司，许多专用的推荐系统公司逐渐消亡了。然而，推荐系统作为一门技术仍然存在，并广泛应用在电子商务、大规模零售业和各种知识管理应用中。与此同时，随着各个学科研究人员的参与及方法的引入，推荐系统研究得到迅猛发展。来自人工智能、信息检索、数据挖掘、安全与隐私及商业与营销等各个领域的研究，都为推荐系统提供了新的分析和方法。

4. 再前进阶段

由于推荐系统实际应用效果显著，近年来国际学术界与其相关的研究极为活跃。2006 年，MyStrands 组织了 Recommenders06 大会，这是一个介绍推荐系统现状和未来的暑期班。推荐系统研究的顶级会议是美国计算机学会（ACM）每年举办的 RecSys 年会，该会议自 2007 年以来每年举行一次，成为全球关于推荐系统研究的最重要的交流渠道和把脉其最新进展的重要窗口。这揭示了人们对于基于上下文的推荐越来越感兴趣，乐于改进研究方向使其立足于理解人们如何与机构或企业互动。

从不同角度，推荐系统可以分为不同的类型：从用户的角度，根据是否为不同的用户推荐不同的数据，推荐系统可以分为基于大众行为的推荐系统和个性化推荐系统；从推荐系统的数据源角度，根据不同的数据源以发现数据相关性，推荐系统可以分为基于人口统计学的推荐、基于内容的推荐、协同过滤的推荐；根据推荐模型的建立方式，可以分为基于物品和用户本身的用户—物品评价模型、基于关联规则的推荐、基于模型的推荐。综上所述，推荐系统的分类没有一个严格统一的标准。目前，大家比较认可的是，根据使用一系列不同的技术，推荐系统分为基于内容的推荐系统、协同过滤系统和混合推荐系统。本章重点介绍基于内容的推荐和协同过滤推荐。

8.1.3 推荐系统评测指标

评测指标可用于评价推荐系统各方面的性能[8]。这些指标有些可以定量计算，有些只能定性描述，有些可以通过离线实验计算，有些需要通过用户调查获得，还有些只能在线评测。其中，推荐系统的预测准确度和覆盖率评测的研究较为成熟，最近十多年，研究人员在用户满意度、多样性、新颖性、惊喜度、信任度、实时性和健壮性等方面展开研究。下面，在简要介绍用户满意度等评测指标之后，着重介绍预测准确度和覆盖率。

---

1 冷启动问题包括：新用户冷启动——如何向未给任何物品评分的新用户推荐；新物品冷启动——如何处理从未被评过分或购买过的物品。

（1）用户满意度：用户作为推荐系统的重要参与者，用户满意度是评测推荐系统的最重要指标。但是，用户满意度无法离线计算，只能通过用户调查或者在线实验获得。用户调查获得用户满意度主要是通过调查问卷的形式。在在线系统中，用户满意度主要通过一些对用户行为的统计得到。比如在电子商务网站中，用户如果购买了推荐的商品，就表示他们在一定程度上满意，因此，我们可以利用购买率度量用户的满意度。此外，一些网站会通过设计用户反馈界面收集用户满意度。更一般的情况下，我们可以用点击率、用户停留时间和转化率等指标度量用户的满意度。

（2）多样性：用户的兴趣是广泛的，在一个视频网站中，用户可能既喜欢看《千与千寻》一类的动画片，也喜欢看成龙的动作片。那么，为了满足用户广泛的兴趣，推荐列表需要能够覆盖用户不同的兴趣领域，即推荐结果需要具有多样性。多样性推荐列表的好处用一句俗话表述就是“不在一棵树上吊死”。一般来说，在较长的时间跨度中用户的兴趣是一样的，但在用户访问推荐系统的某个时刻，其兴趣往往是单一的。如果推荐列表只能覆盖用户的一个兴趣点，而这个兴趣点不是用户这个时刻的兴趣点，推荐列表就不会让用户满意。反之，如果推荐列表比较多样，覆盖了用户绝大多数的兴趣点，那么就会增加用户找到感兴趣物品的概率。因此给用户的推荐列表也需要满足用户广泛的兴趣，即具有多样性。多样性描述了推荐列表中物品两两之间的不相似性。因此，多样性和相似性是对应的。

（3）新颖性：新颖的推荐是指给用户推荐那些他们以前没有听说过的物品。评测新颖度的最简单的方法是利用推荐结果的平均流行度，因为越不热门的物品越可能让用户觉得新颖。因此，如果推荐结果中物品的平均热门程度较低，那么推荐结果就可能有比较高的新颖性。但是，用推荐结果的平均流行度度量新颖性比较粗略，因为不同用户不知道的东西是不同的。因此，要准确地统计新颖性，需要做用户调查。

（4）惊喜度：惊喜度是最近这几年推荐系统领域最热门的话题。但什么是惊喜度，惊喜度与新颖性有什么区别是首先需要弄清楚的问题。如果推荐结果和用户的历史兴趣不相似，但却让用户觉得满意，那么就可以说推荐结果的惊喜度很高，而推荐的新颖性仅仅取决于用户是否听说过这个推荐结果。目前并没有什么公认的惊喜度指标定义方式。上面提到，令用户惊喜的推荐结果是和用户历史上喜欢的物品不相似，但用户却觉得满意的推荐。那么，定义惊喜度需要首先定义推荐结果和用户历史上喜欢的物品的相似度，其次需要定义用户对推荐结果的满意度。

（5）信任度：人们通常对值得信任的朋友给出的建议更重视，反而，一个不可靠的朋友给出的建议可能不会采纳。对于基于机器学习的自动推荐系统，同样存在信任度的问题，如果用户信任推荐系统，那就会增加用户和推荐系统的交互。特别是在电子商务推荐系统中，让用户对推荐结果产生信任是非常重要的。度量推荐系统的信任度只能通过问卷调查的方式，询问用户是否信任推荐系统的推荐结果。

（6）实时性：在很多网站中，因为物品（新闻、微博等）具有很强的时效性，所以需要在物品还具有时效性时就将它们推荐给用户。比如，给用户推荐昨天过时的新闻显然不如给用户推荐今天刚刚发生的新闻。因此，在这些网站中，推荐系统的实时性就显得至关重要。

健壮性：具有经济效益的算法系统常常会受人攻击，以搜索引擎为例，如果某个商品成为热门搜索词的第一个搜索结果，将会带来极大的商业利益，因此，搜索引擎的作弊和反作弊斗争异常激烈。目前，推荐系统也遇到了同样的作弊问题，而健壮性（Robust，鲁棒性）指标衡量了一个推荐系统抗击作弊的能力。

1. 预测准确度[8]

预测准确度是最重要的推荐系统离线评测指标，其度量一个推荐系统或者推荐算法预测用户行为的能力。该指标可以通过离线实验计算，方便了很多学术界的研究人员研究推荐算法。

首先，在计算该指标时需要有一个离线的数据集，该数据集包含用户的历史行为记录。然后，将该数据集通过时间分成训练集和测试集。最后，通过在训练集上建立用户的行为和兴趣模型预测用户在测试集上的行为，并计算预测行为和测试集上实际行为的重合度来作为预测准确度。

由于离线的推荐算法有不同的研究方向，下面将针对不同的研究方向介绍预测准确度指标。

1）评分预测

很多提供推荐服务的网站都有一个让用户给物品打分的功能。如果知道了用户对物品的历史评分，就可以从中获得用户的兴趣模型，并预测该用户在将来看到一个他没有评过分的物品时，会给这个物品评多少分。预测用户对物品评分的行为称为评分预测。

评分预测的预测准确度一般通过均方根误差（RMSE）和平均绝对误差（MAE）计算。设 $\boldsymbol{T}$ 为用户—物品评分矩阵。对于测试集中的一个用户 u 和物品 i，令 r_{ui} 是用户 u 对物品 i 的实际评分，而 $\hat{r}_{ui}$ 是推荐算法给出的预测评分，那么 RMSE 的定义为：

$$\text{RMSE}=\frac{\sqrt{\sum_{u,i\in T}(r_{ui}-\hat{r}_{ui})^2}}{|T|}$$

MAE 采用绝对值计算预测误差，定义为：

$$\text{MAE}=\frac{\sum_{u,i\in T}|r_{ui}-\hat{r}_{ui}|}{|T|}$$

关于 RMSE 和 MAE 这两个指标的优缺点， Netflix 认为 RMSE 加大了对预测不准的用户物品评分的惩罚（平方项的惩罚），因而对系统的评测更加苛刻。研究表明，如果评分系统是基于整数建立的（用户给的评分都是整数），那么对预测结果取整会降低 MAE 的误差。

评分预测一直是推荐系统研究的热点，绝大多数推荐系统的研究都是基于用户评分数据的评分预测。这主要是因为，一方面，推荐系统的早期研究组 GroupLens 的研究主要是基于电影评分数据 MovieLens 进行的；另一方面，Netflix 大赛也主要面向评分预测问题。因而，很多研究人员都将研究精力集中在优化评分预测的 RMSE 上。

2）TopN 推荐

网站在提供推荐服务时，一般是给用户一个个性化的推荐列表，这种推荐叫作 TopN 推荐。TopN 推荐的预测准确率一般通过准确率（Precision）/召回率（Recall）度量。

令用户集合为 U，$R(u)$是根据用户在训练集上的行为给用户做出的推荐列表，而 $T(u)$是用户在测试集上的行为列表。那么，推荐结果的召回率定义：

$$\text{Recall}=\frac{\sum_{u\in U}|R(u)\cap T(u)|}{\sum_{u\in U}|T(u)|}$$

推荐结果的准确率定义：

$$\text{Precision}=\frac{\sum_{u\in U}|R(u)\cap T(u)|}{\sum_{u\in U}|R(u)|}$$

有时，为了全面评测 TopN 推荐的准确率和召回率，一般会选取不同的推荐列表长度 N，计算出一组准确率/召回率，然后画出准确率/召回率曲线（Precision/Recall Curve）。

2. 覆盖率[8]

覆盖率（Coverage）描述一个推荐系统对物品长尾效应（Long Tail Effect）的发掘能力。长尾效应描述了一种物品需求现象：大多数的用户需求会集中在流行的少量物品，而个性化的、零散的物品需求往往分散在大部分物品中，从而在需求曲线上面形成一条长长的尾巴，长尾效应指的是将所有非流行的物品需求加起来则会形成一个比流行物品还大的需求。很多研究发现，互联网上的物品都呈现长尾分布，即热门的物品总是少数，其他物品的热门程度呈曲线下降，有很多冷门物品。推荐系统的覆盖率就是系统为所有用户推荐的全部物品数量与网站中所有物品数量的差值。

覆盖率有不同的定义方法，最简单的定义为推荐系统能够推荐出来的物品占总物品集合的比例。假设系统的用户集合为 U，物品集合为 I，推荐系统给每个用户推荐一个长度为 N 的物品列表 $R(u)$ 。因此，推荐系统的覆盖率可以通过下面的公式计算：

$$\text{Coverage}=\frac{|U_{u\in U}R(u)|}{|I|}$$

从上面的定义可以看到，覆盖率是一个内容提供商会关心的指标。以图书推荐为例，出版社可能会很关心他们的书有没有被推荐给用户。覆盖率为 100%的推荐系统可以将每个物品都推荐给至少一个用户。此外，从上面的定义也可以看到，热门排行榜的推荐覆盖率是很低的，它只会推荐那些热门的物品，这些物品在总物品中占的比例很小。一个好的推荐系统不仅需要有比较高的用户满意度，也要有较高的覆盖率。

但是上面的定义过于粗略。覆盖率为 100%的系统可以有无数的物品流行度分布。为了更细致地描述推荐系统发掘长尾的能力，需要统计推荐列表中不同物品出现次数的分布。如果所有的物品都出现在推荐列表中，且出现的次数差不多，那么推荐系统发掘长尾的能力就很好。因此，可以通过研究物品在推荐列表中出现次数的分布描述推荐系统挖掘长尾的能力。如果这个分布比较平，那么说明推荐系统的覆盖率较高；而如果这个分布较陡峭，说明推荐系统的覆盖率较低。在信息论和经济学中有两个著名的指标可以用来定义覆盖率。第一个是信息熵：

$$H = -\sum_{i=1}^{n} p(i)\log_2 p(i)$$

式中，$p(i)$ 是物品 i 的流行度除以所有物品流行度之和。

一般来说，覆盖率越高的推荐系统，信息熵越大。

第二个指标是基尼系数（Gini Index）：

$$G = \frac{1}{n-1}\sum_{j=1}^{n}(2j-n-1)p(i_j)$$

式中，i_j 是按照物品流行度 $p(\cdot)$从小到大排序的物品列表中的第 j 个物品。基尼系数反映了热门物品与冷门物品的比值，一般来说，覆盖率越高的系统，基尼系数越接近于 0。

8.2 基于内容的推荐

基于内容的推荐系统是在推荐系统出现之初应用最为广泛的推荐机制，它的核心思想是挖掘用户曾经喜欢的物品，从而尝试去推荐类似的物品使用户满意。具体来说，基于内容的推荐系统通过分析一系列用户之前已评分的文档和（或）描述，从而基于用户已评分物品的特征建立用户个人信息。在这里，我们将物品特征的描述称为“内容”。个人信息是用户兴趣的结构化描述并且被应用到推荐新的感兴趣的物品中。基于内容推荐的处理过程是将用户个人信息的特征和物品的特征相匹配，结果就是用户对某个对象感兴趣程度的评价。

如图 8-1 所示，以电影推荐系统为例，首先，是物品特征描述，这里只考虑电影的类型这一个特征（当然，只根据“类型”特征是不够的，可能还需要考虑电影的导演、主演等）。其次，通过电影的特征发现电影间的相似度，由于类型都是“爱情，浪漫”，电影 A 和 C 被认为是相似的电影；再次，基于用户 A、B、C 之前对已评价电影的特征建立用户的兴趣模型（用户—物品评价模型）；最后，实现推荐，对于用户 A，他喜欢看电影 A，那么系统就可以给他推荐类似的电影 C。

从上面的例子中可以看出，首先，基于内容的推荐系统需要考虑物品特征描述，也即物品表示；其次，需要计算物品之间的相似性；最后，对用户兴趣模型和物品相似性结果进行匹配，根据匹配结果进行推荐。本节下面的内容将围绕上述主题展开阐述。

这种基于内容的推荐机制的好处在于它能很好地建模用户的口味，能提供更加精确的推荐。但它也存在以下几个问题：

（1）需要对物品进行分析和建模，推荐的质量依赖于对物品模型的完整和全面程度。在现在的应用中可以看到，关键词和标签（Tag）被认为是描述物品元数据的一种简单有效的方法。

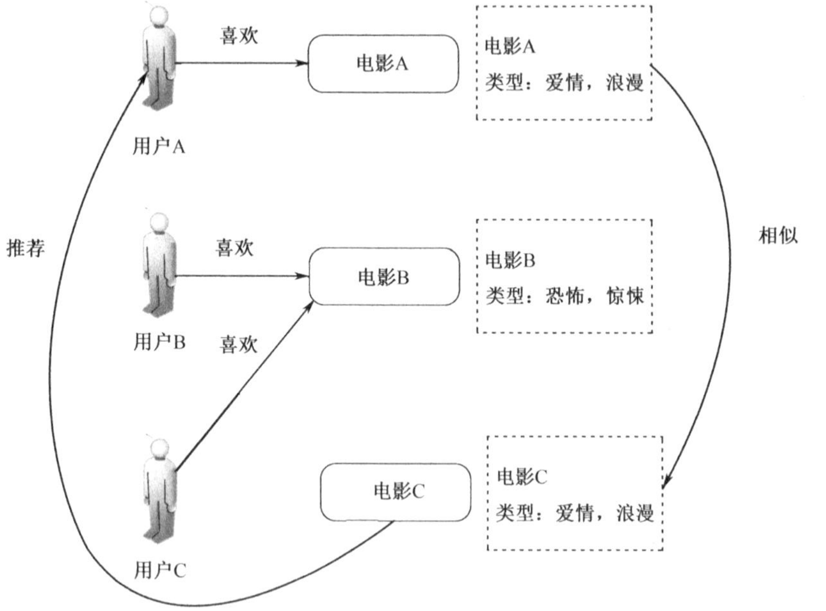

图 8-1 基于内容推荐的典型例子

（2）物品相似度的分析仅仅依赖于物品本身的特征，这里没有考虑人对物品的态度。

（3）因为需要基于用户以往的喜好历史做出推荐，所以对于新用户有“冷启动”[1]的问题。

虽然这个方法有很多不足和问题，但它还是成功地应用在一些电影、音乐、图书的社交站点，有些站点还请专业的人员对物品进行基因编码，比如，潘多拉在一份报告中提道，在潘多拉的推荐引擎中，每首歌有超过 100 个元数据特征，包括歌曲的风格、年份、演唱者等。

8.2.1 物品表示

在基于内容的推荐系统中，我们必须为每个物品建立特征模型，用于代表该物品重要特征的一条或多条记录（物品表示）。简单情况下，物品的特征模型由一些很容易发现的特征组成，例如，在图书推荐系统的应用中，描述图书的特征有体裁、作者名、出版社、类型、价格、关键词等。当每个物品由一系列相同的属性表示，并且知道这些属性可能的取值时，该物品就被表示成了结构化数据。许多其他类型的物品可从可用数据中获得特征，例如，商品往往都有制造商所提供的有关商品的特征描述（如商品的规格尺寸、生产日期、技术指标等）。

但是，有一些其他类型的物品，其特征提取并非那么直观。特别是，电子邮件或新

1 这里的冷启动是指用户冷启动，当新用户到来时，没有他的行为数据，所以也无法根据他的历史行为预测其兴趣，从而无法借此给他做个性化推荐。

闻。此外，一直以来，基于内容的推荐系统被用来过滤并推荐有意思的文本文档，比如电子邮件、新闻消息或网页。在这一类应用中，基于内容推荐的标准方法不是去维护一列“元信息”特征（如图书的体裁、作者名等），而是使用一列出现在文档中的相关关键词，即文档表示成关键词的集合。本节重点介绍文本文档类物品的表示方法。

1. 布尔向量模型

一种非常简单的方法是将出现在所有文档的所有词语设为一个列表，然后用一个布尔型向量描述每个文档：1 表示在文档中出现该词，0 表示该词没有出现在文档中。如果用户记录用一个相似的列表描述（1 表示对一个关键词感兴趣），那么计算兴趣和文档的重合程度就可以找到匹配的文档。这种方法存在的问题很明显。首先，直观来讲，不同的词语与文档主题的相关程度不同，出现次数多的词更适合描述一篇文档，而这种方法却假设每个词在文档中的重要程度相同。其次，用户记录和长文档的重叠概率会更大，推荐系统会更倾向于推荐长文档。

2. TF-IDF 向量模型

为了解决简单布尔方法的缺陷，一种实际有用的做法是从文档中找出能够刻画主题的关键词。例如，有关足球（football）的文章当中往往会出现类似“ball”（球）、“forward”（前锋）、“midfield ”（中场）、“back”（后卫）、“corner”（角球）之类的词语。如果将文档分到确实是关于足球的主题类中，上述词语在文档中可能会十分频繁。然而，我们不能纯粹地从词语在文档中出现的频繁程度来断定该词语刻画了文档的主题类别。例如，在英文文档中，出现最频繁的大部分词语都是类似“the”或者“and”的常见词（这些词通常都用于辅助表达但本身不携带任何意义，又称为停用词）。因此，英文文档在进行分类之前往往会先将上述停用词去掉。

在关键词确定之后，采用 TF-IDF 作为度量关键词语在文档中反复出现程度的指标。TF-IDF 进行文档相似性度量的知识点参见 2.3.4 节。文本文档可以通过 TF-IDF 转换成多维欧几里得空间中的向量。空间的维度对应文档中出现的关键词，也称为词（Term）或标记（Token）。给定文档在每维的坐标，由两个子量的乘积得出词频和逆文档频率。

词频描述某个给定的词在一篇文档中出现的频繁程度（不考虑停用词的频率，假设重要的词语出现得更多）。考虑到文档长度，为了阻止更长的文档得到更高的相关度权值，必须进行文档长度的某种归一化。有几种方法都是可行的。一种相对简单的方法是将词出现的实际次数与文档中其他关键词出现的最多次数相比较。

例如，对于文档 j 中的关键词 i，找出其归一化词频值 $\mathrm{TF}(i,j)$。设 $\mathrm{freq}(i,j)$ 是 i 在 j 中出现的绝对频率。给定关键词 i，令 $\mathrm{OtherKeywords}(i,j)$ 表示 j 中其他关键词集合。最大频率 $\mathrm{maxOthers}(i,j)$ 计算为 $\max(\mathrm{freq}(z,j)), z \in \mathrm{OtherKeywords}(i,j)$。最后，计算 $\mathrm{TF}(i,j)$ 为

$$\mathrm{TF}(i,j) = \frac{\mathrm{freq}(i,j)}{\max \mathrm{Others}(i,j)} \tag{8.1}$$

逆文档频率是组合了词频后的第二个衡量值，旨在降低所有文档中几乎都会出现的关键词的权重。其思想为：稀有词相关性不小于频繁词相关性。也就是说，常见的词语

对区分文档没有用，应该给那些仅出现在某些文档中的词更高的权值。设 N 为所有可推荐文档的数量，$n(i)$为 N 中关键词 i 出现在不同文档中的数量。i 的逆文档频率为

$$\mathrm{IDF}(i)=\log_2\frac{N}{n(i)} \tag{8.2}$$

文档 j 中关键词 i 的组合 TF-IDF 权值可以计算为上述两个子量的乘积：

$$\mathrm{TF\text{-}IDF}(i,j)=\mathrm{TF}(i,j)\cdot\mathrm{IDF}(i) \tag{8.3}$$

因此，在 TF-IDF 模型中，文档不是表示为每个关键词的布尔值向量，而是算出的 TF-IDF 值向量。

例 8.1 假定文档集中有 2^{10}=1024 篇文档，假定词语 i 在其中的 2^8=256 篇文档中出现，则 $\mathrm{IDF}_i=\log_2(\frac{2^{10}}{2^8})=2$。考虑文档 j, i 在该文档中出现 20 次，同时，文档 j 中最大词频也为 20，则 TF_{ij}=1，于是 i 在文档 j 中的 TF-IDF 得分为 2。假定在文档 k 中，词语 i 出现 1 次，而文档 j 中的最大词频为 20 次，则有 TF_{ik}=1/20，i 在文档 k 中的 TF-IDF 得分为 0.2。

3. 向量空间模型的改进及局限

TF-IDF 向量一般很大而且稀疏。可以使用其他技术让它们更紧凑，并且从向量中删除不相关的信息。

停用词和词干还原。一种直接的方法是删除所谓的停用词。在英文中这些词一般是介词和冠词，比如“a”“the”或“on”，由于它们会出现在几乎所有文档中，因此可以从文档向量中删除。另一种常用的技术是词干还原或合并，目的是将相同词语的不同变形替换成它们共同的词干。例如，“stemming”可以替换成“stem”，“went”替换成“go”，诸如此类。

这些技术进一步减小了向量规模，与此同时，在用户记录里也用到词干来改进匹配过程。词干还原过程的实现方法包括：词形分析（如 Porter 的后缀拆分算法）和查词典法（如 WordNet）。尽管这个技术在原理上很强大，但仍然存在一些陷阱，比如词干还原只用句法后缀拆分可能会增加匹配不相关文档的风险。举例来说，university 和 universal 的词干都是 univers，可能会意外地将一篇文档与用户记录匹配上。当分析有很多缩略语的技术文档或文本中有双关语时，还会出现其他问题。

精简规模。一种直接办法是仅用 n 个信息量最大的词语来减少文档描述的规模，期望删除数据中的“噪声”。在 Syskill&Webert 系统中选择了 128 个信息量最大的词语（考虑到期望信息增益）。与此类似，Fab 使用了 100 个词语。由于 Syskill&Webert 系统应用于不同领域，所用词语的最优个数根据实验而定。结果显示，如果挑选的关键词个数太少（少于 50 个），一些重要的文档特征可能就覆盖不到。另外，当包括了太多特征（比如超过 300 个），文档模型中用到关键词的重要性就很有限了，而且带来的噪声实际上会使推荐精准度变差。原则上，“特征选择”的复杂技术也可用于决定最有信息量的关键词。然而，除了会增加模型复杂度，人们对于这种基于学习的方法是否倾向于过拟合描述训练数据还颇有争议。此外，人们还提出使用外部词典知识来删除该领域不相关的词语。实验表明，使用这种词典知识能持续提升精确度，尤其在只能得到很少的训练

样本时。

短语。短语比单个词语更能描述文本，用它来替换词有可能进一步提高描述的准确性。短语或组合词，比如“联合国”（United Nations）可以作为附加的维度转换到特征向量空间。可以通过查找人工定义的列表或采用统计分析技术来识别短语。

局限。从文本中抽取个别关键词并赋权的方法有另外一个重要的局限：没有考虑到关键词的上下文，在某些情况下没有正确体现描述的“含义”。例如，关于西式牛排餐厅的文字描述可能会说“菜单上不会有素食者喜欢的食物”。在自动生成的特征向量里，“素食者”这个词最可能得到比预想更高的权值，结果会意外匹配到对素食餐厅感兴趣的用户。请注意，一般来说，我们会假设出现在一篇文档中的词通常适合刻画文档，而很少在文档中出现“相反语境”。

8.2.2 物品相似度

基于内容推荐系统的一般工作原理是，评估用户还没看到的物品与当前用户过去喜欢的物品的相似程度。这需要两类信息。首先，是用户对以前物品的评分（“喜欢”或“不喜欢”）记录，这些评分可以通过显式的用户界面或者隐式地检测用户行为来获取，用户对物品的评分见 8.2.3 节。其次，需要一个标准来衡量两个物品的相似度。本小节介绍物品相似度的计算方法。物品相似度的计算方法一般采用余弦相似性来度量。

1. 基于 TF-IDF 向量空间文本相似度度量

基于 TF-IDF 向量空间文本相似度计算的处理流程是：

（1）使用 TF-IDF 算法，找出两篇文章的关键词。

（2）每篇文章各去除若干个关键词，合并成一个集合，计算每篇文章对于这个集合中的词的词频。得到两篇文章各自的词频向量。

（3）计算两个向量的余弦相似性，值越大就表示两篇文章越相似。

例如，给定两篇文章 A 和 B，文章 A 的词频向量为(1, 1, 2, 1, 1, 1, 0, 0, 0)，文章 B 的词频向量为(1, 1, 1, 0, 1, 1, 1, 1, 1)。采用余弦相似性计算文档相似度。

①计算向量 $\boldsymbol{A}$、$\boldsymbol{B}$ 的点积：

$$\boldsymbol{A}\cdot\boldsymbol{B}=1\times1+1\times1+2\times1+1\times0+1\times1+1\times1+0\times1+0\times1+0\times1=6$$

②计算向量 $\boldsymbol{A}$、$\boldsymbol{B}$ 的欧几里得范数，即$\|\boldsymbol{A}\|$、$\|\boldsymbol{B}\|$：

$$\|\boldsymbol{A}\|=\sqrt{1^2+1^2+2^2+1^2+1^2+1^2+0^2+0^2+0^2}=3$$

$$\|\boldsymbol{B}\|=\sqrt{1^2+1^2+1^2+0^2+1^2+1^2+1^2+1^2+1^2}=\sqrt{8}$$

③计算文档相似度：

$$\cos(\boldsymbol{A},\boldsymbol{B})=\frac{\boldsymbol{A}\cdot\boldsymbol{B}}{\|\boldsymbol{A}\|\times\|\boldsymbol{B}\|}=0.707$$

2. 数值特征的缩放变换

前面我们介绍了基于布尔向量的物品表示和针对文档类物品的 TF-IDF 向量的物品表示模型。在现实生活中，有很多物品的数值型特征不太容易通过布尔向量来表示。比如，对于电影，我们可以采用参演的演员、电影的类型（惊悚、喜剧、悬疑）和电影平均评分等特征来描述。对于参演的演员、电影的类型，我们可以采用 0、1 向量来描述，如果某演员在电影中有出现则对应元素设为 1，如果该电影不属于喜剧类型则对应元素设为 0。但是，电影的平均评分这个特征是个实数。如果直接将平均评分作为特征的数值取值，则可能该值会主导相似性计算过程，也就是说，电影平均评分会作为一个重要的要素影响电影的相似性度量。因此，有必要对非布尔元素进行恰当地缩放变换。其方法是，对非布尔向量，加上未知的缩放因子。

例 8.2　假定电影的特征只包括演员集合、电影类型集合和平均评级得分。考虑两部电影 A 和 B，分别包括 4 个演员（其中有两个演员分别出现在两部电影中），两种电影类型（电影 A 为喜剧，B 为悬疑）。另外，电影 A 的平均评分为 3，电影 B 的平均评分为 4。因此，电影 A 和电影 B 可用表 8-1 表示。

表 8-1　电影表示模型(α 为缩放因子)

类　型	Actor1	Actor2	Actor3	Actor4	喜剧	悬疑剧	平均评分
Movie A	0	1	1	1	1	0	3α
Movie B	1	1	0	1	0	1	4α

对平均评分加上缩放因子 α，在此基础上计算向量之间的余弦夹角。向量的点积为 $2+12\alpha^2$，而两个向量的欧几里得范数分别为 $\sqrt{4+9\alpha^2}$ 和 b。因此，上述两个向量的夹角余弦为 $\dfrac{2+12\alpha^2}{\sqrt{16+100\alpha^2+144\alpha^4}}$。如果 α 取 1，结果为 0.795。如果 α 取 2，结果为 0.959，此时，两个向量比 α 取 1 时更加接近。如果 α 取 0.5，结果为 0.1，也就是说，两个向量看上去很不同。我们无法确定到底哪一个 α 取值更合理，但是通过本例，可以看出数值特征缩放因子的取值会影响最后物品相似度的决定。

8.2.3　用户对物品的评分

一般采用 $n\times m$ 阶用户—物品评价矩阵来表示用户对物品的评分。给定 n 个用户，$U=\{u_1,\cdots,u_n\}$代表用户集合，给定 m 个物品（产品），$P=\{p_1,\cdots,p_m\}$代表物品（产品）集合，则 $\boldsymbol{R}=\{r_{ij}\}$（$i\in 1,\cdots,n$；$j\in 1,\cdots,m$）为 $n\times m$ 阶评分矩阵。r_{ij} 的取值表示用户 i 对物品 j 的喜欢程度，即用户对物品的评分。

例 8.3 表 8-2 给出了一个用户对电影的评分矩阵。该矩阵代表用户对电影的评级（1～5 级）结果。空白表示用户对当前电影没有评分。希望给 User 1 推荐与该用户过去喜欢的电影相似的电影。

表 8-2　用户—物品评价矩阵

	Movie A	Movie B	Movie C	Movie D
User 1	4	?	2	3
User 2	2	5		3
User 3		3		5
User 4	3		4	

从表 8-2 可以看出，User 1 对电影 A 比较喜欢（其评分分值为 4），那么，他/她喜不喜欢电影 B 呢？给定电影 A 和电影 B 的表示模型为表 8-1，前面我们讨论过，缩放因子α不同的取值会影响电影 A 和 B 的相似性度量。在这里，如果 User 1 比较看重电影的平均评分，则$\alpha=2$，电影 A 和 B 的相似度非常高。因此，可以给 User 1 推荐电影 B。

8.2.4 基于向量空间模型的推荐

基于内容的推荐通常描述成“推荐与用户过去喜欢的物品相似的物品”，因此，推荐系统的任务是基于用户记录来预测用户是否喜欢自己没见过或没用过的物品，也就是将物品特征和用户偏好匹配起来。本节介绍依赖向量—空间文档表示模型的最为常见的衡量物品特征和用户偏好匹配度（相似度）的方法。

1. 最近邻

评估用户对某个文档感兴趣的程度，最初的方法是简单查找用户过去是否细化相似的文档。这需要两类信息：用户对以前物品“喜欢/不喜欢”的评论记录，即用户偏好；其次，需要一个标准来衡量两个文档的相似度。在大多数公布的方法中，一般采用余弦相似度方法评估两个文档的向量是否相似。

预测未见物品 D 基于的想法是，让 k 个最相似的物品给 n 个候选物品“投票”。比如，如果 k=5，当前用户喜欢其中 4 个最相似的物品，系统可能会猜测 D 也被喜欢的概率相对很高。最终结果随着近邻 k 的规模而变。除此之外，还有几个其他变量也会变化，比如评分的二元化、使用相似度阈值的最小值或根据相似度级别的投票权重。

个性化和移动新闻访问系统实现了这种 k 近邻（kNN）方法。在这类系统中，kNN 方法用于对用户的短期兴趣建模，这对于新闻推荐应用领域尤其重要。一旦来了一条新消息，系统会在用户最近评论过的新闻报道中查询相似的新闻。由于只考虑上一次评论的新闻，这种方法能够很快适应并聚焦到用户的短期兴趣上，这些兴趣可能就会使用户继续阅读后续的新闻报道，直到最近发生的事件。与此同时，根据最近邻，也可以设置物品相似度的阈值上限，阻止系统向用户推荐那些很有可能已经看过的新闻。

在这类系统中，kNN 方法只是用户记录技术这个综合策略的一部分。系统会维护短期（瞬时）和长期兴趣的记录。之前介绍的短期记录允许系统提供给用户最近兴趣主题的信息。对于长期模型，系统会收集一段更长时间的信息（比如几个月），也会通过限定那些在更大的文档集合中一直得到高 TF-IDF 值的词来识别最优信息量的词语。考虑到长期用户模型，预测用户是否对一个物品感兴趣依靠概率分类计数。

假设短期用户模型和长期用户模型的兴趣预测及推荐都已经确定，剩下的问题就是如何组合它们。前面介绍的系统选择了一个相当简单的策略：搜寻短期模型中的近邻；如果不存在这样的近邻，则使用长期用户模型。当然，其他的组合方法也可以。一种可能的选择是在线获取短期偏好，比如，询问兴趣主题，然后基于长期偏好的信息再对匹配的物品排序。

总而言之，基于 kNN 的方法有相对易于实现、可快速适应新近变化等优点。相比其他学习方法，它的优点还包括只要有相对较少的评分数据就能够得到一定的推荐质量。然而，如实验所示，纯粹 kNN 方法比其他更复杂的技术的预测精准度要低。

2. 相关性反馈——Rocchio 方法

另一个基于向量空间模型的方法是 Rocchio 的相关性反馈方法，曾经应用于 20 世纪 60 年代后期开创性的信息检索系统 SMART 中。SMART 的特点是，用户不能只提交给系统基于关键词的查询词，还要反馈检索结果是否相关。有了反馈的帮助，系统能够从根本上扩展查询词，并改进下一轮检索的查询结果。

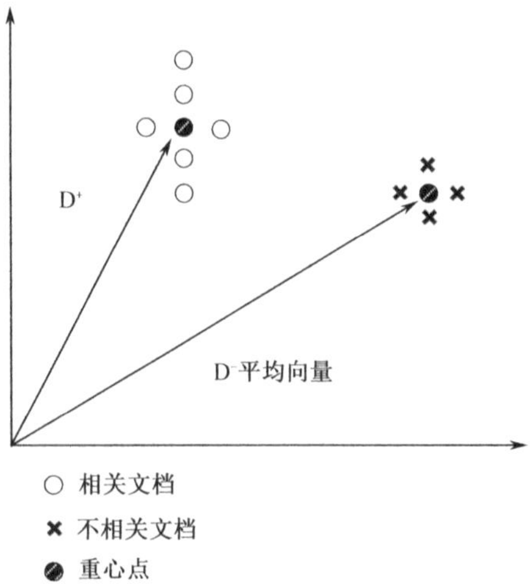

图 8-2　相关和不相关文档的平均向量

用于信息检索的 SMART 系统不会利用这样的额外信息，而是允许用户通过交互明确地给检索文档评分，也就是说，告诉系统它们是否相关。这个信息随后用于进一步优化检索结果。这种方法的基本原理在于基于纯粹的查询词和相似度，但不提供任何反馈机制，检索质量太过于依赖单个用户使用含有正确关键词的查询能力。用户定义的查询词经常仅由非常少而且可能多义的词语构成，网上典型的查询词平均仅由两个关键词构成。

这种方法用到的相关性反馈循环将会帮助系统改进并自动扩展查询词。其主要思想是，首先将评分文档划分成两组：D^+和 D^-，分别对应喜欢（感兴趣/相关）和不喜欢的文档；然后计算这些分类的初始（平均）向量。这个初始向量也可以被看作相关和不相关文档聚类的重心，参见图 8-2。

首先当前查询词 Q_i 像文档一样表示为多维单词向量；然后重复地增加相关文档的加权初始向量，并减去代表不相关文档的加权向量，这样逐步优化 Q_{i+1}；最终查询词向量将会移动到一组相关文档，正如图 8-3 说明的那样，得到反馈后，初始查询词向相关文档聚类移动[9]。

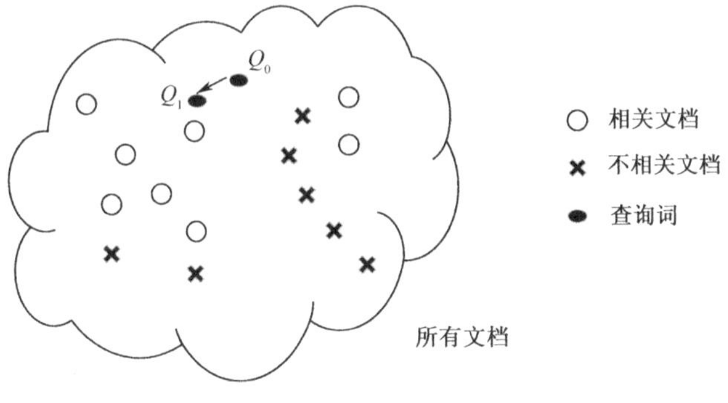

图 8-3　相关性反馈

调整 Q_i～Q_{i+1} 的计算公式定义如下：

$$Q_{i+1}=\alpha\times Q_i+\beta(\frac{1}{D^+}\sum_{d^+\in D^+}d^+)-\gamma(\frac{1}{D^-}\sum_{d^-\in D^-}d^-) \quad (8.4)$$

变量α, β和γ用于精细调整"移动"到更加相关文档的过程。α描述了上一个（或最初的）查询词是如何赋以权重的，β和γ分别对应表示在每步改进中正反馈和负反馈的作用强度。根据 Buchley 等的分析，合适的参数值是 8、16 和 4（或分别为 1、2 和 0.5）[10]。这些发现表明正反馈比负反馈更有价值，甚至仅考虑正反馈会更好一些。

粗略一看，式（8.4）似乎很直观，算法也非常简单。但如文献[11]所述，这个公式并没有理论基础，也不能保证其效果或收敛性。

基于各种文档的实验评估显示，根据第一轮循环后的反馈能显著提升检索效果。后续的反馈循环只有一些微小的改善。文献[12]和[11]中的一项实验评估使用了相关性反馈机制的各种改进版本，包括分析了不同设置的效果。这在实际环境中也是一个好的想法：不使用 D^+和 D^-中的所有单词，而是用 IDF 衡量的前 10 个或 20 个最相关词语计算新查询词，以免一个坏词抵消许多好词的收益。

总的说来，相关性反馈检索方法及它的变化版本可以用于很多应用领域。尽管很简单，但这种方法仍然能够在实际环境中很好地改进检索结果。主要的实际挑战，同时也是大多数基于内容方法所面临的挑战是：①需要一定数量以前的物品评分构建一个合理的用户模型；②在查询过程中需要用户交互。

第一点可以通过隐式获取用户评分部分实现自动化，比如将点击推荐文档解释成正面评分。这种假设在通常情况下是否正确（比如用户读了一篇文章但很失望时如何处理），以及是否有其他技术可用于收集隐式反馈等问题仍然有待回答。

另一个获取用户明确反馈的方法是虚拟反馈（盲反馈）。基本思想是，假设根据向量相似度来衡量，与查询词最匹配的前 n 个（比如 10 个）文档是相关的。除非有明确的负反馈，一般不需要用到 D^-集合（γ设为 0）。

第二点生成建议的过程需要用户交互。相比协同过滤方法完全自动生成推荐而言，这点一眼看上去似乎是个缺点。事实上，交互式地优化查询词也是收集用户真实偏好的一个新机会，可以帮助用户"学习"用哪些词汇检索才能满足自己的信息需求。其主要假设当然是用户能构造一个合适的初始查询词，该假设在考虑到学科术语、多语言翻译问题或只是词语拼写错误情况下可能不成立。

尽管各种评估表明显式反馈能提高检索效果，但现在的 Web 搜索引擎并不提供这种机制。Chakrabarti[13]提到过两点原因。首先，他认为上网的用户没有耐心，不愿对推荐给出明确的反馈。其次，第二轮查询词相比初始查询词多，性能方面问题也多，不能像初始的"双词"查询词那样很快返回结果。

一般来说，基于查询词的检索方法明显与现代 Web 搜索引擎非常相似，这就出现了一个问题：搜索引擎是否也是"基于内容的推荐系统"。到目前为止，热门搜索引擎提供商，比如 Google 或 Yahoo!，并没有针对特定用户的个性化搜索结果，但还是能从前面章节的新闻个性化实例中看出，个性化搜索结果是正在增长的趋势。现在，我们也可以看到，推荐领域的大多数竞争者已经开始在他们的服务平台上提供更多特性，一般包括个性化启动页、电子邮件服务访问入口、在线文档处理和文档管理等。用户以相同身份使用这些功能，这为更精确的个性化搜索结果提供了更多的机会。然而，有关如何基于这些信息计算个性化文档排序，尤其是把不同的相关度体系（比如 PageRank 和文档—查询词相似度）如何组合在一起的研究报告还没有出现。

8.3 协同过滤

协同过滤是目前研究最多也是应用最成熟的个性化推荐技术，是与基于内容的推荐完全不同的一种推荐方法。基于内容的方法是使用被用户评过分的物品内容，协同过滤还取决于被其他用户评过分的物品内容。通过分析用户评价信息（评分）把有相似需求或品味的用户联系起来，用户之间共享对物品的观点和评价，这样就可以更好地做出选择。例如，当你在网上买衣服时，基于协同过滤的推荐系统会根据你的历史购买记录或浏览记录，分析出你的穿衣品位，并找到与你品味相似的一些用户，将他们浏览和购买的衣服推荐给你。

Typestry 是最早提出来的协同过滤推荐系统，用于过滤电子邮件，推荐电子新闻，由于其要求用户手工输入查询条件，不牵涉用户间的相似性计算，严格来讲，它只是一个信息检索系统，只是对检索结果根据其他用户的反馈进行筛选[14]。其他的协同过滤推荐系统有 GroupLens/NetPerceptions,Ringo/Firefly 等。

8.3.1 协同过滤基本概念

1. 协同过滤分类

根据文献[15]和[16]，协同过滤方法分为基于近邻方法和基于模型方法。基于近邻方法是推荐系统中最基本的算法，该算法不仅在学术界得到了深入的研究，而且在业界得到了广泛的应用，这种基于近邻的方法又分为两类，一类是基于用户推荐，一类是基于物品推荐。相应地，基于近邻方法的推荐系统也分为两类：一类是基于用户的协同过滤系统，如 GroupLens，Bellcore video 和 Ringo，评估用户 u 对某个物品 i 感兴趣的程度，是通过利用对该物品 i 已作出评价并且和该用户有相似评价习惯的其他用户（也叫近邻）；另一类是基于物品的协同过滤系统，通过基于用户 u 给相似于 i 的物品评分来预测用户 u 给物品 i 的评分，所谓相似物品是指被一些用户评价且具有相似特点的物品。基于近邻系统是在预测中直接使用已有数据预测，而基于模型的方法是使用这些评分来学习预测模型。在一些文献中，把基于近邻的协同过滤系统也称为基于内存的协同过滤系统。

2. 用户—物品评价模型

基于内容的推荐依赖于物品特征（物品内容），与之不同的是，协同过滤依赖于用户对物品的评分。一般采用 $n\times m$ 阶用户—物品评价矩阵来表示用户对物品的评分。给定 n 个用户，$U=\{u_1,\cdots,u_i,\cdots,u_n\}$代表用户集合，给定 m 个物品（产品），$P=\{p_1,\cdots,p_j,\cdots,p_m\}$代表物品（产品）集合，则 $\boldsymbol{R}=\{r_{ij}\}$（$i\in 1,\cdots,n;\ j\in 1,\cdots,m$）为 $n\times m$ 阶用户—物品评价矩阵。r_{ij} 的取值表示用户 u_i 对物品 p_j 的喜欢程度。

例如，表 8-3 显示了当前用户 Tom 和其他用户的评分数据，预测 Tom 是否喜欢他从未见过的物品 5。如果能预测出 Tom 非常喜欢这个物品，将把它列入 Tom 的推荐列表。在这里，评分项 r_{ij} 的取值定义为从 1（非常不喜欢）到 5（非常喜欢）。如果某个用户 i 没有为物品 j 评过分，则对应的评分项 r_{ij} 为空。例如，按 1～5 分的评分标准，Tom 给“物品 1”评“5”分，这说明他非常喜欢这个物品。同时，Tom 不了解“物品 5”，因此，Tom 对物品 5 的评分为空。

表 8-3　协同过滤推荐的用户—物品评价模型

	物品 1	物品 2	物品 3	物品 4	物品 5
用户 1（Tom）	5	3	4	4	null
用户 2	3	1	2	3	3
用户 3	4	3	4	3	5
用户 4	3	3	1	5	4
用户 5	1	5	5	2	1

如果采用基于用户的方法，则希望根据其他用户的评分来确定 Tom 是否喜欢他从未见过的“物品 5”，因此，需要寻找那些和 Tom 有着类似偏好的用户，然后用这组用户对“物品 5”的评分来预测 Tom 是否喜欢这个物品。采用该方法的具体描述请见 8.3.2 节。

如果采用基于物品的方法，则希望根据 Tom 已经用过的物品评分来预测 Tom 是否喜欢物品 5。采用该方法的具体描述见 8.3.3 节。

继续回到用户—物品评价模型上，首先考虑，如何得到用户对物品的评分？怎么表示评分？其次，实际的用户—物品评价模型会不会有像表 8-3 那样几乎填满了的情况?通常来说，用户所评价/购买的物品在物品全集的比重不到 1%，因此，用户—物品评价模型常常是稀疏矩阵，这就产生了数据稀疏性问题。

1）关于评分

（1）获得评分的方法。

获得用户对物品的评分有两种模式：显式评分方式和隐式评分方式。显式评分，系统要求用户明确评价物品；隐式评分，即反馈来自监控和分析用户的行为，不需要任何活跃用户的参加。

显式评分通过用户确切的评价来表明用户对一个物品相关或感兴趣的程度。主要有两种方式来得到显式的相关性反馈：

喜欢/不喜欢：利用一个简单的二元化评分刻度，将物品分成“相关的”或“不相关的”两大类。可以用布尔值 0 和 1 来分别表示“喜欢”和“不喜欢”。

评分：经常用来评价物品的一个离散的数值刻度。当然，标记化的评价也可以映射到数值刻度，例如，用户对网页的评价分为热门、一般、冷门，则可用“1, 0, –1”分别表示“热门，一般，冷门”。又比如，对电影的评价经常采用 1～5 级（其中 5 是最高级）。

隐式评分的方法是基于对用户在某样物品上的特定行为进行相关性评分赋值，如保存、删除、印刷、收藏等。该方法的优点在于无须用户直接参与，但是存在评分赋值偏差，例如，用户在进行上述操作时，中途被外界环境事件所打断而使得操作没有完成，系统只能捕获到操作完成前的状态，从而无法捕捉到用户的真实想法。

（2）评分标准化。

用户对物品的评分实际上带有很大的主观性，例如，一些用户很苛刻，不轻易给喜欢的物品高分，或者，有些用户比较宽厚，即使对物品不满意，也不会给极低的评分。为了降低主观因素的影响，需要对评分进行标准化。其中，均值中心化（Mean-Centering）可以将个人的原始评分转换为更一般的整体评分标准。

均值中心化的思想是通过与平均分的比较来决定一个评分为正或者为负。在基于用户推荐系统中，设 γ_{ui} 为用户 u 对物品 i 的原始评分，$\overline{\gamma_u}$ 是他评价的所有物品的平均分，则均值中心化评分 $h(\gamma_{ui})=\gamma_{ui}-\overline{r_u}$。

例如，在基于用户推荐系统中对表 8-3 中的评分进行均值中心化，结果如表 8-4 所示。

表 8-4　基于用户推荐的、均值中心化后的用户—物品评价模型

	物品 1	物品 2	物品 3	物品 4	物品 5
用户 1（Tom）	1	−1	0	0	null
用户 2	0.6	−1.4	−0.4	0.6	0.6
用户 3	0.2	−0.8	0.2	−0.8	1.2
用户 4	−0.2	−0.2	−2.2	1.8	0.8
用户 5	−1.8	2.2	2.2	−0.8	−1.8

同样，基于物品来说，γ_{ui} 的均值中心化评分可以为 $h(\gamma_{ui})=\gamma_{ui}-\overline{r_i}$。其中 γ_{ui} 为用户 u 对物品 i 的原始评分，$\overline{r_i}$ 为用户集合对物品 i 的平均评分。

2）稀疏矩阵

在前面例子用到的评分矩阵中，只有一个用户—物品组合没有评分。但在实际应用中，由于用户一般只会评价（或购买）少部分物品，评分矩阵一般都非常稀疏。

这种情况下的挑战是用相对较少的有效评分得到准确的预测。直接做法就是利用用户的附加信息，比如性别、年龄、教育程度、兴趣等帮助分类用户的信息。因此，相似用户（近邻）集合不只是根据显式或隐式评分，也会根据评分矩阵的外部信息来分析。这些系统[17]利用了人口统计信息及已经不再“纯粹”的协同方法。这种方法也引出了新问题，比如如何获取额外信息及如何混合不同的分类器。尽管如此，在刚上线推荐服务的扩张阶段，这种技术对于获取协同方法所需的大量关键用户还是有帮助的。

多年以来，人们提出过一些处理冷启动和数据稀疏问题的方法。我们在这里要详细讨论的例子是文献[18]提出的基于图的方法。其主要思想是利用假定用户品味的“传递性”，并由此增强额外信息矩阵。文献[19]提出一种相似的想法，以递归方式来利用近邻关系。

考虑图 8-4 中的用户—物品关系，它是由表 8-5 所示的二进制评分矩阵[18]推导出来的。

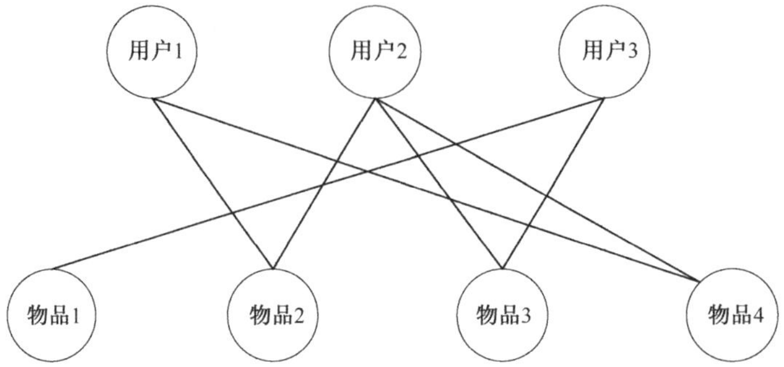

图 8-4　用户—物品关系

在矩阵中，0 不是一个显式的（差评）评分，而是一个缺失的评分。假设我们正在为用户 1 寻找推荐。根据标准的 CF 方法，用户 2 会被认为是用户 1 的同伴，因为他们都购买了物品 2 和物品 4。物品 3 会推荐给用户 1，因为最近邻用户 2 也购买了或喜欢它。文献[18]将这种推荐问题看作图分析问题，推荐由用户和物品间的路径决定。在标准的基于用户或基于物品的 CF 方法中会考虑长度为 3 的路径，即物品 3 和用户 1 相关是因为他们之间存在一条 3 步路径（用户 1—物品 2—用户 2—物品 3）。由于这种长度为 3 的路径数量在稀疏评分数据中很少，因此这种思路也会考虑更长的路径（间接关联）计算推荐。比如，由于存在两条链接用户 1 和物品 1 的 5 步路径，利用长度为 5 的路径也可以推荐物品 1。

表 8-5　扩展激活方法的用户—物品评价矩阵

	物品 1	物品 2	物品 3	物品 4
用户 1	0	1	0	1
用户 2	0	1	1	1
用户 3	1	0	1	0

由于这些远距离关系的计算代价很高，文献[18]提出将评分矩阵转化为用户和物品的双向图，并使用一种称为扩展激活的特殊图搜索方法高效地分析图。对比标准的基于用户和基于物品的算法显示，基于间接关系的技术能显著地提高质量，尤其是在评分稀疏矩阵的时候。同样，相比标准的协同过滤技术，该算法对新用户的推荐也有明显的提升。然而当评分矩阵达到某种密度之后，相比标准算法的推荐质量也会有所下降。尽管如此，距离关系的计算代价仍然很高，现在还无法实际应用在大规模评分数据上。

文献[20]提出一种默认投票方式来处理稀疏矩阵评分数据。回想一下，标准的相似度方法只考虑那些当前用户适合用来比较的用户都评过分的物品。当数量很少时，评分碰巧相同或不同都会对相似度计算影响很大。因此这种思路就是给那些只有一两个用户评过分的物品赋以默认值（可能也会对一些附加的物品），这样可以提高稀疏评分数据的预测质量。这些人工默认投票就像一种缓冲机制，能够减少那些个别巧合因素对相似度的影响。

近年来，文献[21]还提出过其他解决稀疏矩阵的方法。由于发现大多数协同过滤推荐只用到评分数据中的某部分特定信息（用户相似度或物品相似度），因此研究人员建议将这两种不同类型的相似度组合起来提高预测准确率。此外，他们还在预测函数里利用了先前方法没有考虑到的第三种信息，即相似用户给出的物品评分。通过一种概率机制将来自不同数据源的不同预测进行“融合”和平滑，其中第一组实验显示预测准确率得到提高，尤其是在处理稀疏评分数据时。

冷启动是稀疏问题的一个特例[18]。其包括：①如何向还没给任何物品评分的新用户推荐；②如何处理从未被评过分或购买过的物品。这两类问题都可以通过混合方法来解决，即利用额外的外部信息[22]。对于新用户问题，其他策略也可能奏效。一种方法是在推荐之前要求用户给出最低限度数量的评分。在这种情况下，系统需要能够从信息论角度智能地获取具有最多信息量的物品评分[23]。Goldberg 等提出的 Eigentaste 算法要求用户提供标准集合的评分也是一种类似的策略[24]。

接下来的小节主要介绍基于用户的协同过滤、基于物品的协同过滤和基于模型的协同过滤。

8.3.2 基于用户的协同过滤

基于用户的协同过滤是推荐系统最早采用的方法之一[25]，它基于这样一个假设：预测用户 u 对新物品 i 的评分，可以利用和用户 u 兴趣相近且对物品 i 做了评分的用户。这些和用户 u 兴趣相近的用户称为近邻。

系统根据用户对不同物品的评分来计算用户之间的相似性，取相似系数最大的前 k 个作为目标用户的邻居（k 近邻），并根据近邻用户对物品的评价产生推荐。B. Sarwar 把算法分为 3 个主要的阶段：表示阶段（见 8.3.1 节的用户—物品评价模型）、近邻选择阶段、推荐产生阶段[26]。

1. 近邻选择

衡量用户之间的相似性方法有余弦相似性、改进余弦相似性、Pearson 相关系数和 Spearman 秩相关系数或均方差。文献[27]的实验分析表明，对于基于用户的推荐系统来说，Pearson 相关系数比其他的方法更胜一筹。需要指出的是，Pearson 相关系数只是更适用于基于用户的推荐系统。对于基于物品的协同过滤推荐技术，余弦相似度方法比 Pearson 相关系数表现得更好。在这里，我们采用 Pearson 相关系数来确定相似用户集合。

给定 n 个用户，$U=\{u_1,\cdots,u_i,\cdots,u_n\}$代表用户集合，给定 m 个物品（产品），$P=\{p_1,\cdots,p_j,\cdots,p_m\}$代表物品（产品）集合，$\boldsymbol{R}=\{r_{ij}\}$（$i\in 1,\cdots,n;\ j\in 1,\cdots,m$）为 $n\times m$ 阶评分矩阵。用户 a 和用户 b 的相似度 sim(a,b)可以用式（8.5）来表示。符号 $\gamma_{a,p}$ 代表用户 a 对物品 p 的评分，$\overline{r_a}$ 代表用户 a 的平均评分。符号 $\gamma_{b,p}$ 代表用户 b 对物品 p 的评分，$\overline{r_b}$ 代表用户 b 的平均评分。则用户 a 和 b 的相似性度量值为：

$$\operatorname{sim}(a,b)=\frac{\sum_{p\in P}(\gamma_{a,p}-\overline{r_a})(\gamma_{b,p}-\overline{r_b})}{\sqrt{\sum_{p\in P}(\gamma_{a,p}-\overline{\gamma_a})^2}\sqrt{\sum_{p\in P}(\gamma_{b,p}-\overline{\gamma_b})^2}} \tag{8.5}$$

由上式可以看出，Pearson 相关系数方法考虑到了用户评分标准并不相同这个事实，采用均值中心化方法对评分进行标准化，用户 a 对物品 p 的评分均值化为 $\gamma_{a,p}-\overline{r_a}$，用户 b 对物品 p 的评分均值化为 $\gamma_{b,p}-\overline{r_b}$。Pearson 相关系数取值从+1（强正相关）到−1（强负相关）。

例如，对于表 8-3 中的 Tom 来说，其和用户 2 的相似度计算如下（$\overline{r_{\text{Tom}}}=\overline{r_a}=4$，$\overline{r_{\text{user2}}}=\overline{r_b}=2.4$）：

$$\text{sim}(\text{Tom},\text{user2})=\frac{(5-4)\times(3-2.4)+(3-4)\times(1-2.4)+\ldots+(4-4)\times(3-2.4)}{\sqrt{(5-4)^2+(3-4)^2+\ldots}\sqrt{(3-2.4)^2+(1-2.4)^2+\ldots}}=0.85 \quad (8.6)$$

类似地，Tom 和其他用户，即用户 3、用户 4 和用户 5 的相似度分别为 0.70、0.00 和−0.79。从上述计算结果可以看到，用户 2 和用户 3 与 Tom 的历史评分行为比较相似。

采用评分均值中心化方法可以发现，评分绝对值可能完全不同的两个用户之间具有较强的相似性。例如，尽管 Tom 和用户 2 的绝对评分值完全不同，但仍然可以发现评分值之间有相当明显的线性相关性，进而得出二人相似的结论。

2. 推荐产生

为了预测物品 5，需要考虑重视哪些近邻的评分，以及如何评价他们的意见。在本例中，很明显地，将用户 2 和用户 3 作为近邻来预测 Tom 的评分。下面的公式考虑了最近似的 k 个近邻与用户 a 平均评分 $\overline{r_a}$ 的偏差，计算用户 a 对物品 p 的预测值：

$$\text{pred}(a,p)=\overline{\gamma_a}+\frac{\sum\limits_{b\in S(a,k)\cap N(p)}\text{sim}(a,b)\times(\gamma_{b,p}-\overline{r_b})}{\sum\limits_{b\in k}\text{sim}(a,b)} \quad (8.7)$$

其中，$S(a,K)$是和用户 a 兴趣最相似的 k 个用户的集合，$N(p)$是对物品评过分的用户集合，$\text{sim}(a,b)$是用户之间的相似度，$\overline{r_a}$ 是用户 a 对他评过分的所有物品评分的平均值。

本例中，基于近邻用户 2 和用户 3 的评分预测 Tom 对物品 5 的评分为：

$$4+[\frac{1}{0.85+0.7}]\times[0.85\times(3-2.4)+0.70\times(5-3.8)]=4.87 \quad (8.8)$$

根据上述计算方法，可以得出 Tom 对所有未曾见过物品的预测评分，其中包括推荐列表中有最高预测值的那些物品。在本例中，把物品 5 放到推荐列表中是一个不错的选择。

一般来说，我们只选择那些与当前用户有正向关联、相似度高的所有用户（当然，这些用户已经为要预测的物品评过分），而不考虑所有的用户。因为，如果考虑所有的用户，不仅会对计算时间带来负面影响，而且还会对推荐准确度造成影响，因为那些实际上不可比的用户评分也会加入计算。那么，到底选择多少个近邻用户较为合适（k 的取值应该为多少）？降低近邻集合规模的通常方法是为用户相似度定义一个具体的最小阈值，或者将规模大小限制为一个固定值，而且只考虑 k 个最近邻。Anand and Mobasher（2005）[28]及 Herlocker et al.（1999）[27]讨论过这两种方法的潜在问题：如果相似度阈值过高，近邻规模就会很小，这就意味着很多物品没法预测（降低覆盖率）。相反，如果阈值过低，近邻规模就不会显著降低。

k 值（近邻规模）的选择不会影响到可预测物品的覆盖率。然而这并未解决如何发现一个好 *k* 值的问题：若近邻个数 *k* 太高，太多只有有限相似度的近邻会给预测带来额外的“噪声”；若 *k* 太小（比如文献[27]的试验中小于 10），预测质量也可能会受到负面影响。对 MovieLens 数据集的分析发现，“在大多数实际情况下，20～50 个近邻似乎比较合理”[29]。在文献[29]中可以找到使用不同赋权和相似度方案及不同近邻规模的详细分析。

上面的例子是实际环境的理想化。在实际应用中，评分数据集通常非常大，而且包含了成千上万甚至百万级的用户和物品，因此，必须考虑计算复杂度。此外，评分矩阵通常非常稀疏，每个用户只对所有有效物品非常小的一个子集进行评分。目前，我们给新用户推荐什么，该如何处理没有评分的新物品，这些问题都还有待研究。

8.3.3 基于物品的协同过滤

尽管基于用户的协同过滤方法已经成功地应用在不同领域，但在一些有着数以千万计用户和物品的大型电子商务网站上还是会存在很多严峻挑战。尤其是当需要扫描大量潜在近邻时，这种方法很难做到实时计算预测值。因此，大型电子商务网站经常采用一种不同的技术：基于物品的协同过滤推荐。这种推荐非常适合做线下预处理，因此在评分矩阵非常大的情况下也能做到实时计算推荐[30]。

基于物品的协同的主要思想是利用物品间的相似度，而不是用户间相似度来计算预测值。基于物品过滤推荐对用户—物品评价矩阵的列向量（物品向量）进行操作，计算目标物品与其他物品之间的相似性，根据用户已评分物品来预测用户对目标物品的评分，把评分最高的前 *N* 个物品作为推荐结果输出。

仍然以表 8-1 为例，采用基于物品的算法来预测 Tom 对“物品 5”的评分。首先，比较其他物品的评分向量，寻找与物品 5 相似评分的物品。如表 8-6 所示，表中第 6 列为物品 5 的评分（3,5,4,1)，与物品 1（表中第 2 列）的评分（3,4,3,1)、物品 4（表中第 5 列）的评分（3,3,5,2）部分相似。Tom 给物品 1 评 5 分，给物品 4 评 4 分，基于物品推荐的算法会按权重计算这些评分的平均值，从而预测 Tom 对物品 5 的评分会在 4 和 5 之间。

表 8-6 协同推荐的用户—物品评价矩阵

	物品 1	物品 2	物品 3	物品 4	物品 5
用户 1（Tom）	5	3	4	4	null
用户 2	3	1	2	3	3
用户 3	4	3	4	3	5
用户 4	3	3	1	5	4
用户 5	1	5	5	2	1

那么，如何度量物品之间的相似性？如何根据邻近物品的评分来预测目标物品的分值？

1. 相似性度量

为了找到相似物品，需要定义一种相似性度量标准。在基于物品的推荐方法中，余弦相似性由于效果精确，已经被证实是一种标准的度量体系。这种度量标准用两个 n 维向量之间的夹角来测算相似度。这种方法也被广泛用于信息检索和文本挖掘，用来比较两份文本文档，其中文档可以表示为词语的向量。

将两个物品 a 和 b 用对应的评分向量 $\boldsymbol{a}$ 和 $\boldsymbol{b}$ 来表示，其相似度可以定义如下：

$$\mathrm{sim}(\boldsymbol{a},\boldsymbol{b})=\frac{\boldsymbol{a}\bullet\boldsymbol{b}}{|\boldsymbol{a}|\times|\boldsymbol{b}|} \tag{8.9}$$

符号 • 表示向量间的点积，$|\boldsymbol{a}|$表示向量的欧氏长度，即向量自身点积的平方根。

物品 5 和物品 1 的余弦相似度因此可以计算为：

$$\mathrm{sim}(p_5,p_1)=\frac{3\times3+5\times4+4\times3+1\times1}{\sqrt{3^2+5^2+4^2+1^2}\times\sqrt{3^2+4^2+3^2+1^2}}=0.99 \tag{8.10}$$

相似度值介于 0 和 1 之间，越接近 1 则表示越相似。

基本的余弦方法不考虑用户评分平均值之间的差异。改进的余弦方法能够解决这个问题，其做法是采用均值中心化方法对评分进行标准化。相应地，改进余弦方法的取值在−1 到+1 之间，就像 Pearson 方法一样。

设 U 为所有同时给物品 a 和 b 评分的用户集，改进的余弦相似度计算如下：

$$\mathrm{sim}(a,b)=\frac{\sum_{u\in U}(\gamma_{u,a}-\overline{r_u})(\gamma_{u,b}-\overline{\gamma_u})}{\sqrt{\sum_{u\in U}(\gamma_{u,a}-\overline{\gamma_u})^2}\sqrt{\sum_{u\in U}(\gamma_{u,b}-\overline{\gamma_u})^2}} \tag{8.11}$$

文献[30]利用 MovieLens 最小的数据集对余弦相似度、皮尔逊相似度和改进的余弦相似度进行了对比，并将 MAE 作为评测指标。实验结果表明，改进后的余弦相似度进行基于物品的评分预测可以获得最优的 MAE。不过需要说明的是，在一个数据集上的实验并不意味着在其他数据集上能够获得相同的结果。

由表 8-7 的结果，物品 5 和物品 1 的改进余弦相似度值为：

$$\mathrm{sim}(p_5,p_1)=\frac{0.6\times0.6+02\times1.2+(-0.2)\times0.80+(-1.8)\times(-1.8)}{\sqrt{0.6^2+0.3^2+(-0.2)^2+(-1.8)^2}\times\sqrt{(0.6)^2+(1.2)^2+(0.8)^2+(1.8)^2}}=0.8 \tag{8.12}$$

表 8-7 均值中心化后的评分矩阵

	物品 1	物品 2	物品 3	物品 4	物品 5
用户 1（Tom）	1.00	−1.00	0.00	0.00	null
用户 2	0.60	−1.40	−0.40	0.60	0.60
用户 3	0.20	−0.80	0.20	−0.80	1.20
用户 4	−0.20	−0.20	−2.20	2.80	0.80
用户 5	−1.80	2.20	2.20	−0.80	−1.80

2. 推荐产生

基于物品的算法在预测用户 u 对物品 p 的评分时，会参考用户 u 对和物品 p 相似的其他物品的评分，即

$$\mathrm{pred}(u,p)=\overline{r_p}+\frac{\sum_{j\in S(p,k)\cap N(u)}\mathrm{sim}(j,p)\times(r_{u,j}-\overline{r_j})}{\sum_{j\in S(j,k)\cap N(u)}\mathrm{sim}(j,p)} \tag{8.13}$$

其中，$\overline{r_p}$ 是物品 p 的平均分，$S(p,k)$是和 p 最相似的 k 个物品集合，$N(u)$是用户 u 评过分的物品集合，$\mathrm{sim}(j,p)$是物品之间的相似度，$\overline{r_j}$ 是物品 j 的平均分。

就像在基于用户的方法中，基于物品的近邻集合的规模也会受限于一个固定值。也就是说，不是所有的近邻都会拿来做预测。

3. 基于物品协同过滤的数据预处理

传统的基于用户协同过滤的主要问题是：算法不能很好地适应大规模用户和物品数据。例如，给定 M 个用户和 N 个物品，在最坏的情况下，由于大多数用户只评分或购买了非常少量的物品，实际复杂度非常低。尽管如此，当用户的数量 M 达到几百万，线上环境要求必须在极短的时间内返回结果时，实时计算预测值仍然不可行。为了在不牺牲推荐精准度的情况下在大规模电子商务网站上应用基于物品的协同过滤推荐算法，人们通常选择离线计算数据。其想法是事先构建一个物品相似度矩阵，描述所有物品两两之间的相似度。在运行时，通过确定与物品 p 最相似的物品并计算 u 对这些近邻物品评分的加权总和来得到用户 u 对物品 p 的预测评分。近邻数量受限于当前用户评过分的物品个数。由于这样的物品数量一般都比较少，因此计算预测值可以在线上交互应用允许的短时间内完成。

考虑到内存需求，N 个物品的相似度矩阵理论上会有 N^2 项。但实际上项数会极低，而且还可以采取进一步的方法降低复杂度。可选的方案有，仅考虑那些与其他物品同时评分数最少的物品，或者对每个物品只记录有限的近邻。然而这种方法会增加无法预测某个特定物品的风险[30]。

原则上，这种离线预计算近邻的方法对基于用户的协同过滤方法也适用。但在实际情况下，两个用户评分重叠的情况非常少见。这就意味着一些其他的评分值可能影响到用户间的相似度。相对用户相似度而言，物品相似度更稳定，这种预处理计算不会过于影响预测准确度[30]。

除了这些所谓基于模型的方法中采用不同预处理技术之外，还可以仅利用评分矩阵中的某一部分以降低计算复杂度。一种基本技术是二次采样，这种技术可以随机选取数据的子集，或者忽略那些仅有非常少量评分或仅包含非常热门物品的用户记录。文献[31]也提出过一种更加高级且基于信息论的技术，用于过滤最“相关”用户。一般来说，可以用这些技术加速计算，但由于推荐用到的信息少了，系统做出精确预测的能力可能会下降。更多基于模型和基于预处理方法以减少复杂度和维度的内容将会在 8.3.4 节讨论。

8.3.4 隐语义模型和矩阵因子分解模型

隐语义模型（Latent Factor Model，LFM）是近几年来推荐系统领域最热门的研究话题，它的核心思想是通过隐含特征（Latent Factor）联系用户兴趣和物品。我们以图书推荐为例，简略地谈谈隐语义模型方法和前两节基于用户和基于物品方法的区别。

基于用户的方法。首先需要找到看了相同书的其他用户（兴趣相似的用户），然后给他们推荐那些用户喜欢的书。

基于物品的方法。需要给用户推荐与他们已经看过的书相似的书，比如某个读者看了很多机器学习方面的书，可以给他推荐数据挖掘或者模式识别方面的书。

还有一种方法，可以对物品的兴趣进行分类。对于某个用户，首先得到他的兴趣分类，然后从分类中挑选他可能喜欢的物品。对于这种方法，需要解决以下 3 个问题：如何对物品进行分类？如何确定用户对哪些类的物品感兴趣，以及感兴趣的程度？对于一个给定的类，如何选择属于这个类的物品给用户，以及如何确定这些物品在一个类中的权重？其中，对物品分类这个问题，采用传统的人为分类方法会有很多缺点。例如，假定找编辑给图书分类，存在以下缺点：编辑的意见不能代表各种用户的意见，编辑很难控制分类的力度；编辑很难给一个物品多个分类；很难确定一个物品在该分类中的权重。为了解决上面的问题，研究人员提出从数据出发，自动地找到那些类，然后进行推荐。这种技术就是隐语义分析（Latent Variable Analysis）技术。该技术从诞生到现在，产生了很多著名的模型和方法，如隐含类别模型（Latent Class Model，LCM）、隐语义模型（Latent Factor Model，LFM）、pLSA、LDA、Topic Model、Matrix Factorization、Factorized Model。这些名词在本质上都是隐语义分析这一思想体系的不同扩展。在推荐系统领域，提得最多的就是隐语义模型和矩阵分解模型（矩阵分解模型是隐语义模型的一种）。

隐语义模型试图通过描述产品和用户两种实体在因子上的特征来解释评分，而这些因子是根据用户的反馈自动推断出来的。用隐语义模型进行协同过滤的目标是揭示隐藏的特征，这些隐藏的特征能够揭示观测到的评分。该模型的一些实例包括 pLSA 模型、神经网络模型、隐式 Dirichlet 分配模型，以及由用户—物品评价矩阵的因子分解推导出的模型，也叫作基于 SVD（Singular Value Decomposition，奇异值分解）的模型。最近，矩阵因子分解模型由于其准确性和稳定性得到越来越多人的青睐。

在信息检索领域，SVD 是为了识别隐语义变量而发展起来的。然而，由于大部分评分值的缺失，把 SVD 应用到协同过滤领域的显式评分问题变得相对困难。当矩阵的信息不完整时，传统的 SVD 是不能被定义的。而且，简单地仅仅使用很少的已知信息很容易导致过拟合现象。早期的研究依赖于填充方法，即填充一些用户—物品评价矩阵的缺失值以使该矩阵变得稠密。然而，由于填充方法极大地增加了数据量，所以代价非常大。除此之外，不准确的填充也会使数据变得倾斜。因此，最近的研究根据观察到的评分直接建模，并通过充分的正则化模型来避免过拟合。

在本节中，我们阐述了几种矩阵因子分解技术，这些技术的准确性随其复杂度增大而增加。我们首先讲述基本模型 SVD。然后讲述 SVD++模型，该模型整合了用户反馈的其他信息来提高预测准确性。最后，介绍包含时间效应信息的 SVD 模型，这类模型适用于用户爱好随时间而变化的情况。

1. SVD

1）传统的 SVD 分解

如何补全一个矩阵？需要找一种对矩阵扰动最小的补全方法。什么才算是对矩阵扰动最小？一般认为，如果补全后矩阵的特征值和补全之前矩阵特征值相差不大，则扰动比较小。因此，最早的矩阵因子分解模型就是从 SVD（奇异值分解）开始的。

给定 n 个用户，$U=\{u_1,\cdots,u_i,\cdots,u_n\}$ 代表用户集合，给定 m 个物品（产品），$P=\{p_1,\cdots,p_j,\cdots,p_m\}$ 代表物品（产品）集合，$\boldsymbol{R}=\{r_{ij}\}$（$i\in 1,\cdots,n$；$j\in 1,\cdots,m$）为 $n\times m$ 阶用户—物品评价矩阵。r_{ij} 的取值表示用户 u_i 对物品 p_j 的喜欢程度。

首先，需要对评价模型中的缺失值进行简单地补全，比如用全局平均值或者用户/物品平均值补全，得到补全后的矩阵 $\boldsymbol{R}'$。其次，采用 SVD 分解，将 $\boldsymbol{R}'$ 分解成如下形式：

$$\boldsymbol{R}'=\boldsymbol{U}^{\mathrm{T}}\boldsymbol{S}\boldsymbol{V}$$

其中，$\boldsymbol{U}$ 是 $k\times n$ 正交矩阵，$\boldsymbol{V}$ 是 $k\times m$ 正交矩阵，$\boldsymbol{S}$ 是 $k\times k$ 对角矩阵，对角线上的每一个元素都是矩阵的奇异值。为了对 $\boldsymbol{R}'$ 进行降维，可以取最大的 f 个奇异值组成对角矩阵 $\boldsymbol{S}_f$，并且找到这个 f 奇异值中每个值在 $\boldsymbol{U}$、$\boldsymbol{V}$ 矩阵中对应的行和列，得到 $\boldsymbol{U}_f$ 和 $\boldsymbol{V}_f$，从而可以得到一个降维后的评分矩阵：

$$\boldsymbol{R}'_f=\boldsymbol{U}_f^{\mathrm{T}}\boldsymbol{S}_f\boldsymbol{V}_f$$

其中，$\boldsymbol{R}'_f(u,i)$ 就是用户 u 对物品 i 评分的预测值。

早期的 SVD 很难在实际系统中应用，其原因如下。

（1）该方法首先需要用一个简单的方法补全稀疏评分矩阵。一般来说，推荐系统的评分矩阵中有 95%以上都是缺失的。一旦不全，评分矩阵就变成稠密矩阵，从而需要很大的空间来存储评分矩阵。这种空间需求在实际系统中是不能接受的。

（2）该方法依赖的 SVD 方法的计算复杂度很高，特别是在稠密的大规模矩阵上更是非常慢的。一般来说，SVD 用于 1000 维以上的矩阵就非常慢，实际系统中有上千万的用户和物品，因此根本不适用于实际系统。

由于上述原因，SVD 算法在开始没有得到广泛关注。

2）隐语义模型 LFM

2006 年 Netflix Prize 开始后，Simon Funk 在博客上公布了一个算法（简称 Funk-SVD），引爆了学术界对矩阵分解类方法的关注。后来，Netflix Prize 的冠军 Koren 称 Funk-SVD 为隐语义模型（Latent Factor Model，LFM）。

从矩阵分解的角度来看，先把评分矩阵 $\boldsymbol{R}$ 分解为两个低维矩阵相乘：

$$\hat{\boldsymbol{R}}=\boldsymbol{P}^{\mathrm{T}}\boldsymbol{Q}$$

其中，$\boldsymbol{P}$ 为 $f\times n$ 矩阵，$\boldsymbol{Q}$ 为 $f\times m$ 矩阵。每一个用户都与一个 f 维向量 $\boldsymbol{p}_u\in\boldsymbol{R}^f$ 相关，每一个物品 i 都与一个 f 维向量 $\boldsymbol{q}_i\in\boldsymbol{R}^f$ 相关。给定一个用户 u，向量 $\boldsymbol{p}_u$ 的维度值代表了用户对这些因子的偏好程度。例如，某用户对搞笑因子的偏好程度为 1，而对恐怖因子的偏好程度为 0.1，这些值的大小反映了用户对这些因子的积极或消极的评价。给定一个物品 i，向量 $\boldsymbol{q}_i$ 的维度值代表了该物品拥有这些因子的程度。例如，某部电影的搞笑程度为 5，而恐怖因子程度为 1。其取值大小反映了物品拥有这些因子的积极或者消极程度。同样地，$q_i^{\mathrm{T}}p_u$ 记录了用户和物品之间的交互，也就是用户对物品的总体感兴趣度。

用户 u 对物品 i 的评分预测值：

$$\hat{r}_{ui}=\sum_f \boldsymbol{p}_{uf}\boldsymbol{q}_{if}$$

其中，$\boldsymbol{p}_{uf}=\boldsymbol{P}(u,f)$，$\boldsymbol{q}_{if}=\boldsymbol{Q}(i,f)$。

如何得到矩阵 **P** 和 **Q**？Simon Funk 的思想很简单，可以直接通过训练集的观察值利用最小化 RMSE（RMSE 知识点见 8.1.3 节）学习 **P**、**Q** 矩阵。Simon 认为，既然我们用 RMSE 作为评测指标，如果能找到合适的 **P**、**Q** 来最小化训练集的预测误差，那么应该也能最小化测试集的预测误差。因此，定义损失函数为

$$C(p,q)=\sum_{(u,i)\in T}(r_{ui}-\sum_{f=1}^{F}\boldsymbol{p}_{uf}\boldsymbol{q}_{if})^2$$

其中，T 为训练集合。

直接优化上面的损失函数可能会导致学习的过拟合，因此还需要加入防止过拟合项 $\lambda(\| q_i \|^2+\| p_u \|^2)$，其中 λ 是正则化参数，从而得到：

$$C(p,q)=\sum_{(u,i)\in T}(r_{ui}-\sum_{f=1}^{F}\boldsymbol{p}_{uf}\boldsymbol{q}_{if})^2+\lambda(\| q_i \|^2+\| p_u \|^2)$$

要最小化上面的损失函数，可以利用交替最小二乘法（Alternating Least Squares，ALS）或者随机梯度下降法来实现。

（1）交替最小二乘法（ALS）。

交替最小二乘法是统计分析中最常用的逼近计算的一种算法，其交替计算结果使得最终结果尽可能地逼近真实结果。在这里，ALS 就是交替固定 p_u 来计算 q_i，再固定 q_i 来计算 p_u。当其中一个是常量时，最优化问题变成了二次的，就可以优化求解。这样交替迭代进行下去，直到取得 $C(p,q)$ 的最优解。因为每步迭代都会降低误差，并且误差是有下界的，所以 ALS 一定会收敛。但由于问题是非凸的，ALS 并不保证会收敛到全局最优解。但在实际应用中，ALS 对初始点不是很敏感，是否全局最优解造成的影响并不大。Spark MLlib 的基础推荐算法是 ALS。

（2）随机梯度下降法。

随机梯度下降法首先通过求参数的偏导数找到最速下降方向，然后通过迭代法不断地优化参数。上面定义的损失函数里有两组参数 p_{uf} 和 q_{if}，最速下降法需要首先对它们分别求偏导数，可以得到：

$$\frac{\partial C}{\partial p_{uf}}=-2q_{if}\cdot e_{ui}+2\lambda p_{uf}$$

$$\frac{\partial C}{\partial q_{if}}=-2p_{uf}\cdot e_{ui}+2\lambda q_{if}$$

然后，根据随机梯度下降法，需要将参数沿着最速下降方向向前推进，因此可以得到如下递推公式：

$$p_{uf}=p_{uf}+\alpha(q_{if}\cdot e_{ui}-\lambda p_{uf})$$

$$q_{if}=q_{if}+\alpha(q_{uf}\cdot e_{ui}-\lambda p_{if})$$

其中，α 是学习速率，它的取值需要通过反复试验获得。

LFM 模型提出后获得了很大的成功，后来很多著名的模型都是通过对 LFM 进行改进获得的。下面我们介绍加入偏置项后的 LFM。

3）加入偏置项后的 LFM

回顾上面提到的 LFM 预测公式：$\hat{r}_{ui}=\sum_f p_{uf}q_{if}$ ，该预测公式通过隐类将用户和物品联系在一起。然而在一些实际情况下，一个评分系统有些固有属性与用户物品无关，用户也有些属性与物品无关，此外，物品也有些属性与用户无关。因此，Netflix Prize 提出了另一种 LFM，其预测公式如下：

$$\hat{r}_{ui}=\mu+b_u+b_i+{p_u}^{\mathrm{T}}q_i$$

该公式中新加了三项参数 μ，b_u，b_i，其中：

μ：训练集中所有记录的评分的全局平均数。在不同网站中，因为网站定位和销售的物品不同，网站的整体评分分布也会显示出一些差异。有些网站中的用户喜欢打高分，而另一些网站的用户喜欢打低分。全局平均数可以表示网站本身对用户评分的影响。

b_u：用户偏置项。该项表示用户评分习惯中和物品没有关系的因素。比如有些用户比较苛刻，对什么东西要求都很高，则他的评分就会偏低，而有些用户比较宽容，对什么东西都觉得不错，那么他的评分会偏高。

b_i：物品偏置项。这一项表示物品接受的评分中和用户没有什么关系的因素。比如有些物品本身质量就很高，因此获得的评分相对就较高，而有些物品本身质量很差，因此获得的评分相对就会比较低。

增加的 3 个参数中，只有 b_u 和 b_i 是要通过机器学习训练出来的。

因此，相应地，损失函数表示为

$$C(p,q)=\sum_{(u,i)\in T}(r_{ui}-\mu-b_u-b_i-{p_u}^{\mathrm{T}}q_i)^2+\lambda(b_u^2+b_i^2+\|p_u\|^2+\|q_i\|^2)$$

为了学习模型中的参数，也就是 b_u、b_i、p_u 和 q_i，我们可以最小化以下正则化的平方误差：

$$\min_{b,q,p}\sum_{(u,i)\in K}(\gamma_{ui}-\mu-b_u-b_i-{p_u}^{\mathrm{T}}q_i)^2+\lambda(b_u^2+b_i^2+\|p_u\|^2+\|q_i\|^2)$$

常量 λ 控制了正则化程度，一般通过交叉验证来获得。最小化过程仍然是通过随机梯度下降法或者交替最小二乘法来实现的。

一种简单的随机梯度下降优化算法是由 Funk 推广的，并在后续的其他研究中得到成功地实践。该算法对训练数据中的所有评分做循环。对于给定的评分 γ_{ui}，其预测评分记为 $\hat{r}_{ui}$，相关的预测误差记为 $e_{ui}\overset{\mathrm{def}}{=}r_{ui}-\hat{r}_{ui}$ 。对于给定的训练样例 γ_{ui}，我们通过朝着与梯度相反的方向移动来修正参数，如下所示：

$$b_u\leftarrow b_u+\gamma(e_{ui}-\lambda_4 b_u)$$
$$b_i\leftarrow b_i+\gamma(e_{ui}-\lambda_4 b_i)$$
$$q_i\leftarrow q_i+\gamma(e_{ui}p_u-\lambda_4 q_i)$$
$$p_u\leftarrow p_u+\gamma(e_{ui}q_i-\lambda_4 p_u)$$

当在 Netflix 数据上评估该方法时，使用下面的参数值：$\gamma=0.005$，$\lambda_4=0.02$ 。

2. SVD++

SVD 模型没有显式地考虑用户的历史行为对用户评分预测的影响。Koren[32]提出把具有用户历史评分的物品加入到 LFM 模型中，新的模型称为 SVD++。

考虑隐式反馈信息可以增加预测精确度，这些隐式反馈信息提供了用户爱好的额外指示。这对于那些提供了大量隐式反馈但是仅仅提供少量显式反馈的用户尤为重要。正如之前解释的那样，即使在独立的隐式反馈缺失时，我们也可以通过考虑用户评分的物品来得到用户兴趣的信息，而无须考虑这些物品的评分值。这样就出现几种根据用户评分的物品来对用户的某个因子（用户对某个因子的喜好程度，比如，电影评分记录中用户对喜剧电影的喜爱程度因子）建模的方法。其中，SVD++方法能够提供比 SVD 方法更好的准确度。

为了达到这个目的，增加第二个物品因子集合，即为每个物品 i 关联一个因子向量 $\boldsymbol{y}_i \in \boldsymbol{R}^f$ 。这些新的物品因子根据用户评分的物品集合来描述用户的特征。确切的模型如下：

$$\hat{r}_{ui} = \mu + b_i + b_u + q_i^{\mathrm{T}}(\boldsymbol{p}_u + |R(u)|^{-\frac{1}{2}} \sum_{j \in R(u)} y_j)$$

其中，集合 $R(u)$ 包含用户 u 评分的所有物品。

现在，用户 u 的因子偏好程度被建模为 $\boldsymbol{p}_u + |R(u)|^{-\frac{1}{2}} \sum_{j \in R(u)} y_j$ ，正如上式一样，使用用户 u 的因子偏好程度 $\boldsymbol{p}_u$ ，这个向量从已知的显式评分记录学习得到。该向量由 $|R(u)|^{-\frac{1}{2}} \sum_{j \in R(u)} y_j$ 这一项做补充，这一项是从隐式反馈的角度出发的。由于 y_j 在 0 的附近取值（根据正则化），为了在观察值$|R(u)|$的整个范围内稳定其方差，我们用 $|R(u)|^{-\frac{1}{2}}$ 来对其和做规范化。

模型的参数是通过采用随机梯度下降方法最小化相关联的正则化平方误差函数而取得的，方法是在所有评分值已知的集合 K 上做循环，计算：

$$b_u \leftarrow b_u + \gamma(e_{ui} - \lambda_5 b_u)$$

$$b_i \leftarrow b_i + \gamma(e_{ui} - \lambda_5 b_i)$$

$$q_i \leftarrow q_i + \gamma(e_{ui}(p_u + |R(u)|^{-\frac{1}{2}} \sum_{j \in R(u)} y_j) - \lambda_6 q_i)$$

$$p_u \leftarrow p_u + \gamma(e_{ui} q_i - \lambda_6 p_u)$$

$$\forall j \in R(u): y_j \leftarrow y_j + \gamma(e_{ui} |R(u)|^{-\frac{1}{2}} q_i - \lambda_6 y_j)$$

当在 Netflix 数据上评估方法时，使用下面的参数值：$\gamma = 0.007$ ，$\lambda_5 = 0.005$ ，$\lambda_6 = 0.015$ 。而且最好是每一次迭代后减少步长（也就是γ）至原来的 90%，迭代过程会持续 30 次迭代直至收敛。

通过使用额外的物品因子集合，可以把几种类型的隐式反馈同时引入模型中。例如，如果一个用户 u 对 $N^1(u)$ 中的一些物品有某种类型的隐式偏好（如他租借了它们），对 $N^2(u)$ 中的物品有另一种不同类型的偏好（如他检索过它们），可以使用下面的模型：

$$\hat{r}_{ui} = \mu + b_i + b_u + q_i^{\mathrm{T}}(p_u + |N^1(u)|^{-\frac{1}{2}} \sum_{j \in N^1(u)} y_j^{(1)} + |N^2(u)|^{-\frac{1}{2}} \sum_{j \in N^2(u)} y_j^{(2)}$$

每种隐式反馈信息的相对重要性将通过对模型参数各自值的设定由算法自动学习得到。

3. 时间敏感的因子模型

矩阵因子分解方法能很好地对时间效应建模，这样可以提高预测结果的准确度。通过把评分分解为不同的项，可以分别处理不同方面的时序影响。尤其是可以定义下面随时间变化的因子：①用户偏置 $b_u(t)$；②物品偏置 $b_i(t)$；③用户偏好 $p_u(t)$。

1）随时间变化的物品偏置 $b_i(t)$

首先确定如何选择随时间变化的物品偏置 $b_i(t)$。我们发现完全可以把物品偏置分割为不同的时间段来计算，而每一个时间段都用一个常数表示物品偏置。把时间轴划分到不同的时间段时，既希望时间粒度较细（时间段较短），又需要每个时间段包含足够的评分记录（时间段较长），这就需要权衡。对电影评分数据来说，在相同准确度条件下，可选择的时间段大小的范围非常宽泛。在具体的实现中，每一个时间段对应大约连续十周的评分数据，需要 30 个时间段来跨度数据集中的所有天数。天数 t 关联着一个整数 Bin(t)（在数据集中，取值 1～30），于是电影偏置就被分为一个固定部分和一个随时间变化的部分。

$$b_i(t) = b_i + b_{i,\mathrm{Bin}(t)}$$

2）随时间变化的用户偏置 $b_u(t)$

尽管把参数分时间段取值在物品偏置上很好，但是很难推广到用户偏置的计算上。一方面，我们希望对用户采用精细的时间粒度，用以发现非常短时间的时间效应。另一方面，我们又不能希望每个用户都会有足够的评分数据，用以对独立的时间段做出可靠的估计。我们可以考虑用不同的函数形式来参数化随时间变化的用户行为，当然每个函数形式的复杂度和准确度都不同。

一个简单的建模选择是使用一个线性函数来模拟用户偏置可能的渐变过程。对每个用户 u，定义该用户评分日期的均值为 t_u。现在，若用户 u 在 t 天的时候评价了一部电影，则与该评分相关的时间偏置定义为：

$$\mathrm{dev}_u(t) = \mathrm{sign}(t - t_u) \cdot |t - t_u|^{\beta}$$

该式中，$|t - t_u|$ 是日期 t 和 t_u 间隔的天数。我们通过交叉验证来设置 β 的值，这里采取 $\beta = 0.4$。我们为每个用户引入一个单独的新参数 a_u。这样便得到了第一个与时间相关的用户偏置：

$$b_u^{(1)}(t) = b_u + a_u \mathrm{dev}_u(t)$$

这个用来近似随时间变化的用户行为的简单线性模型需要为每一个用户 u 学习两个参数：β_u 和 a_u。

我们也可采用曲线来进行更灵活的参数化。假设用户 u 有 n_u 条评分记录。指定 k_u 个时间点，$\{t_1^u,\cdots,t_{k_u}^u\}$，这些时间点把用户评分记录日期进行了均匀地划分，并且作为核控制着下面的函数：

$$b_u^{(2)}(t)=b_u+\frac{\sum_{l=1}^{k_u}\mathrm{e}^{-\sigma|t-t_l^u|}b_{t_l}^u}{\sum_{l=1}^{k_u}\mathrm{e}^{-\sigma|t-t_l^u|}}$$

参数 $b_{t_l}^u$ 与控制点（也叫核）相关，它们可从数据中自动学习得到。这样用户偏置就由这些参数的时间加权组合组成。控制点的个数 k_u 用于调和算法灵活性和计算效率。在这里设 $k_u=n_u^{0.25}$，使其随着可用的评分记录增加而增加。常量 σ 决定了曲线的平滑度，通过交叉验证将其值设为 $\sigma=0.3$。

目前为止，我们讨论了用户偏置建模时采用的平滑函数，这些平滑函数非常适合模拟逐渐观念转变的时间效应情景。然而，在很多应用中，有很多在某一天或某段时间会发生瞬间变化的突变情形。例如，在电影评分数据集中，我们发现在某一天某个用户给出的众多评分值往往集中在一个单一的值。这样的结果跨度只在某一天之内。这个结果或许反映了用户当天的心情，或许是受到某个其他用户评分的影响，或许是用户评分标准的真实变化。为了处理这样短时间存在的影响，可以为用户和时间（这里以天为单位）指定一个参数，用以反映特定天的变化。在协同过滤中有关基准测试时序建模的更多知识请参见文献[33]。

3）随时间变化的因子模型

上面讨论了时间因子对物品偏置、用户偏置的影响。接下来，我们讨论时间效应对用户偏好的影响。例如，“心理惊悚片”类型的影迷或许一年后变成“罪案片”的影迷。类似地，人们会改变他们对特定导演和演员的看法。这类演进通过把用户因子（向量 $\boldsymbol{p}_u$）作为时间的函数来建模。再一次，我们需要在面临用户评分的内置稀疏性的困境下，以每天这样的精细时间粒度来对这些变化建模。事实上，这些时间效应是最难捕获到的，因为用户偏好并不像主要影响（用户偏置）那样明显，而是被分割成了许多因素。

与处理用户偏置的方式类似，对用户偏好的每一个组成成分进行建模，即 $p_u(t)^{\mathrm{T}}=(p_{ul}(t),\cdots,p_{uf}(t))$。在电影评分数据集中，我们发现以下建模是有效的：

$$p_{uk}(t)=p_{uk}+a_{uk}\cdot\mathrm{dev}_u(t)+p_{uk,t}\qquad k=1,\cdots,f$$

这里，p_{uk} 代表因子的不变部分，$a_{uk}\cdot\mathrm{dev}_u(t)$ 是对可能随时间线性变化的参数，来扩展 SVD 因子模型。得到的扩展模型记为 timeSVD++，且预测规则如下：

$$\hat{r}_{ui}=\mu+b_{i(t_{ui})}+b_{u(t_{ui})}+q_i^{\mathrm{T}}(p_{u(t_{ui})}+|R(u)|^{-\frac{1}{2}}\sum_{j\in R(u)}y_j)$$

随时间变化的参数 $b_i(t)$、$b_u(t)$ 和 $p_u(t)$ 前面有精确的定义。学习过程通过使用随机梯度下降法来最小化数据集上相关的平方误差函数来完成。整个过程与原始的 SVD++ 算法类似。每一次迭代的时间复杂度仍然与输入大小呈线性关系，而运行时间大概是 SVD++算法的两倍，原因是更新时序参数需要额外的花费。重要的是，收敛速度并没有受时序参数变化的影响，大概经历 30 次迭代后该算法就会收敛。

8.4 其他推荐技术

1. 关联规则推荐

关联规则由 R. Agrawal 最先提出，它是在大的顾客交易数据集上找出项集之间的关联性。分析顾客放入其购物篮中的物品，了解哪些物品同时频繁地被顾客购买，进而形成这些物品之间的相关推荐[34]。

关联规则挖掘是数据挖掘领域的一个重要分支。关联规则就是在一个交易数据库中统计购买了物品集 X 的交易中有多大比例的交易同时购买了物品集 Y，得到的关联规则表示为：X=>Y[s%,c%]。其中 s 表示关联规则的支持度，c 表示关联规则的置信度。使用关联规则发现算法找出所有满足最小支持度和最小置信度的关联规则 R。

发现所有的有充分支持度和置信度的关联规则可以分为以下两个子问题[35]：

（1）寻找那些事务的支持度超过最小支持度的物品的所有组合，把这些组合称为大物品集，而其他组合称为小物品集。解决此问题的算法有 Apriori 和 AprioriTid 等。

（2）用大物品集产生需要的规则。一般的想法是，如果 ABCD 和 AB 是大物品集，通过计算比率 r=支持数（ABCD）/支持数（AB），从而确定是否有规则。仅当 r 大于或等于最小置信度时此规则才成立。

找出所有满足最小支持度和置信度的关联规则集 R 后，根据关联规则向顾客产生推荐又可分为以下几步：①找出 R 中所有被目标客户支持的关联规则 R_1，即关联规则左边的所有物品都被客户购买。②找出被关联规则 R_1 所预测并且没有被目标客户所购买的所有物品 P。③根据 P 中物品在关联规则 R_1 中的置信度排序，如果某物品被多个规则预测，则取置信度最大者作为排序依据，挑选前 N 个物品作为算法输出。其中关联规则的发现是算法的瓶颈，可以离线进行。该算法的优点是可以为用户发现新的兴趣。缺点是随着事务的增多，规则的发现将非常耗时，并且规则难以解释。

2. 基于知识的推荐

基于知识的推荐系统根据用户的偏好信息通过推断什么产品能满足用户的需求来产生推荐。基于知识的推荐特点是它要有功能知识：知道一物品如何满足一特定用户的需要，并能在用户的需要和所推荐的物品之间建立关联。例如：PesonalLogic（http://www.personallogic. com）推荐系统通过对话的方式使用户对产品的所有特征偏好作出描述，另外一些系统使用大量的决策支持或基于案例的推理工具来产生推荐。

与协同过滤推荐系统相比，基于知识的推荐系统有以下优点：①由于所产生的推荐不依赖于用户对物品的评价，所以基于知识的推荐不需要用到用户数据库。②由于所产生的推荐不依赖于用户兴趣文件，所以基于知识的推荐不会有“冷启动”问题。③由于所产生的推荐与用户以往的偏好没有关系，基于知识的推荐能根据用户的兴趣变化快速作出调整。④基于知识的推荐在汽车、房产、职业、学校等产品特征对用户来说作用重大而又易于比较的产品领域能取得良好的推荐效果。

虽然基于知识的推荐系统有诸多优点，但是，也存在一些不足：要想取得良好的推荐效果，系统必须对产品领域有深刻的理解，用户关心产品的哪些属性，这些属性如何满足用户的需求，并且把这些知识以易于推理的方式存储于知识库中。因此，知识库的设计是系统实现的瓶颈。

3. 基于效用的推荐

根据计算的物品对用户的效用值来产生推荐。这种方法的特点是要求建立包括所有可能对用户效用产生影响的物品特征的效用函数，这样做的好处是它能综合体现产品价值的多方面因素，如交货时间、卖家的可靠性等。这一灵活性同时也是它的缺点：必须建立包含所有特征的用户偏好函数，为每一特征赋相应的权值，这样就会加重人机交互的负担，并且有时难以做到。

4. 基于人口统计信息的推荐

人口统计信息用来识别喜欢某类物品的用户特征。人口特征可以包括年龄、性别、教育程度等。通过用户对物品的评价来识别具有相同偏好的用户群。用户统计信息的获取一般比较困难，一般采用人机对话的方式获取，也可以通过用户的个人主页信息来获取[36]。其优点是没有新用户问题，不需要领域知识；缺点是用户的人口统计信息难以得到。

5. 基于网络结构的推荐

基于网络结构的推荐技术不考虑物品的属性，也不考虑用户的特征，而是把用户和物品都看成抽象的点。其中比较有代表性的是基于二部分图资源分配的推荐算法[37]。算法假设用户选择过的每个物品都有向用户推荐其他物品的能力，拥有资源的物品会把更多的资源交给自己青睐的物品。如果用户选择了某物品，则这两点之间就用 1 表示，否则用 0 表示。物品 j 愿意分配给物品 i 的资源配额 w_{ij} 可以表示为 $w_{ij}=\frac{1}{k_j}\sum_{l=1}^{m}\frac{a_{il}a_{jl}}{k_l}$，其中 m 表示系统中的用户数量，k_j 表示物品 j 的度（被多少用户选择过），k_l 表示用户 l 的度（该用户选择过多少物品），a_{il} 表示用户 l 是否选择过 i 物品，若选择过 i 物品，则 $a_{il}=1$，否则，$a_{il}=0$。如此，根据用户选择过的物品就可以算出所有未被选择的物品的资源分配，按照资源分配从大到小顺序排列，产生推荐结果。

6. 混合推荐

由于各种推荐技术各有优缺点，于是人们综合两种或两种以上的推荐技术来取得更好的推荐效果。基于内容的推荐和协同过滤是目前研究和应用最多的组合推荐方法，结合这两种过滤技术可以克服各自的一些缺点。为了克服协同过滤的稀疏性问题，可以利用用户浏览过的资源内容预期用户对其他资源的评价，这样可以增加资源评价的密度，利用这些评价再进行协同过滤，从而提高协同过滤的性能[38]。

Fab 是最早的混合推荐系统。推荐过程分为两个阶段：收集网页以形成一个可管理的数据库或索引，随后将这些网页分发给特定的用户。用户描述文件通过分析用户评价过的网页的内容得到，在推荐时与其他用户的描述文件进行比较以找到相似用户。系统会向用户推荐基于自身描述文件得分较高的网页及相似用户评分较高的网页[39]。

BM Sarwar 提出过滤器的概念[40]，每个过滤器被看作一个独立的用户，使用不同的算法分析文章并为文章打分，打分后的文章被送到 Grouplens 推荐引擎，系统会根据用户评分和过滤器评分计算两者之间的相似性，从而为用户选择不同的过滤器，每个过滤器被赋予不同的权重。这样就可以预测用户对所有未评分项的评分，在此基础上进行协同过滤。N. Good 验证了把用过滤器得到的评分和协同过滤得到的评分结合起来得到的推荐结果要比单独根据过滤器或协同过滤方法得到的推荐结果好[41]。

M. Claypool 把基于内容的推荐和协同过滤推荐用于在线报纸推荐[42]，把两种方法的预测结果加权平均：初始赋予协同过滤推荐和基于内容推荐相同的权重，随着用户评分数据的增多，计算每种预测结果的绝对误差，并调整权值以使误差最小。权值与用户评分数据相关，所以对于不同的用户可有不同的权值。

P. Melville 用基于内容的预测计算用户对未评分项的评分，以解决评分矩阵的稀疏性问题[43]，把基于内容的评分和协同过滤的评分加权平均，权重由目标用户评价过的物品的个数及目标用户与其他用户共同评价过的物品的个数决定。

与以上两种方法的基本思想类似，Q. Li 等也是把基于内容的推荐与协同过滤推荐加权平均[44,45]。所不同的是并不直接依赖物品的内容计算目标用户对物品的评分，而是计算用户对不同属性值的偏好程度（选评分大于 3 的项作为用户偏好的物品），据此对用户进行聚类，计算每个用户属于不同类的概率，再以此概率计算用户之间的相似性。最后把此相似系数与传统的依据原始评分矩阵得到的相似系数加权平均，权值通过最小化平均绝对误差（MAE）动态来调节。

M. Garden 同时用协同过滤和基于内容的过滤进行推荐[46]。与一般基于内容的推荐不同，它利用用户对语义特征的偏好进行预测。允许用户自定义物品的特征并给出该特征的重要性及对物品得分的影响进行评价，根据对不同特征的态度来区分用户。物品也根据所有用户评价过的不同特征出现的次数来表示。最后根据用户和物品所拥有的共同特征及用户对该特征的评分计算物品的最后得分。

文献[47]将物品属性值引入协同过滤算法，把用户对物品的评分转化成对物品属性值的评分分布，从而得到用户描述文件，由用户描述文件计算用户之间的相似度。由于物品属性数远远小于物品数量，用这种方法可以有效地解决协同过滤算法中的数据稀疏性问题，同时提高系统的实时性。

另外一种混合思路是从机器学习的观点看待预测问题，把预测问题看作标准的分类问题，典型的有 C. Basu 提出的电影推荐，协同特征表示成集合的形式，这些特征混合了一些典型的内容特征。把这些数据输入 Ripper 中以学习得到一个二进制分类器，区别用户喜欢和不喜欢的电影[48]。D. Billsus 将用户评价过的项作为训练样本，每个样本表示成一个特征向量，每一分量为其他用户对该项的评价，目标用户的评价作为类标签。根据学习得到的分类规则来预测用户对未评分项的评分[49]。

R. Burke 提出基于知识推荐与协同过滤相结合的系统，系统设置了一系列参数，根据参数取值决定采用何种推荐技术[50]。例如，在用户使用系统初期，使用基于知识的推荐，当各参数都满足阈值要求时再采用协同过滤推荐。

在组合方式上，T. Tran 提出了 7 种组合思路[51]：

（1）加权平均（Weight）：加权多个推荐方法的推荐结果。

（2）转换（Switch）：根据具体情形在几个推荐方法之间转换。

（3）混合（Mixed）：同时采用多种推荐技术给出多种推荐结果供用户参考。

（4）特征组合（Feature combination）：组合来自不同推荐数据源的特征被另一种推荐算法所用。

（5）瀑布（Cascade）：后一种推荐方法优化前一种推荐结果。

（6）特征扩充（Feature augmentation）：后一个推荐方法的输入包含了前一个推荐方法的输出。

（7）元层次模型（Meta-level）：前一个推荐方法所得出的模型作为后一个推荐方法的输入。

8.5 实战：基于协同过滤算法推荐电影

随着信息技术的发展，各式各样的电影内容充斥着整个网络，电影网站上存在大量的电影内容，如果用户通过翻页的方式来寻找自己想看的电影可能会感到疲劳甚至放弃观看，虽然很多视频网站都有搜索引擎可供用户直接搜索目标电影，但这类搜索是针对有明确目的目标的用户，对于没有明确观看目标的用户而言，需要一种能使用户发现可能想看的电影的工具。

推荐系统的任务就是联系用户和内容，一方面帮助用户发现自己喜欢的内容，另一方面让电影内容能够展现在对它感兴趣的用户面前，从而实现内容提供商和用户间的双赢。推荐系统通过分析用户对电影的评分行为，对用户兴趣建模，从而预测用户的兴趣并给用户做推荐。优酷土豆、爱奇艺、乐视等内容提供商都不同程度地实现了个性化推荐。

本实战案例的目标：基于协同过滤算法为用户提供个性化电影推荐。具体思路如下，基于已有的用户对电影的评价，采用 Spark MLlib 中的协同过滤算法，通过交替最小二乘法（Alternating Least Squares，ALS）建立矩阵因子分解模型，通过该模型预测特定用户可能会感兴趣的电影。

实战步骤为：

（1）加载用户、物品、用户—物品评分数据集，并按照规则解析成特定格式。

（2）将解析后的用户—物品评分数据集划分为训练集与测试集两部分，训练集用来训练形成矩阵因子分解模型，测试集则用来评测模型的准确度。需要指出的是，实际项目中还需有验证集，本次实验省略该部分。

（3）采用交替最小二乘法，训练用户与电影之间的矩阵模型。

（4）基于训练集进行预测，利用测试集来验证预测结果是否有效。

实战环境为：采用 Hadoop 2.5 集群，Hadoop 2.7.3，Spark 1.6.2，Scala 2.1.0。

8.5.1 数据准备与导入

1. 数据准备

本次实验使用的数据集 MoiveLens 来自美国明尼苏达大学计算机科学与技术系的 GroupLens 实验室。在 GroupLens 的官网（http://grouplens.org/datasets/movielens/）上可以找到 MoiveLens 的数据集，页面如图 8-5 所示。

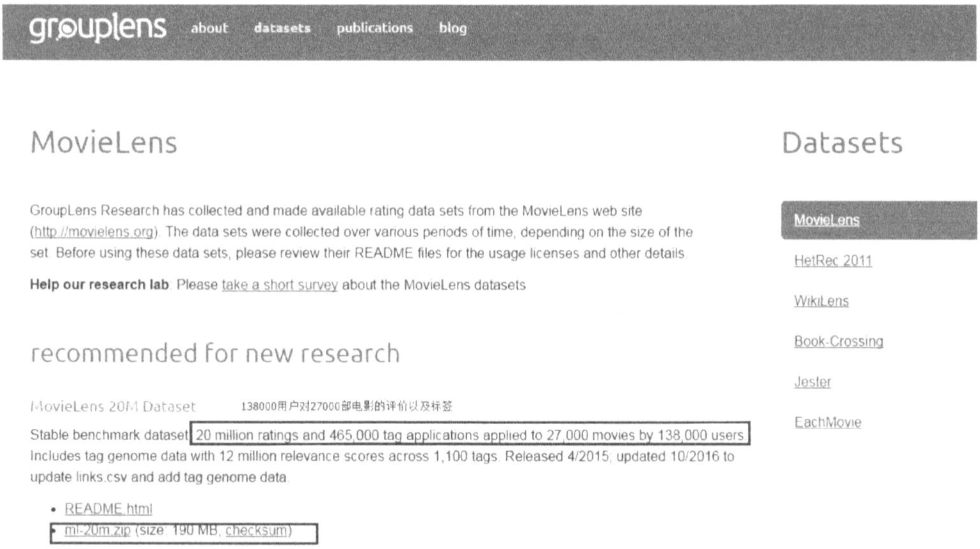

图 8-5 GroupLens 官网 MoiveLens 数据集界面

针对不同的数量级别，可下载对应的数据集，如图 8-6 所示。

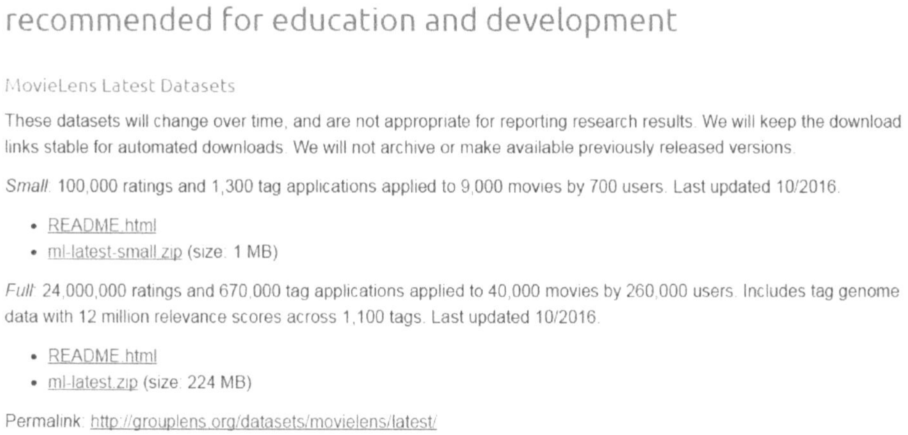

图 8-6 MovieLens 数据集下载页面

本次实战使用稳定的基准数据集，其中包括 138 000 个用户对 27 000 部电影进行了 20 000 000 个评分，还包括 1 100 个标签以及 12 000 000 个分数，数据创建时间为

2015/4，数据更新时间为 2016/10。

下载的文件压缩包中有 3 个文件：电影信息文件 movies.dat、用户信息文件 users.dat 和用户—物品评分文件 ratings.dat。本次验只用到了 movies.dat 和 ratings.dat 文件，将上述文件上传至服务器指定目录（本次例子为/home/app/test）。

movies.dat 中每条记录的格式为：电影 ID、电影标题、电影风格，表 8-8 所示为部分记录。ratings.dat 中每条记录的格式为：用户 ID、电影 ID、评论分数、时间戳，表 8-9 所示为部分记录。dat 文件中数据字段之间用“，”号隔开。

表 8-8　电影信息数据

电影 ID	电影名称	电影风格
1	Toy Story （1995）	Adventure|Animation|Children|Comedy|Fantasy
2	Jumanji （1995）	Adventure|Children|Fantasy
3	Grumpier Old Men （1995）	Comedy|Romance
4	Waiting to Exhale （1995）	Comedy|Drama|Romance
5	Father of the Bride Part II （1995）	Comedy
6	Heat （1995）	Action|Crime|Thriller
...	...	...

表 8-9　用户—电影评分数据

用户 ID	电影 ID	评　分	评论时间	用户 ID	电影 ID	评　分	评论时间
1	169	2.5	2008/3/8	3	1619	2.5	2008/3/8
1	2471	3	2008/3/9	4	21471	3	2008/3/9
1	48516	5	2008/3/9	5	4516	5	2008/3/9
2	2571	3.5	2008/3/9	6	21571	3.5	2008/3/9
2	109487	4	2008/3/9	7	19487	4	2008/3/9
2	112552	5	2008/3/9	8	11552	5	2008/3/9
...	...	...	...	...	...	...	...

结合到具体的电影数据中来说，用户和电影评价矩阵是 K 维的稀疏矩阵，ALS 算法会把它视作两个稠密矩阵，即用户矩阵（用户数量 K 维）、电影评价矩阵（评价数量 K 维）的积。在机器学习理论中，这两个稠密矩阵被称为潜在特征模型。

2. 数据导入

Movies.dat 和 ratings.dat 中的数据需要按照 Scala 支持的数据结构类型进行转换并导入。

1）定义数据结构

数据导入时需将原始数据的格式转换成 Scala 语言的 Case Class 类，因此，需要定义相应的 Case Class 类。

（1）对于 movies.dat 数据集，构造一个合适的 Case Class，该 Case Class 中的成员

变量与 Movies.dat 数据集中字段一一对应。

```
caseclass Movie（movieId: Int, title: String, genres: String）
```

（2）对于 ratings.dat 数据集，由于在 Spark 的机器学习框架中已经有 org.apache.spark.mllib.recommendation.Rating 类来做映射，因此可以直接使用 Rating 类。MLlib 中 Rating 类描述了评分 RDD 格式，其数据格式描述为 case class Rating（user:Int, product:Int, rating:Double）。

```
import org.apache.spark.mllib.recommendation.Rating
```

2）解析原始数据，去掉分隔符

解析原始数据集 movies.dat 和 ratings.dat 中的每一行内容，去掉分隔符“，”，然后把数据映射到 Case Class 的对应成员中。针对上述两个数据集，分别编写解析的函数：

```
// 解析 ratings.dat文件的函数，这里用到的Rating类是在
  // org.apache.spark.mllib.recommendation.Rating 包中定义的
def parseRatingData(data: String): Rating = {
val dataField = data.split(",")
    Rating(dataField(0).toInt, dataField(1).toInt, dataField(2).toDouble)
  }
  // 解析 movies.dat文件的函数
def parseMovieData(data: String): Movie = {
val dataField = data.split(",")
    Movie(dataField(0).toInt, dataField(1) , dataField(2))
  }
```

3）导入数据放入缓存

如果文件已经上传至 HDFS，则写命令为：

sc.textFile("hdfs://ontbd:8020/user/hdfs/input")。

本次试验将数据存放至 linux 本地：

```
//数据导入
  val moviesData = sc.textFile("file:///home/app/test/movies.csv").map(parseMovieData).cache()
val ratingsData = sc.textFile("file:///home/app/test/ratings.csv").map(parseRatingData).cache()
```

8.5.2　建立矩阵因子分解模型

1. 划分数据集合

对电影评分数据建立模型，在 ALS 算法中，我们要建立的是一种矩阵因式分解模型。换言之，对于一个既定的用户，为其推荐电影，就是在与他相似用户里，结合评分的特征，预测出他没有看过的那些电影。首先，进入机器学习的第一步，就是要将已有的数据划分为两部分——训练集和测试集。两者的比例需要根据具体情况来决定，本例中可以暂定为 7:3（可自行定义）。训练集用于构造模型，算法基于这样的模型进行预

测。测试集用于检验模型的预测效果。好的算法可以根据后者的检验结果不断地修正模型，提高预测的准确度。这样就构成了一个迭代的过程。对于数据的不同子集进行多次迭代，可以显著提高算法的预测准确率。

划分训练集和测试集，并且将划分好的训练集和测试集分别放入变量 trainingSetOfRatingsData 和变量 testSetOfRatingData 中。

```
//将评论数据进行划分训练集、测试集（分别占比为70%与30%）
val tempPartitions = ratingsData.randomSplit（Array(0.7, 0.3), 1024L)
val trainingSetOfRatingsData = tempPartitions(0).cache()
val testSetOfRatingData = tempPartitions(1).cache()
```

2. 训练模型

spark.ml 目前支持基于模型的协同过滤，通过交替最小二乘法（Alternating Least Squares，ALS）来学习用于预测关联矩阵缺失部分的少量潜在因子集，用户和物品则通过这些潜在因子集来描述。该算法实现类是 org.apache.spark.ml.recommendation 包。首先，引入 Rating、ALS 和 MatrixFactorizationModel 类：

```
import org.apache.spark.mllib.recommendation.Rating
import org.apache.spark.mllib.recommendation.ALS
import org.apache.spark.mllib.recommendation.MatrixFactorizationModel
```

Rating 类是用户—物品评价矩阵类，ALS 是采用 ALS 算法求解矩阵分解模型类，MatrixFactorizationModel 是矩阵分解模型类。其中，ALS 算法类的主要参数有：

numBlocks：并行化计算时的商品分区数量，默认为 10。是用于并行化计算的分块个数 (设置为-1，为自动配置)。

rank：模型中要识别的潜在因子的个数，默认为 10。

iterations：迭代次数。

lambda：ALS 的正则化参数。

implicitPrefs：是否使用适用于隐式反馈数据的 ALS 版本，默认为 false，表示使用显式反馈的 ALS 版本。

alpha：该参数在隐式反馈 ALS 版本中使用，表示偏好观察值的基准置信度，默认为 1.0。

可以调整上述参数，不断优化结果，使均方差变小。比如：iterations 越多，lambda 越小，均方差会越小，推荐结果越优。

本次试验 ALS 算法需要设置两个参数：特征矩阵的秩 Rank，迭代次数 Iterations。其中，特征矩阵的秩设置为 5，表明生成的 userFeatures 和 itemFeatures 的个数是 5，迭代次数为 5，需要迭代 5 次完成。

最后，需要调用 ALS 类的 run 方法，对训练集合 trainingSetOfRatingsData 进行迭代训练，得到一个矩阵分解模型类实例 recomModel。

```
val recomModel = new ALS().setRank(5).setIterations(5).run(trainingSetOfRatingsData)
```

8.5.3 推荐预测及验证

矩阵分解模型类 MatrixFactorizationModel 的以下方法与推荐预测有关。

predict：预测用户对物品的评分；

recommendProducts：对一个用户推荐物品列表；

recommendUsers：对一个物品推荐用户列表；

recommendProductsForUsers：对所有用户推荐物品，取前 *K* 个物品；

recommendUsersForProducts：对所有物品推荐用户，取前 *K* 个用户。

1. 推荐预测

本次实战的目标是：利用训练得到的模型 recomModel 实现个性化推荐。可以通过调用 recommendProducts 方法来实现。

例如，调用 recommendProducts 方法，对用户 ID 为 168 的用户，筛选出 10 部适合的电影。代码如下。

```
//指定用户为168，筛选出10部适合的电影推荐
val recomResult = recomModel.recommendProducts(168, 10)
//结果展示
    println(recomResult.mkString("\n"))
//将电影ID转换为电影标题后，展示
val movieTitles = moviesDF.map(array => (array(0), array(1))).collectAsMap()
val recomResultWithTitle = recomResult.map(rating => (movieTitles(rating.product), rating.rating))
    println(recomResultWithTitle.mkString("\n"))
```

结果展示如图 8-7 所示，分别为用户 ID、电影 ID、对应的评分。

```
scala> println(recomResult.mkString("\n"))
Rating(168,32705,23.361856127648707)
Rating(168,45689,23.361856127648707)
Rating(168,70649,23.361856127648707)
Rating(168,72649,23.361856127648707)
Rating(168,80417,23.361856127648707)
Rating(168,83457,23.361856127648707)
Rating(168,86521,23.361856127648707)
Rating(168,116857,23.361856127648707)
Rating(168,122425,23.361856127648707)
Rating(168,126945,23.361856127648707)
```

图 8-7 电影推荐结果

将电影 ID 转换成电影标题后，结果如图 8-8 所示。

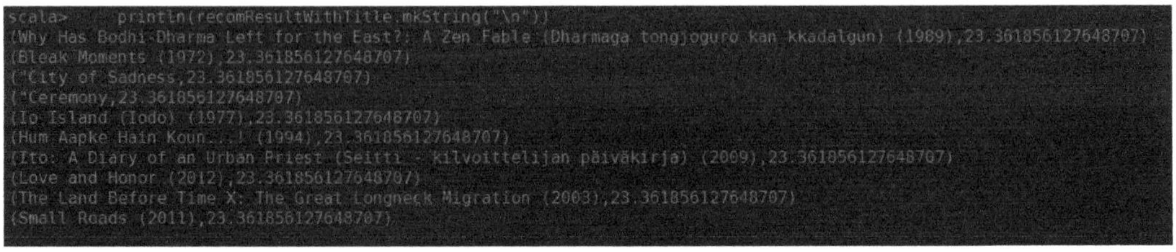

```
scala>     println(recomResultWithTitle.mkString("\n"))
(Why Has Bodhi-Dharma Left for the East?: A Zen Fable (Dharmaga tongjoguro kan kkadalgun) (1989),23.361856127648707)
(Bleak Moments (1972),23.361856127648707)
("City of Sadness,23.361856127648707)
("Ceremony,23.361856127648707)
(Io Island (Iodo) (1977),23.361856127648707)
(Hum Aapke Hain Koun...! (1994),23.361856127648707)
(Ito: A Diary of an Urban Priest (Seitti - kilvoittelijan päiväkirja) (2009),23.361856127648707)
(Love and Honor (2012),23.361856127648707)
(The Land Before Time X: The Great Longneck Migration (2003),23.361856127648707)
(Small Roads (2011),23.361856127648707)
```

图 8-8 电影 ID 转换成电影标题后的推荐

2. 模型验证

模型验证能检验推荐的结果是否准确，被推荐电影的用户对这部电影的评分是否真如推荐时的那样。在这里，我们采用平均绝对误差 MAE 来进行模型验证。模型验证步骤如下：

调用 MatrixFactorizationModel 类实例 recomModel 的 predict 方法来得到预测的评分结果。

得到测试集的预测评分结果之后，需要把测试集中 user 和 product 相同的原有评分与预测时得到的评分相比较。首先，用 map 操作将测试集原始数据转换为((user, product), rating)格式。其次，用 map 操作将预测后的测试集转换为((user, product), rating)格式。接下来，采用 join 操作将它与测试集的原始数据组合成为((user,product)，(测试集原有评分,预测评分))的格式。这个格式是 key-value 形式的，key 为(user,product)。最后，利用这个中间结果来计算预测评分和实际评分之间的平均绝对误差。与平均误差相比，平均绝对误差 MAE 由于离差被绝对值化，不会出现正负相抵消的情况，所以平均绝对误差能更好地反映预测值误差的实际情况。

核心代码如下。

```
    //调用 MatrixFactorizationModel类实例recomModel的predict方法
    //预测测试集的评分
val predictResultOfTestSet = recomModel.predict(testSetOfRatingData.map {
    case Rating(user, product, rating) => (user, product)
        })
    //按照((user,product),rating)格式来描述测试集，其中的rating是测试集原有评分
    val formatResultOfTestSet = testSetOfRatingData.map {
    case Rating(user, product, rating) => ((user, product), rating)
        }
    //按照((user,product),rating)格式来描述测试集，其中的rating是预测评分
    val formatResultOfPredictionResult = predictResultOfTestSet.map {
    case Rating(user, product, rating) => ((user, product), rating)
        }
    //将上述结果连接起来，形成((user,product),(测试集原有评分,预测评分))格式
    val finalResultForComparison= formatResultOfPredictionResult.
    join(formatResultOfTestSet)
    //计算平均绝对误差
    val MAE = finalResultForComparison.map {
    case ((user, product), (ratingOfTest, ratingOfPrediction)) =>
    val error = (ratingOfTest - ratingOfPrediction)
            Math.abs(error)
        }.mean()
        println("平均绝对误差： " + MAE)
```

运行结果如下。

```
平均绝对误差：0.7403098064845768
```

平均绝对误差值为 0.740 309 806 484 576 8。一般来说，平均绝对误差值小于 1 以下的模型比较合理。因此，可以用该模型进行更多的个性化推荐。

习题

1．什么是推荐系统？推荐系统的发展历史是什么？

2．三台计算机 A、B 和 C 的数值特征如下：

特　征	A	B	C
处理器速度（GHz）	3.06	2.68	2.92
磁盘大小（GB）	500	320	640
内存大小（GB）	6	4	4

可见，如果直接基于上述数值来定义每台电脑的向量，那么磁盘大小将主导相似度的计算结果。因此，分别用 1、α 和 β 作为处理器速度、磁盘大小和内存大小的缩放变换因子。

（1）基于 α 和 β，计算三台计算机的每一对向量之间的夹角余弦。

（2）如果 $\alpha=\beta=1$，上述向量的夹角分别是多少？

（3）如果 $\alpha=0.01$ 且 $\beta=0.5$，上述向量的夹角又分别是多少？

3．4 个用户对 5 部电影的评价如下所示：

	Movie A	Movie B	Movie C	Movie D	Movie E
User 1	5	1		2	2
User 2	1	5	2	5	5
User 3	2	?	3	5	4
User 4	4	3	5	3	

用户 3 需要决定是否租用他/她没看过的电影 B，一种方式是采用基于用户的推荐：

（1）请采用 Pearson 系数来计算其他用户与用户 3 的相似度；

（2）假定相似度大于 0.5 的用户作为用户 3 的近邻，请计算用户 3 对电影 B 的预测值。

另一种方式是采用基于物品的推荐：

（1）请采用改进的余弦相似性来确定电影 B 与其他电影的相似度；

（2）假定相似度大于 0.5 的电影作为电影 B 的近邻，请计算用户 3 对电影 B 的预测值。

参考文献

[1] Burke R. Hybrid web recommend systems[C]. In: The adaptive Web. Springer Berlin/ Heidelberg, 2007: 308-377.

[2] Mahmood T, Ricci F. Improving recommender systems with adaptive conversational strategies[C]. In: C. Cattuto, G. Ruffo, F. Menczer(eds.) Hypertext, ACM, 2009: 73-82.

[3] Resnick P, Varian H R. Recommender systems[J]. IEEE Intelligent Systems, 2002, 17(6): 55-57.

[4] Dietmar J, Markus Z, Alexander F, et al. 推荐系统[M]. 蒋凡，译. 北京：人民邮电出版社，2015.

[5] Goldberg D, Nichols D, Oki B M, et al. Using collaborative filtering to weave an information tapestry[J]. Commun. ACM, 1992,35(12): 61-70.

[6] Resnick P, Iacovou N, Suchak M, et al. Grouplens: An open architecture for collaborative filtering of netnews[C]. In: Proceedings ACM Conference on Computer Supported Cooperative Work, 1994: 175-186.

[7] Resnick P, Varian H R. Recommender systems[J]. Communications of ACM 1997, 40(3) . 56-58.

[8] 项亮. 推荐系统实践[M]. 北京：人民邮电出版社，2016.

[9] Manning C D, Raghavan P, Schutze H. Introduction to information retrieval[M]. Cambridge University Press, 2008.

[10] Buckley C, Salton G, Allan J. The effect of adding relevance information in a relevance feedback environment[C]. Proceedings of the 17th Annual International ACM SIGIR Conference on Research and Development in Information Retrieval (SIGIR ’ 94)(Dublin), Springer, 1994: 292-300.

[11] Pazzani M J, Billsus D. Content-based recommendation systems, The Adaptive Web (Peter Brusilocsky, Alfred Kobsa, and Wolfgang Nejdl, eds.)[C]. Lecture Notes in Computer Science, Springer, 2007: 325-341.

[12] Salton G, Buckley C. improving retrieval performance by relevance feedback[C]. Morgam Kaufmann, San Francisco, 1997: 355-364.

[13] Chakrabarti S. Mining the web: Discovering knowledge from hypertext data, Science and Technology Books, 2002.

[14] Goldberg D, Nichols D, et al. Using collaborative filtering to weave an information tapestry[J].communications of the ACM,1992, 35(12): 61-70.

[15] Adomavicius G, Tuzhilin A. Toward the next generation of recommender systems: A survey of the state-of-the-art and possible extensions[J]. IEEE Transactions on Knowledge and Data Engineering 2002, 17(6): 734-749.

[16] Bell R M, Koren Y. Scalable collaborative filtering with jointly derived neighborhood

interpolation weights[C]. In: ICDM' 07: Proc. Of the 2007 Seventh IEEE Int. Conf. on Data Mining, IEEE Computer Society, Washington, DC, USA, 2007: 43-52.

[17] Pazzani M J. A framework for collaborative, content-based and demographic filtering[J]. Artificial Intwlligence Review, 1999,13(5): 393-408.

[18] Huang Z, Chen H, Zeng D. Applying associative retrieval techniques to alleviate the sparsity problem in collaborative filtering[J]. ACM Transactions on Information Systems 2004, 22 (1): 116-142.

[19] Zhang J, Pu P. A recursive prediction algorithm for collaborative diltering recommender systems[C]. Proceedings of the 2007 ACM Conference on Recommender Systems (RecSys'07) (Minneapolis MN), ACM, 2007: 57-64.

[20] Breeze J S, Heckerman D, Kadie C M. Empirical analysis of predictive algorithms for collaborative filtering[C]. Proceedings of the 14th Conference on Uncertainty in Artificial Intwelligence (Madison, WI) (Gregory F. Cooper and Serafin Moral, eds.), Morgan Kaufmann, 1998: 43-52.

[21] Wang J, de Vries A P, Reinders M J T. Unifying used-based and item-based collaborative filtering approaches by similarity fusion[C]. Proceedings of the 29th Annual International ACM SIGIR Conference on Research and Development in Information Retrieval (SIGIR'06) (Seattle), ACM, 2006: 501-508.

[22] Adomavicius G, Tuzhilin A. Toward the next generation of recommender systems: A survey of the statepof-the-art and possible extensions[J]. IEEE Transactions on Knowledge and Data Engineering.2005, 17(6): 734-749.

[23] Rashid A, Albert I, Cosley D, et al. Getting to know you: Learning new user preferences in reommender systems[C]. Proceedings of the 7th International Conference on Intelligent User Interfaces(IUI '02) (San Francisco), ACM, 2002: 127-134.

[24] Goldberg K, Roeder T, Gupta D, et al. Eigentaste: A constant time collaborative filtering algorithm, Information Retrieval 2001, 4 (2): 133-151.

[25] Resnick P, Iacovou N, et al. Grouplens:An open architecture for collaborative filtering of netnews[C]. In proceedings of CSCW,1994: 175-186.

[26] Sarwar B, Karypis G, Konstan J, et al. analysis of recommendation algorithms for e-commerce[R]. Proceedings of the 2nd ACM conference on Electronic commerce, 2000: 158-167.

[27] Herlocker J L, Konstan J A, et al. An Algorithmic Framework for Performing Collaborative Filtering[C]. Proceedings of the 22nd Annual International ACM SIGIR Conference, ACM Press, 1999: 230-237.

[28] Anand S S, Mobasher B. Intelligent techniques for web personalization[C]. Lecture Notes in Computer Science, Springer, Acapulco, Mexico, 2005: 1-36.

[29] Herlocker J L, Konstan J A, Riedl J. An empirical analysis of design choices in neighborhood-based collaborative filtering algorithms[J]. Information Retrieval 2002,

5(4): 287-310.

[30] Sarwar B, Karypis G, Konstan J A, et al. Item-based collaborative filtering recommendation algorithms[C]. Proceedings of the 10th International Conference on World Wide Web(www' 01) (Hongkong), ACM 2001: 285-295.

[31] Yu K, Wen Z, Ester M, et al. Feature weighting and instance selection for collaborative filtering: An information-theoretic approach[J]. Knowledge Information Systems 2003, 5(2): 201-224.

[32] Yehuda Koren. Factor in the Neighbors: Scalable and Accurate Collaborative Filtering[C]. ACM 2010 article, 2010.

[33] Ricci F, Rokach L, Shapira B, et al. Recommender Systems Handbook[M]. 李艳民，胡聪，吴宾，等译. 北京：机械工业出版社，2016.

[34] Agrawal R, Imieliński T, Swami A. Mining Association Rules between Sets of Items in Large Databases[C]. In Proc 1993ACM-SKMOD Int Conf Management of Data, 1993: 207-216.

[35] 丁振国，陈静. 基于关联规则的个性化推荐系统[J]. 计算机集成制造系统，2003，9(10): 891-893.

[36] Pazzani M J. A Framework for Collaborative, Content-Based and Demographic Filtering[J], Artificial Intelligence Review, 1999, 13 (5): 393-408.

[37] 刘建国，周涛，汪秉宏. 个性化推荐系统的研究进展[J]. 自然科学进展，2009（1）：1-15.

[38] 曾春，等.个性化服务技术综述[J]. 软件学报，2002, 13(10): 1952-1961.

[39] Balabanovic M, Shoham Y. Fab: Content-based Collaborative Recommendation[J]. Communications of the ACM,1997, 40(3): 66-72.

[40] Sarwar B, Konstan J, Borchers A. et al. Miller and J. Riedl, Using filtering agents to improve production quality in the GroupLens research collaborative filtering system[C]. Proceedings of the 1998 ACM conference on Computer supported cooperative work. Nov. 1998: 345-354.

[41] Good N, Schafer J B, Konstan J A, et al. Combining collaborative filtering with personal agents for better recommendations [C].Proceedings of AAAI, 1999: 439-446.

[42] Claypool M, Gokhale A, MirandaT. Combining Content-based and Collaborative Filters in an Online Newspaper[J]. ACM SIGIR Workshop on Recommender Systems, 1999.

[43] Melville P, Mooney RJ,Nagarajan R. Content-boosted collaborative filtering for improved recommendations [C].8th national conference on Artificial intelligence, 2001: 187-192.

[44] Kim B M, Li Q, et al. A new approach for combining content-based and collaborative filters[J]. Journal of Intelligent Information Systems.2006, 27: 79-91.

[45] Li Q, Kim B M. An Approach for Combining Content-based and Collaborative Filters[C]. Proceedings of the Sixth International Workshop on Information, Retrieval with Asian

Languages, 2003: 17-24.

[46] Garden M, Dudek G. Mixed collaborative and content-based filtering with user-contributed semantic features[C]. American Association for Artificial Intelligence, 2006: 1307-1312.

[47] 王茜，杨莉云，杨德礼. 面向用户偏好的属性值评分分布协同过滤算法[J]. 系统工程学报，2010(4): 561-568.

[48] Basu C, Hirsh H, Cohen W. Recommendation as Classification: Using Social and Content-Based Information in Recommendation[C]. Proceedings of the Fifteenth National Conference, AAA1 Press 1998: 714-720.

[49] Billsus D, et al. Learning collaborative information filters[C]. the Fifteenth International Conference on Machine Learning, San Francisco: Morgan Kaufmann Publishers Inc., 1998: 46-54.

[50] Burke R, et al. Hybrid Recommender Systems: Survey and Experiments[J]. User Modeling and User-Adapted Interaction, 2002, 12(4): 331-370.

[51] Tran T. Designing Recommender Systems for E-Commerce:An Integration Approach[C]. ACM, 2006: 512-518.

第 9 章　互联网数据挖掘

随着互联网和电子商务的飞速发展，海量数据沉淀在各个行业领域。为了探究其规律，预测未来，做好充分的事前准备、精细的事中控制和准确的事后分析与评估，本章选取了互联网数据挖掘中较有代表性的链接分析与网页排序、互联网信息抽取、日志挖掘与查询分析 3 个典型内容进行探讨。

9.1　链接分析与网页排序

如何评价一个网页是精彩的？这类似于给学生的作品打分，通常都会包含几个维度，分别占一定权重，拥有一定标准，然后进行综合评判。客观而论，衡量网页是否精彩，既要考虑网页的人气（PageView/UniqueVisitor）、爬虫友好度等，同时也需考虑页面内容、内部信息关联逻辑和页面与外部页面之间的关联关系（超链接），从而可以较全面地反映网页作品内容的质量情况和其在互联网内外的影响力（地位）。在 PageRank 出现之前，人们主要通过人气和评价来判断网页质量或价值高低，但因其容易被造假，不够客观，所以才有了不断更新的研究成果和每月进行的数据库和算法更新操作（Google Dance），并投入应用于链接分析和网页排序。故而 PageRank 也被称为能对抗“欺骗”的 Web 网页重要性评价工具。

9.1.1　PageRank

众所周知，互联网上的网页页面上包含文本和指向其他页面的链接，为了处理搜索查询，搜索引擎收集并提前处理网页，提取它们的内容，指向或页面内的链接包含了大量的页面与查询相关程度的信息。在进行链接数据挖掘的过程中，好的分析人员应该将数据融入业务背景去思考问题。网站与网站之间的信息常常可以用发现、探索、分析、解决问题的需求逻辑来关联，网站内部的页面通常用业务间的逻辑来构建，而那些违背规律、违背常识的内容，会有其自身的目的，也是数据挖掘发现的有益线索。在纷繁复杂的网页之间找到它们内部的逻辑，反映页面信息来龙去脉及可靠性、可考性等，对应于数据挖掘的不同应用层次，而链接分析也正是在这样的背景下应运而生的。

PageRank 是一个非常有趣的网页分析排序算法，也是一个函数，由谷歌（Google）CEO，公司创始人之一 Larry Page 于 1998 年提出，论文参考文献的质量和影响因子是 PageRank 思想产生的基础，可以算作互联网数据挖掘的始祖。该算法用一个数字（PR 值）诠释互联网中结构复杂的网页及其内容质量，能够较好地评估网页浏览者在任意给定时刻浏览该页面的概率或者说用户在搜索时希望返回这个页面的可能性大小。谷歌公司把链接分析与网页排序变成了一个数学问题来求解。

图 9-1 显示了一个由 6 个网页构成的简单网络入链和出链情况和所产生的 PageRank 值。入链（Inbound Link）指的是指向某一网站或网页的超级链接。一个网站入链的数量和质量是其在搜索结果中排序的重要依据。“入链”和“出链”（Outbound Link）都是通常意义上的链接，即对于同一个链接，对链接所在的网页来说，它是出链；对指向的网页来说，它是入链。

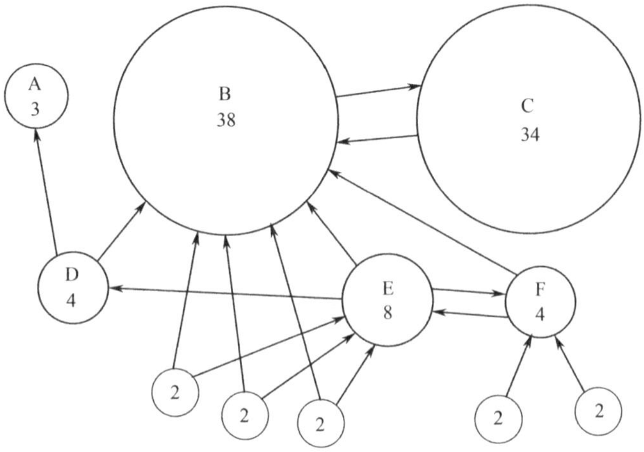

图 9-1 PageRank 值

依据上图谷歌用“入链”数量来体现哪个网站是浏览者更多关注的，且更重要。显然上图中 B 站点“入链”数量最多及受关注度最高，故其 PR 值最高，而 C 站点因为有 B 站点的高质量入链，其 PR 值相对于其他网站自然提升不少。

1. 计算过程

网页 PageRank（PR）值的计算采用了图论和马尔可夫链预测方法。它的值越高，也就意味着网页对于浏览者越重要，或者说网页内容质量得到了浏览者用脚投票的更多认同感。理想的 PR 计算，是将互联网想象成一个有向图，其中网页是节点，而页面之间的链接抽象为有向边。马尔可夫链是指数学中马尔可夫性质的离散事件随机过程。该过程中，在给定当前知识或信息的情况下，过去（当前以前的历史状态）对于预测将来（当前以后的未来状态）是无关的。在马尔可夫链的每一步，根据概率分布，可以从一个状态变到另一个状态，也可以保持当前状态。状态的改变叫作转移，与不同的状态改变相关的概率叫作转移概率。随机漫步就是马尔可夫链的例子，谷歌公司将互联网冲浪者的行为考虑成一个马尔可夫过程，并用矩阵计算来迭代出一个收敛的极限——唯一解 PR 值。图 9-2 给出一个微型 Web 图，用它来阐释 PR 值计算过程。

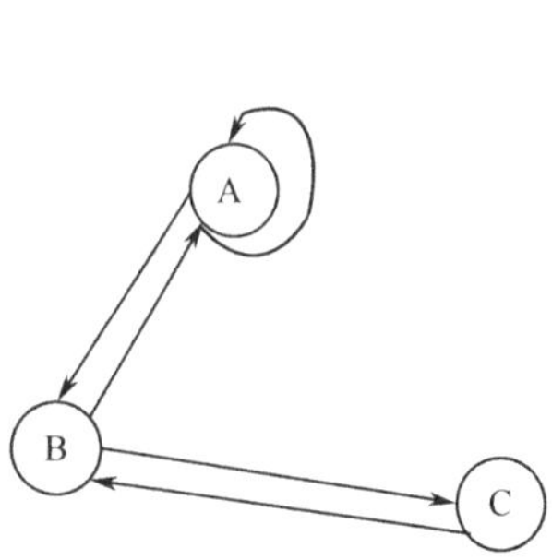

图 9-2 抽象的微型 Web

图 9-2 中的 A、B、C 为网页，抽象为图中节点，黑色箭头是超链接，抽象为图中的边。A、B 网页有 2 条入链，C 网页有 1 条入链。一个随机用户访问 A，因入链进入网页，

概率分别为 1/2，而 B 也可以通过 A、C 入链来访问，且概率分别为 1/2 和 1，访问 C 的概率为 1/2。于是，我们可以得到一个 Web 的转移矩阵来描述用户每点一次链接的访问行为：

$$\boldsymbol{M}=\begin{pmatrix} 1/2 & 1/2 & 0 \\ 1/2 & 0 & 1 \\ 0 & 1/2 & 0 \end{pmatrix}$$

该矩阵中，网页按照 A、B、C 来排序。且访问 A、B、C 网页下一步的概率可以用以上转移矩阵构造线性方程组求解 $\boldsymbol{R}=\boldsymbol{M}\cdot\boldsymbol{R}$，并同时注意约束条件是各个页面概率之和应小于 1。

当用户不停地在 Web 上点击链接，n 次后停留在某个页面的概率为

$$\boldsymbol{R}_n=\boldsymbol{M}\times\boldsymbol{R}_{n-1}=\boldsymbol{M}^n\times\boldsymbol{R}_0$$

向量 $\boldsymbol{R}_n$ 表示用户点击 n 次链接之后，停留在每个网页上的概率。$\boldsymbol{R}_0$ 表示一开始初始打开某个网页的概率，它的取值不影响最终的 PR 值（有限马尔可夫链具有唯一的静态概率分布）。对上面的矩阵 $\boldsymbol{M}$ 进行幂迭代运算，一般 50 次左右，可以得到最终 PR 值和排序结果。

当网页数量很少时，PR 值差别不大，但在实际互联网上，因网页数以亿计，之间的重要性差别很大，有些网页的真实概率会比普通网页的概率高出几个数量级。

2. 程序实现

基于以上设计的微型 Web 图和拉里佩奇 PageRank 经典论文 PR 值计算法方程：

$$\mathrm{PR}(A)=(1-d)+d\left(\frac{\mathrm{PR}(T_1)}{C(T_1)}+\cdots+\frac{\mathrm{PR}(T_n)}{C(T_n)}\right)$$

式中，A 表示待评价页面，d 是阻尼因素，也是一个概率，表示用户有 d 的概率浏览当前页面链接指向的下一个页面，通常取值 0.85。$C(T_1)$到 $C(T_n)$表示 A 页面出链数量，$\mathrm{PR}(T_1)$到 $\mathrm{PR}(T_n)$表示入链 A 页面的 T_1 到 T_n 页面的 PR 值。

我们在单机版 Spark、本地 spark-shell 中用 scala 程序，模拟实现 PageRank 计算。Apache Spark 是快速且通用的大数据处理引擎，它立足于内存计算，性能超过 Hadoop 百倍，其 Graphx 框架工具是大规模并行图计算处理的利器。环境搭建流程和配置情况如图 9-3 所示。

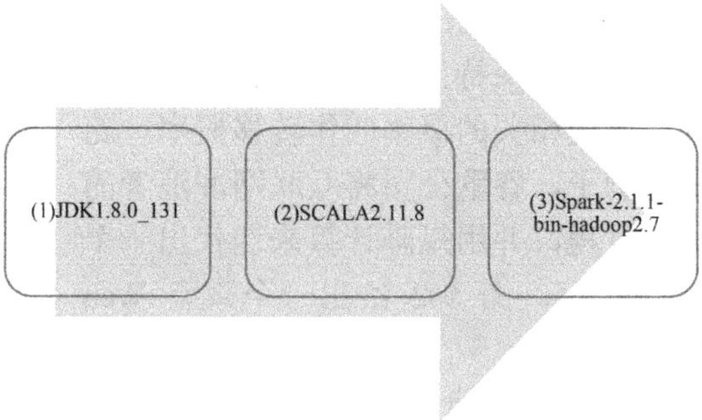

图 9-3　Spark 单机环境搭建顺序

1）核心代码

在 Spark 提供的 Graphx 资料库中有 PageRank 算法（包括使用 Pregel 接口和 Graph 接口 2 种）供查阅，同时在 https://github.com/和 spark example 中还提供了 PageRank 的 scala 程序实例供研习。以下程序通过使用 Pregel 接口，固定次数 50 次迭代计算 PageRank 的 scala 程序实现。

```
//初始化图形
val links = sc.parallelize(
  Array(
    ('A', Array('A','B')),      //A 页面出链，比较特殊，指向 A 自身的链接既是 A 的出链也是其入链
    ('B', Array('A','C')),      //B 页面出链
    ('C', Array('B'))           //C 页面出链
  )
)

//给每个页面赋 PR 初始值
var ranks = sc.parallelize(
  Array(
    ('A', 1.0),
    ('B', 1.0),
    ('C', 1.0)
  )
)

//循环迭代 50 次，直至 PR 值保持稳定
for(i <- 1 to 50){
          val joinRdd = links.join(ranks)
          val contribsRdd = joinRdd.flatMap{
            case(srcURL, (links, rank)) => links.map(destURL => (destURL, rank / links.size))
            }
          ranks = contribsRdd.reduceByKey(_ + _).mapValues(0.15 + _ * 0.85)
           ranks.take(3).foreach(println)
           println()
      }
```

2）运行情况及结果图

在 Sparkhome 提示符下，运行 spark-shell 命令，并在启动成功环境中，scala 提示符下，分别输入初始化图形、给页面赋 PR 值、循环迭代 3 段核心代码，得到的结果如图 9-4～图 9-7 所示，并可以用拉里佩奇论文中的公式进行第一次输出结果验证。

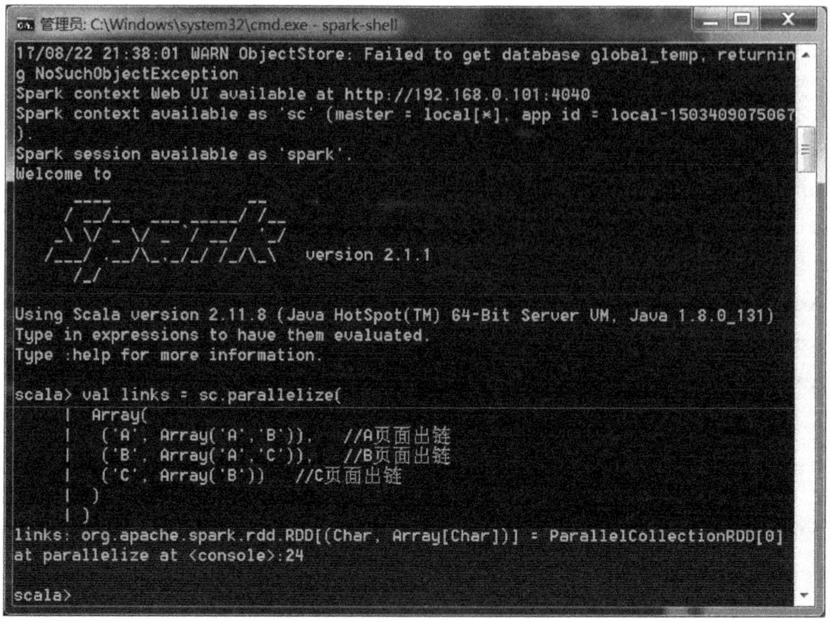

图 9-4　scala 程序运行情况一

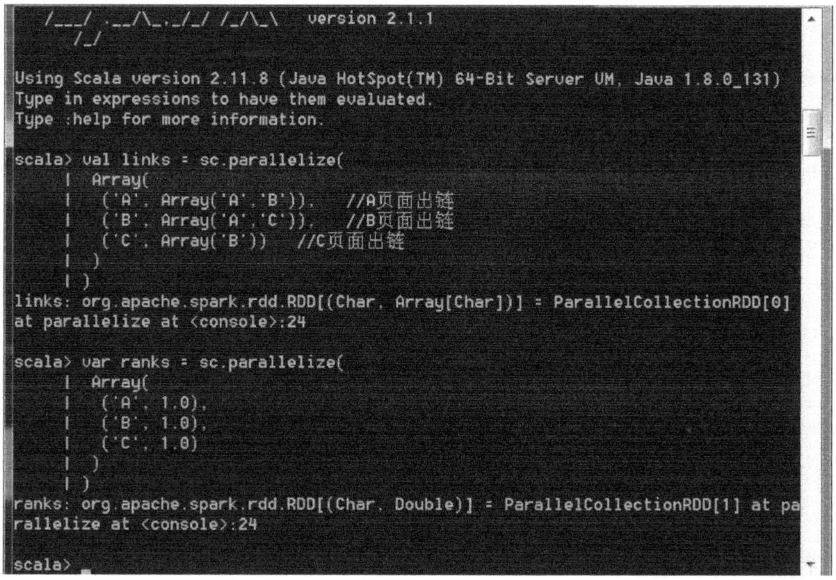

图 9-5　scala 程序运行情况二

```
scala> val links = sc.parallelize(
     |   Array(
     |     ('A', Array('A','B')),    //A页面出链
     |     ('B', Array('A','C')),    //B页面出链
     |     ('C', Array('B'))    //C页面出链
     |   )
     | )
links: org.apache.spark.rdd.RDD[(Char, Array[Char])] = ParallelCollectionRDD[0]
at parallelize at <console>:24

scala> var ranks = sc.parallelize(
     |   Array(
     |     ('A', 1.0),
     |     ('B', 1.0),
     |     ('C', 1.0)
     |   )
     | )
ranks: org.apache.spark.rdd.RDD[(Char, Double)] = ParallelCollectionRDD[1] at pa
rallelize at <console>:24

scala> for(i <- 1 to 50){
     |           val joinRdd = links.join(ranks)
     |           val contribsRdd = joinRdd.flatMap{
     |             case(srcURL, (links, rank)) => links.map(destURL => (destURL,
rank / links.size))
     |           }
     |           ranks = contribsRdd.reduceByKey(_ + _).mapValues(0.15 + _ * 0.85
)
     |            ranks.take(3).foreach(println)
     |            println()
     |        }
[Stage 0:>                                                        (0 + 0) / 4]
[Stage 0:>                                                        (0 + 4) / 4]

(A,1.0)
(B,1.4249999999999998)
(C,0.575)

(A,1.1806249999999998)
(B,1.06375)
(C,0.7556249999999999)

(A,1.1038593749999999)
(B,1.2940468749999996)
(C,0.60209375)

(A,1.1691101562499995)
(B,1.1309199218749997)
(C,0.6999699218749998)
```

图 9-6　scala 程序运行情况三

```
(A,1.1451531911128154)
(B,1.196383722160811)
(C,0.6584630867263721)

(A,1.145153188141291)
(B,1.1963837299403628)
(C,0.6584630819183447)

(A,1.145153190184702 7)
(B,1.196383724590641 5)
(C,0.658463085224654 2)


scala>
```

图 9-7　scala 程序运行情况四

不同于以前的 Pregel 接口，GraphX Pregel 接口考虑通过图形的边传递消息机制作为考量因素，通过发送消息进行计算，可同时探测出图的顶点属性和图的结构约束信息。这种变化允许更有效的分布式执行，同时也为基于图形的计算提供了更大的灵活性。

3. 网页排序

网页排序本质上是一种考评网页信息质量和重要性的方法——“算法”。当用户向搜索引擎提交一个或多个搜索关键词组成的查询时，每个搜索引擎都有自己的一个公式来确

定结果的排名顺序，比如谷歌用了超过 200 个不同网页的属性来决定网页的线性排序。

首先至少包含查询中一个关键词的网页才会被考虑排序。一般情况下，如果某个网页不包含所有关键词，那么在通常的权重计算方法下，该网页很少有机会能进入首先呈现给用户的前 10 名。所有通过的网页会计算一个得分，得分中的一个重要因素就是 PR 值，其他因素还包括关键词是否在重要位置上出现，比如在网页头部或者在指向当前网页的链接上出现。

9.1.2 PageRank 的快速计算

互联网中寻找网页重要性（PR 值）及排序，要用迭代进行矩阵—向量乘法计算，其中由于需要处理的数据规模极大，矩阵和向量的维度达到几百亿维，而我们又需要快速计算处理，因此在数据挖掘过程中 MapReduce 方法的实现原理和机制值得推荐。

MapReduce 方法可以被看成一种对数据的高效梳理方法，以避免杂乱而不好提取其信息价值。类似我们手头有一堆发票，如果只管不理，还是价值一般的一堆发票。如何实现既“管”又“理”呢？当然需要对数据特征进行识别、提取和恰当地记录，如把发票中时间、金额、开票项目、单号和抬头等一系列特征信息抽取出来，制成 Excel 表格，就可以更高效地进行快速梳理。而 MapReduce 其本质也是把一堆杂乱无章的数据按照某种特征归纳起来，然后处理并得到最后的结果。Map 面对的是杂乱无章的互不相关的数据，它解析每个数据，从中提取出 key 和 value（k，v）值，也就是提取了数据的特征。经过 MapReduce 的 Shuffle 洗牌阶段之后，在 Reduce 阶段看到的都是已经归纳好的数据，在此基础上可以做进一步的处理以便得到相应的结果。MapReduce 工作流程如图 9-8 所示。

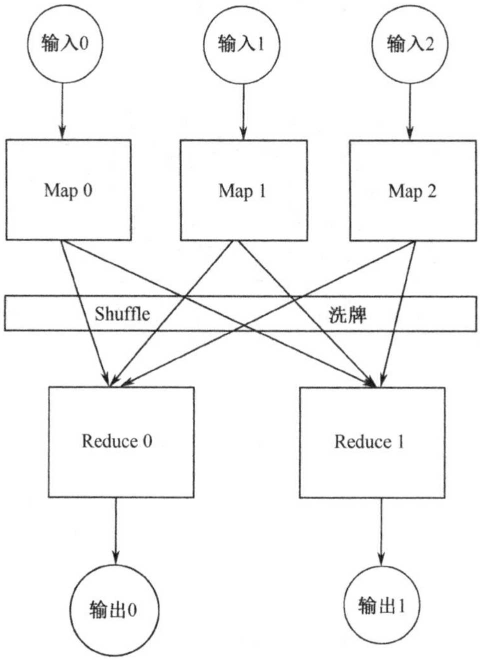

图 9-8　MapReduce 工作流程

由于互联网上的转移矩阵 ***M*** 非常稀疏，如果矩阵中所有元素都参与计算，则会效率很低，所以可以对矩阵做进一步压缩处理。同时，迭代计算资源反复调用开销过大，会导致系统产生内存抖动。因此在计算 PR 值时，考虑只有非零元素参与计算，或者减少 Map 任务必须传给 Reduce 任务的数据量，以实现 PageRank 的快速计算。

对于 9.1.1 节所提及转移矩阵的紧凑表示如表 9-1 所示。

表 9-1 小微型 Web 基于节点出链表示转移矩阵

源网页	出链数量	目标网页
A	2	A、B
B	2	A、C
C	1	B

以上表示方法和 9.1.1 节所提及的 ***M*** 转移矩阵表示方法在信息量上是等价的，但占用的存储空间更少。

9.1.3 面向主题的 PageRank

PageRank 目前拥有许多改进方法，面向主题就是其中之一。基于网页主题，在算法中加大它们的权重，调整随机网络用户的行为方式，让有不同兴趣爱好的用户停留于自己中意的主题网页上。这种方法更加以人为本，且从计算资源管理的角度来说，更加高效。

面向主题的 PageRank 对数量不多的主题每一个建立一个向量，该向量的 PR 值会偏向该主题。然后对用户按主题进行分类，虽然会丧失一部分计算精度，但是每个用户只需要存储一个很短而不是巨大的向量，自然简化了 PR 值计算的难度。这样实现了在计算精度和效用上的微妙平衡，同时还可以对抗链接作弊。

9.1.4 时间序列分析

前面所提及的链接分析和网页排序方法，考虑已有的互联网内容较多，对新加入的页面内容不够敏感，加之新生事物通常也不具备强大辐射能力，相较于传统排在前列的网页或站点，自然在短时间内 PR 值也不会有明显优势，入链少且质量不高，排序也不会有突出表现，除非进行营销赋能，这也是网络营销、搜索引擎优化（SEO）成为电子商务主要成本之一的原因，另外本质保持不变的网页排名方法对新知识、新信息、新资讯的发现表现出浓厚的博弈色彩，虽然人们对最新的创造发明有着天然的更多关注，但在时间维度中推陈出新、辞旧迎新、喜新厌旧亦是人性，变化常在。

不同于 Timed PageRank，以下所提及的设想是从另一个角度尝试一种新的网页排序预测探索，即在较短时期内，采用时间序列分析方法去预知和挖掘可能会最新显现的互联网热点信息和网页，形成可视化排序预言。

1. 时间序列分析

时间序列分析是一种广泛应用的数据分析方法，它研究的是加入了时间维度的数据变化，从而探索数据现象背后发展变化的规律性。时间序列分析利用的手段可以是直观简便的数据图、指标、模型等。而模型相对来说更具体更深入，能更本质地了解数据的内在结构和复杂特征，以达到控制预测的目的。总的来说时间序列分析包括如下几种。

1）确定性时序分析

它是暂时过滤掉随机性因素（如季节因素、趋势变动）进行确定性分析的方法，其基本思想是使用一个确定的时间函数 $y=f(t)$来拟合时间序列，不同的变化采取不同的函数形式来描述，不同变化的叠加采用不同函数的叠加描述。具体可以分为趋势平均（自变量是时间，因变量是时间的函数）、最小二乘法（因变量观测点和因变量估计点的距离的平方和达到最小，拟合数据模型）、平滑指数法、分解分析法等。

2）随机性时序分析

基本思想是通过分析不同时刻变量的相关关系，揭示其相关结构，利用这种相关结构构建自回归、平滑平均、自回归滑动平均混合模型对未来时间序列进行预测。

无论采用哪种方法，时间序列的一般分析流程基本固定，如图 9-9 所示。

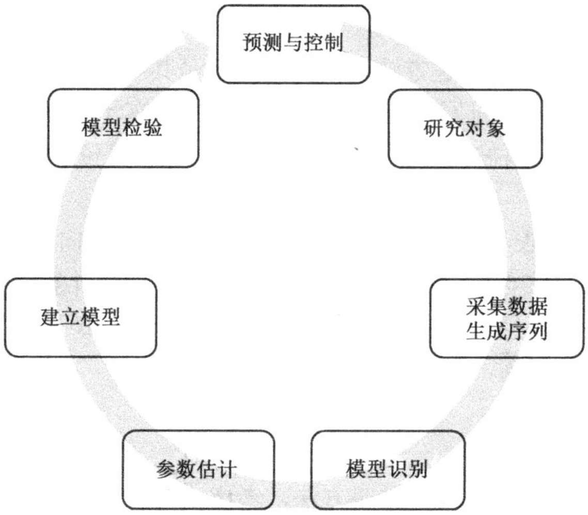

图 9-9　时间序列分析流程

2. 时间序列网页排序

考虑到互联网信息量巨大、线上俨然是线下社会的衍生品且较为复杂的特点，我们综合应用确定性分解分析法和随机性时序分析法来介绍和解读时序链接网页排序方法。

分解分析法是指将一个复杂的事物分解为多个比较简单的事物，将大的系统分解为具体的组成要素，从中分析可能存在的影响因素、风险及潜在损失的方法。例如，源于财务管理杜邦分析法中的价值动因树，如图 9-10 所示的分析方法就是以图解表示价值（结果）有哪些影响和形成因素，或对各种引起变动的原因进行分解分析，具体判断出哪些因素最可能导致价值变化。

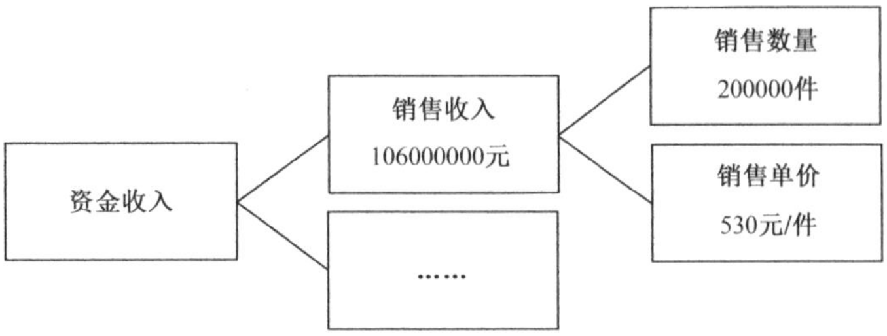

图 9-10　价值动因树示例

此处，我们可以将网页按关键词进行分类整理，然后收集其页面创建、修改和删除时间，再次收集内外部链接的创建、修改和删除时间，建成网页“新颖度”数据库，用分解分析法揭示其相关关系模型，如图 9-11 所示。基于当前网页过去一段时间的 PageRank 值，增加网页“新颖度”权重，不断调整测试权重值（影响力因子），训练关系模型，获得与时间关联紧密的 PR 值，再根据 ARIMA 模型进行预测训练，在发现一定规律后，得到较科学的预测结果。

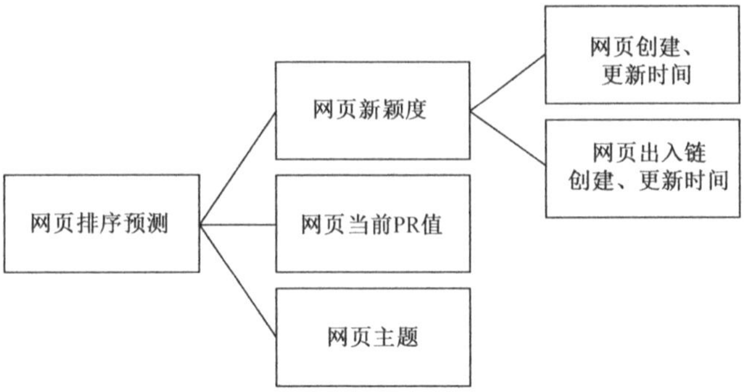

图 9-11　时间序列网页排序预测关联因素分解分析

ARIMA 模型是时间序列模型中具有较强适应性的模型，通常用来处理非平稳时间序列，网页排序这种问题与经济学问题类似，通常不会是简单而严格平稳的，也不会完全无规律可循，故尝试用 ARIMA 来建立网页排序的时间序列模型。模型的基本思想是将预测对象随时间推移而形成的数据系列视为一个随机序列，用一定的数学模型来近似描述这个序列。这个模型一旦被识别后就可以从时间序列的过去值及现在值来预测未来值。

9.2　互联网信息抽取

9.2.1　概述

当前互联网上的信息品类繁多，各种各样，形成大数据的领域主要涉及电商、金融、医疗、电信、政务、交通和教育等，都与人们吃、穿、住、用、行的日常生活密切相关。抽取信息的研究价值其根本在于数据价值，或者称为更具能量、更有针对性的信息、情报、资讯（information），数据量越大价值越巨。若进行细分，则①我们所研究的目的是否明确；②方法是否科学合适；③结果是否有了新的发现、实现或者具备一定的应用推广性。这也正是基于 9.1 节科学分析方法基础之上，这一节要重点讨论以下几个方面。

所有的网页、网站信息，包括链接不管有没有明确的目的，通常都有时限性特点，即创建完成时间、修改时间、删除时间等好几个节点。这样有利于我们对数据信息的目的进行追踪，对进一步可能发生的关联问题进行合理预估。而这一目标与许多领域的研究目标一致：开发能够给出较精准预估的数学工具或者模型，然后给出准确的预测，继而形成正确的对策与踏实的决策。

9.2.2 典型应用模型构建

数据建模是数据使用的关键环节。

数学是对互联网数据进行挖掘的基础工具，而将互联网信息抽取问题转化成数学问题就成为自然而然的研究思路。在当前的数据挖掘领域，成型的数学模型和方法有很多，有学者认为精度不够的模型、脱离业务背景的模型，会失去应用价值。然而，在类似环比快速增长的电商趋势分析预测时，也可以采用定量预测回归分析（不同于定量预测中的时间序列分析），且不考虑业务场景，完全使用数学模型进行预测。这使得合适的数据挖掘模型选择与构建本身似乎成为了首先要挖掘的“问题”。其实这更像是在大数据背景下的统计预测与经典抽样统计之间的关联关系，方法没有对错，只有更合适的选择。

如何才能有效地将收集得来的大数据进行正确解读、推理、还原、预测、发现，甚至纠错，是我们找到经典应用模型的出发点和落脚点。这个同样在财务管理中可以找到一个经典模型——资产负债表（Balance Sheet），以下简单介绍其构建策略和方法。

图 9-12 展示的是资产负债表的经典应用模型：资产=负债+所有者权益。这个简单而不简约的公式，不是一个纯数学意义的函数，而是糅合了对企业“业务”的深刻理解，同时界定了我们所收集数据的边界，从而可以加深我们对数据的理解和认识。从某种意义上也增加了模型的预见能力，将无关紧要的噪声数据与其他有意义的信息分离出来。

对具体问题构建有效的数据挖掘模型，主要需要有针对性，即要对问题所处的实际情况有深刻理解。这一过程对获取相关数据、数据理解、还原业务场景、提

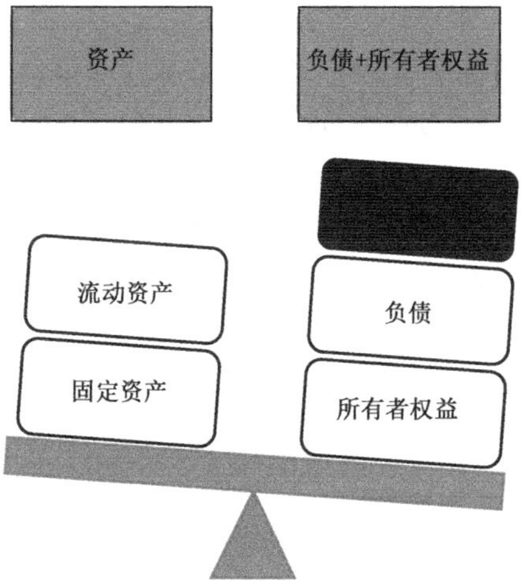

图 9-12　资产负债表模型

升预测准确率、模型评估、改进模型等经典过程有实质建设意义。换种说法就是，有多少问题，就应该有多少解决问题的方法和技术，并且方法和技术不能拘泥于固定的领域或者模式。

9.2.3 挖掘、存储与网络技术分析

不同形态的数据，不同的价值诉求，都要求不同的数据挖掘和分析方法。互联网数据挖掘、存储技术发展能加速积累数据、分析数据和服务数据的整个链条。

20 世纪 80 年代，世界出现了许多处理企业特定业务运营的信息系统，但其能够处理的信息还多是离散的，对经营管理决策意义并不大。较大变化出现在“数据仓库（Data Warehouse）”产生之时。它让数据的存储和提取都产生了区别于关系数据库的方法。关系数据库数据存储多是运营性，较离散，关联维度有限，输出主要是数据查询。而数据仓库的输入则表现为接收来自多个不同系统产生的数据源（不同的运行平台、不同的编程语言、不同的物理位置），输出则不是简单的结构化存储，而表现为用 ETL 工具（如开源的 Kettle），以统一定义的格式对数据进行提取、清洗、转换、集成，最后加载进入数据仓库。其组织存储数据的目的也不再是单纯地帮助记忆查看信息，而是为了对数据进行分析，进而支持决策。数据处理流程发生了根本性转变，同时也使数据使用效率大幅度提高，为实现理性决策提供更多可能。

数据存储结构、数据处理流程发生转变，数据分析方法也发生了突破。多维分析方法就此产生，使得富于变化的问题，在思维交叉、视角交叉和动态展示的更深更广维度支持下，呈现出有解可寻的状态。同步兴起于 20 世纪 80 年代的数据挖掘技术的发展，也为多维分析提供了更多有益的落地方案。

在对数据存储和挖掘技术进行应用时，往往因为使用者目的不同，而呈现出不一样的知识图谱及知识关联。如关联规则在挖掘应用时将其定义为“技术”；而在实际数据分析时，定义其为重要的“规律”和数据挖掘的“根本任务”；在研究时，称其为重要的“模型”，在机器学习中，谓为“算法”，名称不一而足，内涵也在不断丰富，然而更值得弄清楚的是其实质应该是“智慧与智能”。自然基于此种类似多维分析似的对关联规则定义的“数据挖掘”或分类，又会产生很多高效的算法、扩展及创新应用。

这里，数据挖掘技术主要包括：关联规则、链接分析、决策树、神经网络、差别分析、概念描述和统计技术。而这些技术中关联规则、差别分析和概念描述在传统媒体数据挖掘中已经存在很长时间，而非是互联网数据挖掘中新出现的。至于数据挖掘高级技术，如图挖掘、视频挖掘等，则是在这些主要技术基础上发展起来的更具智慧的应用，数学是它们共同的重要基础。

9.2.4 数据采集管理

与上两小节思想、技术有所不同，本小节重点介绍数据的采集和管理，如图 9-13 所示。拥有丰富内涵和价值的数据从哪里来？得到它后，如何将其能量和价值转化而满足各种需求。每一块都可以作为一个专题进行论述。

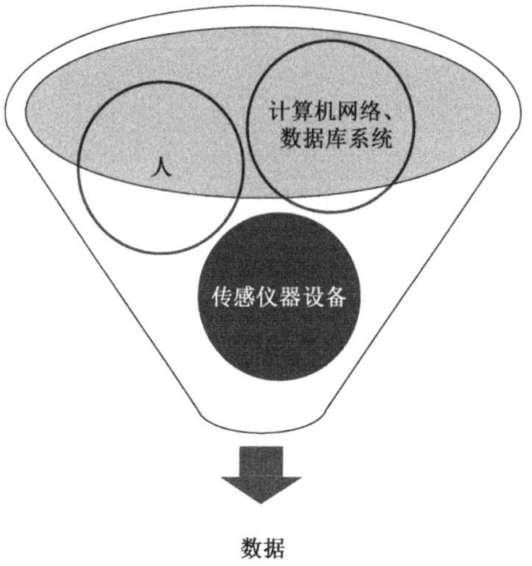

图 9-13　数据来源与采集

如图 9-13 所示，自 2012 年智能手机被人们广泛使用以来，移动互联网用户增长迅猛，来自他们的互联网数据，如微信、QQ 等社交媒体上的文字、视频、图片等信息，是使数据呈现新摩尔定律所述增长现象的重要推手。另外，行业内容多结构专业数据和大量传感器的机器数据都是因当前社会生活中的广泛应用而产生的。

以上收集到的数据还只是粗糙的基础数据，再佐以业务逻辑，融入模型算法进行结构化处理或者非结构化关联关系挖掘，才是深层次的数据采集管理，最后再进行可视化报表图形展示、还原与预测，这是管理的更高境界，有管亦有理。或许可以预见在不久的将来，数据也能自己管理自己，这是管理的至高境界。

综上所述，虽然拥有某种目的，单纯把数据按照一贯的习惯和结构保存下来，再进行简单信息查阅，这不是真正意义的数据挖掘，真正意义的数据挖掘应该是在明确、有针对性的目标指引下，按照应用（场景还原、预测、对策、决策等）具体问题需求，设计组织好数据结构、合适的数据处理流程，结合有效的数据分析方法而得到的可落地管理方案，这样在需要用到数据时才可能提供其应有的价值。

9.2.5　信息抽取方法与知识发现

1. 信息抽取方法

传统意义的互联网信息抽取，主要包括针对网上文本内容的语义挖掘、语义层次结构、属性名和值发现、一般关系提取。针对流数据（没有保存在数据库中，在网络上稍纵即逝的信息）链接分析等，近些年互联网领域成几何数递增的大数据内容也催生出相应的数据挖掘方法——监督学习，在机器学习中称为分类学习、归纳学习，类似于人的学习方式，可以从过去经验中提取知识来解决现实问题，并获得新能力。监督学习通过发现数据的其他属性和类别属性之间的关联规律，并通过利用这些规律来预测未知数据实例的类别属性，通常表现为现实世界中的预测和分类问题，例如，判定某个病人是否患有某种疾病。当然有时候这种分类属性是缺失的，我们通过聚类来发现数据的相似性，并进行分组，故而聚类技术和关联规则挖掘通常都被看成是无监督学习的同义词。由于在监督学习方法中，学习算法通过利用每个类别中的已标注数据来生成一个分类函数。它的问题在于需要大量已经标注（注释）数据来保证学习的准确性，由于数据标注通常是手工完成，所以这项工作费时费力成本很高，同时即使重复标注也不能完全避免标注错误，在部分监督学习中，则不需要完全的指导，因此可以减少数据标注工作量。

用大量的无标注数据与少量已经标注数据或者正例（不含反例），可提高学习质量或找到精确的分类器。

分类是数据挖掘的一种非常重要的方法。分类的概念是在已有数据的基础上学会一个分类函数或构造出一个分类模型（我们通常所说的分类器（Classifier））。该函数或模型能够把数据库中的数据记录映射到给定类别中的某一个，从而可以应用于数据预测。总之，分类器是数据挖掘中对样本进行分类的方法的统称，包含决策树、逻辑回归、朴素贝叶斯、神经网络等算法。

2. 发现与场景再现

发现新知识，是互联网数据挖掘运用能够带给我们的美好希冀，而大数据视觉（可视化图形）盛宴，能给我们带来的不仅仅是新知、新关联规则（规律或经验），在大量信息基于业务集成的背后，还能帮我们洞察我们的盲点问题。中国古语曾言——一图胜千言，如何能够做到？事实上很多时候我们也用数据、视觉元素、色彩、构图方法等还原了真实的场景，故而背后信息量非常大，逻辑清晰兼具想象力，作品十分有说服力。

历史上，法国名画《美杜萨（满头蛇发的希腊神话女妖，眼睛会发出骇人的光芒而把人石化）之筏》（*The Raft of the Medusa*），是法国画家籍里柯（*Theodore Gericault*）于 1819 年针对一场真实的沉船事故而创作的油画。该画作的数据收集过程和创作过程是数据挖掘及数据可视化过程的经典体现。1816 年 7 月，法国政府派遣“美杜萨”号巡洋舰，载着 400 多名官兵及少数贵族前往圣·路易斯港。由于舰长实际能力缺乏，指挥错误，在途经西非海岸的布朗海峡南面时不慎搁浅，造成了惨重的灾祸。最后只有 10 人幸存下来。

而当时的路易十八政府怕此事张扬出去受到舆论谴责，只在官方报纸上发了一条简短的消息，悄悄通过军事法庭判处船长降职和服刑三年了事。两位木筏上的幸存者不服，向政府上书，却遭到打击，被解除公职。在忍无可忍之下，他们将这次船难经过如实写成报道，印成小册子公开发售。这一举动立刻轰动了国内外，遭到舆论的一片哗然，这影响到了籍里柯。

当时 26 岁的籍里柯，走访了生还的船员，聆听了他们讲述真实的遭遇，并到医院亲自看望了受伤的船员和已经死去的船员家属。他把聆听幸存者的叙述作为灵感的来源，同时也对腐烂的尸体、重危的病人等进行现场写生，收集素材。他以此为题，创作了一张饱含激情和想象力的画，让它再现出那惊心动魄的场面。为了这幅画，籍里柯还制作了一只木筏模型，让黄疸病人做模特儿，在上面摆出各种惨状。为了能够更真实地表现出海浪和天空，他还亲自去海边进行研究。籍里柯用了 18 个月的时间终于创作出了震动法国，波及欧洲的《美杜萨之筏》这幅“写实”的巨画。这幅画在视觉和传播上的震撼力远远超过了之前的事件报道小册子。

而显然画家籍里柯某种意义上已经在进行高质量的数据挖掘（收集）、数据还原和数据可视化工作，也让更多人看见了事件原本不易被察觉的一面，拓展了大家的认知。图 9-14 是拍摄于法国卢浮宫美术馆的名画《美杜萨之筏》。

图 9-14　美杜萨之筏

另外，数据挖掘中展示所用的视觉图片还能让我们发现更多问题（信息）。图 9-15 是对 A、B 两位电子商务专业学生文案的评分情况，爬虫随机抽样数据，图形化后可以洞察到学生们存在的共同长处：哲学思辨和网络营销意识较强，有一定视野但深度不够，最大问题表现为缺少翔实可靠的数据（收集），使其文案信息量不丰富，内容质量不够考究，自然缺乏可信度。

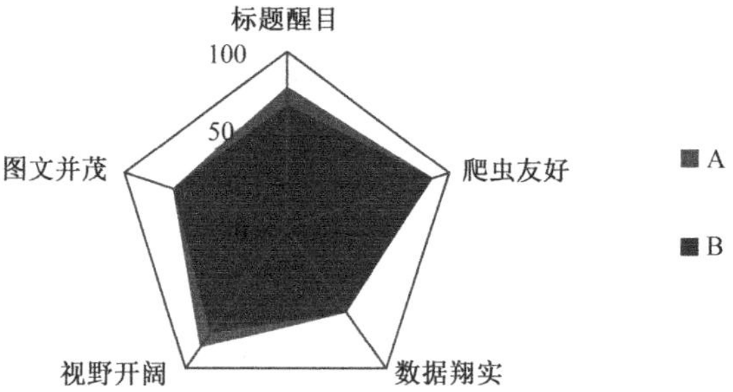

图 9-15　数据可视化的洞察力

3. 预测与解决方案

多维度数据抽取，为预测、对策、决策提供了创新性的求解过程、求解方法和机会。预测本身会带给我们知识，而知识赋予我们智慧和洞见。预测通常为科学决策和规划服务，而聪明的决策除了依靠直觉和专家经验，还有一种更谦虚谨慎的态度——集成学习，它是对互联网大数据挖掘应用的主要方法（机器学习内容之一），它的思路是在对新的实例进行分类的时候，把若干个单个分类器集成起来，通过对多个分类器的分类结果进行某种组合来决定最终的分类，以取得比单个分类器更好的性能。如果把单个分类器比作一个决策者，集成学习的方法就相当于多个决策者共同进行一项决策，我们姑且把它理解为头脑风暴式的“直觉+专家经验+综合决策”的大数据思维智慧。

预测和分类是机器学习互联网大数据应用的主要领域，而且分类也可以被看成是一种特殊的预测问题。

周涛先生曾提出机器学习三板斧，如图 9-16 所示。很多行业中的问题可以通过这三板斧的办法进行优化，产生可观的经济价值。它对发现新知、新关联也有至关重要的作用。

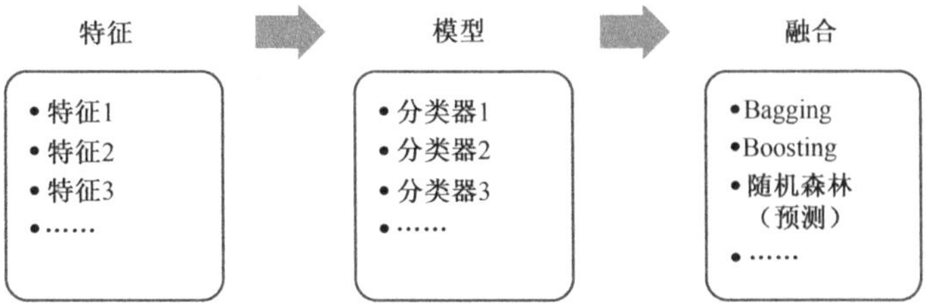

图 9-16 机器学习三板斧

这里，Bagging 是一种用来提高学习算法准确度的方法，这种方法通过构造一个预测函数系列，然后以一定的方式将它们组合成一个预测函数；Boosting 是一种用来提高弱分类算法准确度的方法，这种方法通过构造一个预测函数系列，然后以一定的方式将它们组合成一个预测函数。随机森林是利用多棵树对样本进行训练并预测的一种分类器，该分类器最早由 Leo Breiman 和 Adele Cutler 提出，并被注册成了商标。

随着数据挖掘技术、深度学习、机器学习、人工智能和大数据的发展演进，人类发现新知、预测未知、问题对策、复杂决策的能力将得到不断提升，基于计算机科学与技术的信息化对人类社会和自然界进行数据化或数据化模拟，打通了更多知识领域。

9.2.6 行业案例研究

2016 年双 11 天猫物流第一单签收，发生在 00:13:19，由 EMS 派送，跨境电商第一单签收于 00:28:00，农村第一单签收于 01:25:01。如此高效率的配送是如何实现的呢？通常情况下，经常会遇到场景是商家有订单，却找不到最合适的物流配送团队，或者闲置的物流配送团队资源找不到有需求又匹配的商家。传统解决方案会考虑运筹学，而互联网时代大数据的运用，为我们提供了一个创新办法，对业务流程进行改良，充分解放生产力，提升业务处理效率。图 9-17 是传统物流配送流程与融入大数据分析的业务流程的对比。传统配送在最后一公里时依次下单、找网点、打包、配送，而改良后物流配送通过大数据提前将就近（最合适，且最有可能）物流网点记录挖掘在案，在有订单敲门时直接打包、配送，有备无患，释放了烦琐的网点查询和订单数据匹配处理工作，使得大数据+仓储一体化物流配送体系得以形成，并成为突破最后一公里配送瓶颈的创新解决方案。

以上过程同时体现了供应链数据化管理“系统工程”的一面。每个环节都紧密相扣，牵一发而动全身，其核心是数据、数据流、数学模型、IT 系统、流程再造与流程管理，而互联网提供了其中最具价值的部分——“数据”。这种打破了信息孤岛的横向跨界、整合集约资源的流程再造和不同视角不同方法的选取，为我们创新和发现新知带来了许多奇妙的效果。

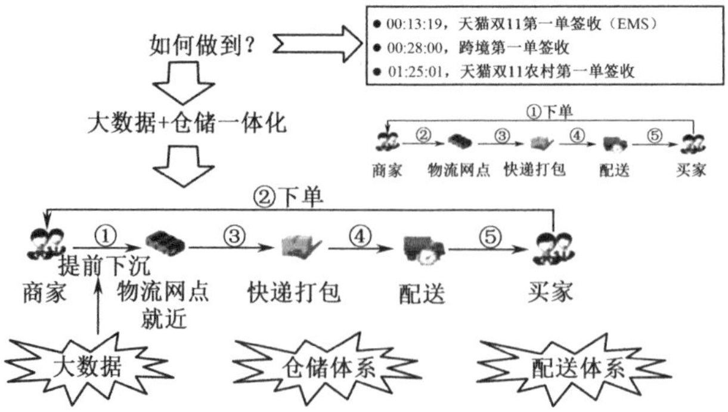

图 9-17　2016 年天猫双 11 电商物流最后一公里制胜关键

9.3 日志挖掘与查询分析

9.3.1 概述

日志是信息系统和信息化建设完成并正常运行之后，给相关单位的运行记录，方便维护、支持安全生产和查找问题。在互联网出现之后，人们使用互联网而形成的查询日志、浏览日志、内容数据和行为记录也被有意无意地保存下来，它们有的是服务和交互信息，保存在 Web 服务器端，有的是应用程序自身输出的记录，还有些在用户的浏览器中，它们为互联网信息挖掘，研究人们的行为提供了丰富的素材。虽然对它们的研究主要属于事后追踪，亡羊补牢，但在如今的大数据思维（样本=总体）下，挖掘它们对于新规律和新知识的发现仍然有巨大贡献。同时如若从事 SEO（Search Engine Optimization）工程师工作，则必须掌握日志分析。图 9-18 和图 9-19 分别给出了浏览日志和查询日志产生的过程。

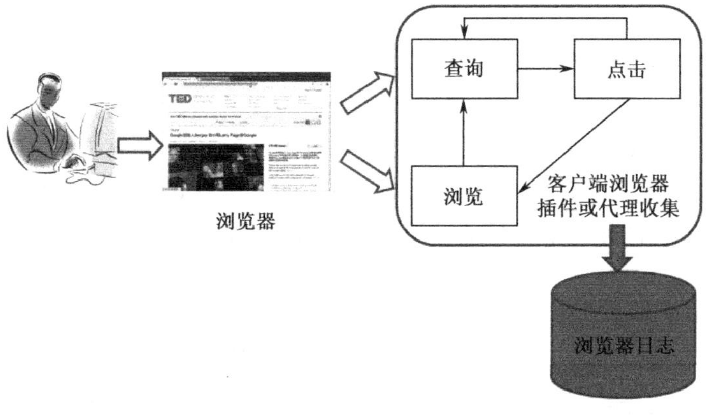

图 9-18　浏览日志产生过程

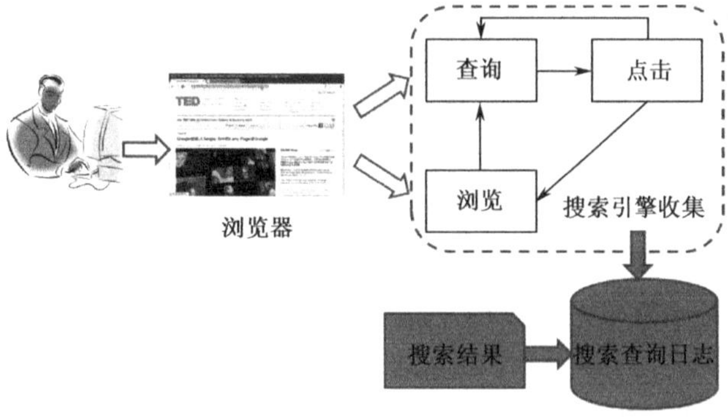

图 9-19 查询日志产生过程

通过表 9-2 的比较，发现日志不同的产生过程，导致了其不一样的特点，基于其产生过程进行分类采集，是方便进行日志分析的一个较好的研究切入点。因为日志产生的原因就是以用户应用为源头的。

表 9-2 查询日志与浏览日志比较

项 目	查询日志	浏览日志
相同点	日志信息包括用户 ID 和 IP，查询，点击	
区别 1	搜索引擎收集数据	浏览器插件或代理收集数据
区别 2	包括搜索查询结果、位置和点击类型	无搜索查询结果
区别 3	无浏览器信息	包括浏览器信息

综上，进行日志挖掘的出发点和落脚点是还原用户应用场景，并且通过图 9-20 所示进行细分、拓展和深入分析。

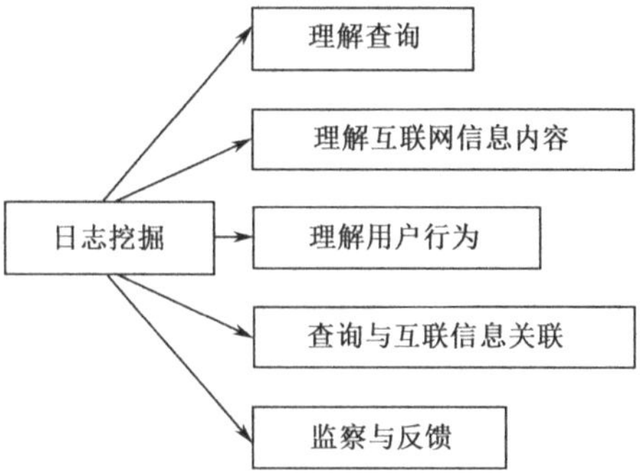

图 9-20 日志挖掘目标

9.3.2 挖掘分析常用方法与工具比较

传统意义的日志分析包括有已经工具化的，如 Awstats、Webblaize，用来统计分析 Web 服务器日志，也有如嵌入代码方式的 Google Analytics、CNZZ 和百度统计等。随着数据挖掘技术、深度学习、机器学习和大数据的发展演进，针对互联网络中形成的超大规模日志数据，挖掘方法也发生相应的改变，难度增大的日志挖掘因 Hadoop、Hive 的出现变得简单。Hadoop 是 Apache 基金会下面的一套分布式系统，类似 Google 的 GFS、MapReduce、BigTable 的开源产品，包括高度容错的分布式文件系统 HDFS、MapReduce 计算框架、HBase 等很多组件。目前数百台机器的集群已经被证明可以使用，可以承担 PB 级别的数据。HBase 是一个按列存储的 NoSQL 分布式数据库，它提供的功能和接口都非常简单。Hive 目前是 Hadoop 的子项目，它可以让我们用 SQL 的接口来执行 MapReduce，还提供了 JDBC 和 ODBC 接口，把 Hadoop 包装成一个数据库来使用。

基于海量数据日志挖掘需求，监督学习方法、半监督学习方法和无监督学习方法被用来解决问题。监督学习方法主要是基于过去和当前的查询行为来做出一个数值预测，这种数值预测可以是一种概率，也可以是一个有限的、可能出现的标签集合中的标签（分类、聚类或关联规则）。而无监督学习方法并不要求标签，仅仅依靠过去查询活动的隐藏信息来发现查询活动的聚类，或是通过过去查询活动来估计不同网页间的语义相关性。

表 9-3 中用监督学习与无监督学习技术分别实现分类、排序、筛选、问题发现、人或物的聚类和关联商品推荐等任务，它们反映的恰恰是学习智慧。不管是用于机器学习还是人本身的学习训练，都可以对它们进行配置使用和想象借鉴，同时能不断提升其任务完成效果。由此而产生的迁移学习、深度学习也可在不同的应用领域中发挥各自的价值。不管使用何种方法挖掘日志，拥有善于挖掘的“双眼”定能在“相同”和“不同”之间找到“金矿”。

表 9-3　日志挖掘方法使用比较

监督学习技术	无监督学习技术
日志信息查询分类，主题确定	非上下文查询方法，挖掘需求和意图
基于传播的方法，找类似信息——垃圾邮件	上下文查询方法，问题发现
利用支持向量机（SVM）来学习排序	基于关联规则技术，聚类推荐

日志信息查询分类：根据一组预定义主题、类来对日志进行分类。

基于传播的方法：使用网络图链接结构来传播信息（查询内容、主题等），找到类似信息或分类。

利用支持向量机（SVM）来学习排序：学习为样本添加了排名，而不是分类，即排序学习，训练数据由查询、排名和 URL 集合组成，是更聪明的学习。

非上下查询方法：对单独查询，而不是整个会话建模。聚类查询日志中的查询，然后用相同聚类中的查询作为彼此的查询建议。

上下文查询方法：对整个查询会话建模。不同于非上下文查询方法的只注意个体查询，非上下文查询方法关注整个会话，因为用户的信息查询需求可能会分布在整个会话中。故而不从一个查询推断，这是一个对完整会话建模的上下文敏感的方法。

关联规则技术：这是一种创新，Fonseca 等人基于不同查询在相同会话中共同出现的情况，使用关联规则挖掘查询之间的相关性。这种方法类似于基于关联规则推荐和分类中使用的方法。

其他日志挖掘方法与上文所提及查询日志分析方法类似，在此暂不赘述。

9.3.3　海量数据挖掘过程展现与分析

传统的日志挖掘，通常主要是指单个数据库中数据挖掘。然而随着数据变得一个数据库存放不下，数据挖掘的方法不断日新月异，分析思考的维度不断变化。海量数据挖掘亦成为可能，并能不断提升人们对复杂多变问题的解决能力，如预测、对策、决策，增加人类的智能。

其实海量数据挖掘过程与传统日志挖掘过程从宏观方法上讲，仍然类似，包括数据收集、加工分析和最后展现的不断循环往复，最终使得视觉化的图景既具备宽阔的视野，也融入了海量的信息，同时还非常精准，如地图。绘制地图，测绘收集数据本身是一个非常辛苦的过程，而再加工数据则是更加看似无法完成的工作，如果没有合适的方法、技术手段，就没有可能得到准确的图景，从而导致后期的各种要用到它的领域发生严重问题和损失。值得庆幸的是，其完整的挖掘过程仍然如图 9-21 所示。

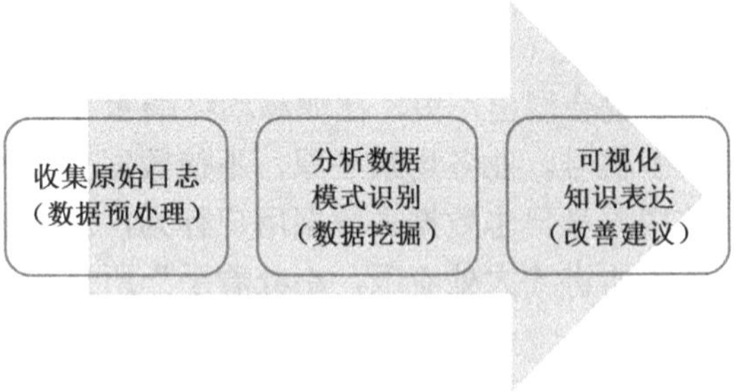

图 9-21　海量日志数据挖掘过程

类似于侦探探案，对日志数据挖掘的过程充满了对数据的对比、细分和溯源。知识图谱认知过程的三个步骤也可以是很好的参考，如图 9-22 所示。

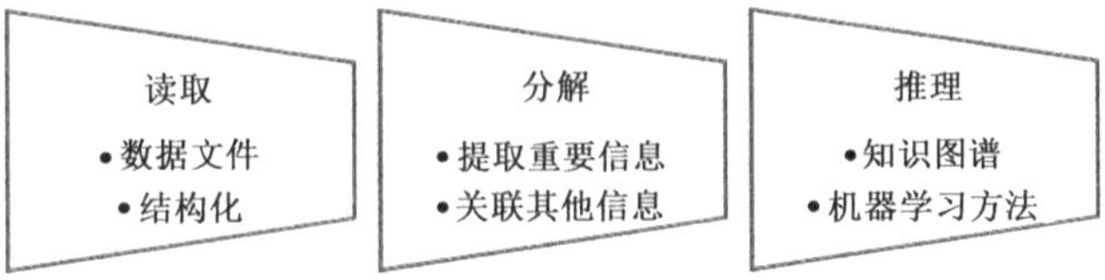

图 9-22　知识图谱认知过程

第一步，读取所有资料（邮件、文档、社交媒体文件等），将其结构化；第二步，从信息资料中再提取重要内容并和其他信息连接；第三步，通过推理连接的知识，利用机器学习的方法找到最后的还原图画。

数据量惊人，还有很多噪声，要找到真正的规律和真相并不容易，尽管如此，随着机器学习、人工智能、数据挖掘技术的发展，海量日志挖掘这项充满挑战的领域研究会迎来更多喜欢挑战的人、机器和智慧的探索。清晰的头脑和强有力的工具为这项不可能完成的任务的达成提供了更多可能。

9.3.4　行业应用举例

对顾客精准营销，是互联网领域、电商企业和各行各业都希望实现的。但是要想实现这种类似“我懂你”的营销，自然收集潜在客户互联网行为的日志数据，并进行分析是互联网数据挖掘不错的应用。并且已经有大量研究针对日志数据进行各种聚类探索分析，把潜在顾客分成了若干“类型”——什么样的人，有什么样的需求。经典案例就如同给顾客“画像”，某电商零售商根据顾客购买行为数据，会比一位父亲更早知道他的女儿已经怀孕的事实。

难道传统非电商企业，就一直没有懂顾客的成功的精准营销和经营吗？非也。类似用到长尾理论的长尾经营一直在非电商企业经营中走心地进行着，只是未被察觉。比如，精准划分的顾客定位：生意只针对某种类型、某种嗜好、某种年龄的客户；适合自己的商圈定位：企业只运营在某种类型、某种特点、某个范围的区域环境；出售自己懂的产品：不仅自己感兴趣、自己也使用、自己更会生产的产品。通常认为是更懂客户，我们才做到了精准营销和经营，其实是我们更懂自己。

以前的认识中总是觉得线上（电商）比线下（传统商业）更容易获取客户的相关数据信息。但事实是新的问题也会层出不穷，比如移动终端和 PC 端哪个才是顾客本人，同一位顾客可能拥有多个手机号，业务场景还原，不使数据失真的难度徒然增加。但还原是深入洞察的根本，故用海量日志数据去挖掘用户行为，目标依然具体可行，且是值得深入研究的领域。与俗语所讲“大处着眼，小处着手”所指相同，即具体到数据应用时，着手处切入点十分关键。

不仅仅是电商领域，金融、医疗、教育领域基于日志的用户行为分析，都能够给大家带来更多意想不到的便利和实绩。图 9-23 是南京理工大学信息化平台建设中数据分析平台通过日志挖掘积极探索发现贫困学生，实现消费异常预警，帮助筛选贫困生，并主动给予他们暖心饭卡的创新性应用。

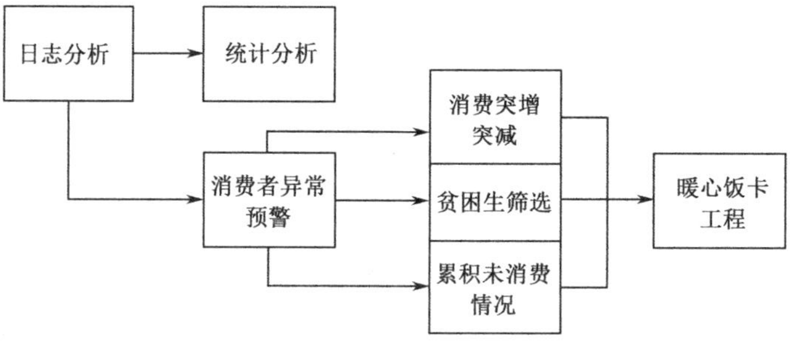

图 9-23　贫困生帮扶系统结构

在电商领域，可以将人们浏览网页的点击路线和热点信息等进行记录，从而基于用户的使用行为提供个性化网站界面和精准的商品推荐。同样在教育领域，系统也可以将学习者的鼠标点击情况、停留时长、提问次数、参与讨论数量和相应的活动轨迹等全部记录在案，再基于这些数据进行挖掘并提供个性化的教育解决方案，学习行为数据化后亦可以对学生进行更加精准的学习行为分析。这再次证明了信息关联产生的价值远大于孤立信息本身。

习题

1．打包 PageRank 算法生成 Jar 包，在 Spark 集群或单机上运行。

2．互联网数据挖掘中对已有信息挖掘为什么既可以进行预测，也可以进行评估和控制？

3．怎样理解大数据的预测洞察作用？

4．什么是好问题（deep question），良好的提问技巧能使我们在寻找答案（数据挖掘）的道路上事半功倍，离答案更近一步，为什么？

5．如何在有限稀缺资源约束下最大限度地挖掘到有价值的关联数据？

6．随着数据挖掘、机器学习、人工智能和大数据的不断发展，人类会变得越来越聪明，文理兼通不再是一件很难落地的事情，为什么？

7．为什么中国古语说“纲举目张”，它与数据挖掘中的哪些技术方法模型相关？

8．知识之间的联系为什么比“死”的知识更重要？

9．为什么中国古语还说“一图胜千言”？

10．学完本章你对中国文化中强调的“关系”有没有新的认识？

11．中国古语所说“物以类聚，人以群分”是如何总结出的？

12．在 SEO 搜索引擎优化中，<a>标签有一个 nofollow 属性，它有哪些具体设置方法，对 PR 值计算有怎样的影响？

参考文献

[1] Leskovec J, Rajaraman A, Ullman J. Mining of Massive Datasets[EB/OL]. http://www.mmds.org.

[2] [美]莱斯科夫（Jure Leskovec），拉贾拉曼（Anand Rajaraman），等. 大数据:互联网大规模数据挖掘与分布式处理[M]. 2 版. 王斌，译. 北京：人民邮电出版社，2015.

[3] Vipin K, Tan P N, Michael S. 数据挖掘导论（完整版）[M]. 范明，范宏建，译. 北京：人民邮电出版社，2011.

[4] Berry M J A, Linoff G. Data Mining Techniques for Marketing, Sales and Customer Relationship Management[M]. 2nd edition. Wiley Computer Publishing,2004.

[5] Sergey B, Lawrence P. Anatomy of a large-scale hypertextual web search engine[C]. Proc. 7th Intl. World-Wide-Web Conference, 1998: 107-117.

[6] 深入浅出 PageRank[EB/OL]. https://segmentfault.com/a/1190000000711128.

[7] 什么是时间序列模型，什么是弱平稳和严格平稳？[EB/OL] 知乎，https://www.zhihu.com/question/29128649?sort=created.

[8] 王纹，孙健. SAP 财务管理大全[M]. 北京：清华大学出版社，2005.

[9] 刘鹏，张燕，等. 大数据[M]. 北京：电子工业出版社，2017.

[10] 刘鹏，张燕，等. 大数据实验手册[M]. 北京：电子工业出版社，2017.

[11] 黄成明. 数据化管理——洞悉零售及电子商务运营[M]. 北京：电子工业出版社，2014.

[12] [英]维克托·迈尔·舍恩伯格，肯尼思·库克耶. 大数据时代：生活，工作与思维的大变革[M]. 盛杨燕，周涛，译. 杭州：浙江人民出版社，2013.

[13] 周涛. 为数据而生：大数据创新实践[M]. 北京：北京联合出版公司，2016.

[14] 周英，等. 大数据挖掘——系统方法与实例分析[M]. 北京：机械工业出版社，2016.

[15] 车品觉. 决战大数据（升级版）：大数据的关键思考[M]. 杭州：浙江人民出版社，

2016.
[16] Thomas Davenport. 大数据分析 • 数据驱动的企业绩效优化、过程管理和运营决策[M]. 吴峻申，译. 北京：机械工业出版社，2015.
[17] 商务智能就是数据挖掘?一起来看 BI 是什么[EB/OL]. http://blog.csdn.net/luzuiwutong/article/details/42815171.
[18] [美]马克斯 • 库恩，等. 应用预测建模[M]. 北京：机械工业出版社，2016.
[19] [美]拉杰库马尔 • 文卡特森（Rajkumar Venkatesan），保罗 • 法瑞斯（Paul Farris）. 大数据营销分析与实战解析[M]. 北京：中国人民大学出版社，2016.
[20] Wu X，Kumar V. Web 数据挖掘[M]. 2 版. 李文波，吴素妍，译. 北京：清华大学出版社，2009.
[21] [美]Mehmed Kantardzic. 数据挖掘：概念、模型、方法和算法[M]. 2 版. 王晓海，等译. 北京：清华大学出版社，2013.
[22] Bing Liu. 数据挖掘十大算法[M]. 余勇，译. 北京：清华大学出版社，2016.
[23] [美]乔丹. 艾伦伯格. 魔鬼数学（How not to be wrong），大数据时代，数学思维的力量[M]. 胡小瑞，译. 北京：中信出版集团，2015.
[24] 陈启申. ERP——从内部集成起步[M]. 3 版. 北京：电子工业出版社，2012.
[25] 吴大军，等. 管理会计[M]. 3 版. 大连：东北财经大学出版社，2013.
[26] [德]西蒙 • 蒙策尔特，等. 基于 R 语言的自动数据收集，网络抓取和文本挖掘实用指南[M]. 吴今朝，译. 北京：机械工业出版社，2016.
[27] [美]理查德 • 布莱斯，等. 图分析与可视化，在关联数据中发现商业机会[M]. 赵利通，译. 北京：机械工业出版社，2016.
[28] ShumingShi. 互联网数据挖掘——第七讲——互联网信息抽取[pdf]. 微软亚洲研究院，2011.
[29] 姜大昕. 互联网数据挖掘——第四讲——日志挖掘与查询分析[pdf]. 微软.
[30] 束乾倩. 南京理工大学信息化平台建设的一点尝试[R]. WE+2017 智绘互联校园新生态峰会，2017.
[31] ApacheSparkGraphxPageRank, http://spark.apache.org/docs/0.9.1/api/graphx/index.html#org.apache.spark.graphx.lib.PageRank$.
[32] Spark 在 windows 下的搭建. http://blog.csdn.net/u011513853/article/details/52865076.
[33] 文馨，陈能成，肖长江. 基于 Spark GraphX 和社交网络大数据的用户影响力分析[J]. 武汉大学测绘遥感信息工程国家重点实验室，武汉大学地球空间信息技术协同创新中心，地球信息科学，2015，17（4）.
[34] 用 Scala 实现 PageRank 算法，http://blog.csdn.net/gamer_gyt/article/details/52102646.
[35] Github 上 SparkPageRank_Scala 案例，https://github.com/apache/spark/blob/master/examples/src/main/scala/org/apache/spark/examples/graphx/PageRankExample.scala.
[36] Spark 自带 PageRank_Scala 案例，spark_home\examples\src\main\scala\org\apache\spark\examples\graphx\PageRankExample.scala.

附录 A　数据挖掘工具 Weka

A.1　Weka 简介

Weka 是一个由新西兰怀可托大学开发的数据挖掘工作平台，它的全名是怀卡托智能分析环境（Waikato Environment for Knowledge Analysis）。Weka 名字来自新西兰岛特有的一种不会飞且具有好奇天性的鸟。Weka 软件以 Java 语言编写，可以在多种操作系统平台下使用。2005 年 8 月，在第 11 届 ACM SIGKDD 国际会议上，怀卡托大学的 Weka 小组荣获了数据挖掘和知识探索领域的最高服务奖，Weka 系统得到了广泛的认可，被誉为数据挖掘和机器学习历史上的里程碑，是现今最完备的数据挖掘工具之一。图 A-1 展示了 Weka 的功能选择界面。

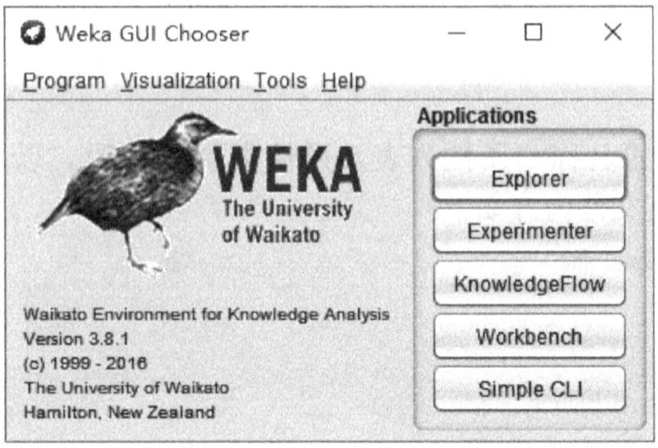

图 A-1　Weka 功能选择界面

本章我们将了解 Weka 软件的常用功能，学习使用 Weka 软件基本操作，包括 Explore 界面、Knowledge Flow 界面、Experimenter 界面三个主要功能模块的使用。

A.1.1　概述

数据挖掘的最终目标就是要创建一个模型，这个模型可改进利用现有数据和将来数据的方式。由于现在已经有很多数据挖掘技术，因此创建一个好的模型的最主要的步骤是决定要使用哪种技术，而这极大地依赖于实践和经验及有效的指导。这之后，需要对模型进行优化，以让它更令人满意。

Weka 集合了大量能承担数据挖掘任务的机器学习算法，包括对数据进行预处理、分类、回归、聚类、关联规则及在新的交互式界面上的可视化，用户可以快速灵活地完成数据挖掘任务，包括准备输入数据，统计评估学习方案，完成输入数据和输出结果的可视化等实验操作。更重要的是，除了包含大量各种各样的机器学习算法外，Weka 预处理工具功能强大，数据集的适应范围广，用户可以在一套统一的图形操作界面下对比不同学习算法的挖掘效果，从而选出最适合当前实验数据集的算法。

从实验任务的角度看，Weka 的使用方式可分为三种，第一种是将一种学习方法应用于一个数据集，然后分析其输出，从而更多地了解这些数据。第二种是用户使用机器学习算法对实验数据集训练生成一个分类或回归模型，利用该模型对新的实例做出预测。第三种是在同一实验数据集上分别使用多个不同的学习方法，对比它们的性能，选择最佳学习方法。学习方法又称作分类器，用户可在 Weka 菜单中选择一种想要的分类器，借助 GUI 界面调节分类器的参数进行性能优化。

除了基于图形用户界面操作使用外，Weka 还提供 API 接口供软件开发人员使用。用户在开发数据挖掘软件时，可以将软件中机器学习部分调用 Weka 相关类、接口实现，这样只需额外写最少量的代码，就解决了机器学习中重要的子问题。

Weka 软件和相关帮助文档可以从 http://www.cs.waikato.ac.nz/ml/weka 网站获取。Weka 支持若干实验数据集，可以在安装目录的 data 文件夹下找到示例。

A.1.2 Weka 数据格式

Weka 默认支持的数据文件是 ARFF（Attribute-Relation File Format）文件。ARFF 文件是一个采用 ASCII 编码的文本文件，内部包含了两个主要内容：头（Header）信息和数据（Data）信息。

头信息包含关系的名称和属性列表及属性类别的声明。以 Weka 自带的鸢尾花（Iris）数据集为例，其文件内容如下：

```
% 1. Title: Iris Plants Database
%
% 2. Sources:
%       (a) Creator: R.A. Fisher
%       (b) Donor: Michael Marshall (MARSHALL%PLU@io.arc.nasa.gov)
%       (c) Date: July, 1988
%
@RELATION iris

@ATTRIBUTE sepallength          REAL
@ATTRIBUTE sepalwidth           REAL
@ATTRIBUTE petallength          REAL
@ATTRIBUTE petalwidth           REAL
@ATTRIBUTE class        {Iris-setosa,Iris-versicolor,Iris-virginica}

@DATA
5.1,3.5,1.4,0.2,Iris-setosa
4.9,3.0,1.4,0.2,Iris-setosa
```

```
4.7,3.2,1.3,0.2,Iris-setosa
4.6,3.1,1.5,0.2,Iris-setosa
5.0,3.6,1.4,0.2,Iris-setosa
5.4,3.9,1.7,0.4,Iris-setosa
4.6,3.4,1.4,0.3,Iris-setosa
5.0,3.4,1.5,0.2,Iris-setosa
4.4,2.9,1.4,0.2,Iris-setosa
```

ARFF 文件信息是以行为单位组织的，且行结尾没有标点符号。Weka 数据以“%”开始的行是注释，Weka 将忽略这些行。除去注释后，整个 ARFF 文件可以分为两个部分。

第一部分给出了头信息（Head Information），包括了对关系的声明和对属性的声明。第二部分给出了数据信息（Data Information），即数据集中给出的数据。从“@data”标记开始，后面的就是数据信息了。

1. 关系声明

关系名称必须在 ARFF 文件的第一个有效行来定义，格式为 @relation <relation-name> <relation-name>，是一个字符串。如果这个字符串包含空格，它必须加上引号。

2. 属性声明

属性声明用一系列以“@attribute”开头的语句表示。数据集中的每一个属性都有它对应的“@attribute”语句来定义它的属性名称和数据类型。属性声明语句的位置顺序与数据部分各个属性值的顺序严格一致。例如，如果一个属性在文件属性声明部分第三行出现，那么该属性对应的属性值是数据信息部分以逗号分隔的第三列。

属性声明的格式为：

```
@attribute <attribute-name><datatype>
```

其中，<attribute-name>全名要求同上，Weka 支持的<datatype>有四种，分别是：

（1）numeric	数值型
（2）<nominal-specification>	分类（nominal）型
（3）string	字符串型
（4）date [<date-format>]	日期和时间型

注意关键字“integer”“real”“numeric”“date”“string”是区分大小写的。

1）数值型属性（numeric）

数值型属性可以是整数或者实数。

2）分类型属性（nominal）

分类型属性由<nominal-specification>列出一系列可能的类别名称并放在花括号中：{<nominal-name1>, <nominal-name2>, <nominal-name3>, ...}。数据集中该属性的值只能是其中的一种类别。在 Iris 数据集中分类型属性定义如下：

```
@ATTRIBUTE class {Iris-setosa,Iris-versicolor,Iris-virginica}
```

3）字符串型属性

字符串型属性中可以包含任意的文本。这种类型的属性在文本挖掘中非常有用，我们可以使用类似 StringToWordVectorFilter 过滤器来处理这些文本。字符串型属性声明示例：

```
@ATTRIBUTE LCC string
```

4）日期和时间型属性（date）

日期和时间型属性统一用“date”类型表示，它的格式是

```
@attribute <name> date [<date-format>]
```

其中<name>是这个属性的名称，<date-format>是可选项，用一个字符串来规定如何解析和显示日期或时间的格式（类似于 Java 语言中的 SimpleDateFormat 类功能），默认的字符串是 ISO-8601 所给的日期时间组合格式：yyyy-MM-dd'T'HH:mm:ss。数据信息部分表达日期的字符串必须符合声明中规定的格式要求。

3. 数据信息

ARFF 数据信息部分包含数据声明行和数据实例条目。其中首先用“@data”标记独占一行声明，其后是各个实例数据，一个实例单独占用一行。“%”用来注释说明，作业范围同样是所在行。实例的各属性值，按照文件前面属性声明的顺序排列，并用逗号“,”隔开。缺失属性值（missing value）用问号“?”表示，例如：

```
@data
4.4,?,1.5,?,Iris-setosa
```

字符串型属性和分类型属性的值是区分大小写的。若值中含有空格，必须被引号括起来。例如：

```
@relation LCCvsLCSH
@attribute LCC string
@attribute LCSH string
@data
AG5, ’Encyclopedias and dictionaries.;Twentieth century.’
AS262, ’Science -- Soviet Union -- History.’
AE5, ’Encyclopedias and dictionaries.’
AS281, ’Astronomy, Assyro-Babylonian.;Moon -- Phases.’
AS281, ’Astronomy, Assyro-Babylonian.;Moon -- Tables.’
```

日期和时间型属性的值必须与属性声明中给定的一致。例如：

```
@RELATION Timestamps
@ATTRIBUTE timestamp DATE "yyyy-MM-dd HH:mm:ss"
@DATA
"2001-04-03 12:12:12"
"2001-05-03 12:59:55"
```

Weka 还提供了 Sparse ARFF 文件，目的是存放数据对象中包含了大量 0 值的稀疏

数据集，其文件结构与 ARFF 文件类似，只有数据信息部分不同。例如，在 ARFF 文件格式中的数据表示如下：

```
@data
0, X, 0, Y, "class A"
0, 0, W, 0, "class B"
```

如果用 Spare ARFF 文件存放，对应格式如下：

```
@data
{1 X, 3 Y, 4 "class A"}
{2 W, 4 "class B"}
```

每个实例用花括号括起来。实例中每一个非 0 的属性值用<index><空格><value>表示。<index>是属性的序号，从 0 开始计；<value>是属性值。属性值之间仍用逗号隔开。

A.2 Explorer 界面

使用 Weka 最简单的方式是通过 Explorer（探索者）界面，在这个用户界面中，所有的数据挖掘任务操作以菜单选择和表单填写方式完成。

Weka GUI 选择器界面启动完成后，通过单击 Explorer 按钮进入 Explorer 界面。图 A-2 展示的是加载数据后的 Explorer 界面。Explorer 界面功能按照顶部标签可以分为六大功能：数据预处理、分类、聚类、关联、属性选择、可视化。默认打开后展示数据预处理界面内容。

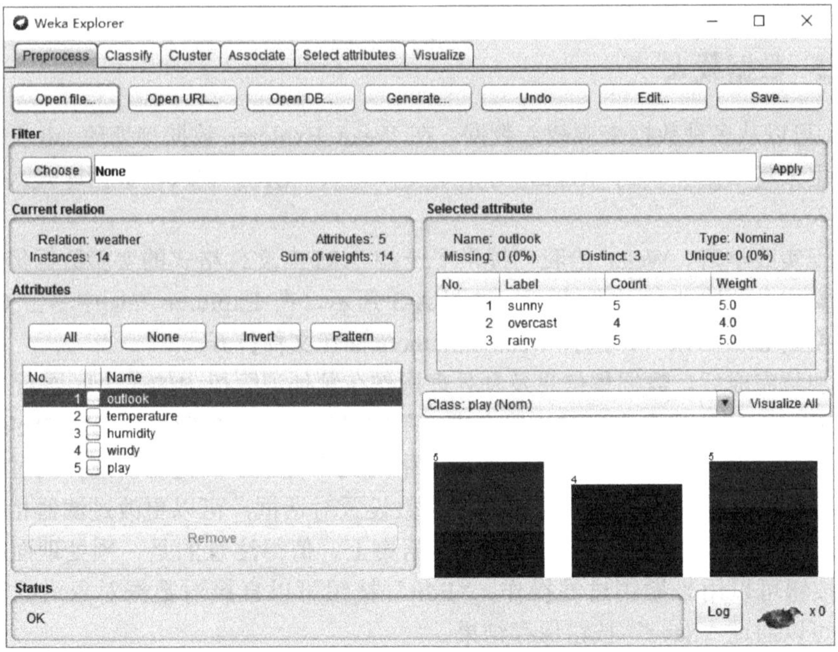

图 A-2 加载数据后的 Explorer 界面

A.2.1 数据准备

Weka 存储数据默认格式为 ARFF 格式，而我们通常从数据库中或电子数据表中获取数据，虽然 Weka 也支持其他一些格式的文件，但是对 ARFF 格式是支持得最好的。因此有必要在数据处理之前把数据集的格式转换成 ARFF。

1．XLS 文件转 CSV 文件

Excel 是我们常用的微软电子表格文件，一些数据库软件的报表功能通常可以导出 Excel 文件，即以 XLS 为扩展名的文件。CSV（Comma-Separated Values）文件是以逗号分隔的文件。将 XLS 文件通过 Excel 软件打开，然后，另存为 CSV 格式完成转换。经过该步骤后文件是由一组记录组成的，一行一条记录，且每条记录的每个属性由逗号分隔。

2．CSV 文件转 ARFF 文件

CSV 文件是 Matlab 或 Excel 存储的文件，不能直接用于 Weka 中，Weka 提供了 CSV 文件转换成 ARFF 文件的功能。通过主界面 File 菜单打开 CSV 文件再另存为 ARFF 文件。该步骤操作完成后，在原 CSV 文件上增加了@relation、@attribute、@data 标签。

3．人工检验修正

使用文本编辑工具打开生成的 ARFF 文件，检查自动生成的@relation、@attribute 标签名称是否具备可读性，根据需要手工修改标签名称及添加必要注释信息，以方便后期数据维护。

A.2.2 数据载入

Weka 可以从多种数据来源载入数据，在 Weka Explorer 数据预处理 tab 页面顶部有 4 个按钮用来将数据加载到 Weka，分别是文件载入、URL 载入、数据库载入、人工生成数据载入。

为便于实践学习，Weka 给我们提供了一些 ARFF 文件格式的实验数据集，它们位于 Weka 安装目录的 data 文件夹下。如图 A-3 所示，在 Explorer 界面中单击 Open File 按钮，切换到 data 目录下，选择 weather.numeric.arff 文件打开。

数据加载完成后，数据集信息及预处理操作在预处理面板中的 5 个区展示。

（1）Filter：预处理操作由过滤器完成。单击“Choose”按钮可以选择 Weka 集成的各种各样的过滤器，一旦选中某个过滤器，中间文本框显示的是当前选择的过滤器名称和选项，鼠标左击该文本框会弹出过滤器参数设置对话框，可以更改过滤器相关参数，右边“Apply”按钮功能可应用过滤器到数据集上。值得注意的是，预处理面板顶部的“Undo”按钮可以用来撤销过滤操作，“Edit”按钮可以直接对数据对象进行预处理编辑，最终可以通过“Save”按钮保存结果。

（2）Current relation：显示当前数据文件的概要信息，包括关系（Relation）名称、属性（Attribute）数量、实例对象（Instance）数量。

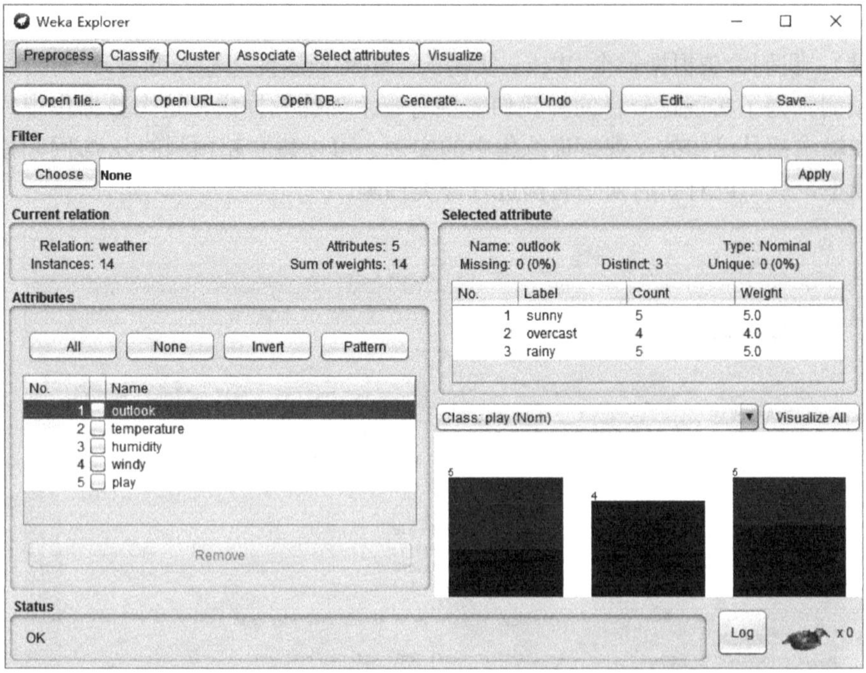

图 A-3　Weka Explorer 数据载入

（3）Attriburtes：列出所有的属性名称，并且有 4 个属性辅助选择按钮，当有一个或多个属性前的复选框被选中，属性信息区最下方的删除（Remove）按钮变为激活状态，此时可以删除数据集中被复选框选中的属性，例如，id 属性对分类任务没有意义，可以借助该功能从数据集中删除。

（4）Selected attribute：当单击属性列表中某一个属性时，会在右侧选中属性信息区展示所选属性的详细信息，主要包括属性名称、属性的类别（标称型或数值型）、缺失值实例个数、包含的属性值的种类个数和具有唯一值实例个数。此外在该信息区的下方列表控件中，如果是数值属性，则显示最小值（Minimum）、最大值（Maximum）、均值（Mean）和标准差（StdDev）；如果是标称属性，将显示每个不同值的计数。当前信息区的最下部分用直方图方式显示属性值类别分布情况，若数据集的最后一个属性（这是分类或回归任务的默认目标变量）是类标变量，直方图中的每个长方形就会按照该变量的比例分成不同颜色的段。在直方图上方的下拉框中选择不同的分类属性将改换分段的依据。在下拉框里选上“No Class”或者一个数值属性，则会变成黑白的直方图。

（5）Status：位于预处理面板的最下方，展示当前正在执行的任务信息或通知。在状态栏中的任意位置右击鼠标将会出现一个小菜单。这个菜单有两个选项：显示 Weka 可用的内存量；强制运行 Java 垃圾回收器，搜索不再需要的内存空间并将之释放，从而可为新任务分配更多的内存。最后的 Log 按钮可以查看 Weka 操作日志。

A.2.3　训练与模型评估

Weka 把分类（Classification）和回归（Regression）都放在如图 A-4 所示的

"Classify"选项卡面板中。在这两个数据挖掘任务中，都有一个目标属性（类别属性，输出变量）。我们希望根据一个 Weka 实例的一组特征属性（输入变量），对目标属性进行分类预测。为了实现这一目的，我们需要有一个训练数据集，这个数据集中每个实例的输入和输出都是已知的。观察训练集中的实例，可以建立起预测的分类/回归模型。有了这个模型，就可以对新的未知实例进行分类预测。

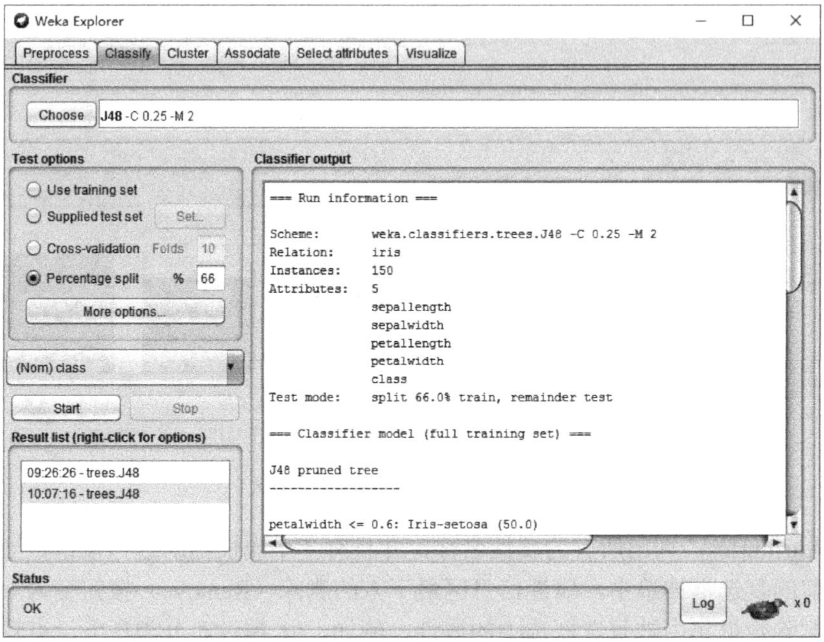

图 A-4　Explorer 分类面板

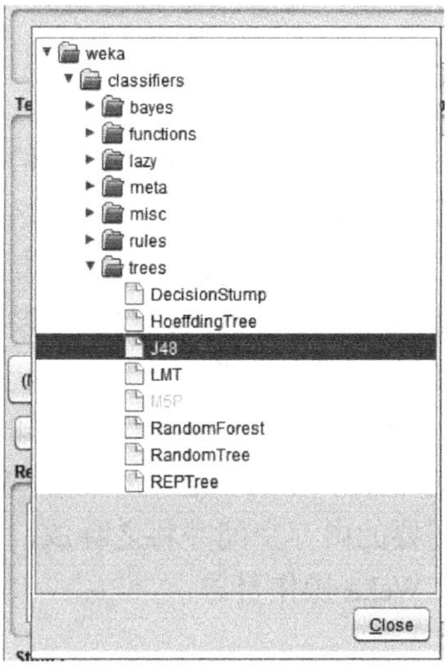

图 A-5　分类器选择面板

我们可以通过一个实例来学习执行一个分类模型训练任务的主要操作内容。在进行分类之前，首先加载 iris 数据集到 Explorer 当中，并切换到 Classify 面板。

1. 选择分类算法

分类面板的顶部是分类器选择区域。由一个负责选择分类器的 Choose 按钮和位于它右边的用于显示当前选择的分类器名称的文本框组成，默认分类器为 ZeroR。单击文本框，会弹出分类器参数设置对话框，用户可以根据需要更改参数的值。Explorer 通常会合理地设定这些参数的默认值。

本次实验，首先单击左侧的 Choose 按钮，在弹出的树形列表中选择目标分类器，这里我们选择决策树算法 J48，如图 A-5 所示。

2. 选择模型评估方法

为了检验训练模型的泛化能力，测试数据集和训练数据集需要严格分开。在 Classify 的测试面板中提供了表 A-1 中的四种评估方法选项，它们之间的区别主要是训练数据集和测试数据集的划分方案。

表 A-1 评估方法

评估方法	说明
Using training set	使用原训练数据集评估
Supplied test	使用单独的测试数据集数据文件评估
Cross-validation	交叉验证，需要设置折数 Folds
Percentage split	按百分比拆分训练数据集和测试数据集

3. 执行、查看结果

单击 start 按钮开始训练，训练时窗口右下角会出现一个舞动着的小鸟，表示训练正在进行。训练结束后会在 Classifier output 窗口显示文字输出结果。首先给出的是训练的概要信息，主要包括训练用的学习算法、数据集、实例个数、属性数、属性名称及评估方法。接下来给出图 A-6 所示的决策树文本描述，树有 5 层，9 个节点，按照不同属性的值依次划分。

```
J48 pruned tree
------------------

petalwidth <= 0.6: Iris-setosa (50.0)
petalwidth > 0.6
|   petalwidth <= 1.7
|   |   petallength <= 4.9: Iris-versicolor (48.0/1.0)
|   |   petallength > 4.9
|   |   |   petalwidth <= 1.5: Iris-virginica (3.0)
|   |   |   petalwidth > 1.5: Iris-versicolor (3.0/1.0)
|   petalwidth > 1.7: Iris-virginica (46.0/1.0)

Number of Leaves  :     5

Size of the tree :      9
```

图 A-6 决策树文本描述

文本缩进形式描述的决策树不够直观，可以在窗口左下的 Result list 面板中单击鼠标右键，在弹出快捷菜单中选择 Visualize tree 选项，生成如图 A-7 所示的可视化树结构。

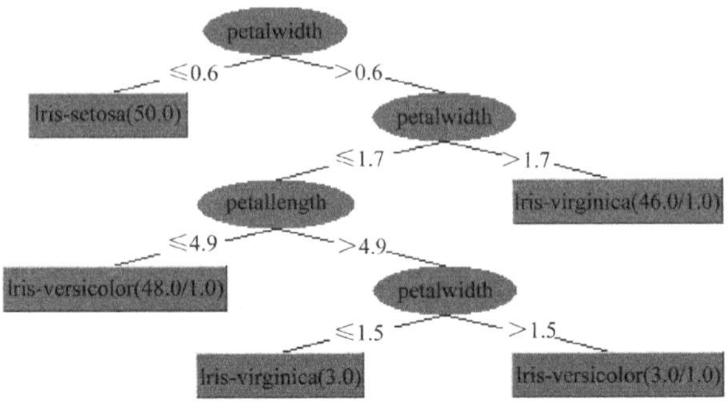

图 A-7 决策树可视化

输出结果的关键在性能评估部分，如图 A-8 所示，正确分类 49 个样本，正确分类率为 96.0784%，错误分类 2 个样本，错误分类率为 3.9216%。评估模块还给出了 Kappa 统计和平均绝对误差及均方差等性能指标。

```
=== Summary ===

Correctly Classified Instances          49               96.0784 %
Incorrectly Classified Instances         2                3.9216 %
Kappa statistic                          0.9408
Mean absolute error                      0.0396
Root mean squared error                  0.1579
Relative absolute error                  8.8979 %
Root relative squared error             33.4091 %
Total Number of Instances               51

=== Detailed Accuracy By Class ===

                 TP Rate  FP Rate  Precision  Recall   F-Measure  MCC      ROC Area  PRC Area  Class
                 1.000    0.000    1.000      1.000    1.000      1.000    1.000     1.000     Iris-setosa
                 1.000    0.063    0.905      1.000    0.950      0.921    0.969     0.905     Iris-versicolor
                 0.882    0.000    1.000      0.882    0.938      0.913    0.967     0.938     Iris-virginica
Weighted Avg.    0.961    0.023    0.965      0.961    0.961      0.942    0.977     0.944

=== Confusion Matrix ===

  a  b  c   <-- classified as
 15  0  0 |  a = Iris-setosa
  0 19  0 |  b = Iris-versicolor
  0  2 15 |  c = Iris-virginica
```

图 A-8　性能评估概要

最后混淆矩阵用字符 a、b、c 分别代表三种鸢尾花类别，列出来了各类别正确分类数和错误分类数，其中有 2 个 virginica 类样本被误识别成 versicolor 类别。

A.2.4　属性选择或过滤

现实世界的数据集中通常包含大量与任务不相关的属性，这些冗余属性影响算法的执行效率，甚至还可能导致结果偏差。为了提高预测准确训练场，需要对属性集进行有效地约减。数据约减是在对发现任务和数据本身内容理解的基础上，寻找依赖于发现目标表达数据的有用特征（或称属性），以缩减数据规模，从而在尽可能保持数据原貌的前提下最大限度地精简数据量。

属性选择是通过在数据集中搜索所有可能的属性组合，找到预测效果最好的属性子集。对于含有 N 个属性的属性集合，它共有 2^N 个子集。使用某种搜索算法基于事先确定的评估准则和停止准则在属性子集空间寻找最优解，即最优属性子集。

手工选择属性既烦琐又容易出错，为了帮助用户事项选择属性自动化。Weka 中提供了属性选择面板，如图 A-9 所示。要自动选择属性需要设立两个对象：属性评估器（Attribute Evaluator）和搜索方法（Search Mothod）。属性评估器用来决定为每个属性子集分配一个评估值，搜索方法决定执行什么方式的搜索。

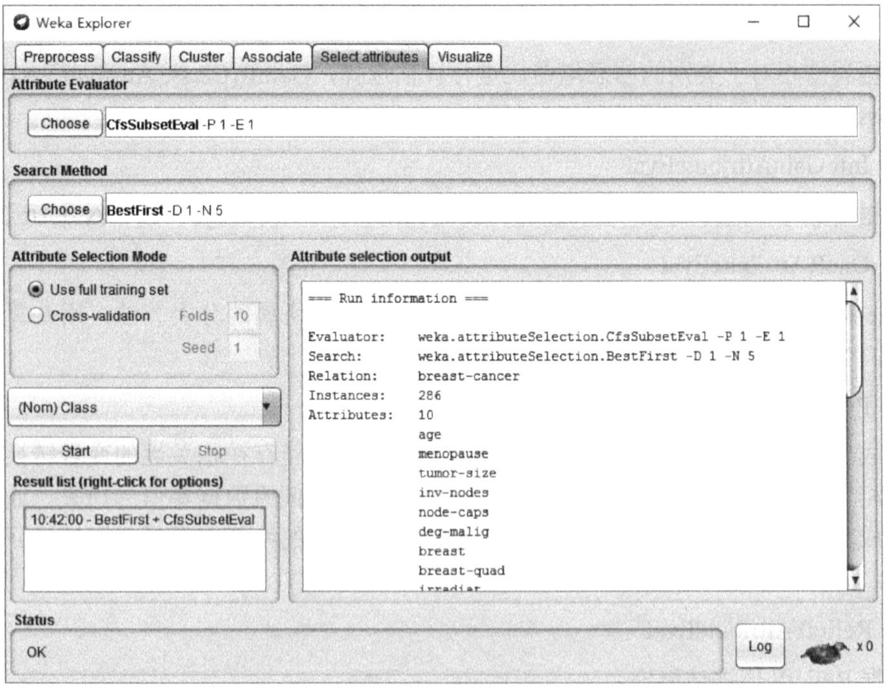

图 A-9 用户界面

1. 属性选择模式（Attribute Selection Mode）

属性选择模式有两个选项：

（1）使用全部训练集；

（2）交叉验证。

属性选择方法大体分为三类：包装器法（Wrappers Method），过滤法（Filter Method），嵌入法（Embedded Method）。

2. 属性子集评估器

（1）CfsSubsetEval：属于包装器方法，评估的价值属性的一个子集，考虑各个属性预测能力及它们之间的冗余度，倾向于考虑那些与类别属性相关度高并且相互之间关联度低的属性集。

（2）WrapperSubsetEval：用后续的学习算法嵌入到特征选择过程中，通过测试特征子集在此算法上的预测性能来决定其优劣，而极少关注特征子集中每个特征的预测性能。因此，并不要求最优特征子集中的每个特征都是最优的。

3. 单个属性评估器

如果选用此类评估器使用，则搜索策略必须用 Ranker。

1）CorrelationAttributeEval

根据属性与类别的相关性进行评估选择。

2）GainRatioAttributeEval

根据属性相对于类别的信息增益比进行评估选择，GainR(Class, Attribute) = (H(Class) − H(Class | Attribute)) / H(Attribute)。

3）InfoGainAttributeEval

根据信息增益选择属性，InfoGain(Class,Attribute) = H(Class) − H(Class | Attribute)。

4）OneRAttributeEval

One-Rule，顾名思义，就是根据一种规则判断实例所属的分类算法，用此算法来选择属性。

5）Principalcomponents

主成分分析（PCA）方法，通过正交变换将一组可能存在相关性的变量转换为一组线性不相关的变量，变量数目减少的同时最大程度地降低原数据集信息损失。通过转换到在主成分空间下来过滤属性噪声，删除掉一部分最差的特征向量后，再转换回原始特征空间。

6）ReliefFAttributeEval

根据 ReliefF 值评估属性。

7）SymmetricalUncertAttributeEval

根据属性的对称不确定性评估属性。

4. 搜索方法

1）BestFirst

最好优先的搜索策略，是一种贪心搜索策略。

2）GreedyStepwise

在属性子集空间任意一点开始，向前或向后单步搜索，直到在现有属性集中无论增加还是减少一个属性评估，性能都会变差。也可以遍历属性子集空间，产生一个属性排名列表，并记录所选择的属性顺序，从而生成属性子集。

3）Ranker

对属性的评估值进行排序，和评价策略中的单属性评估器结合使用，不包括属性子集评估器。

5. 属性选择实例分析

（1）打开 Weka Explorer，在 Preprocess 面板下通过单击“Open file”按钮，载入 labor.arff 文件。

（2）在 Weka Explorer 顶部打开 Classify 面板，单击选择分类器按钮“Choose”，如图 A-10 所示。在分类器导航目录树下，展开“functions”目录，选择支持向量机分类器 SMO。

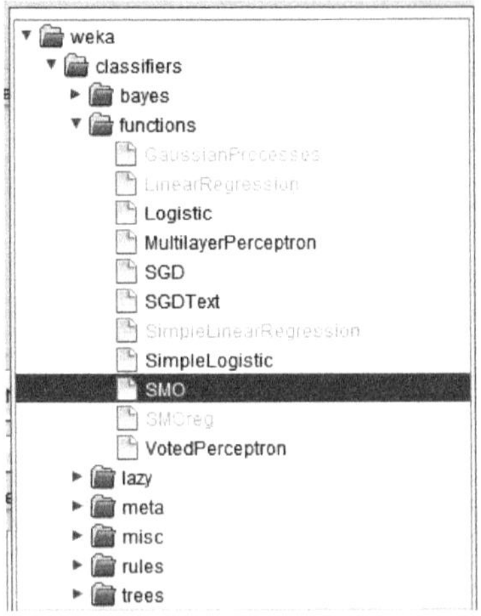

图 A-10　分类器选择

（3）测试选项设置为 10 折交叉验证，单击“Start”按钮开始训练，不做属性选择优化，直接训练而得出分类预测结果如图 A-11 所示。

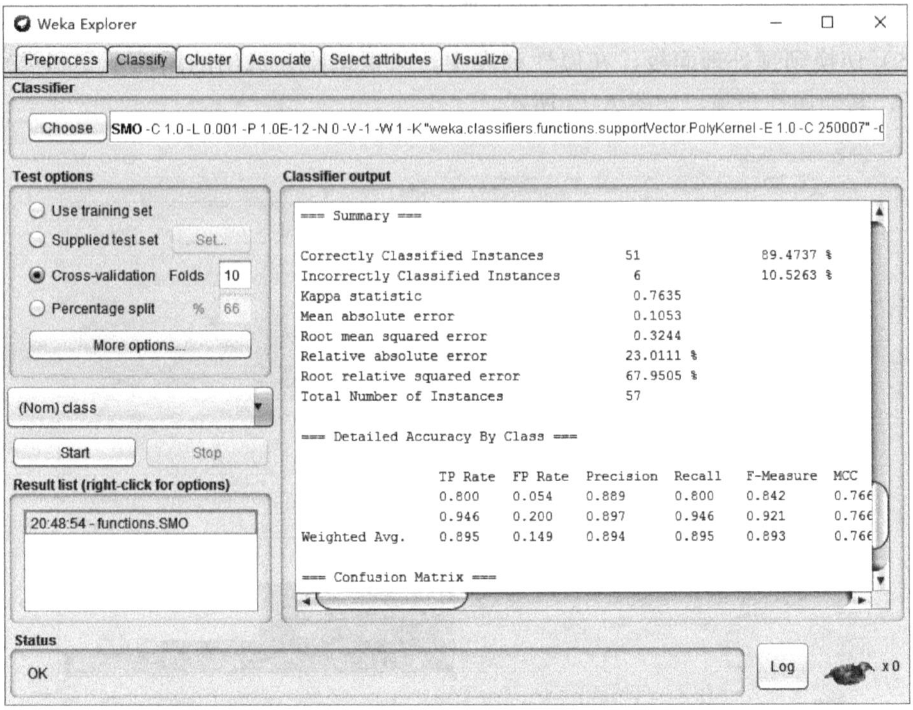

图 A-11　直接分类预测结果

（4）切换到 Select attributes 面板，选择属性集，属性评估器和搜索方法使用默认值，即分别为“CfsSubsetEval”和“BestFirst”，属性选择模式选为全部训练集，单击“Start”按钮开始选择属性集。运行结果如图 A-12 所示，选择的属性集为：2，3，5，11，12，13，14，为方便实验描述，记为属性集 1。

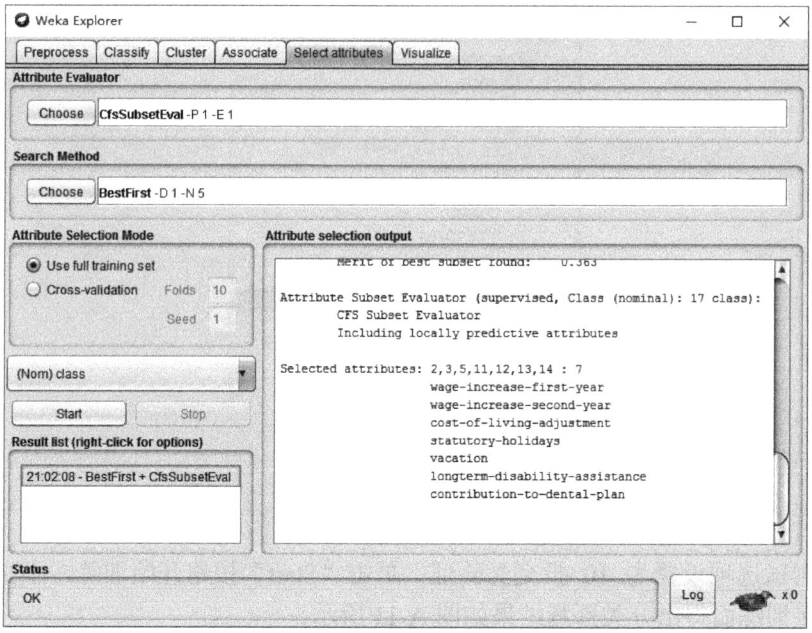

图 A-12　使用 CfsSubsetEval 评估器和 BestFirstrvfp 算法的分类结果

（5）切换到预处理面板，在属性列表中，只保留刚才选出的属性子集和类别属性“class”，其他属性删除，如图 A-13 所示。

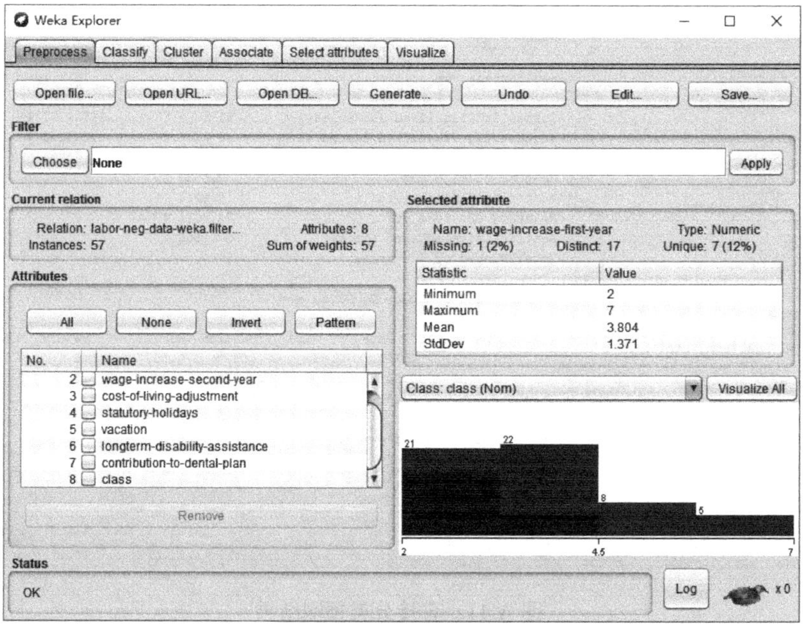

图 A-13　属性选择

（6）切换到分类面板，保持原来“SMO”分类器及 10 折交叉验证测试选项不变，单击“Start”按钮重新执行分类任务。得到新的分类准确率为 91.2281%，如图 A-14 所示。

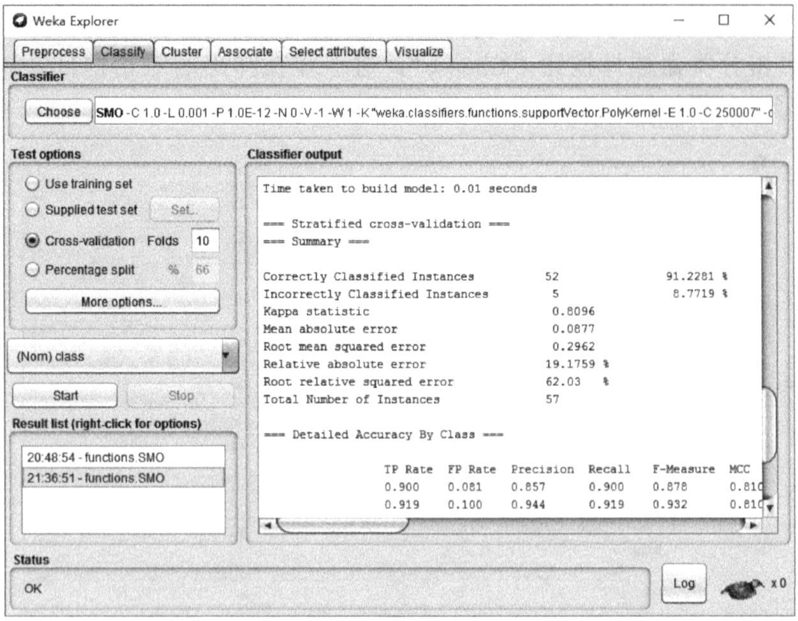

图 A-14 使用属性集 1 分类结果

（7）为了验证不同属性集对分类性能的影响，改换属性选择策略，重新生成新的属性子集。首先，需要返回预处理面板，单击上方“Undo”按钮，取消刚才的属性选择操作，恢复实验数据集的所有属性。然后，切换到属性选择面板更换评估器重新选择属性。单击评估器选择按钮“Choose”，在弹出的对话框中选择“WrapperSubsetEval”选项，如图 A-15 所示。

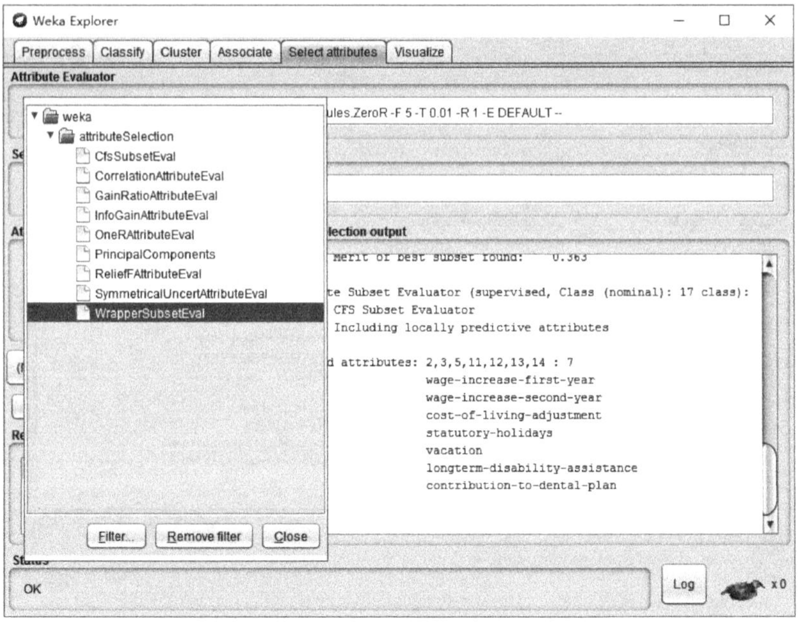

图 A-15 评估器选择用户界面

（8）鼠标左击属性评估器“Wrapper SubsetEval”所在的文本框，在弹出的参数配置对话框中点击分类器选择按钮“Choose”，进一步在弹出的对话框目录树控件选择“SMO”选项，结果如图 A-16 所示。

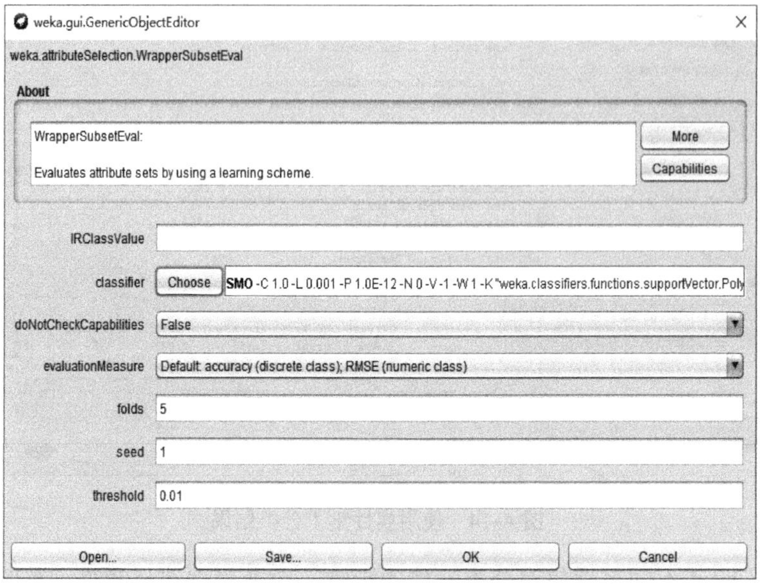

图 A-16　设置评估器分类器参数为 SMO

（9）单击“OK”按钮保存信息并关闭对话框，重新点击属性选择面板中的“Start”按钮，计算新的属性集为 9 个属性：2，3，5，6，7，10，11，13，16，结果如图 A-17 所示。同样，为了表述方便记为属性集 2。

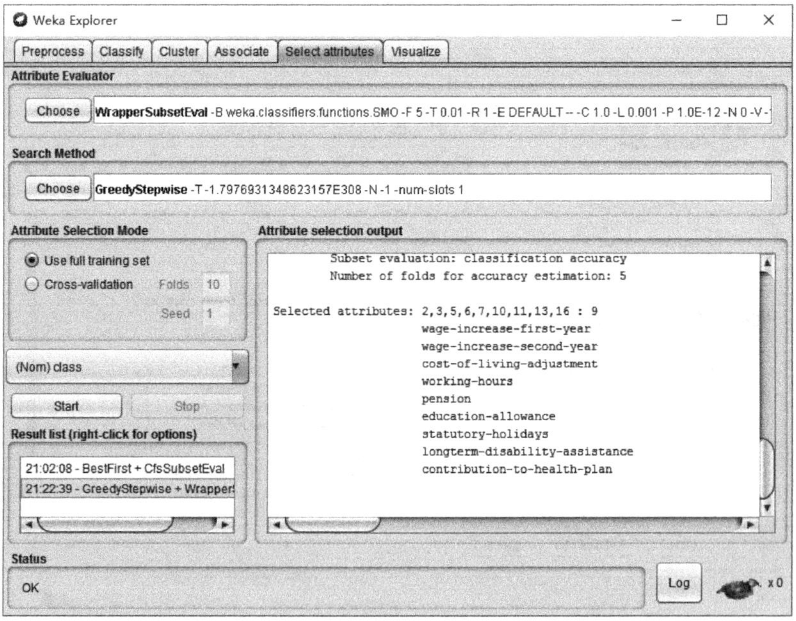

图 A-17　使用 Wrapper SubsetEval 评估器进行属性选择

（10）根据属性选择出来的属性集 2，先在预处理面板中筛选属性，并重新分类。得出新的分类准确率为 92.9825%，如图 A-18 所示。

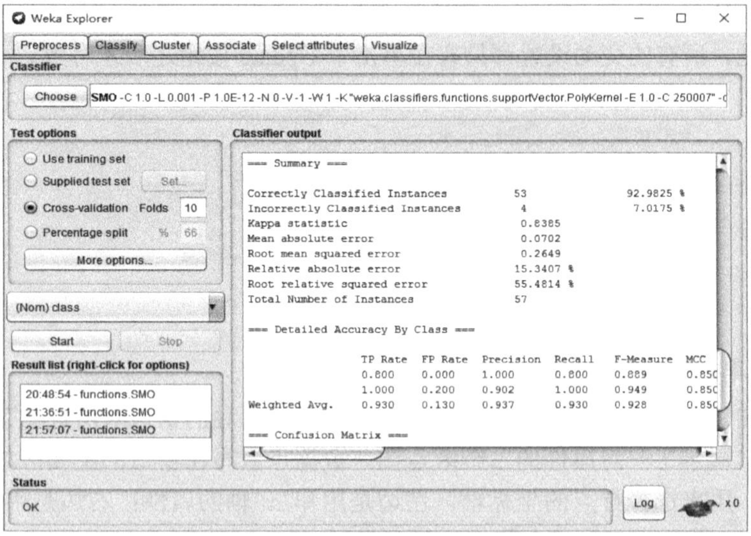

图 A-18 使用属性集 2 分类结果

A.2.5 可视化

Explorer 界面 Visualize 面板可以帮助用户可视化一个数据集。它对数据集中的每对属性绘制一个二维散点图，这样就便于用户更直观地探视数据内部关系。

1. 散点图矩阵

以 iris 数据集为例，在 Visualize 面板下打开后效果如图 A-19 所示。Weka 为所有的属性给出一个散点图矩阵，它们会根据所选的类别属性来着色，如果类别属性是标称性的，颜色是离散值；如果是数值性的，则色谱从代表最小值的蓝色到代表最大值的橙色呈连续分布。没有类别的点用黑色表示。

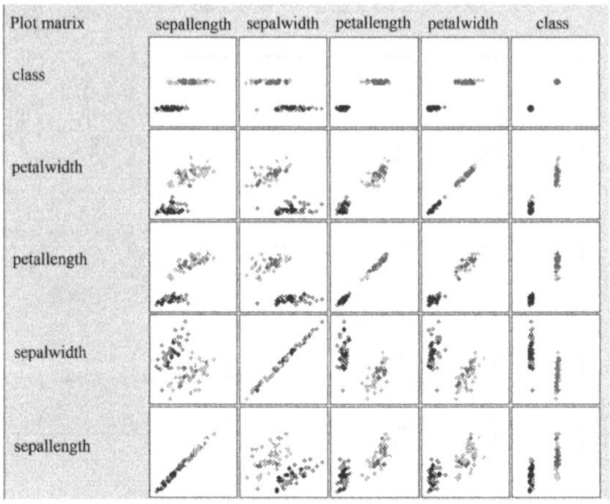

图 A-19 iris 数据集二维散点图

散点图矩阵可以根据需要对图形大小、点大小和点位置拉动做适当地调整，图 A-20 显示了这三种调选项。其中 PlotSize 用来控制散点图大小，PointSize 用来控制散点图中代表样本数据的点的大小，Jitter 是随机抖动数据，让位置重叠的多个点可以显示出来。需要说明的是，所有的变动设置都只有在单击了 Update 按钮之后才有效。

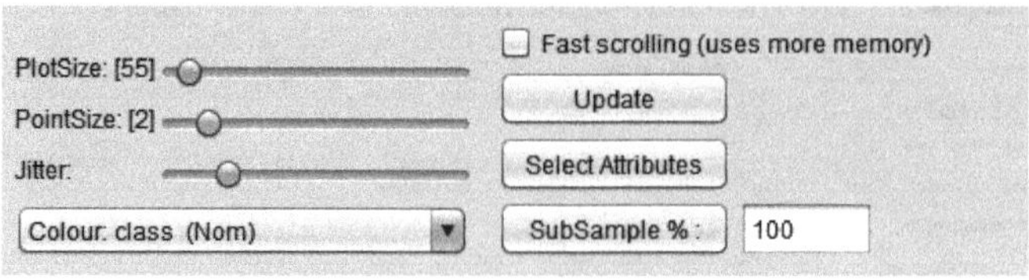

图 A-20 二维散点图选项调节

2. 选择单独的二维散点图

在散点图矩阵的一个格子上单击后，会弹出一个单独的窗口对所选的菜点进行可视化。图 A-21 展示了一对属性的二维散点图。数据点散布在窗口的主要区域里。上方是两个下拉框，用来选择打点的坐标轴。左边是用作 x 轴的属性；右边是用作 y 轴的属性。窗口最下方标注了每种颜色代表的类别类型。

数据点所在的主区域的右边有一些水平横条。每一条代表着一个属性，其中的点代表了属性值的分布。这些点随机地在竖直方向散开，使得点的密集程度能被看出来。在这些横条上单击可以改变主图所用的坐标轴。左键点击改变 x 轴的属性；右键点击改变 y 轴的属性。横条旁边的“X”和“Y”代表了当前的轴用的是哪个属性（x 轴和 y 轴如果用同一个属性将显示为“B”）。

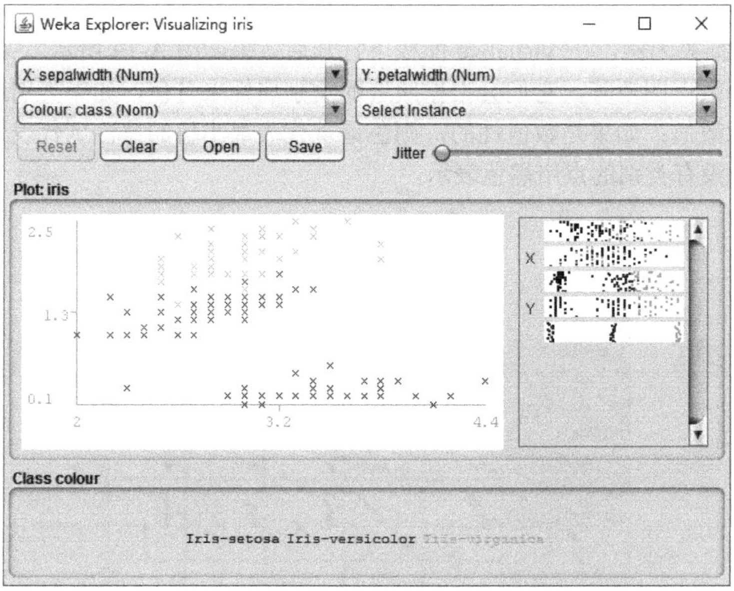

图 A-21 单独二维散点图

3. 数据点选择

有些情况下我们需要可视化工具来构建一个数据子集，例如，通过交互方式选择数据实例，构建一个用户自定义的分类器。数据点的选择方式有 4 种：Select Instance、Rectangle、Polygon、Polyline。Select Instance 方式用于查看数据点代表的单个样本的详细信息，其他三种方式用来在散点图上绘制几何区域圈选数据点子集。单击“Submit”按钮将移除所选区域外的样本实例。“Clear”按钮用来清除所选区域，且不会对数据点有任何影响。单击“Save”按钮可把当前看到的样本保存到一个新的 ARFF 文件中。

A.3 Knowledge Flow 界面

Explorer 界面简单易用，但有一个缺点：它将样本数据全部加载到内存中，所以样本的大小受限于内存的大小。而知识流（Knowledge Flow）界面正好弥补了这一缺陷。知识流界面的主体是一个设计画布，用户可从工具条中选择 Weka 组件，并将其置于设计画布上，连接成一个处理、分析数据并展示结果的具有方向性的流程图。知识流界面为那些喜欢从数据是如何在系统中流动的这样的角度出发来思考问题的用户提供了 Explorer 之外的另外一种选择。

A.3.1 界面组件分析

Weka 为用户提供了大量的知识流界面组件，包括数据源、分类器、过滤器、聚类器、关联器、属性选择器及各类可视化组件等。在知识流界面的设计面板中，按照功能以列表的形式分组组织，表 A-2 列出了组件类别名称。

表 A-2 知识流界面标签

名 称	功 能 说 明
DataSources	选择数据源
DataSinks	保存结果
Filters	过滤器
Classifiers	分类器
Clusterers	聚类器
Associations	关联规则算法
Evaluation	评估器
Visualization	用于将结果可视化的组件选择
Tools	属性值的排序、查找等辅助工具
Flow	流处理工具

A.3.2 组件的配置与连接

用户可通过单独配置每个组件，然后将它们连接起来生成知识流。在图形界面下使用鼠标右击组件图标，会弹出快捷菜单，这是组件配置和连接的操作入口，通常菜单内容可以分为 Edit、Action 和 Connection 三组操作，不同组件具体内容会有差异。

1. Edit 操作

主要对组件进行简单地编辑操作。在 Edit 操作下有 Delete、Set name、Configure 三个基本操作，其中 Delete 菜单项用于删除组件，Set name 菜单项用于给组件更换名字，Configure 菜单项通常会打开一个对话框来设置组件的参数。

2. Action 操作

该操作不同类型的组件具体操作不同，例如，图形视图组件具有 show plot 操作，文本视图组件具有 show results 操作。

3. Connection 操作

组件有两种可由数据源开始的连接：dataset 连接和 instance 连接。前者用于批量操作，适用于像 J48 的分类器；后者则用于 NaiveBayesUpdateable 的流处理操作。数据源组件无法同时提供两种类型的连接，两者只能选其一。当 dataset 连接指向一个批量分类器时，该分类器需要知道该连接指向的是一个训练集还是测试集。而指向递增分类器的 instance 连接是直接建立的，分类器由流动的实例以递增的方式不断更新，没有训练集和测试集之分。

A.3.3 知识流界面实例

本节我们将建立一个从 ARFF 文件读取数据并用决策树 J48 交叉验证的知识流。实例设计最终结果如图 A-22 所示。

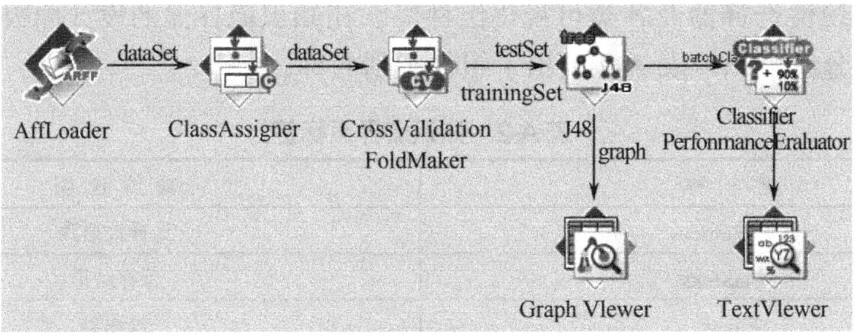

图 A-22 知识流图实例

操作步骤说明如下。

（1）查找、选择组件。在知识流界面左侧的设计面板中，单击“DataSources”条目，展开后选择 ArffLoader 组件，此时鼠标指针会变成“十”字形。

（2）添加组件到布局面板。移动鼠标到右侧布局面板区，单击任意空白位置将 ArffLoader 组件放置在布局区域，此时布局区域会出现 ArffLoader 图标。

（3）配置 ArffLoader 组件。在新建的 ArffLoader 图标上右击鼠标，在弹出的快捷菜单中选择 configure，在弹出的文件对话框中单击“Browse”按钮浏览并选择要加载的 ARFF 文件，本次实验我们选择 iris 数据集。

（4）添加 ClassAssigner 组件。在左侧设计面板中单击展开 Evaluation 条目，选择 ClassAssigner 组件并放置到右侧布局面板中。

（5）连接 ArffLoader 组件到 ClassAssigner 组件。先右击“ArffLoader”并在弹出的快捷菜单中选 dataSet，此时会出现一个橡皮条线，移动鼠标到 ClassAssigner 组件上并单击鼠标左键，这样两个组件间将有一条标记为 dataSet 的红线连接。

（6）配置 ClassAssigner 组件。右击 ClassAssigner 组件并选择 Configure 项，在弹出的对话框中，有一个下拉列表，列出了数据集的所有属性，选择并指定分类的类别属性。这里选默认值（Nom）class 即可。

（7）添加并连接 CrossValidationFoldMaker 组件。从设计面板 Eavluation 项中找到 CrossValidationFoldMaker 添加的布局面板中。右击 ClassAssigner 组件图标选择 dataSet 项连接到 CrossValidationFoldMarker 组件。

（8）添加分类器。在设计面板 Classifiers 条目下找到 trees 子条目，选择 J48 分类器并添加到布局面板。

（9）给分类器建立双连接。从 CrossValidationFoldMaker 组件到 J48 组件先后选中 trainingSet 项和 testSet 项两次建立连接。

（10）添加分类评估器。返回到设计面板 Evaluation 条目下，选择并添加 ClassifierPerformanceEvaluator 组件。右击 J48 分类器组件，在弹出的菜单中选择 batchClassifier 项并建立连接到 ClassifierPerformanceEvaluator 组件上。

（11）添加可视化组件。在设计面板 Visualization 条目下找到并添加 TextViewer 组件和 GraphViewer 组件到布局面板中。右击分类性能评估组件 ClassifierPerformance Evaluator，在弹出的菜单中选择 text 条目并建立连接到 TextViewer 组件上。右击 J48 组件，在弹出的菜单里选择 graph 条目建立连接到 GraphVewer 组件上。

经过上面所述操作后，完成知识流界面下分类实验实例设计。在知识流界面的左上角工具栏上单击运行按钮执行流程。分类结果可以通过右击 TextViewer 组件，在弹出的快捷菜单中选择 Show results 查看，结果如图 A-23 所示。

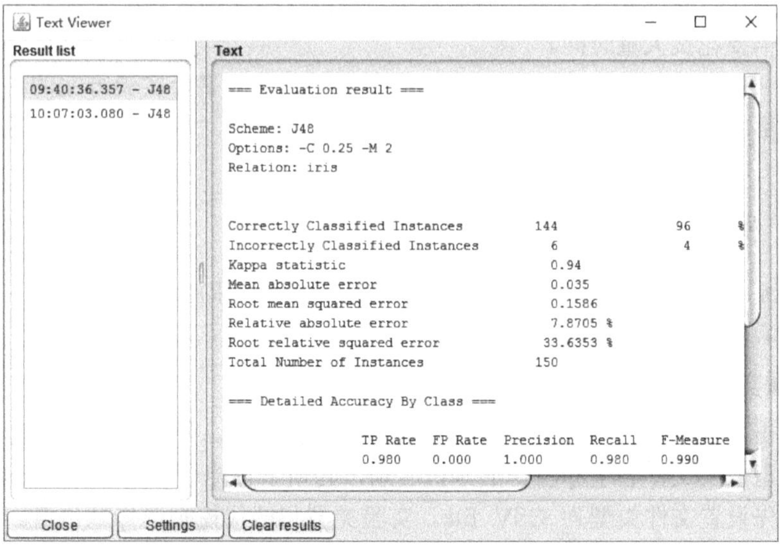

图 A-23　用 TextViewer 组件查看分类结果

生成的分类模型，即决策树可以通过右击 GraphViewer 组件，在弹出的菜单中选择 Show plots 查看，结果如图 A-24 所示。

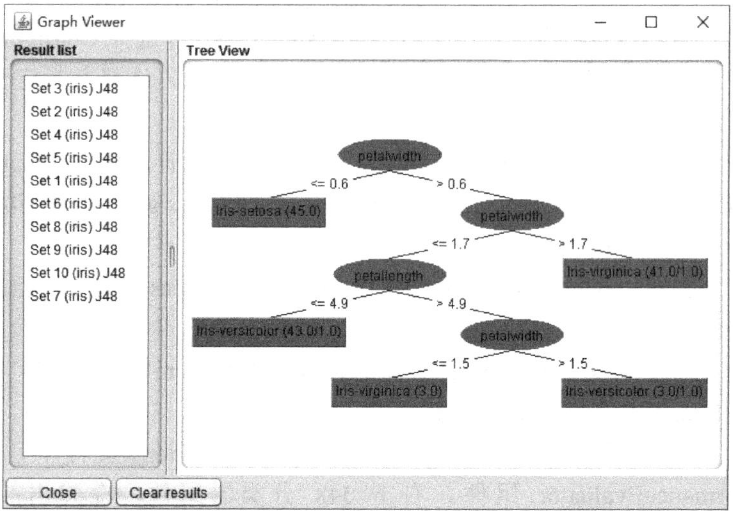

图 A-24　用 GraphViewer 组件查看生成的决策树图形

A.4　Experimenter 界面

前面学习的探索者界面和知识流界面帮助用户确定机器学习方案在给定的数据集上的性能指标。但是，实践当中经常需要对比不同机器学习算法变化，设置不同参数在多个数据集上进行实验对比评估性能，选出最佳方案。机器学习算法、参数设置、数据集三者将会组合出大量的实验方案，如果纯手工完成这些实验环境配置和实验结果汇总评估性能，则需要花费大量时间。

实验者（Experimenter）界面是 Weka 提供的批量执行多个实验方案的自动化管理实验平台，能够让用户方便地创建、运行、修改和分析实验，从多个机器学习方案中选出最佳方案。

A.4.1　实验者界面实例

在 Weka GUI 选择器窗口上单击“Experimenter”按钮启动实验者界面，如图 A-25 所示。实验者界面有三个面板：Setup，Run 和 Analyze。

1．设置实验

首先单击界面中上方“New”按钮创建一个实验项目。然后，指定实验结果存放在数据文件类型以及文件名字和所在的本机目录，为便于用电子表格软件 Excel 查看中间结果，可以先设置文件类型为 CSV file。实验类型和迭代控制选择默认值。实验数据集通过单击“Add new”按钮添加多个，本实例我们只选用 iris 数据集。界面右下方添加机器学习算法，依次添加 ZeroR、J48、NativeBayes 三个算法。

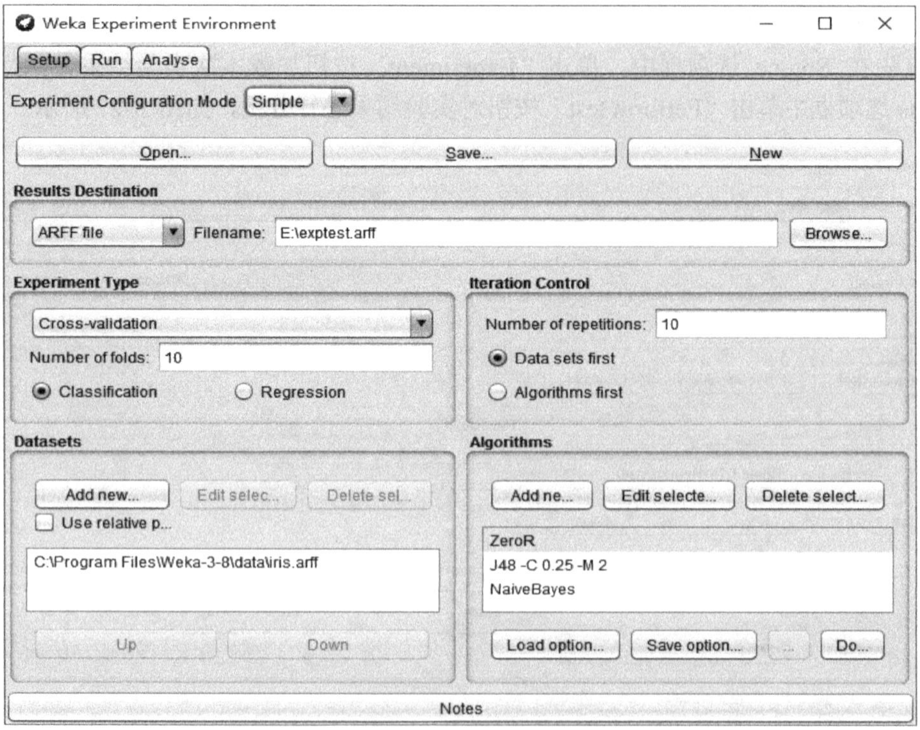

图 A-25 实验者界面

2. 运行实验

实验设置完成后，单击实验者界面上方 Run 标签进入运行界面。单击“Start”按钮运行实验，实验执行完毕后会生成一个简单的报告，详细实验结果信息存放在前面指定的结果文件中，如图 A-26 所示。

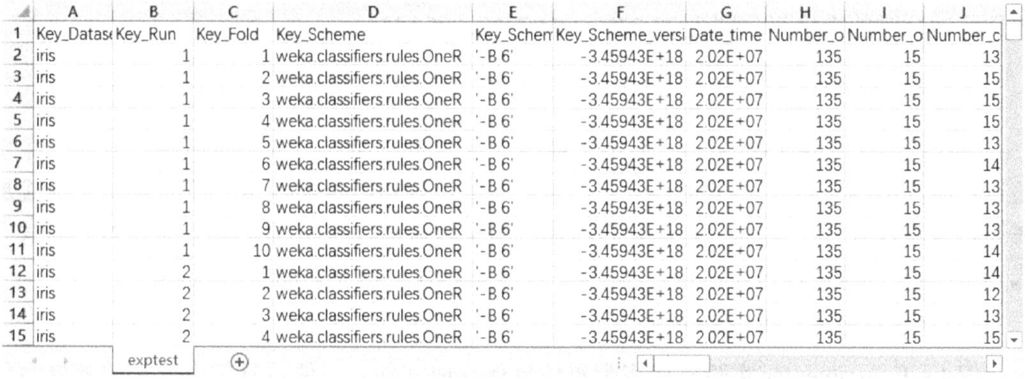

	A	B	C	D	E	F	G	H	I	J
1	Key_Datas	Key_Run	Key_Fold	Key_Scheme	Key_Schem	Key_Scheme_versi	Date_time	Number_o	Number_o	Number_c
2	iris	1	1	weka.classifiers.rules.OneR	'-B 6'	-3.45943E+18	2.02E+07	135	15	13
3	iris	1	2	weka.classifiers.rules.OneR	'-B 6'	-3.45943E+18	2.02E+07	135	15	15
4	iris	1	3	weka.classifiers.rules.OneR	'-B 6'	-3.45943E+18	2.02E+07	135	15	15
5	iris	1	4	weka.classifiers.rules.OneR	'-B 6'	-3.45943E+18	2.02E+07	135	15	15
6	iris	1	5	weka.classifiers.rules.OneR	'-B 6'	-3.45943E+18	2.02E+07	135	15	13
7	iris	1	6	weka.classifiers.rules.OneR	'-B 6'	-3.45943E+18	2.02E+07	135	15	14
8	iris	1	7	weka.classifiers.rules.OneR	'-B 6'	-3.45943E+18	2.02E+07	135	15	13
9	iris	1	8	weka.classifiers.rules.OneR	'-B 6'	-3.45943E+18	2.02E+07	135	15	13
10	iris	1	9	weka.classifiers.rules.OneR	'-B 6'	-3.45943E+18	2.02E+07	135	15	13
11	iris	1	10	weka.classifiers.rules.OneR	'-B 6'	-3.45943E+18	2.02E+07	135	15	14
12	iris	2	1	weka.classifiers.rules.OneR	'-B 6'	-3.45943E+18	2.02E+07	135	15	14
13	iris	2	2	weka.classifiers.rules.OneR	'-B 6'	-3.45943E+18	2.02E+07	135	15	12
14	iris	2	3	weka.classifiers.rules.OneR	'-B 6'	-3.45943E+18	2.02E+07	135	15	13
15	iris	2	4	weka.classifiers.rules.OneR	'-B 6'	-3.45943E+18	2.02E+07	135	15	15

exptest

图 A-26 实验结果

3. 分析实验结果

实验者界面分析工具对 ARFF 文件格式支持较为完善，生成 CSV 格式文件仅为了查看方便。我们在 Setup 面板下结果文件保存成 ARFF 文件格式后，重新在 Run 面板下运行，完成后进入 Anlyse 面板。

首先在 Source 选项框中，单击“Experiment”按钮加载本次实验结果。然后，在 Actions 选项框中单击“Perform test”按钮对实验结果进行分析，如图 A-27 所示。

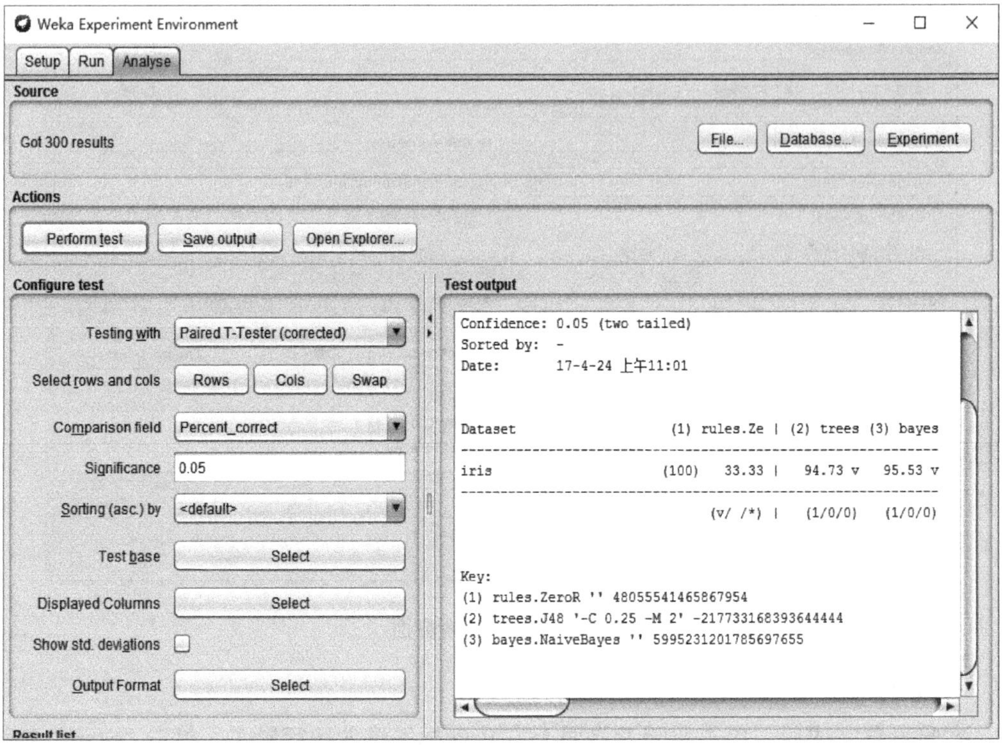

图 A-27　实验结果

从图 A-27 中可以看出，ZeroR、J48、NaiveByes 三个分类算法在 iris 数据集上学习并预测试分类的准确率分别为 33.33%、94.73%、95.53%。

A.4.2　简单设置

Weka 实验者界面在 Setup 面板上提供了简单设置和高级设置两种使用方式。在实验运行时间能满足用户需要的情况下，通常简单设置功能足够使用。前面讲的实例就是在简单设置模式下完成的，大多数选项都使用了默认值，包括实验类型为分类，测试方式为 10 折交叉验证，重得次数为 10 次。实验基本设置信息如图 A-28 所示。

1．实验的打开、保存和创建

Weka Experimenter 实验支持将配置信息保存成文件，方便重复使用。实验者界面顶部有“Open”“Save”“New”三个按钮用于实验配置文件的打开、保存、创建。默认保存文件格式为 exp，该格式是 Java 对象序列化的二进制文件，这种格式缺点是在 Weka 不同版本之间可能会出现不兼容问题。同时 Weka 也支持另一种更为健壮的方案，用 Xml 格式文件存储实验配置信息。

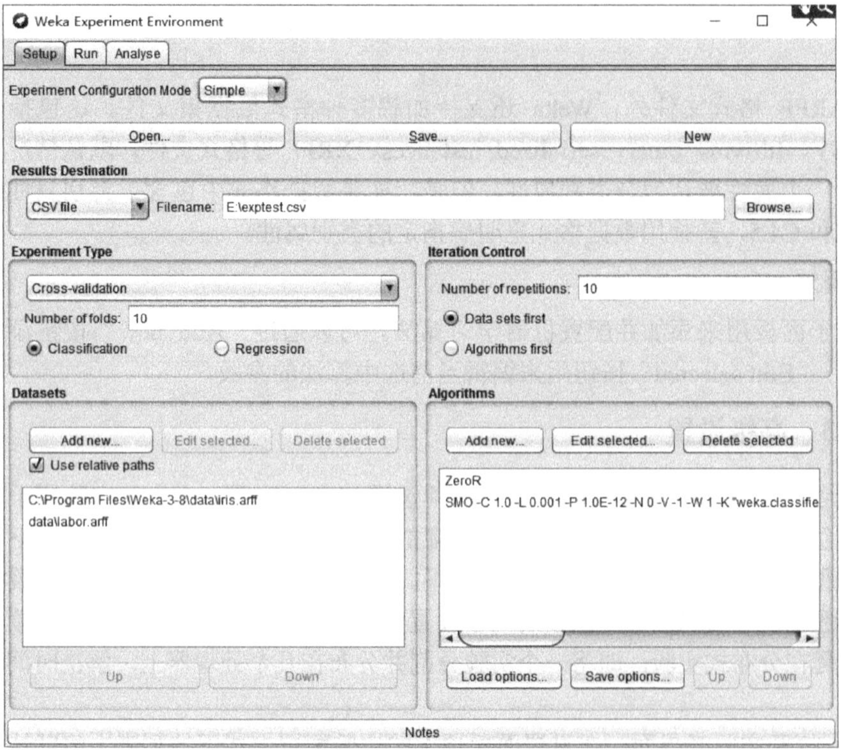

图 A-28 实验基本设置信息

2. 实验结果目标（Results destination）

实验结果目标框区主要负责设置实验结果目标文件的类型和保存位置。保存类型可选的有 ARFF 文件、CSV 文件、JDBC 数据库。使用数据库的优点是可以从中断的或扩展的实验中恢复运行，只计算剩下的算法/数据集组合，而不必重新从开始全部运行。

3. 实验类型

实验类型子面板主要负责设置实验数据集训练（Train）和测试（Test）的划分方法及实验目标是分类还是回归（Regression）。

4. 迭代控制

为了获取一个统计学上有意义的结果，对实验进行多次迭代执行。迭代次数默认值为 10。这样意味着对于一个 10 折交叉验证来说，需要每个分类器在不同数据集上分别执行 100 次。

数据集优先（Data Sets Fist）/算法优先（Algorithms First），这个选项用来设置在多个数据集和算法存在的情况下，选择数据集和算法两者中的一项进行优先迭代。

5. 数据集

在数据集子面板中，用户既可以通过绝对路径也可以通过相对路径添加实验数据集文件，在多台机器同时运行 Weka 实验时，后者相对来说更容易。使用相对路径添加文件时，需要将面板上“Add New”按钮下面的 Use relative paths 复选框选中。需要说明的是，如果在加载数据集时选中一个文件，那么 Weka 会将这个目录下的所有文件递归加载进去。

除 ARFF 格式文件外，Weka 还支持加载多种格式数据集文件。这包括 ARFF、C4.5、CSV、libsvm、binary serialized instances、XRFF 等格式文件。默认情况下，数据集的最后一个属性被认为是类别属性。但是，如果数据格式中包含了类别属性的信息，如 XRFF 和 C4.5，就使用数据格式里明确指定的类别属性。

6. 算法

算法子面板用来添加并配置机器学习算法。可以通过“Add new”按钮添加一个或多个算法，“Edit selected”按钮用来编辑当前选中算法的参数。

A.4.3 高级设置

实验者界面提供了两种实验设置：简单设置和高级设置。上小节实验属于简单设置模式。高级设置模式下，用户可以控制更多的实验选项。例如，在高级模式下，用户可设置一个循环用于测试一种算法在一系列不同参数条件下的性能。然而，高级模式较难使用，一般情况下可以通过多次使用简单设置实验来代替完成任务。高级设置模式运行场景更多的是在分布式实验，即将一个实验分割并分布在几个处理器上，解决时间消耗量大的问题。

（1）打开实验者界面，在设置面板顶部的实验配置模式下拉列表中将默认简单模式改为高级模式。单击右上“New”按钮新建一个实验。

（2）在数据集面板中选中使用相对路径复选框，然后单击“Add new”按钮，在弹出的对话框中，选中 data 文件夹下的 iris 数据集并完成加载。数据集中共有 66%的数据用于训练分类模型，34%的数据用于测试分类效果。

（3）在属性生成器（Generator properties）面板顶部切换下拉列表值为 Enabled，在弹出的对话框中选择分类器，如图 A-29 所示。

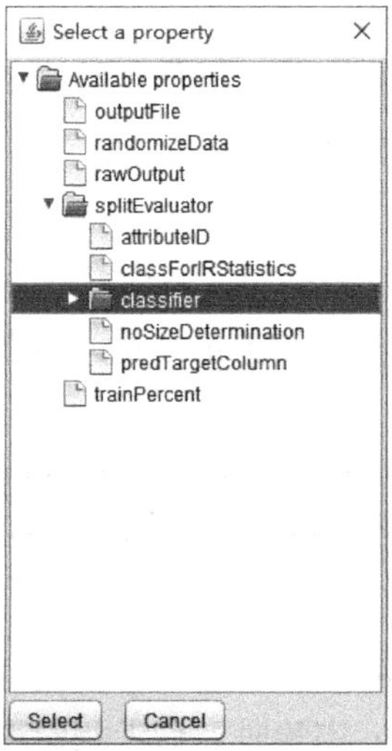

图 A-29　属性生成器选择

（4）单击左边“Choose”按钮选择分类器，并单击右边“Add”按钮添加分类器。实验完整设置结果如图 A-30 所示。

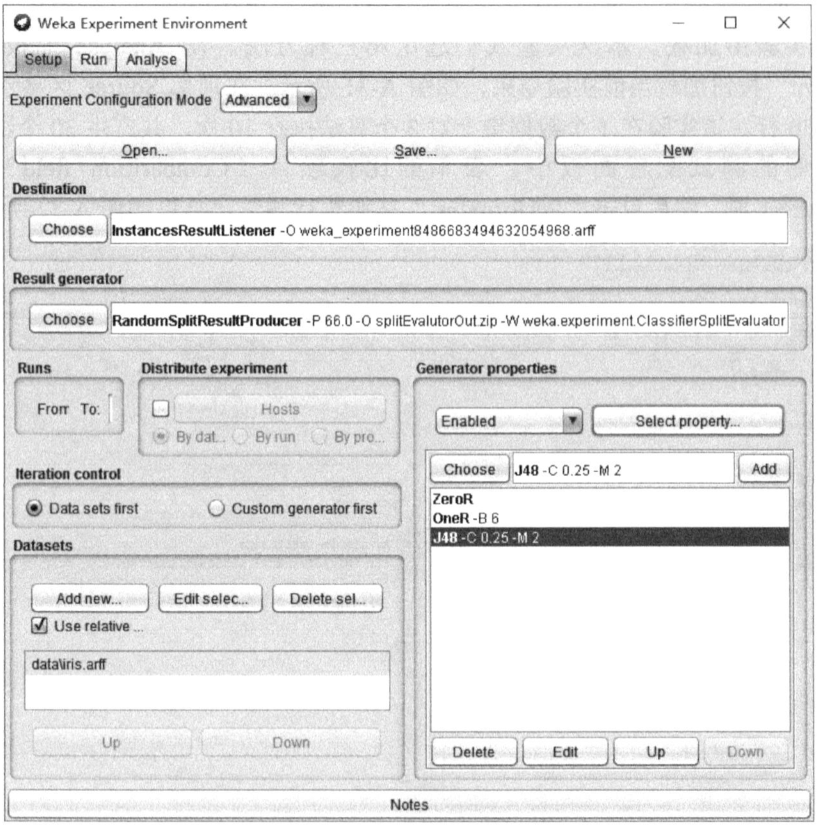

图 A-30　实验者的高级模式设置

实验中选用了 3 种分类器，为便于学习理解，简单说明一下。

ZeroR（Zero Rule）分类器是一种最简单的分类器，这种方法仅仅根据历史数据统计规律，选择一种概率最大的类别作为未知样本的分类结果，也就是说，对于任意一个未知样本，分类结果都是一样的。ZeroR 分类器简单地以多数类的类别（连续型数据使用简单均值）作为预测值。尽管这种分类器没有任何的预测能力，但是它可以作为一种与其他分类器的对比分类器。比如说某专业男女比例为 7:3，现在设计分类器根据学生某些信息预测其性别，ZeroR 学习方案全按照男生类别预测可以达到 70%的准确率。我们通常会选择 ZeroR 作为基准学习方案，用来对比测试其他学习方案的分类性能。

OneR（One Rule）分类器使用数据对象的某一个属性作为分类判定规则，即只有一条判定规则。J48 分类器是决策树 C4.5 算法用 Java 语言实现的分类器。

A.4.4　实验结果分析

Weka 实验者界面中 Analyse 面板用于实验分析。在上一小节中我们完成了实验设置，现在运行并分析实验。在实验者界面顶部切换到 Run 面板，单击“Start”按钮，日志区会出现 3 行记录：实验开始运行时间、结束时间和出现的错误数量。如果没有出错则表明运行成功。切换到 Analyse 面板进行实验结果分析。

首先，加载结果集。可以通过“File”“Database”“Experiment”按钮从文件、数据库和当前实验中加载。本次实验我们选用第三种方法。在 Analyse 面板中，单击“Experiment”按钮加载当前实验结果，如图 A-31 所示。在顶部 Source 区显示实验结果的行数为 30 行。该实验在 1 个数据集上对 3 个算法执行 10 次，共产生 30 个结果。

在左侧的测试配置面板中，表单的比较项目（Comparition field）栏选择 Percent_correct 项。然后单击“Perform test”按钮执行测试，结果如图 A-32 所示。

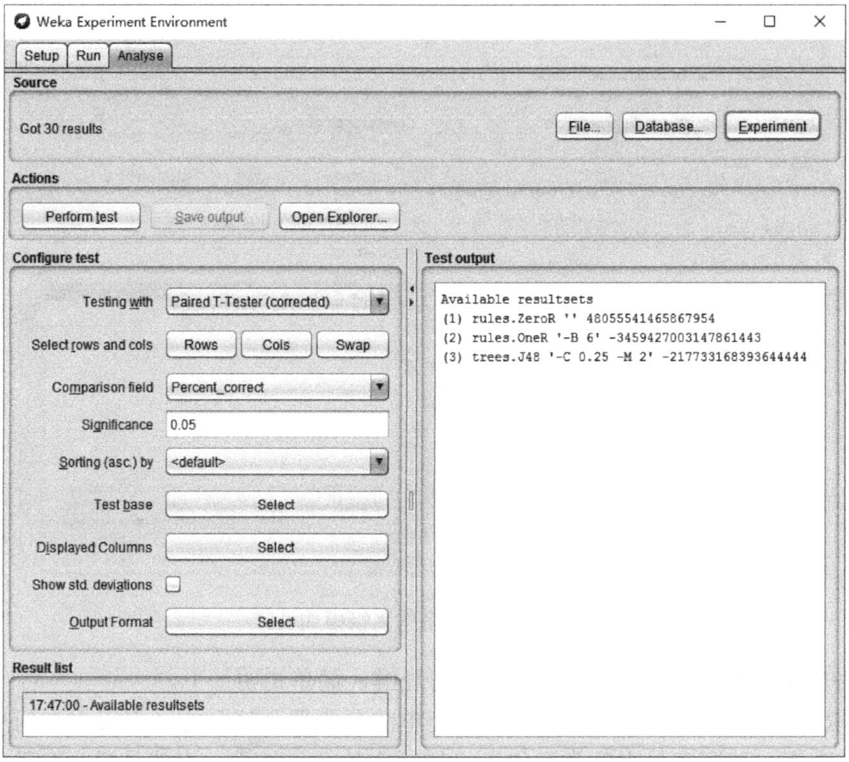

图 A-31 实验者界面 Analyse 面板

输出结果顶部展示了测试选项总体概要信息，主要包括检验方案、比较项、数据集数目、结果集数目、统计显著性水平等信息。中间部分用列表方式对比不同算法在各个数据集中的分类准确率。其中，行为数据集名称列为分类学习方案名称。3 个学习方案 ZeroR、OneR、J48 的正确率分别为 33.33%、94.31%、94.90%。标记 v 和*分别用来代表统计显著性水平是否好于基准测试方案。在本次实验中，可以看出 OneR 和 J48 这两种测试方案均优于基准测试方案 ZeroR。在每一列的底部显示（xx/yy/zz）的数字，表明实验中使用的数据集与基准方案相比，所在列的方案优于（xx）、相同（yy）、差于（zz）的次数。在这个实验中，（1/0/0）表示只有一个数据集上 OneR 比 ZeroR 好，并且从来没有等于或差于 ZeroR。J48 表现同样比 ZeroR 好。

```
Tester:     weka.experiment.PairedCorrectedTTester -G 3,4,5 -D 1 -R 2
Analysing:  Percent_correct
Datasets:   1
Resultsets: 3
Confidence: 0.05 (two tailed)
Sorted by:  -
Date:       17-4-29 下午7:26


Dataset                  (1) rules.Ze | (2) rules (3) trees
------------------------------------------------------------
iris                     (10)   33.33 |   94.71 v   94.90 v
------------------------------------------------------------
Average                         33.33 |   94.71     94.90
------------------------------------------------------------
                              (v/ /*) |  (1/0/0)   (1/0/0)


Key:
(1) rules.ZeroR '' 48055541465867954
(2) rules.OneR '-B 6' -3459427003147861443
(3) trees.J48 '-C 0.25 -M 2' -217733168393644444
```

图 A-32 分类结果按正确率百分比展示

更改比较项目栏，选中 Number_correct 项，重新测试可以得出三种算法 10 次执行的平均分类正确的样本数目，运行结果如图 A-33 所示。

```
Dataset                  (1) rules.Ze | (2) rules (3) trees
------------------------------------------------------------
iris                     (10)   17.00 |   48.30 v   48.40 v
------------------------------------------------------------
Average                         17.00 |   48.30     48.40
------------------------------------------------------------
                              (v/ /*) |  (1/0/0)   (1/0/0)
```

图 A-33 三种学习方案运行结果对比

需要说明的是，iris 数据集共有 150 条样本，由前面设置知道，测试数据占总数的 33.3%，即共有 50 个样本参与分类性能测试。

习题

1. 比较探索者界面、知识流界面、实验者界面三者之间的特点和使用场合。
2. 下载并安装 Weka 应该注意哪些事项？
3. ARFF 文件由几部分组成，如何将非 xls 格式文件转换成 ARFF 格式文件？
4. 在 Explorer 界面下使用朴素贝叶斯分类算法对 weather 数据集分类。
5. 简述在实验者界面下实验设置的主要步骤有哪些。

参考文献

[1] Ian H W, Eibe F, Mark A H. Data Ming：Practical Machine Learning Tools and Techniques[M]. 3rd. Burlington:Elsevier, 2011.

[2] 袁梅宇. 数据挖掘与机器学习 Weka 应用技术与实践[M]. 2 版. 北京：清华大学出版社，2014.

[3] 韩家炜，等. 数据挖掘概念与技术[M]. 3 版. 范明，等，译. 北京：机械工业出版社，2012.

[4] 陈封能，等. 数据挖掘导论[M]. 范明，等，译. 北京：人民邮电出版社，2011.

附录 B　Spark 机器学习库 MLlib

Spark MLlib 是 Spark 生态系统中负责机器学习的组件，它提供了一组常见的机器学习算法库和实用程序，包括基本统计、分类、回归、协同过滤、聚类、降维、特征提取与转换、频繁模式挖掘等，使用 MLlib 提供的算法库不仅可以节省大量的算法编码工作，而且性能更优、可靠性更好，从而大大降低了在实际应用中使用机器学习的门槛。

本章首先介绍 Spark 生态系统、集群架构、工作原理和计算模型，然后介绍 Spark RDD 的概念、数据类型与转换操作，最后重点介绍 MLlib 架构、数据类型及其各类算法库的具体使用方法。

B.1　Spark 简介

Spark 是美国加州大学伯克利分校 AMPLab 实验室于 2009 年开发的通用大数据处理框架，于 2014 年 2 月成为 Apache 顶级项目，其后发展迅猛，平均 3 个月左右即发布一个新版本，后来居上成为应用非常广泛的主流大数据库系统。

Spark 和 Hadoop MapReduce 同为主流大数据处理系统，但它相比于 MapReduce 程序运行性能要好 10～100 倍，且编程更为方便，支持 SQL 查询、流式查询，自带机器学习算法实现库 MLlib，提供 Java、Scala、Python、R 等多种语言的 API 接口，并且兼容 HBase、HDFS 等 Hadoop 数据源，使得原来基于 Hadoop 的大数据应用系统可以很容易地迁移到 Spark 上，从而受到广大开发者的热捧。

B.1.1　Spark 生态系统

Spark 已发展成为包含众多组件的 Spark 生态系统，形成一套能满足不同类型应用需求的大数据计算平台。Spark 生态系统也被称为伯克利数据分析栈（Berkeley Data Analytics Stack，BDAS），它的体系架构如图 B-1 所示[1]，自底向上可划分为四个层次：存储层、资源管理层、核心层和应用组件层，下面分别对每个层次进行简要介绍。

1. 存储层

架构的最底层是存储层，存储层又分为内存分布式文件系统 Tachyon 和磁盘存储系统。由于 Tachyon 系统基于内存进行存储，拥有非常好的读写性能和容错能力，因此它能够为 Spark 提供可靠的高速文件共享服务，可以将使用频率高的数据存放在 Tachyon 中。Spark 可选用的磁盘存储系统很多，除了最常用的 HDFS 分布式文件系统之外，还有亚马逊的云存储服务 Amazon S3、IBM GPFS 并行文件系统等，此外，Spark 也可以使用 HBase、Hypertable 作为底层数据源。

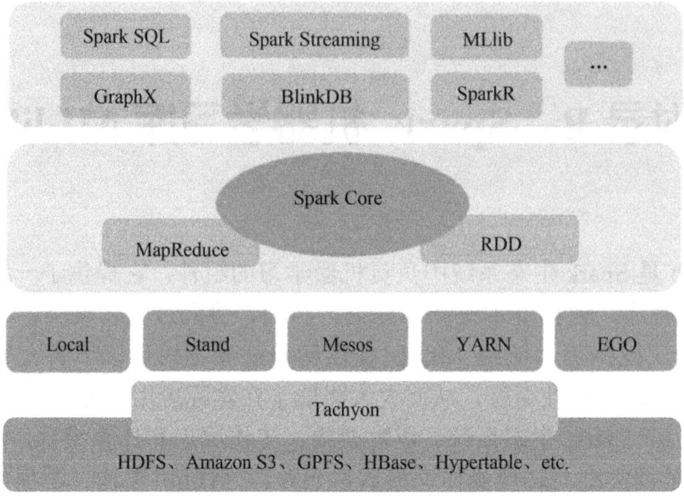

图 B-1　Spark 生态系统体系架构

2．资源管理层

资源管理层对 Spark 系统的资源进行分配调度，与 Spark 的运行模式有关，主要有 Local、Standalone、Mesos、YARN、EGO 等几种。在生产系统中应用最多的是 Mesos 和 YARN，这两种资源管理器都提供跨分布式应用的资源隔离和共享，其中 Mesos 是 AMPLab 开发的，对 Spark 的支持更好，而 YARN 最初是为 Hadoop 生态设计开发的，对 Hadoop 系列产品的适用性更好。

3．核心层

核心层 Spark Core 是一个功能强大的大数据分布式编程框架，其内核由函数编程语言 Scala 实现，不仅包含了 Hadoop 的 MapReduce 计算模型，还提供了 foreach、join、filter、reduceByKey、groupByKey 等更多算子，拓展了程序功能。Spark 将分布式数据抽象为弹性分布式数据集（RDD），它是一组只读的分区记录结合，程序则主要对 RDD 进行各种处理、转换，每次对 RDD 的操作结果都可以存放到内存中，从而省去了大量磁盘读写操作，极大地提高了程序性能，B.2 节中将对 RDD 进行具体介绍。Spark 对外提供了 Scala、Java、Python 等多种语言的 API 接口，相比于 MapReduce，它的编程更简洁、更容易，程序运行也更加高效。

4．应用组件层

应用组件层是 Spark 生态系统架构中直接面向用户的组件，内部通过 Spark Core 来运行程序任务。目前已经加入的应用组件有支持 SQL 查询的 Spark SQL、支持流数据处理的 Spark Streaming、提供机器学习算法库的 Spark MLlib、并行图计算系统 GraphX、提供采样近似查询的大规模并行查询引擎 BlinkDB、大数据分析工具 Spark RDD 等。应用组件层的逐渐丰富也不断拓宽了 Spark 的应用领域。

B.1.2 Spark 集群架构

Spark 在生产系统中一般以集群方式进行部署，由管理节点（Cluser Manager）和工作节点（Worker Node）两类节点组成，集群总体架构如图 B-2 所示。管理节点上运行 Master 进程，负责对整个集群进行运行管理；工作节点上运行 Worker 进程，接收执行管理节点命令并汇报运行状态。

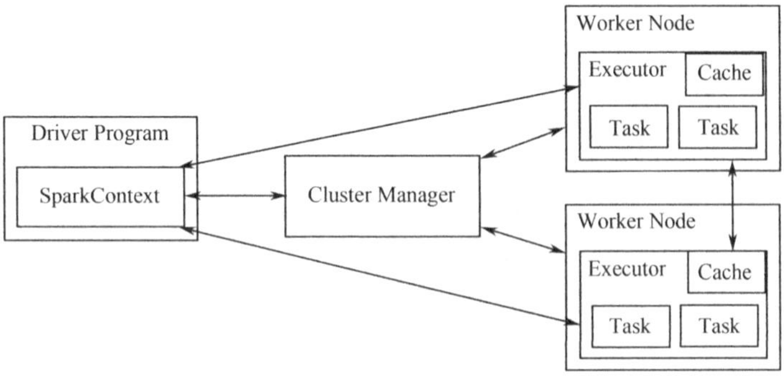

图 B-2 Spark 集群总体架构[2]

Spark 应用程序包含一个驱动程序（Driver Program）和分布在多个工作节点上运行的多个执行进程（Executor）。驱动程序运行 main 函数并创建 SparkContext，SparkContext 负责与 Spark 管理节点通信、准备 Spark 应用程序运行环境、申请集群资源、进行任务分配和监控等工作；执行进程在工作节点上负责任务（Task）的执行，并将数据保存在缓存（Cache）或磁盘上。每个 Spark 应用程序都有自己独立的一批执行进程，在各自的 JVM 上运行互不干扰。当某个 Spark 应用程序的执行进程全部运行完毕后，驱动程序将 SparkContext 关闭。

根据不同的 Spark 运行模式，驱动程序可以运行在客户端或集群管理节点上。如果驱动程序在客户端上运行，由于执行进程需要能随时与驱动程序进行通信，这时客户端对于工作节点必须是网络可访问的，出于性能考虑，建议 Spark 客户端和工作节点应处于同一局域网内。

B.1.3 Spark 作业调度

Spark 的作业调度系统是其核心，如图 B-3 所示[3]。一项作业由基于 RDD 的一系列操作构成，作业的调度和执行分为以下几步。

（1）Spark 应用程序对 RDD 进行各种转换（Transformations）操作和行动（Actions）操作，转换操作是延迟执行的，只有出现行动操作才会提交作业，作业提交之后驱动程序创建 SparkContext，SparkContext 向集群管理节点注册并申请运行执行进程的资源，创建作业调度器 DAGScheduler 和任务调度器 TaskScheduler，然后根据 RDD 之间的依赖关系构建有向无环图（Directed Acyclic Graph，DAG），将 DAG 提交给 DAGScheduler 进行解析。

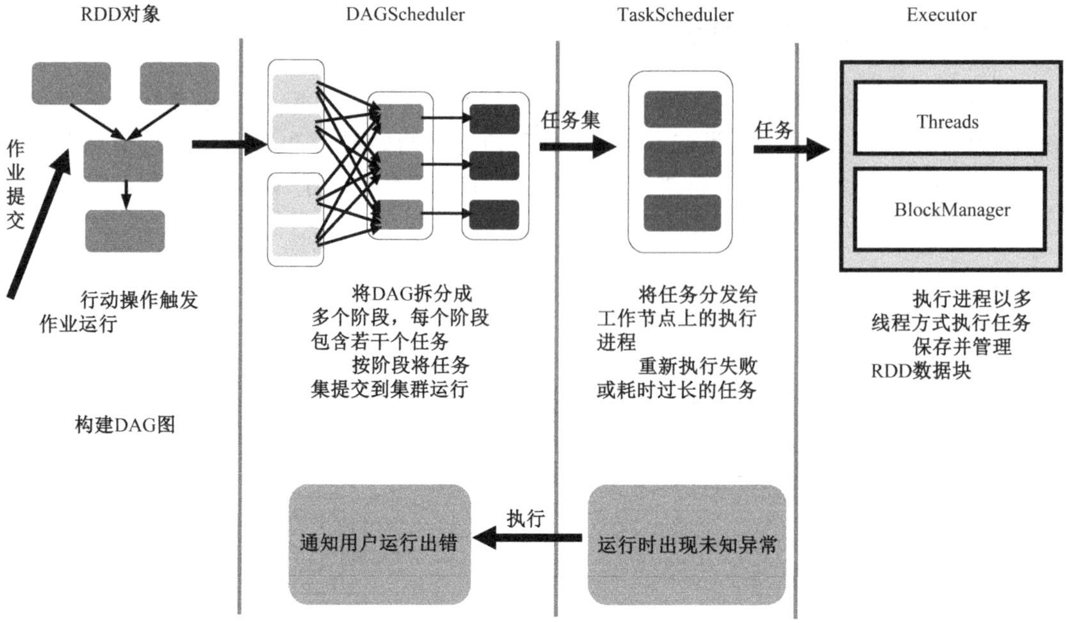

图 B-3 Spark 的作业调度系统

（2）DAGScheduler 将 DAG 拆分成有依赖关系的多个阶段，每个阶段包含若干个可并行执行的任务，这些任务组成任务集。DAGScheduler 按阶段将任务集及运行任务集的理想位置传递给 TaskScheduler，同时监控整个调度执行过程，如果某个调度阶段运行失败，则重新提交该调度阶段。

（3）TaskScheduler 收到 DAGScheduler 分配的任务集后，将每个任务及程序代码分发给工作节点上申请任务的执行进程，同时负责监控各项任务是否执行成功，如果某个任务运行失败或长时间未完成，则进行重试。

（4）工作节点上的执行进程以多线程的方式运行，每个线程执行一个任务，从而多个任务可以并行执行，每项任务运行结束后，将结果返回给 TaskScheduler。Block Manager 负责对任务运行过程中的 RDD 数据块进行管理。

（5）当任务全部运行结束后，反馈给 SparkContext 释放资源，作业完成。

B.2 Spark RDD

Spark 编程模型基于弹性分布式数据集（Resilient Distributed Datasets，RDD），RDD 提供了一种具有容错特性的分布式内存计算模型。为了实现容错，RDD 是只读的，并且只能通过其他 RDD 上的批量操作来创建，这样当有容错需要时，可以通过初始 RDD 和所记载下来的一系列转换操作重新生成数据。相比于 MapReduce，Spark RDD 将数据保存在内存中，能够极大地提高性能，测试表明 Spark RDD 在迭代计算方面比 Hadoop 要快 20 多倍，计算数据分析类报表的性能提高了 40 多倍[4]，因此被广泛地应用于机器学习和图应用等需要大量迭代计算的领域。由于 RDD 高性能内存计算一般能在数秒内完成对 TB 级大数据量的查询扫描，Spark 也被用作交互式数据挖掘工具。

本节将对 RDD 的设计思想、编程接口及所支持的操作进行简要介绍。

B.2.1 RDD 设计思想

RDD 的设计目标是要适用于基于工作集（Working Sets）的应用，并且具备自动容错、位置感知作业调度、可伸缩性等优异特性。为了实现这一目标，容错性、高性能和可伸缩性是 RDD 的三个主要设计思想。

1. 容错性

分布式数据集实现容错一般有两种方法：数据检查点（Checkpoint）方法和记录数据的更新。由于 Spark RDD 的处理对象是大数据，如果采用数据检查点方法，需要将大量数据在集群中复制，网络传输的成本很高，而且将数据在内存中进行复制，需占用大量内存资源，在磁盘上复制数据又严重影响性能，因此 RDD 主要采取记录数据更新的方法来实现容错。为了避免更新的数量太多导致实现容错的代价过高，RDD 只支持粗粒度的转换，即只允许批量处理操作而不支持对个别数据进行细粒度更新。这样一来，RDD 只需要记录所执行过的一系列转换操作即可在需要时恢复丢失的分区，以比较小的代价实现容错性。所记录的一系列转换操作称为 RDD 的血统（Lineage）。

RDD 虽然只支持粗粒度的转换，仍有非常广泛的适用领域，包括数据挖掘、机器学习、图形算法等，因为这类应用往往需要在大量数据上执行相同的操作，恰好与 RDD 的粗粒度转换吻合。因此 RDD 特别适用于并行数据批量分析应用，但不太适合像网络爬虫这种需要经常对个别数据进行异步更新的应用。

为了更好地实现容错，Spark RDD 也提供了检查点机制，在一些特殊情况下使用，比如血统链很长的宽依赖 RDD，根据血统进行数据恢复可能耗时很长，则可以配合使用检查点机制。

2. 高性能

基于工作集应用的特点是多个操作并行执行且需要重用中间结果，为了实现高性能，作为中间结果的 RDD 可以缓存在内存中，这样当需要重用这些 RDD 时，可以直接从内存中获取，而 MapReduce 则需要将中间结果保存在磁盘上，重用时有大量的磁盘读写操作，因此当 RDD 在内存中缓存时，性能要比 MapReduce 好数十倍。如果内存不够，RDD 也可以保存在磁盘上，但没有了性能优势。

为了重用中间结果和方便容错，RDD 设计成只读的、分区的记录集，只能通过读取稳定存储上的数据集或者其他 RDD 上进行确定性的转换操作来创建，B.2.3 节中将具体介绍 RDD 转换操作，如 map、filter、join 等。与分布式共享内存相比，虽然 RDD 是一个高度受限的共享内存模型，不能进行细粒度的写操作，但是因为 RDD 是只读的，不像分布式共享内存需要代价高昂的检查点和操作回滚机制，所以性能更优异，模型更简单，节点错误恢复也更方便。

基于 RDD 的只读特性，对于工作集中影响整个程序运行的落后任务，Spark 可以安排新的节点运行该任务，两个同样的任务并行执行，任一任务完成即可。

此外，RDD 还允许用户根据关键字指定分区顺序，可支持哈希分区和范围分区。例如，将两个 RDD 按照同样的哈希分区方式进行分区，这样两个 RDD 具有相同关键字的记录将会存放在同一机器上，对这两个 RDD 通过关键字进行 join 操作时，只需要在每台机器的本地操作，而不需要通过网络传输大量数据，从而获得更优的性能。

3. 可伸缩性

Spark 在设计时充分考虑了系统的可伸缩性，集群的节点数量可以根据需要进行增加和删减，新程序运行向集群申请资源时会自动根据各节点的负载进行资源分配，集群的大小和资源分配情况对于应用程序是完全透明的。当系统负载增大超出 Spark 集群的处理能力时，扩容非常方便，只需要在集群网络中加入新服务器并进行相应的安装配置即可。

RDD 的设计也考虑了灵活适应不同的系统资源状况，默认情况下 RDD 以 Java 对象的形式存储在内存中，以保证系统的高性能，但如果系统的数据量和作业量增大，内存不足时，也可以更改 RDD 的存储级别，牺牲一定的性能来保证系统的可用性。RDD 根据"是否使用内存""是否使用磁盘""序列化""是否备份"4 个维度提供了多种存储级别选项，在选择采用何种 RDD 存储级别时可参考如下几点建议。

（1）默认存储级别为 MEMORY_ONLY，该级别下 RDD 以反序列化的 Java 对象方式存储在内存，不使用硬盘也不做备份，当系统内存不够时仅存放部分 RDD 数据块在内存中，其余的部分则在需要时重新计算生成。当内存充足时建议采用 MEMORY_ONLY。

（2）序列化存储会比反序列化存储节省内存空间，但耗费更多 CPU 资源，因此，如果内存不足但 CPU 资源够用时可选用序列化存储。

（3）大多数情况下重新计算 RDD 数据块会比从硬盘中读取更快，除非 RDD 操作的成本特别高，否则不应选用磁盘存储。

（4）需要快速容错的应用场景可选用带备份的存储级别，如 MEMORY_ONLY_2，需占用更多内存，但当出错时可以直接从备份中读取数据，而不需要重新计算。

B.2.2 RDD 编程接口

Spark 自身是用 Scala 语言实现的，Scala 是基于 JVM 的静态类型函数式面向对象语言，具有代码简洁、执行高效的特点。对外 Spark 不仅提供了 Scala 语言的 API 编程接口，还提供了 Java、Python、R 语句的 API 接口，程序员可以选用自己熟悉的语言进行开发。

RDD 的编程接口并不复杂，开发者需要写一个驱动程序，在驱动程序的 main 函数中首先需要连接 Spark 集群的管理节点并创建 SparkContext 对象，然后定义一个或多个 RDD，并在其上调用 RDD 的各种转换和行动操作来实现程序目标。当程序运行时如同 B.1.3 节中介绍的作业流程那样，驱动程序中的 RDD 操作将作为 DAG 中的任务发送给集群分配的工作节点上的执行进程来执行，执行进程都是长时间运行的进程，它们将 RDD 以 Java 对象的形式缓存在内存中，需要时可以重用这些 RDD。

Spark 应用程序是在集群上并行执行的，每个工作节点的执行进程都有一份相同的程序代码，它们分别对分配到的 RDD 分区执行指定的操作，正常情况下，各个执行进程中的变量都是本地变量，如果需要在所有任务及驱动程序中共享变量，有两种方式：一是广播变量（Broadcast Variables），在所有相关节点的 JVM 中都会对广播变量的值进行缓存；二是累加器（Accumulators），该类型变量的值只能不断往上累加，如作为计数器或求和使用。

如果使用 Spark Shell 进行交互操作则更简单，执行 bin/spark-shell 脚本即可进入基于 Scala 语言的 Spark Shell 解释器环境，此时已自动连上 Spark 集群并创建好一个 SparkContext 对象 sc，用户可以直接开始 RDD 的创建和操作。下面是一个在 Spark Shell 中对 HDFS 日志文件进行分析处理的 Scala 程序示例：

```
scala>val logFile=sc.textFile("file:///hadoop/hadoop-root-namenode-master.log")
scala>val errors = logFile.filter(_.contains("ERROR"))
scala>errors.cache()
scala>errors.count()
scala>errors.map(_.split(' ')(1)).collect()
```

上述程序第一行是从本地文件系统的 Hadoop 日志文件中创建 RDD logFile，该 RDD 是文本行的集合，数据源也可以是 HDFS 文件系统或其他共享文件系统；第二行对 logFile 执行 filter 转换操作，找出包含 ERROR 字符串的文本行，形成新的 RDD errors，由于在 Spark 中转换操作是延迟执行的，所以此时 errors 并没有真正创建；第三行将 errors 的存储级别设置为 MEMORY_ONLY，即当 errors 创建后将其缓存在内存中以方便重用；第四行对 errors 执行行动操作 count，该操作返回 errors 中的记录数，此刻才依次执行第二行的 filter 操作、第三行的 cache 操作和第四行的 count 操作；最后一行代码重用前面缓存的 errors，先执行 map 转换操作将每行以空格作为分隔符分成若干段，并选取每行的第 1 段（HDFS 错误日志每行的开头是日志时间）形成匿名 RDD，然后执行 collect 行动操作将 RDD 以数组形式返回。

该程序只用五行代码就完成了对一个日志文件的错误信息的过滤处理，非常简洁。初始的 Hadoop 日志文件可能非常大，但过滤出来的错误信息比原始日志文件应该小得多，需要分析处理的也是这些出错信息，所以程序中对 errors 进行了缓存以加快后续处理速度，而没有必要对 logFile 进行缓存。

为了直观地说明 RDD 内存计算模型的容错性，图 B-4 给出了最后一行代码的 RDD 血统图，方框表示 RDD，箭头表示转换操作。该行代码从 errors RDD 开始向下执行，而 errors 是在 logFile 上执行 filter 操作得到的。在 errors 上执行 map 操作将得到新的 RDD，最后在这个新 RDD 上执行 collect 操作。执行该行代码时 Spark 任务调度器向拥有 errors 分区缓存的节点发送一组任务执行 map 和 collect 操作，如果某个 errors 分区缓存丢失，Spark 只需要根据血统图在相应的 logFile 分区上执行 filter 操作重建该 errors 分区即可，对其他分区没有影响，错误恢复的成本很低。

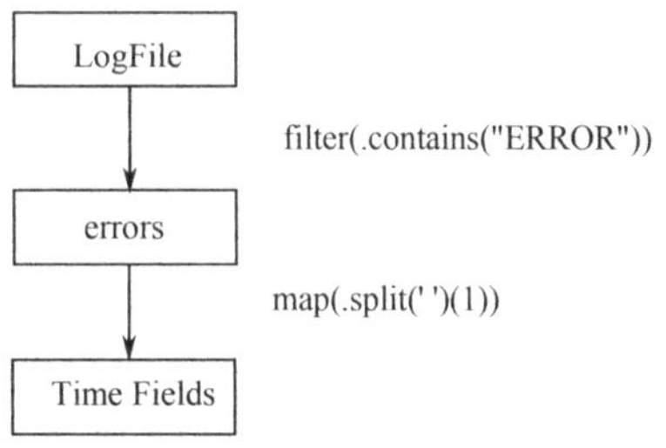

图 B-4 RDD 血统图

B.2.3 RDD 操作

RDD 支持两类操作：转换操作和行动操作。转换操作根据已有的 RDD 创建新的 RDD，行动操作则在 RDD 数据集上进行运算，然后将结果返回给驱动程序。RDD 的转换操作是延迟执行的，直到调用行动操作需要将结果返回给驱动程序时才将之前尚未执行的转换操作一起执行，这种延迟执行的方式便于 Spark 更好地进行任务规划，让执行更高效。如果需要在某个 RDD 上多次执行转换或行动操作，可以像 B.2.2 节中的例子那样对其调用 cache 或 persist 方法将该 RDD 缓存在内存中，重用时就不需要再重新计算了。

本小节中介绍一些常用的 RDD 转换操作和行动操作。

1. 转换操作

Spark 支持的常用 RDD 转换操作如表 B-1 所示。

表 B-1 Spark 支持的常用 RDD 转换操作

转换操作	含　义
map(*func*)	将源 RDD 的每个元素传递给函数 *func*，返回结果组成新的 RDD
filter(*func*)	选择源 RDD 中那些 *func* 返回值为 true 的元素组成新的 RDD
flatMap(*func*)	与 map 类似，但 *func* 返回值是一个包含 0 到任意多个元素的序列，序列中的元素全部放入新 RDD 中，源 RDD 中的元素和新 RDD 中的元素是一对多的关系
mapPartitions(*func*)	与 map 类似，但将源 RDD 的每个分区而不是单个元素作为 *func* 输入参数，返回值是新 RDD 的一个分区，*func* 必须是从 Iterator<T>到 Iterator<U>的映射，T 是源 RDD 的元素类型，U 是新 RDD 的元素类型
mapPartitionsWithIndex(*func*)	与 mapPartitions 类似，但 *func* 多一个整形输入参数，其值为源 RDD 的分区索引号，即 *func* 为从 (Int, Iterator<T>)到 Iterator<U>的映射
sample(*withReplacement*, *fraction*, *seed*)	从源 RDD 中抽取一定比例的元素组成新 RDD，*fraction* 表示样本抽取比例，*withReplacement* 为 true 表示将抽中的元素放回去继续抽取，这样有可能一个元素被抽取多次；为 false 则抽中的元素不再放回。*seed* 用作生成随机数的种子
union(*otherDataset*)	将源 RDD 和参数 RDD 的元素合在一起组成新的 RDD，不删除重复元素
intersection(*otherDataset*)	将源 RDD 和参数 RDD 的元素交集组成新的 RDD，重复元素只保留一个
distinct([*numTasks*])	将源 RDD 中元素去重后组成新 RDD。*numTasks* 参数可选，表示任务数，默认任务数为源 RDD 分区数量，下面不再赘述
groupByKey([*numTasks*])	源 RDD 元素应为（k,v）键值对，对其按 k 聚会形成（k,Iterable<v>）键值对组成新 RDD,每个 k 在新 RDD 中仅出现在一个元素中。 注意如果需要计算聚合函数，如求和或平均数，应使用 reduceByKey 操作而不要使用 groupByKey 操作，性能要好很多
reduceByKey(*func*, [*numTasks*])	源 RDD 元素应为（k,v）键值对，对其按 k 聚合形成新的（k,v）键值对组成新 RDD，新的 v 值由源 RDD 中同一个 k 对应的所有 v 值经 *func* 函数聚合而成，func 函数类型必须是(v,v) => v
sortByKey([*ascending*], [*numTasks*])	源 RDD 元素应为（k,v）键值对并且 k 是可排序的，对其按 k 排序组成新 RDD，如果[*ascending*]参数为 true 则按照升序排序，为 false 则按照降序排序

续表

转换操作	含　义
join(*otherDataset*, [*numTasks*])	源 RDD 和参数 RDD 元素应都为键值对，若源 RDD 元素类型为（k,v），参数 RDD 元素类型为（k, w），将源 RDD 和参数 RDD 的元素按 k 连接形成新的键值对 (K,(V,W)）组成新 RDD，仅有在源 RDD 和参数 RDD 中都存在的 k 值才会出现在新 RDD 中。 如需执行外连接转换操作，可使用 leftOuterJoin、rightOuterJoin 和 fullOuterJoin
cogroup(*otherDataset*, [*numTasks*])	源 RDD 和参数 RDD 元素应都为键值对，若源 RDD 元素类型为（k,v），参数 RDD 元素类型为(k, w)，将它们分别按 k 聚合之后再连接形成新的键值对(k,(Iterable<v>, Iterable<w>))组成新 RDD。 该操作别名为 groupWith
cartesian(*otherDataset*)	新 RDD 为源 RDD 和参数 RDD 元素的笛卡尔积
pipe(*command*, [*envVars*])	将源 RDD 的每个分区作为 Shell 命令 *command* 的输入，命令的输出形成新的 RDD，每一行输出字符串是一个元素，*command* 也可以是 Perl 或 Shell 脚本
coalesce(*numPartitions*)	将源 RDD 分区数量减少为 *numPartitions* 个，形成新 RDD。一般是在过滤操作后数据量变小之后使用，减少分区数量让其后的操作更高效
repartition(*numPartitions*)	对源 RDD 的数据随机重新分为 *numPartitions* 个分区，形成新 RDD，分区数量可能比原来多或者少，但数据在各分区中均匀分布。该操作需要将全部数据在网络中进行传输

2. 行动操作

Spark 支持的常用 RDD 行动操作如表 B-2 所示。

表 B-2 Spark 支持的常用 RDD 行动操作

行动操作	含　义
reduce(*func*)	将 RDD 中的元素通过 *func* 聚集并返回最终结果。*func* 函数将两个元素作为输入参数，返回值是一个元素，并且必须满足交换律和结合律，以保证并行执行能返回正确结果
collect()	将 RDD 中的所有元素以数组形式返回给驱动程序。一般当 RDD 中数据量不大时使用
count()	返回 RDD 中的元素个数
first()	返回 RDD 中的第一个元素
take(*n*)	以数组形式返回 RDD 的前 *n* 个元素
takeSample(*withReplacement*, *num*, [*seed*])	从 RDD 中随机采样 *num* 个元素并以数组形式返回，*withReplacement* 表示是否将抽中的元素放回去继续抽取，如果为 true，一个元素有可能被重复抽取，*seed* 为可选参数，用作生成随机数的种子
takeOrdered(*n*) ([*ordering*])	以数组形式返回 RDD 排序后的前 *n* 个元素，可选参数 *ordering* 为自定义的比较符，默认为自然顺序
saveAsTextFile(*path*)	将 RDD 的元素以文本文件的形式写入 *path* 指定的本地文件系统、HDFS 或其他 Hadoop 支持的文件系统目录中，Spark 对每个元素调用 toString 方法将其转换为文本文件中的一行，每个 RDD 分区单独写入一个文件，文件名按照分区索引编号

续表

行动操作	含义
saveAsSequenceFile(*path*) 适用于 Java、Scala	该操作在 RDD 元素为键值对且实现了 Hadoop 的 Writable 接口时可用，将 RDD 的元素以 Hadoop 序列化文件的形式写入 *path* 指定的本地文件系统、HDFS 或其他 Hadoop 支持的文件系统目录中
saveAsObjectFile(*path*) 适用于 Java、Scala	将 RDD 中的元素以 Java 序列化对象的格式写入 *path* 指定的位置，可以通过 SparkContext.objectFile()将其读取出来
countByKey()	仅对元素为（k, v）键值对类型的 RDD 可用，返回对每个 k 进行计数的（k, Int）对组成的 hashmap
foreach(*func*)	将函数 *func* 应用于 RDD 中的每个元素，返回空值，目的是函数执行的副作用，如用于修改累加器的值或者和外部存储系统进行交互。 注意 foreach 操作是在各个执行进程中执行的，比如 rdd.foreach(println)是在各个工作节点上输出结果而不是在驱动程序端输出

B.3 Spark MLlib 简介

Spark MLlib 是 Spark 生态系统中负责机器学习的组件，旨在简化机器学习的工程实践并实现规模化扩展。MLlib 主要由如下工具组成[5]：

（1）机器学习算法库，包括分类、回归、聚类、协同过滤等通用的机器学习算法。

（2）特征提取、转换、降维和选择工具。

（3）管道（pipeline）工具：构造、评估和优化机器学习管道。

（4）持久化工具：保存和加载算法、模型与管道。

（5）其他工具：线性代数、统计、数据处理等工具。

MLlib 是专为在 Spark 集群上并行运行而设计的，它的算法实现优势在于处理大规模数据集时性能优越：MLlib 基于 Spark 内存计算模型可以在内存中很快地实现多次迭代。此外 MLlib 提供了 Java、Scala、Python 及 R 语言等多种语言编程接口，使用起来非常方便，因此发展非常迅猛，在同类产品中处于领先地位。

Spark MLlib 算法库中有如下两个包：

（1）spark.mllib：提供了基于 RDD 的 API，是 Spark MLlib 最初使用的包。

（2）spark.ml：提供了基于 DataFrame 的机器学习管道（ML Pipelines）API 套件，DataFrame 是带字段名的数据集。spark.ml 从 Spark 1.2 版本开始引入，通过它所提供的 API 可以很方便地将数据处理、特征转换、正则化及多个机器学习算法联合起来，构建一个完整的机器学习管道。

相比于早期基于 RDD 的 spark.mllib，spark.ml 提供的基于 DataFrame 的机器学习管道方式更加灵活、API 用户接口更为友好、也更容易从其他语言迁移。从 Spark 2.0 版本开始，基于 RDD 的 spark.mllib 已进入维护模式，不再增加新的特性，但在 Spark 2.1 版本中 spark.mllib 所支持的机器学习算法仍多于 spark.ml，仍然有使用价值。spark.ml 会不断完善最终完全取代 spark.mllib，预期在 Spark 3.0 版本中将 spark.mllib 包移除[5]。

Spark MLlib 目前已经支持所有主流的统计和机器学习算法，表 B-3 列出了 Spark

2.1 版本中 MLlib 支持的主要机器学习算法。

表 B-3 Spark MLlib 支持的主要机器学习算法

算法类别	具体算法
二元分类	线性支持向量机（linear SVMs）、逻辑回归、决策树、随机森林、梯度提升决策树（gradient-boosted trees）、朴素贝叶斯
多元分类	逻辑回归、决策树、随机森林、朴素贝叶斯
回归	线性最小二乘法、Lasso 回归、岭回归、决策树、随机森林、梯度提升决策树、保序回归（isotonic regression）
协同过滤	交替最小二乘法（Alternating Least Squares，ALS）
聚类	*k*-means、高斯混合、PIC（Power Iteration Clustering）、LDA 文档主题生成模型（Latent Dirichlet allocation）、二分 *k*-means（Bisecting k-means）、流式 *k*-means
降维	奇异值分解（SVD）、主成分分析（Principal Component Analysis，PCA）
特征提取与转换	词频—逆文档频率（TF-IDF）、词向量化（Word2Vec）、标准化（StandardScaler）、规范化（Normalizer）、卡方选择（ChiSqSelector）、元素智能乘积（ElementwiseProduct）、主成分分析（PCA）
频繁模式挖掘	FP-growth、关联规则（Association Rules）、序列模式 PrefixSpan

B.4 Spark MLlib 数据类型

Spark 2.1 版的 spark.ml 包中支持的数据类型包括本地向量、标注点（labeled point）、本地矩阵等。其中本地向量和本地矩阵是用作公共接口的简单数据模型，底层的线性代数操作由 ScalaNLP 套件中 Breeze 库提供。标注点用来表示在监督学习（Supervised Learning）中使用的训练样本。

B.4.1 本地向量

MLlib 的本地向量是存储在单台机器上的双精度浮点数向量，索引从 0 开始。MLlib 支持两种本地向量类型：密集向量类型（DenseVector）和稀疏向量类型（SparseVector）。密集向量由一个双精度浮点型数组表示；而稀疏向量由向量长度和两个有对应关系的数组来表示，即表示位置索引的整型数组和表示元素值的双精度浮点型数组。例如，向量(0.0, 1.5, 0.0, 1.6, 0.0)用密集向量类型来表示的格式为[0.0, 1.5, 0.0, 1.6, 0.0]，而用稀疏向量类型来表示的格式为三元组(5, [1, 3], [1.5, 1.6])，其含义是向量长度为 5，位置索引为 1 的元素值为 1.5，位置索引为 3 的元素值为 1.6，而没有列出来的位置索引为 0、2、4 的三个元素值均为 0。

本地向量的基类是 Vector，它的两个实现类是 DenseVector 和 SparseVector，分别表示密集向量和稀疏向量。推荐使用类 Vectors 下的工厂方法 dense 和 sparse 来创建本地向量。下面是在 Spark Shell 中用 Scala 创建本地向量的代码示例。

```
scala>import org.apache.spark.ml.linalg.{Vector, Vectors}
import org.apache.spark.ml.linalg.{Vector, Vectors}

scala>val dv: Vector = Vectors.dense(0.0, 1.5, 0.0, 1.6, 0.0)
```

```
dv: org.apache.spark.ml.linalg.Vector = [0.0,1.5,0.0,1.6,0.0]

scala>val sv1: Vector = Vectors.sparse(5, Array(1, 3), Array(1.5, 1.6))
sv1: org.apache.spark.ml.linalg.Vector = (5,[1,3],[1.5,1.6])

scala>val sv2: Vector = Vectors.sparse(5, Seq((1, 1.5), (3, 1.6)))
sv2: org.apache.spark.ml.linalg.Vector = (5,[1,3],[1.5,1.6])

scala>
```

由于 Scala 会默认引入 scala.collection.immutable.Vector，所以上述代码中显示引入 org.apache.spark.ml.linalg.Vector 来使用 MLlib 提供的本地向量类型。Dense 方法创建的是密集向量，sparse 方法创建的是稀疏向量，上述代码中 sv1 和 sv2 是用两种不同的参数格式创建的稀疏向量，结果是等效的。

B.4.2 标注点

MLlib 中的标注点是带标注（label/response）的本地向量，主要在监督学习算法中使用。标注用双精度浮点数存储，在回归和分类问题中都可以使用标注点。对于二元分类来说，正样本标注为 1，负样本标注为 0；对于多元分类，标注应该是从 0 开始的类别索引：0, 1, 2, …。

表示标注点的类是 LabeledPoint，下面是在 Spark Shell 中用 Scala 创建标注点的代码示例。

```
scala>import org.apache.spark.ml.linalg.Vectors
import org.apache.spark.ml.linalg.Vectors

scala>import org.apache.spark.ml.feature.LabeledPoint
import org.apache.spark.ml.feature.LabeledPoint

scala>val pos = LabeledPoint(1.0, Vectors.dense(0.0, 1.5, 0.0, 1.6, 0.0))
pos: org.apache.spark.ml.feature.LabeledPoint = (1.0,[0.0,1.5,0.0,1.6,0.0])

scala>val neg = LabeledPoint(0.0, Vectors.sparse(5, Array(1, 3), Array(1.5, 1.6)))
neg: org.apache.spark.ml.feature.LabeledPoint = (0.0,(5,[1,3],[1.5,1.6]))

scala>
```

在上述代码中，pos 是密集向量标注点，标注为 1，neg 是稀疏向量标注点，标注为 0。

在实际应用中经常会使用稀疏训练数据，MLlib 支持读取以 LIBSVM 格式保存的训练数据，该格式被 LIBSVM、LIBLINEAR 等机器学习库广泛使用。LIBSVM 文件是文本格式，每一行表示一个带标注的稀疏向量，具体格式如下。

```
label index1:value1 index2:value2 ...
```

每行的开头是标注，后面是稀疏向量中的非 0 元素，每个元素的表示格式是<位置索引>:<元素值>，要特别注意，这里的索引是从 1 开始的，并且元素必须按照索引的升序排列，在读入 MLlib 时将其转换为从 0 开始的索引。

下面是将稀疏训练数据从 LIBSVM 文件读入 DataFrame 中的 Scala 代码示例。

```
scala>val df = spark.read.format("libsvm").option("numFeatures", "692").load("file:///usr/cs
tor/spark/data/mllib/sample_libsvm_data.txt")
df: org.apache.spark.sql.DataFrame = [label: double, features: vector]

scala>
```

上面代码中将文件格式设置为"libsvm"，"numFeatures"选项设置表示向量长度为692，如果不加该选项则需要额外扫描一遍文件，以文件中所有元素的最大索引值作为向量长度。生成的 DataFrame 有两个字段：label 表示标注，features 表示本地向量。

B.4.3 本地矩阵

MLlib 的本地矩阵是存储在单台机器上的有行列索引的双精度浮点数矩阵，行列索引都从 0 开始。MLlib 支持两种本地矩阵类型：密集矩阵类型（DenseMatrix）和稀疏矩阵类型（SparseMatrix）。密集矩阵由一个以列为主顺序的双精度浮点型数组表示；而稀疏矩阵仅保存非 0 值，以压缩稀疏列（Compressed Sparse Column, CSC）格式存储。例如以下矩阵：

$$\begin{pmatrix} 1.0 & 0.0 & 0.0 & 4.0 \\ 0.0 & 0.0 & 3.0 & 0.0 \\ 2.0 & 0.0 & 0.0 & 0.0 \end{pmatrix}$$

以密集矩阵类型表示的格式为三元组（3, 4, [1.0, 0.0, 2.0, 0.0, 0.0, 0.0, 0.0, 3.0, 0.0, 4.0, 0.0, 0.0]），其中前两个元素为整形值，分别表示矩阵的行数和列数，第三个元素为双精度浮点数组，是将矩阵按列的顺序依次排列下来形成的数组。

上述矩阵以稀疏矩阵类型表示的格式为五元组（3, 4, [0, 2, 2, 3, 4], [0, 2, 1, 0], [1.0, 2.0, 3.0, 4.0]），其中前两个元素为整形值，分别表示矩阵的行数和列数；第三个元素为用整形数组表示的列指针，数组长度为矩阵列数加 1，表示矩阵每一列在第五个元素中的起始位置和结束位置（本例可以算出第 1 列到第 4 列的非 0 元素个数分别为 2 个、0 个、1 个、1 个）；第四个元素为用整形数组表示的行索引，即第五个元素中每个值所属的矩阵列号；第五个元素为双精度浮点数组，是将矩阵中的非 0 值按列的顺序依次排列形成的数组。

本地矩阵的基类是 Matrix，它的两个实现类是 DenseMatrix 和 SparseVector，分别表示密集矩阵和稀疏矩阵。推荐使用类 Matrices 下的工厂方法 dense 和 sparse 来创建本地矩阵。下面是在 Spark Shell 中用 Scala 创建上述本地矩阵的代码示例。

```
scala>import org.apache.spark.ml.linalg.{Matrix, Matrices}
import org.apache.spark.ml.linalg.{Matrix, Matrices}

scala>val dm: Matrix = Matrices.dense(3, 4, Array(1.0, 0.0, 2.0, 0.0, 0.0, 0.0, 0.0, 3.0, 0.0,
4.0, 0.0, 0.0))
dm: org.apache.spark.ml.linalg.Matrix =
1.0  0.0  0.0  4.0
0.0  0.0  3.0  0.0
2.0  0.0  0.0  0.0
```

```
scala>val sm: Matrix = Matrices.sparse(3, 4, Array(0, 2, 2, 3, 4), Array(0, 2, 1, 0), Array(1.0, 2.0, 3.0, 4.0))
sm: org.apache.spark.ml.linalg.Matrix =
3 x 4 CSCMatrix
(0,0) 1.0
(2,0) 2.0
(1,2) 3.0
(0,3) 4.0

scala>
```

B.5 Spark MLlib 算法库

本节介绍 Spark 2.1 版的机器学习算法库 spark.ml 包中提供的主要 API，它涵盖了大多数主流的机器学习算法，预期在 Spark 后续版本中该算法库将会不断丰富。

B.5.1 机器学习管道

通常完整的机器学习过程包含一系列处理步骤，如原始数据抽取、转换、加载、数据预处理、指标提取、模型训练、验证、新数据预测等，类似于生产流水线，上一步骤的输出作为下一步骤的输入，这就形成了机器学习管道。为了让用户更方便更高效地完成机器学习过程，MLlib 的 spark.ml 包中将机器学习算法库以管道 API 的形式标准化，从而可以很方便地将多种转换和算法结合到一个机器学习工作流里。

1. 转换器和评估器

在学习管道 API 之前，我们先了解与此相关的一些重要概念。

（1）DataFrame：机器学习需要使用各种各样的数据类型，如向量、文本、图像、结构化数据等，因此将 Spark SQL 中的 DataFrame 用作机器学习的数据集，DataFrame 支持各种基本和结构化数据类型，也支持向量类型，它可以从 RDD 中显式或隐式地创建，不同的列可以分别存储不同类型数据，如文本、特征向量、真实标签、预测值等。

（2）转换器（Transformer）：指将一个 DataFrame 转换为另一个 DataFrame 的算法。在转换器的程序代码中必须实现 transform()方法，该方法一般在原来的 DataFrame 上通过某种算法添加一个或多个列将其转换为新的 DataFrame，例如机器学习模型就是一种转换器，其输入是带特征向量的 DataFrame，给每个特征向量加上预测标签形成新的 DataFrame。

（3）评估器（Estimator）：指作用于 DataFrame 上生成转换器的算法。在评估器的程序代码中必须实现 fit()方法，该方法的输入是 DataFrame，输出是一个模型，即转换器，例如，逻辑回归学习算法 LogisticRegression 是一个评估器，它调用 fit()方法用特征数据进行训练，生成逻辑回归模型 LogisticRegressionModel。

（4）参数：MLlib 中所有转换器和评估器都使用统一的 API 来指定参数。类 Param 是自带文档的命名参数，类 ParamMap 是（Param 对象, 值）对的集合，有以下两种主要方法来指定算法所使用的参数。

① 通过 set 方法设置算法参数，例如 lr 是逻辑回归学习算法 LogisticRegression 的实例，可以调用 lr.setMaxIter(20)来设置其最大迭代次数为 20。

② 通过向 fit()方法或 transform()方法传递 ParamMap 对象来设置参数，该方法将覆盖通过 set 方法设置的参数值。

参数属于每个评估器或转换器实例，例如，有两个 LogisticRegression 实例 lr1 和 lr2，可以在一个 ParamMap 对象中设置这两个实例的最大迭代次数参数，构造格式为 ParamMap (lr1.maxIter -> 20, lr2.maxIter -> 100)。

下面是在 Spark Shell 中使用转换器和评估器的 Scala 程序示例。

```
scala>import org.apache.spark.ml.classification.LogisticRegression
import org.apache.spark.ml.classification.LogisticRegression

scala>import org.apache.spark.ml.linalg.{Vector, Vectors}
import org.apache.spark.ml.linalg.{Vector, Vectors}

scala>import org.apache.spark.ml.param.ParamMap
import org.apache.spark.ml.param.ParamMap

scala>import org.apache.spark.sql.Row
import org.apache.spark.sql.Row

scala>val training = spark.createDataFrame(Seq(
     |     (1, Vectors.dense(0, 2.1, 0.6)),  (0, Vectors.dense(2.0, 1.5, -2)),
     |     (0, Vectors.dense(3, 0.8, 1.5)),  (1, Vectors.dense(0, 2.1, -1.5))
     | )).toDF("label", "features")
training: org.apache.spark.sql.DataFrame = [label: int, features: vector]

scala>val lr = new LogisticRegression()
lr: org.apache.spark.ml.classification.LogisticRegression = logreg_3c121dda662b

scala>val paramMap = ParamMap(lr.maxIter -> 30).put(lr.regParam -> 0.5, lr.threshold -
> 0.55)
paramMap: org.apache.spark.ml.param.ParamMap =
{
    logreg_3c121dda662b-maxIter: 30,
    logreg_3c121dda662b-regParam: 0.5,
    logreg_3c121dda662b-threshold: 0.55
}

scala>val model = lr.fit(training, paramMap)
model: org.apache.spark.ml.classification.LogisticRegressionModel = logreg_3c121dda662b

scala>val test = spark.createDataFrame(Seq(
     |     (1, Vectors.dense(-3, 2, 4.6)), (0, Vectors.dense(5, 1.1, -2.1)),
     | )).toDF("label", "features")
test: org.apache.spark.sql.DataFrame = [label: int, features: vector]
```

```
scala>model.transform(test).select("features", "label", "probability", "prediction").collect().
foreach { case Row(features: Vector, label: Int, prob: Vector, prediction: Double) => println
(s"($features, $label) -> prob=$prob, prediction=$prediction") }
([-3.0,2.0,4.6], 1) -> prob=[0.1391327523903143,0.8608672476096857], prediction=1.0
([5.0,1.1,-2.1], 0) -> prob=[0.846261620304758,0.1537383796952419], prediction=0.0

scala>
```

上述代码首先创建 DataFrame 训练数据集 training，训练数据集必须包含 label 和 features 字段，然后创建 LogisticRegression 实例 lr，lr 为一个评估器，通过 ParamMap 对象设置算法参数，再调用 lr.fit（training, paramMap）生成逻辑回归模型 model，model 为一个转换器。最后创建 DataFrame 测试数据集 test，对 test 调用 model 的 transform()方法来验证逻辑回归模型的预测结果是否准确，注意 model 仅使用 features 列的数据进行预测，将结果存放在新增加的 prediction 和 probability 列中，分别表示预测值和可信度。

2. 管道 API

在机器学习中通常需要按顺序运行一系列的算法对训练数据进行处理、学习，MLlib 中用管道类 Pipeline 来实现这一工作流，Pipeline 对象由按照特定顺序运行的一系列管道阶段（转换器或评估器）组成。可以将训练数据集作为输入参数，调用 Pipeline 对象的 fit() 方法来按阶段以管道方式处理训练数据，最终返回一管道模型（PipelineModel 类对象，也是一转换器）。该模型可以被用来对新数据进行预测，对数据集调用其 transform()方法即可。

那么 Pipeline 类的 fit()方法是如何生成管道模型的呢？首先它将依次运行各个管道阶段：如果某阶段是转换器，则对输入参数 DataFrame 调用其 transform()方法将其转换为新的 DataFrame，并作为下一阶段的输入；如果某阶段是评估器，则对输入参数 DataFrame 调用其 fit()方法生成一个与其对应的转换器，如果评估器还有后续的其他阶段，则调用生成的转换器的 transform()方法将输入 DataFrame 转换为新的 DataFrame，再作为下一阶段的输入。最后将这一系列管道阶段中的评估器都用对应生成的转换器替换掉，即形成管道模型，作为 Pipeline 对象的 fit()方法的输出。

下面用一个实际例子来理解管道的概念及如何使用管道 API。假设一个简单的文本档案处理工作流包括如下几个阶段：

（1）将每份档案的文本拆分成单词。

（2）将每份档案的单词转换成数值型特征向量。

（3）通过逻辑回归算法学习对带标签的特征向量获得一个预测模型。

通过 Pipeline 对象的 fit()方法处理上述工作流的过程如图 B-5 所示。

图 B-5 的上面一行表示有三个管道阶段的 Pipeline 对象，前两个阶段是转换器 Tokenizer 对象和 HashingTF 对象，第三个阶段是评估器 LogisticRegression 对象。下面一行表示当调用 Pipeline 对象的 fit()方法时经过管道的数据流，圆柱体表示 DataFrame。最左边的原始文档中包含文本内容和标签，第一阶段对其调用 Tokenizer 对象的 tranform()方法，将原始文档拆分成一个个单词，形成单词数组作为新列添加到 DataFrame 中；第二阶段对新的 DataFrame 调用 HashingTF 对象的 tranform()方法，将单词数组通过哈希函数转换为特征向量，并将特征向量作为新列添加到 DataFrame 中；第三阶段对新的 DataFrame 调用 LogisticRegression 对象的 fit() 方法生成一个 LogisticRegressionModel 对象。如果本例中的管道在第三阶段之后还有后续阶段，那么将对 DataFrame 调用新生成的 LogisticRegressionModel 对象的 transform()方法生成新的 DataFrame，作为第四阶段的输入。

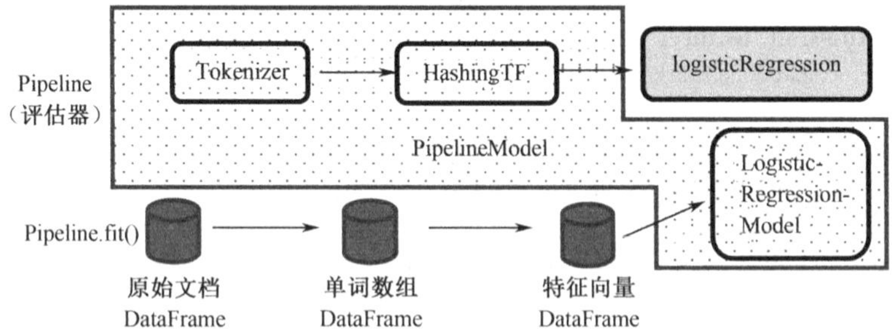

图 B-5 Pipeline 对象处理流程

由于 Pipeline 也是评估器，所以在 fit()方法的最后还必须生成一 PipelineModel 对象作为返回值，如图 B-5 所示，生成的 PipelineModel 对象中包含 Tokenizer、HashingTF、LogisticRegressionModel 三个按顺序执行的转换器。生成的管道模型可应用于测试数据等新的数据集，通过调用 PipelineModel 对象的 transform()方法可以对测试数据集进行和图 B-5 中类似的转换过程并得到预测结果。通过使用 Pipeline 和 PipelineModel 类提供的管道 API 可以确保对训练数据集和测试数据集采用完全相同的处理步骤。

在 Pipeline 中管道阶段是以有序数组的方式表示的，有序数组不仅可以表示线性的管道阶段，还可以表示一个有向无环图（DAG）。在每个管道阶段都可以指定对应的输入和输出字段，根据这些输入输出字段可以分析出各个管道阶段之间的依赖关系，据此形成一张 DAG，构建管道的有序数组只要满足 DAG 中的依赖关系即可。

下面是在 Spark Shell 中使用管道 API 的 Scala 程序示例。

```
scala>import org.apache.spark.ml.{Pipeline, PipelineModel}
import org.apache.spark.ml.{Pipeline, PipelineModel}

scala>import org.apache.spark.ml.classification.LogisticRegression
import org.apache.spark.ml.classification.LogisticRegression

scala>import org.apache.spark.ml.feature.{HashingTF, Tokenizer}
import org.apache.spark.ml.feature.{HashingTF, Tokenizer}

scala>import org.apache.spark.ml.linalg.Vector
import org.apache.spark.ml.linalg.Vector

scala>import org.apache.spark.sql.Row
import org.apache.spark.sql.Row

scala>val training = spark.createDataFrame(Seq(
```

```
      | (0, "spark a b c", 1.0), (1, "a b c d e f", 0.0),
      | (2, "d e f spark", 1.0), (3, "hive hbase", 0.0)  )).toDF("id", "text", "label")
   training: org.apache.spark.sql.DataFrame = [id: int, text: string ... 1 more field]

   scala>val tokenizer = new Tokenizer().setInputCol("text").setOutputCol("words")
   tokenizer: org.apache.spark.ml.feature.Tokenizer = tok_9cda098ca57e

   scala>val hashingTF = new HashingTF().setNumFeatures(2000).setInputCol(tokenizer.getOut
putCol).setOutputCol("features")
   hashingTF: org.apache.spark.ml.feature.HashingTF = hashingTF_e2f1462baf4a

   scala>val lr = new LogisticRegression().setMaxIter(30)
   lr: org.apache.spark.ml.classification.LogisticRegression = logreg_3db216c387bf

   scala>val pipeline = new Pipeline().setStages(Array(tokenizer, hashingTF, lr))
   pipeline: org.apache.spark.ml.Pipeline = pipeline_b1a55a36a9d1

   scala>val model = pipeline.fit(training)
   model: org.apache.spark.ml.PipelineModel = pipeline_b1a55a36a9d1

   scala>model.write.overwrite().save("/tmp/spark-logistic-regression-model")

   scala> val loadedModel = PipelineModel.load("/tmp/spark-logistic-regression-model")
   loadedModel: org.apache.spark.ml.PipelineModel = pipeline_244f8badb004

   scala>val test = spark.createDataFrame(Seq(
       |   (4, "x y z spark"),(5, "e f g"),(6, "hive hbase spark"),(7, "apache hbase")
       | )).toDF("id", "text")
   test: org.apache.spark.sql.DataFrame = [id: int, text: string]

   scala>loadedModel.transform(test).select("id", "text", "probability", "prediction").collect().f
oreach { case Row(id: Int, text: String, prob: Vector, prediction: Double) => println(s"($id,
$text) --> prob=$prob, prediction=$prediction") }
   (4, x y z spark) --> prob=[2.66334915187315E-14,0.9999999999999734], prediction=1.0
   (5, e f g) --> prob=[0.99869856371899,0.001301436281010105], prediction=0.0
   (6, hive hbase spark) --> prob=[1.0147159876979975E-4,0.9998985284012302], prediction=1.0
   (7, apache hbase) --> prob=[0.9999555900298641,4.440997013583146E-5], prediction=0.0

   scala>
```

示例代码虽小，却构建了一个完整的机器学习过程。首先创建训练数据集 training，可以发现包含单词 spark 的句子的标签为 1，没有 spark 的句子的标签为 0。然后创建一个包含三个管道阶段的管道实例 pipeline，三个管道阶段和图 B-5 中列出的一致，并设置了相应的参数。接着调用 pipeline.fit(training)生成训练好的管道模型，并通过 save()方法将其存入 Spark 底层文件系统中，以备日后需要时使用。再通过 load()方法将刚才保存的管道模型读入 loadedModel 中，创建测试数据集 test，最后调用 loadedModel.transform(test)生成预测标签，从结果看符合预期。

B.5.2　特征提取与转换

1．特征提取

文本特征提取算法从原始语料库中按特定算法提取特征数据。MLlib 在 org.apache.spark.ml.feature 包中提供以下三种特征提取算法的实现。

（1）TF-IDF（Term Frequency-Inverse Document Frequency）：词频—逆文档频率算法系一种在文本挖掘中广为使用的特征向量化方法，它反映语料库中某个词语对某篇文档的重要性。与该算法相关的类有 Tokenizer、HashingTF、IDF 和 IDFModel。

（2）Word2Vec：词向量化算法是一个评估器，通过对文档中句子的词语顺序的训练生成 Word2VecModel 模型，该模型可以将每个词语映射成一个固定长度的向量，预期在文档中上下文类似的词语所对应的向量距离也比较近。该算法经常被用于自然语言理解、文档相似度计算、机器翻译等领域。该算法的实现类是 Word2Vec 和 Word2VecModel。

（3）CountVectorizer：计数向量化算法将一个文档集转换为词频向量，可用作评估器生成 CountVectorizerModel 模型，该模型可生成文档在词汇表上的稀疏表示，然后可以再传递给其他算法，如文档主题生成模型 LDA 等。该算法的实现类是 CountVectorizer 和 CountVectorizerModel。

下面是在 Spark Shell 中使用 CountVectorizer 算法的 Scala 程序示例。

```
scala>import org.apache.spark.ml.feature.{CountVectorizer, CountVectorizerModel}
import org.apache.spark.ml.feature.{CountVectorizer, CountVectorizerModel}

scala>val df = spark.createDataFrame(Seq(
     |   (0, Array("a", "b", "b", "d", "e", "e", "e", "e", "e")),
     |   (1, Array("a", "b", "c", "c", "d", "b", "d", "d")),
     |   (2, Array("a", "c", "c", "c", "d", "d"))
     | )).toDF("id", "words")
df: org.apache.spark.sql.DataFrame = [id: int, words: array<string>]

scala>val cvm1: CountVectorizerModel = new CountVectorizer().setInputCol("words").setO
utputCol("features").setVocabSize(3).setMinDF(2).fit(df)
cvm1: org.apache.spark.ml.feature.CountVectorizerModel = cntVec_a6d8be962c0b

scala>val cvm2 = new CountVectorizerModel(Array("a", "b", "c")).setInputCol("words").
setOutputCol("features")
cvm2: org.apache.spark.ml.feature.CountVectorizerModel = cntVecModel_4305742ec3e4

scala>cvm1.transform(df).show(false)
+---+---------------------------+---------------------------+
|id |words                      |features                   |
+---+---------------------------+---------------------------+
|0  |[a, b, b, d, e, e, e, e, e]|(3,[0,2],[1.0,2.0])|
|1  |[a, b, c, c, d, b, d, d]   |(3,[0,1,2],[3.0,2.0,2.0])|
|2  |[a, c, c, c, d, d]         |(3,[0,1],[2.0,3.0])        |
+---+---------------------------+---------------------------+
```

```
scala>cvm2.transform(df).show(false)
+---+-------------------------+-------------------------------+
|id |words                    |features                       |
+---+-------------------------+-------------------------------+
|0  |[a, b, b, d, e, e, e, e, e]|(3,[0,1],[1.0,2.0])          |
|1  |[a, b, c, c, d, b, d, d] |(3,[0,1,2],[1.0,2.0,2.0])|
|2  |[a, c, c, c, d, d]       |(3,[0,2],[1.0,3.0])            |
+---+-------------------------+-------------------------------+

scala>
```

上述代码通过训练集训练出了两个 CountVectorizerModel 模型，其中 cvm1 设置了词频向量的长度为 3，词语最少要在 2 个文档中出现，因为 e 只在一个文档中出现所以不满足条件，按照词频高低顺序收录的三个词语依次为 d、c、b；cvm2 预先设置了词汇表 a、b、c，所以不管词频高低按照预设的词汇表生成词频向量。

2．特征转换

特征转换指对提取出的特征进行缩放、转变和修改。MLlib 在 org.apache.spark.ml.feature 包中提供以下特征转换算法的实现：

（1）Tokenizer：分词算法将文本划分为一个个独立的词语。该算法的实现类是 Tokenizer 和 RegexTokenizer。

（2）StopWordsRemover：停用词去除算法将一些经常出现但没有多少实质含义的词语从输入文本中排除。该算法的实现类是 StopWordsRemover。

（3）*n*-gram：该算法将词语序列转换为多个长度为 *n* 的词语序列，词语的顺序保持不变。该算法的实现类是 NGram。

（4）Binarization：二值化算法根据阈值将连续数值特征转换为 0/1 特征。该算法的实现类是 Binarizer。

（5）PCA（Principal Component Analysis)：主成分分析算法是一种统计学方法，它通过正交变换将一系列可能相关变量的数据集转换为线性无关变量的数据集，得到的线性无关变量称为主成分，PCA 算法可以对变量集合进行降维。该算法的实现类是 PCA 和 PCAModel。

（6）PolynomialExpansion：多项式扩展算法通过对原始维度的 *n* 维组合表示将特征扩展到多项式空间。该算法的实现类是 PolynomialExpansion。

（7）Discrete Cosine Transform（DCT)：离散余弦变换将时间域上的长度为 *N* 的实数序列转换为频率域上的长度仍为 *N* 的实数序列。该算法的实现类是 DCT。

（8）StringIndexer：字符串索引算法将字符串标签列按照标签出现的频率编码为标签索引列，索引范围为[0, *n*)，*n* 为标签数量，频率最高的标签索引为 0，依次类推。如果标签为数值，则先将其转换为字符串再对其进行索引。该算法的实现类是 StringIndexer 和 StringIndexerModel。

（9）IndexToString：与 StringIndexer 相对应，IndexToString 算法可将标签索引列映

射回原来的字符串标签列，也可以更改为新的字符串标签。常见的使用场景是先通过 StringIndexer 生成标签索引，然后使用标签索引训练生成模型，通过模型得到预测的标签索引，最后再使用 IndexToString 获取原始的字符串标签。该算法的实现类是 IndexToString。

（10）One-hot encoding：独热编码算法将标签索引列映射为最多一个值为 1 的二值向量列，通过该编码可以将用于连续特征的算法（如逻辑回归）应用于分类特征。该算法的实现类是 OneHotEncoder。

（11）VectorIndexer：向量索引算法对向量数据集中的分类特征建立索引，该算法自动识别哪些特征属于分类特征，然后将分类特征的原始值转换为分类索引值。该算法的实现类是 VectorIndexer 和 VectorIndexerModel。

（12）Interaction：该算法将两个数值向量转换为一个由它们各取一个元素的乘积组成的向量，如果原来的两个向量维数分别为 n 维和 m 维，则乘积向量的维数为 $n\times m$ 维。该算法的实现类是 Interaction。

（13）Normalizer：规范化算法对多行向量组成的数据集进行转换，将每个向量都转换为统一的形式，转换方法由参数 p 决定。该算法可以对输入数据进行标准化处理，从而提高后期学习算法的效果。该算法的实现类是 Normalizer。

（14）StandardScaler：标准化算法对多行向量组成的数据集进行转换，对每个特征进行标准化处理：参数 withStd 为 true，则对每个特征分别进行缩放，使得其标准差均为 1，如果碰到均方差为 0 的特殊情况，则将特征值转换为 0.0；参数 withMean 为 true，则对每个特征分别进行平移使得其均值都为 0，需要注意此时不管原始向量为何种形式，转换后的向量为密集向量；也可以将两个参数都置为 true，表示同时进行上述两种转换。该算法的实现类是 StandardScaler 和 StandardScalerModel。

（15）MinMaxScaler：最小最大值标准化算法对多行向量组成的数据集进行转换，对每个特征进行标准化处理，通过缩放和平移将每个特征都映射到给定的区间（通常是[0, 1]），参数 min 和 max 给出了转换区间的下界和上界。该算法转换后的向量为密集向量。该算法的实现类是 MinMaxScaler 和 MinMaxScalerModel。

（16）MaxAbsScaler：最大绝对值标准化算法对多行向量组成的数据集进行转换，对每个特征进行标准化处理，将每个特征都缩放到区间[-1, 1]上，每个特征的绝对值最大者转换为 1 或-1，并据此确定缩放比例对该特征的其他值进行缩放。因为该算法转换后 0 元素值保持不变，所以稀疏向量在转换后仍为稀疏向量。该算法的实现类是 MaxAbsScaler 和 MaxAbsScalerModel。

（17）Bucketizer：桶划分算法将连续特征列转换为特征桶列，桶划分算法是用户通过参数 splits 指定的，splits 必须是一个严格递增 double 型数组，相邻的两个数组元素指定了一个桶区间，如果数值维数为 n 则指定了 n-1 个桶区间，从低到高对应转换后的特征值依次为 0, 1, 2, …, n-1。一般 splits 数值的第一个元素和最后一个元素分别为负无穷（Double.NegativeInfinity）和正无穷（Double.PositiveInfinity），否则如果转换时碰到在桶区间之外的值时会导致出错。该算法的实现类是 Bucketizer。

（18）ElementwiseProduct：元素加权乘积算法又称为 Hadamard 乘积，它对向量中的每个元素给出权重，形成权重向量，原始向量和权重向量对应位置元素相乘得到转换后的结果向量，也可以看作是对数据集中的每一列按权重进行缩放。该算法的实现类是ElementwiseProduct。

（19）SQLTransformer：SQL 转换实现了由 SQL 语句定义的数据转换，仅支持“SELECT … FROM __THIS__…”形式的 SQL 语句，其中__THIS__代表输入数据集的基础表，SELECT 子句指定在输出结果中显示的的字段、常量和表达式，可以使用Spark SQL 内置函数和用户自定义函数，只要是 Spark SQL 支持的 SELECT 子句格式都可以。该算法的实现类是 SQLTransformer。

（20）VectorAssembler：向量装配算法是一种转换器，将向量中的若干个列合并为一列。该算法常用于将原始特征和各种特征转换器派生的特征合并为单一的特征向量，以便于训练逻辑回归、决策树等机器学习算法。它可以合并的列类型有各种数值型、布尔型和向量型，合并时在每行中将输入列的值按照指定顺序连接成一个向量。该算法的实现类是 VectorAssembler。

（21）QuantileDiscretizer：分位点离散化算法将连续特征列按照若干个分位点转换为按桶分类特征列，桶的数量由参数 numBuckets 设定，根据桶的数量，通过近似算法在训练数据中找到大致对应的分位点，让所有数据基本均匀地分布在各个桶区间中，近似算法的精度由参数 relativeError 控制，如果设为 0 则表示要计算出精确的分位点，计算代价会比较高。第一个桶的下界为负无穷，最后一个桶的上界为正无穷，这样就覆盖了所有的实数值。该算法的实现类是 QuantileDiscretizer 和 Bucketizer，QuantileDiscretizer对象调用 fit()方法生成 Bucketizer 模型。

下面是在 Spark Shell 中使用 StandardScaler 算法的 Scala 程序示例。

```
scala>import org.apache.spark.ml.linalg.Vectors
import org.apache.spark.ml.linalg.Vectors

scala>import org.apache.spark.ml.feature.StandardScaler
import org.apache.spark.ml.feature.StandardScaler

scala>val dataFrame = spark.createDataFrame(Seq(
     |   (0, Vectors.dense(1.0, 0, 3.0)),
     |   (1, Vectors.dense(2.0, 5.0, 3.0)),
     |   (2, Vectors.dense(3.0, 10.0, 3.0))
     | )).toDF("id", "features")
dataFrame: org.apache.spark.sql.DataFrame = [id: int, features: vector]

scala>val scaler = new StandardScaler().setInputCol("features").setOutputCol("scaledFeatu
res").setWithStd(true).setWithMean(false)
scaler: org.apache.spark.ml.feature.StandardScaler = stdScal_3614c1677226

scala>val scalerModel = scaler.fit(dataFrame)
scalerModel: org.apache.spark.ml.feature.StandardScalerModel = stdScal_3614c1677226

scala>val scaledData = scalerModel.transform(dataFrame)
scaledData: org.apache.spark.sql.DataFrame = [id: int, features: vector ... 1 more field]
```

```
scala>scaledData.show()
+---+-------------+-------------+
| id|     features|scaledFeatures|
+---+-------------+-------------+
|  0| [1.0,0.0,3.0]| [1.0,0.0,0.0]|
|  1| [2.0,5.0,3.0]| [2.0,1.0,0.0]|
|  2|[3.0,10.0,3.0]| [3.0,2.0,0.0]|
+---+-------------+-------------+


scala>
```

上述代码中 StandardScaler 对象设置 withStd 参数为 true，表示转换后要让训练数据各特征列的样本标准差为 1，第一列的样本标准差已经为 1，所以保持不变，第二列通过缩放使得其样本标准差为 1，第三列由于原样本标准差为 0，所以将其全部转换为 0.0。

3．特征选择

特征选择算法从一个大的特征集中选择一个子集。MLlib 在 org.apache.spark.ml.feature 包中提供以下 3 种特征选择算法的实现：

（1）VectorSlicer：该算法选取输入特征向量的子数组形成新的特征向量，向量列的选取方法通过索引参数指定。该算法的实现类是 VectorSlicer，有以下两种指定索引参数的方法：

① 通过 setIndices()方法指定整型索引。

② 通过 setNames()方法指定表示特征名的字符串索引，此时要求向量列有一个属性组（AttributeGroup）将特征名和向量列对应起来。

可以同时使用 setIndices()方法和 setNames()方法来指定所选取的特征列，但选取的特征列不能重复，特征名也必须存在，否则将报错。输出向量中首先是 setIndices()方法选取的特征列按顺序排列，然后是 setNames()方法选取的特征列按顺序排列。

（2）RFormula：该算法通过 R 模型公式来选择列，目前仅支持如下 R 运算符：

① ～ 用来分隔目标和条件，运算符左边为标签列，右边为特征选择公式。

② . 表示除了目标列的所有列。

③ + 表示连接两个特征列。

④ - 表示去掉一个特征列。

⑤ : 表示两个列交互，数值相乘或类别二值化。

该算法的实现类是 RFormula 和 RFormulaModel，RFormula 产生一个特征向量列和一个 double 或者字符串标签列。R 公式中如果输入列为字符串类型，则对其进行独热编码，如果标签列为字符串类型，则通过 StringIndexer 将其转换为 double 型，如果标签列在数据集中不存在，则创建 R 公式中指定的标签列。

（3）ChiSqSelector：卡方特征选择算法适用于带有类别特征的标签数据，它根据独立卡方检验来选取类别标签主要依赖的特征，支持以下 3 种特征选取算法：

① numTopFeatures：按照卡方检验选取最有预测能力的前 n 个特征，n 由参数指定。

② percentile：类似于 numTopFeatures，但选取的特征数量不是固定个数，而是总特征数量的一定比例。

③ fpr：选取所有 p 值低于某个阈值的特征，来控制特征选择时的误选率（False Positive Rate）

该算法的实现类是 ChiSqSelector 和 ChiSqSelectorModel，可以通过 setSelectorType()方法来设置特征选择方法，默认使用的特征选择方法是 numTopFeatures，默认选取的特征个数是前 50 个。

下面是在 Spark Shell 中使用 ChiSqSelector 算法的 Scala 程序示例。

```
scala>import org.apache.spark.ml.feature.ChiSqSelector
import org.apache.spark.ml.feature.ChiSqSelector

scala>import org.apache.spark.ml.linalg.Vectors
import org.apache.spark.ml.linalg.Vectors

scala>val data = Seq(
     |    (1, Vectors.dense(0.0, 0.0, 18.0, 3.0), 1.0),
     |    (2, Vectors.dense(0.0, 2.0, 1.0, 0.0), 0.0),
     |    (3, Vectors.dense(1.0, 0.0, 2.0, 0.5), 0.0))
data: Seq[(Int, org.apache.spark.ml.linalg.Vector, Double)] = List((1,[0.0,0.0,18.0,3.0],1.0), (2,[0.
0,2.0,1.0,0.0],0.0), (3,[1.0,0.0,2.0,0.5],0.0))

scala>val df = spark.createDataset(data).toDF("id", "features", "label")
df: org.apache.spark.sql.DataFrame = [id: int, features: vector ... 1 more field]

scala>val selector = new ChiSqSelector().setNumTopFeatures(2).setFeaturesCol("features").s
etLabelCol("label").setOutputCol("selectedFeatures")
selector: org.apache.spark.ml.feature.ChiSqSelector = chiSqSelector_3066281d2153

scala>val result = selector.fit(df).transform(df)
result: org.apache.spark.sql.DataFrame = [id: int, features: vector ... 2 more fields]

scala>result.show()
+---+------------------+-----+----------------+
| id|          features|label|selectedFeatures|
+---+------------------+-----+----------------+
|  1|[0.0,0.0,18.0,3.0]|  1.0|      [18.0,3.0]|
|  2| [0.0,2.0,1.0,0.0]|  0.0|       [1.0,0.0]|
|  3| [1.0,0.0,2.0,0.5]|  0.0|       [2.0,0.5]|
+---+------------------+-----+----------------+


scala>
```

上述代码中卡方特征选择算法采用的是默认特征选取方法 numTopFeatures，通过 setNumTopFeatures(2)设置选取前 2 个最具预测能力的特征。

B.5.3　分类与回归

机器学习常用的分类和回归算法有线性方法（Linear Method）、决策树（Decision Trees）、随机森林（Random Forests）、梯度提升决策树（Gradient-Boosted Trees, Gbts）等。决策树因其易解释性、易处理分类特征、易扩展到多元分类场景、不需要特征缩放等特性而被广泛使用。随机森林和梯度提升决策树均是决策树的集成算法，随机森林结合了多个决策树来降低过度拟合的风险，梯度提升决策树通过反复迭代训练决策树来最小化损失函数。在 spark.ml 实现中，决策树和随机森林均支持二元、多元分类及回归，连续特征和分类特征都适用，梯度提升决策树支持二元分类和回归，连续特征和分类特征都适用，但不支持多元分类。在处理分类和回归问题时可优先考虑采用随机森林和梯度提升决策树等树集成算法，对于分类问题，这类算法还返回属于每种类别的概率，对于回归问题则返回预测值在样本上的方差。

1．分类

分类算法从训练数据中生成分类模型，用于对数据进行分类预测，有二元分类和多元分类。MLlib 在 org.apache.spark.ml.classification 包中提供以下分类算法的实现：

（1）Logistic regression：逻辑回归是常用的分类预测方法，它是预测结果概率的广义线性模型的一个特例，可以通过二元逻辑回归（binomial logistic regression）进行二元分类预测，也可以通过多元逻辑回归（multinomial logistic regression）进行多元分类预测，family 参数可指定采用二元逻辑回归算法还是多元逻辑回归算法，如不设置 family 参数，MLlib 会自行推断应采取哪种算法。多元逻辑回归算法也可以用于二元分类预测。该算法的实现类有 LogisticRegression、LogisticRegressionModel、Logistic RegressionSummary、Logistic RegressionTrainingSummary、BinaryLogisticRegression Summary、Binary Logistic RegressionTrainingSummary。

（2）Decision tree classifier：决策树分类算法是常用的分类算法，它的核心思想是根据不同属性值对分类结果的影响来构造一棵从根节点到叶节点的决策树，然后通过构造好的决策树来预测样本的分类结果。该算法的实现类是 DecisionTreeClassifier 和 DecisionTreeClassificationModel。

（3）Random forest classifier：随机森林分类算法包含多棵决策树，它们彼此之间没有关联，分别对样本判断应属于哪个分类，预测最多的分类即为最终预测结果。该算法的实现类是 RandomForestClassifier 和 RandomForestClassificationModel。

（4）Gradient-boosted tree classifier：梯度提升决策树分类算法是一种迭代的决策树算法，由多棵决策树组成，它们组合起来通过多次迭代得到最终预测结果。该算法的实现类是 GBTClassifier 和 GBTClassificationModel。

（5）Multilayer perceptron classifier：多层感知器分类算法（MLPC）是基于前馈神经网络的分类器，它由多个节点层组成，使用反向传播（B-P）算法训练生成模型。该算法的实现类是 MultilayerPerceptronClassifier 和 MultilayerPerceptronClassificationModel。

（6）One-vs-Rest（也称为 One-vs-All）classifier：一对多分类算法基于有效的二元分类算法来实现多元分类，它对每个类别 i 分别创建一个二元分类问题，通过二元分类算法来预测类别是否为 i，对每个类别都进行预测之后，选取可信度最高的预测类别作为分类标签。该算法实现类是 OneVsRest 和 OneVsRestModel。

（7）Naïve Bayes classifier：朴素贝叶斯分类算法是基于在强特征独立性假设下应用贝叶斯定理的简单概率分类算法群。该算法实现类是 NaiveBayes 和 NaiveBayesModel，目前支持多项式朴素贝叶斯（multinomial naïve Bayes）和伯努利朴素贝叶斯（Bernoulli naive Bayes）两种算法，通过参数 modelType 指定采用哪一种，默认采用多项式朴素贝叶斯算法。

下面是在 Spark Shell 中使用朴素贝叶斯算法的 Scala 程序示例。

```
scala>import org.apache.spark.ml.classification.NaiveBayes
import org.apache.spark.ml.classification.NaiveBayes

scala>import org.apache.spark.ml.evaluation.MulticlassClassificationEvaluator
import org.apache.spark.ml.evaluation.MulticlassClassificationEvaluator

scala>val data = spark.read.format("libsvm").load("file:///usr/cstor/spark/data/mllib/sample_
libsvm_data.txt")
data: org.apache.spark.sql.DataFrame = [label: double, features: vector]

scala>val Array(trainingData, testData) = data.randomSplit(Array(0.8, 0.2), seed=888L)
trainingData: org.apache.spark.sql.Dataset[org.apache.spark.sql.Row] = [label: double, features:
vector]
testData: org.apache.spark.sql.Dataset[org.apache.spark.sql.Row]=[label: double, features: vector]

scala>val model = new NaiveBayes().fit(trainingData)
model: org.apache.spark.ml.classification.NaiveBayesModel = NaiveBayesModel (uid=nb_a41a29
52b3d5) with 2 classes

scala>val predictions = model.transform(testData)
predictions: org.apache.spark.sql.DataFrame = [label: double, features: vector ... 3 more fields]

scala>predictions.show(5)
+-----+--------------------+--------------------+-----------+----------+
|label|            features|       rawPrediction|probability|prediction|
+-----+--------------------+--------------------+-----------+----------+
|  0.0|(692,[123,124,125...|[-257358.18959125...|  [1.0,0.0]|       0.0|
|  0.0|(692,[123,124,125...|[-245890.79472276...|  [1.0,0.0]|       0.0|
|  0.0|(692,[154,155,156...|[-278257.56134591...|  [1.0,0.0]|       0.0|
|  1.0|(692,[123,124,125...|[-103599.62905385...|  [0.0,1.0]|       1.0|
|  1.0|(692,[127,128,129...|[-138985.95911239...|  [0.0,1.0]|       1.0|
+-----+--------------------+--------------------+-----------+----------+
only showing top 5 rows


scala>val evaluator = new MulticlassClassificationEvaluator().setLabelCol("label").setPredic
tionCol("prediction").setMetricName("accuracy")
evaluator: org.apache.spark.ml.evaluation.MulticlassClassificationEvaluator=mcEval_1bac46c88a4d
```

```
scala>val accuracy = evaluator.evaluate(predictions)
accuracy: Double = 1.0

scala> [root@master bin]#
```

上述代码从 spark 安装目录的 data 子目录下读取示例数据集，将其按给定比例拆分为训练数据集和测试数据集，通过多项式朴素贝叶斯算法学习训练数据集后生成分类预测模型，再通过该模型对测试数据集进行分类预测，最后对预测分类同实际分类进行比对算出预测的准确率为 100%。

2. 回归

回归算法用于分析标签和特征之间的依赖关系，并据此生成预测模型。MLlib 在 org.apache.spark.ml.regression 包中提供以下回归算法的实现：

（1）Linear regression：线性回归算法用于分析特征之间的线性关系，它的接口和逻辑回归类似。该算法的实现类有 LinearRegression、LinearRegressionModel、LinearRegressionSummary、LinearRegressionTrainingSummary。

（2）Generalized linear regression：与线性回归算法假设输出服从高斯分布不同，广义线性回归算法适用于因变量 Yi 符合任何形式指数分布的场景，如高斯分布、泊松分布、二项式分布等。该算法的实现类有 GeneralizedLinearRegression、Generalized LinearRegressionModel、GeneralizedLinearRegressionSummary、Generalized LinearRegression TrainingSummary，可通过参数 family 和 link 指定指数分布类型和联接函数，目前支持的指数分布类型如表 B-4 所示。

表 B-4 Spark MLlib 广义线性回归算法支持的指数分布类型

分布类型	因变量类型	支持的联接函数
gaussian（高斯分布）	连续	identity, log, inverse
binomial（二项分布）	离散（仅有 2 个值）	logit, probit, cloglog
poisson（泊松分布）	计数	log, identity, sqrt
gamma（伽马分布）	连续	inverse, idenity, log

注意 GeneralizedLinearRegression 类目前仅支持最多 4096 个特征，如果超出 4096 个特征数，可以使用 LinearRegression 和 LogisticRegression 类来进行训练。

（3）Decision tree regression：决策树回归算法思想和决策树分类算法类似。该算法的实现类是 DecisionTreeRegressor 和 DecisionTreeRegressionModel。

（4）Random forest regression：随机森林回归算法思想和随机森林分类算法类似。该算法的实现类是 RandomForestRegressor 和 RandomForestRegressionModel。

（5）Gradient-boosted tree regression：梯度提升决策树回归算法思想和梯度提升决策树分类算法类似。该算法的实现类是 GBTRegressor 和 GBTRegressionModel。

（6）Survival regression：生存回归算法是在 spark.ml 中实现的加速失效时间（Accelerated Failure Time，AFT）模型，它对于删失数据（censored data）即为参数化生存回归模型。由于它描述了生存时间的对数模型，因此常被称作生存分析的对数线性模型（log-linear model）。AFT 模型中每个实例对目标函数的贡献是独立的，因此很容易对数据进行并行化分析。该算法的实现类是 AFTSurvivalRegression 和 AFTSurvivalRegression Model。

（7）Isotonic regression：保序回归算法能在训练数据上生成一个单调递减（或单调递增）逼近函数，使得其均方误差最小化，它的好处是不用假设任何形式的目标函数。该算法的实现类是 IsotonicRegression 和 IsotonicRegressionModel，通过参数 isotonic 指定生成单调递增还是单调递减函数。

下面是在 Spark Shell 中使用线性回归算法的 Scala 程序示例。

```
scala>import org.apache.spark.ml.regression.LinearRegression
import org.apache.spark.ml.regression.LinearRegression

scala>val training = spark.read.format("libsvm").load("file:///usr/cstor/spark/data/mllib/sample_linear_regression_data.txt")
training: org.apache.spark.sql.DataFrame = [label: double, features: vector]

scala>val lr = new LinearRegression().setMaxIter(20).setRegParam(0.2).setElasticNetParam(0.5)
lr: org.apache.spark.ml.regression.LinearRegression = linReg_9836182e3e0b

scala>val lrModel = lr.fit(training)
lrModel: org.apache.spark.ml.regression.LinearRegressionModel = linReg_9836182e3e0b

scala>println(s"Coefficients: ${lrModel.coefficients} Intercept:${lrModel.intercept}")
Coefficients: [0.0,0.6123074718188763,-0.6088107044962916,2.2053295520081613,0.3197961528600166,0.983996170172872,-0.14523911279683338,-0.3617681909040504,-0.4514835428449788,0.49294685888676926] Intercept:0.15017819341131264

scala>val trainingSummary = lrModel.summary
trainingSummary: org.apache.spark.ml.regression.LinearRegressionTrainingSummary = org.apache.spark.ml.regression.LinearRegressionTrainingSummary@6720fec0

scala>println(s"numIterations: ${trainingSummary.totalIterations}")
numIterations: 8

scala>println(s"RMSE: ${trainingSummary.rootMeanSquaredError}")
RMSE: 10.168045809570673

scala>
```

上述代码从 spark 安装目录的 data 子目录下读取示例数据集，通过线性回归算法学习训练数据集，设置最大回归次数为 20，设置 regParam 和 elasticNetParam 参数的目的是采用正则化手段来防止过拟合，最后打印出所生成线性回归模型的相关信息，如各特征的回归系数、截距、均方根误差等信息，实际执行的迭代次数是 8 次。

B.5.4 聚类

聚类算法是非监督机器学习算法，它将一个数据集合划分成若干个子集，使得每个子集内部的数据比较接近，而不同子集的数据相异度尽可能高。聚类与分类不同，分类问题已知有若干种类别，而聚类问题并不知道类别，甚至不给定类别数量，而是通过算法自行分析数据决定分成哪几个子集。

MLlib 在 org.apache.spark.ml.clustering 包中提供以下聚类算法的实现：

（1）*k*-means：*k* 均值算法是最常用的聚类算法，它预先给定聚类数量 *k*，选取 *k* 个点为中心点，其他每个点归类到距离最近的中心点，下一次迭代时将中心点更新为每个聚类的中心，将所有数据点重新进行归类至离它最近的中心点，直至迭代后的聚类不再发生变化。该算法的实现类是 KMeans、KMeansModel 和 KMeansSummary。

（2）Bisecting *k*-means：二分 *k* 均值算法是一种使用自顶向下分裂方法的层次聚类算法，所有数据开始时作为一个聚类，通过 *k* 均值算法将其分裂为两个聚类，然后每次选取一个聚类代价函数（误差平方和）最大的聚类继续通过 *k* 均值算法将其分裂为两个聚类，直至聚类数量达到给定数量 *k* 为止。二分 *k* 均值算法常常比 *k* 均值算法计算速度更快，但生成的聚类结果往往不同。该算法的实现类是 BisectingKMeans、BisectingKMeansModel 和 BisectingKMeansSummary。

（3）Gaussian Mixture Model（GMM）：高斯混合模型代表了数据点以各自的概率服从 *k* 种高斯子分布的复合分布，每种高斯子分布模型对应一个聚类，通过最大似然法（maximum likelihood）计算出每个数据点在这些模型上的概率，选取概率最大的那个作为其聚类。spark.ml 中使用 EM 算法（expectation-maximization）导出一组样本的最大似然模型。该算法的实现类是 GaussianMixture、GaussianMixtureModel 和 GaussianMixtureSummary。

（4）Latent Dirichlet Allocation (LDA)：文档主题生成模型也称为三层贝叶斯概率模型，包含词、主题和文档三层结构，用于识别文档集中隐含的主题词信息。它将每一篇文档用词频向量来表示，从而将文本转换为数字信息，每一篇文档代表了一些主题所构成的概率分布，而每一个主题又代表了很多单词所构成的概率分布，文档到主题、主题到词都服从多项式分布。该算法的实现类是 LDA、LDAModel、LocalLDAModel 和 DistributedLDAModel。

下面是在 Spark Shell 中使用 *k* 均值算法的 Scala 程序示例。

```
scala>import org.apache.spark.ml.linalg.Vectors
import org.apache.spark.ml.linalg.Vectors

scala>import org.apache.spark.ml.clustering.KMeans
import org.apache.spark.ml.clustering.KMeans

scala>val dataset = spark.createDataFrame(Seq(
     |    (0, Vectors.dense(1.0, 1.0, 1.0)),
     |    (1, Vectors.dense(11.0, 11.0, 11.0)),
     |    (2, Vectors.dense(21.0, 21.0, 21.0)),
     |    (3, Vectors.dense(2.0, 2.0, 2.0)),
     |    (4, Vectors.dense(22.0, 22.0, 22.0)),
     |    (5, Vectors.dense(12.0, 12.0, 12.0))
     | )).toDF("id", "features")
dataset: org.apache.spark.sql.DataFrame = [id: int, features: vector]
```

```
scala>val kmeans = new KMeans().setK(3).setSeed(1L)
kmeans: org.apache.spark.ml.clustering.KMeans = kmeans_f1f962ac9054

scala>val model = kmeans.fit(dataset)
17/04/09 01:20:46 WARN clustering.KMeans: The input data is not directly cached, which may hurt performance if its parent RDDs are also uncached.
17/04/09 01:20:47 WARN clustering.KMeans: The input data was not directly cached, which may hurt performance if its parent RDDs are also uncached.
model: org.apache.spark.ml.clustering.KMeansModel = kmeans_f1f962ac9054

scala>val WSSSE = model.computeCost(dataset)
WSSSE: Double = 4.5

scala>model.clusterCenters.foreach(println)
[11.5,11.5,11.5]
[1.5,1.5,1.5]
[21.5,21.5,21.5]

scala>
```

上述代码中设置 k 均值算法聚类数量为 3，对 6 个点进行训练后将其划分为 3 个聚类，计算出聚类模型的代价函数即误差平方和为 4.5，最后输出 3 个聚类中心点的坐标。

B.5.5 协同过滤

协同过滤（collaborative filtering）常用于推荐系统，目的是填充用户—商品关联矩阵中缺失的部分。spark.ml 目前支持基于模型的协同过滤，通过交替最小二乘法（Alternating Least Squares，ALS）来学习用于预测关联矩阵缺失部分的少量潜在因子集，用户和商品则通过这些潜在因子集来描述。该算法的实现类是 org.apache.spark.ml.recommendation 包中的 ALS 和 ALSModel，ALS 类有以下主要参数：

itemCol：商品 id 列的列名，默认为 item，该列的类型应为整型。

userCol：用户 id 列的列名，默认为 user，该列的类型应为整型。

ratingCol：评分列的列名，默认为 rating。

numItemBlocks：并行化计算时的商品分区数量，默认为 10。

numUserBlocks：并行化计算时的用户分区数量，默认为 10。

rank：模型中要识别的潜在因子的个数，默认为 10。

maxIter：算法最多迭代次数，默认为 10。

regParam：正则化参数，默认为 1.0。

implicitPrefs：是否使用适用于隐式反馈数据的 ALS 版本，默认为 false，表示使用显式反馈的 ALS 版本。

alpha：该参数在隐式反馈 ALS 版本中使用，表示偏好观察值的基准置信度，默认为 1.0。

nonnegative：表示最小二乘法时是否使用非负约束，默认为 false。

下面是在 Spark Shell 中使用 ALS 算法的 Scala 程序示例。

```
scala>import org.apache.spark.ml.evaluation.RegressionEvaluator
import org.apache.spark.ml.evaluation.RegressionEvaluator

scala>import org.apache.spark.ml.recommendation.ALS
import org.apache.spark.ml.recommendation.ALS

scala>case class Rating(userId: Int, movieId: Int, rating: Float, timestamp: Long)
defined class Rating

scala>def parseRating(str: String): Rating = {
   | val fields = str.split("::")
   | assert(fields.size == 4)
   | Rating(fields(0).toInt, fields(1).toInt, fields(2).toFloat, fields(3).toLong)
   | }
parseRating: (str: String)Rating

scala>val ratings = spark.read.textFile("file:///usr/cstor/spark/data/mllib/als/sample_movielens_ratings.txt").map(parseRating).toDF()
ratings: org.apache.spark.sql.DataFrame = [userId: int, movieId: int ... 2 more fields]

scala>val Array(training, test) = ratings.randomSplit(Array(0.8, 0.2))
training: org.apache.spark.sql.Dataset[org.apache.spark.sql.Row] = [userId: int, movieId: int ... 2 more fields]
test: org.apache.spark.sql.Dataset[org.apache.spark.sql.Row] = [userId: int, movieId: int ... 2 more fields]

scala>val als = new ALS().setMaxIter(15).setRegParam(0.03).setUserCol("userId").setItemCol("movieId").setRatingCol("rating")
als: org.apache.spark.ml.recommendation.ALS = als_44572f84a620

scala>val model = als.fit(training)
model: org.apache.spark.ml.recommendation.ALSModel = als_44572f84a620

scala>val predictions = model.transform(test)
predictions: org.apache.spark.sql.DataFrame = [userId: int, movieId: int ... 3 more fields]

scala>val evaluator = new RegressionEvaluator().setMetricName("rmse").setLabelCol("rating").setPredictionCol("prediction")
evaluator: org.apache.spark.ml.evaluation.RegressionEvaluator = regEval_3de7f7b26b8a

scala>val rmse = evaluator.evaluate(predictions)
rmse: Double = 1.0635190505543477

scala>
```

上述代码从 spark 安装目录的 data 子目录下读取用户对电影的评分数据集，将其按给定比例拆分为训练数据集和测试数据集，然后设置 ALS 算法的最大迭代次数为 15，正则化参数为 0.03，并设置用户列、商品列、评分列，通过 ALS 算法学习训练数据集后生成预测模型，再通过预测模型对测试数据集进行评分预测，最后将预测评分与实际评分进行比对，算出均方根误差约为 1.06。

B.5.6 模型选择与调优

机器学习的一大关键点是模型选择和调优，即对于一项任务如何通过数据来找到最佳的适用模型和参数。调优既可以对单个评估器进行，也可以对包括多种算法和转换步骤的整个管道进行。对整个管道进行调优相比于对管道中的每个节点单独进行调优往往效果更好。

MLLib 在 org.apache.spark.ml.tuning 包中提供了以下两种模型选择和调优工具：CrossValidator 和 TrainValidationSplit，这两种工具都需要以下输入参数。

（1）待调优的算法或管道。

（2）供比较选择的算法参数集，由 ParamGridBuilder 对象表示，该对象包含多个需调优的参数，每个参数给出一组可选值，生成所有可能的参数值组合网格，调优的目的即从中找出最优的参数值组合。

（3）评估各模型在测试数据集上拟合程度的标准或方法，由 org.apache.spark.ml.evaluation 包中的 Evaluator 对象表示，有以下 3 种 Evaluator 对象：RegressionEvaluator，适用于回归问题；BinaryClassificationEvaluator，适用于二元分类问题；MulticlassClassificationEvaluator，适用于多元分类问题。每种 Evaluator 对象都有对应的几种模型评估指标，调用其 setMetricName()方法可设置采用何种指标进行评估，如未调用则使用默认评估指标。

模型调优工具的工作流程如下：

（1）将输入数据拆分为一份或多份训练数据/测试数据集。

（2）对于拆分后的每一份训练数据/测试数据集，应用每一个参数值组合生成训练模型，然后通过设定的模型评估指标对模型进行评估。

（3）选择指标最优的模型所使用的参数值组合作为调优后的参数值，应用该参数来针对未经拆分的完整数据集重新生成训练模型。

CrossValidator 和 TrainValidationSplit 工具的区别如下：

（1）CrossValidator 通过参数 numFolders 将数据集分为几份训练数据/测试数据集，每份中训练数据占 2/3，测试数据占 1/3。在进行模型评估时，使用几份数据评估指标的平均值来进行比较。该方法计算量较大，但结果的可靠性相对更好一些。该算法的实现类是 CrossValidator 和 CrossValidatorModel。

（2）TrainValidationSplit 仅将数据集分为一份训练数据和一份测试数据，但可以通过 trainRatio 参数指定训练数据和测试数据的比例。该方法计算量比 CrossValidator 小。该算法的实现类是 TrainValidationSplit 和 TrainValidationSplitModel。

下面是在 Spark Shell 中使用 CrossValidator 工具的 Scala 程序示例。

```
scala>import org.apache.spark.ml.Pipeline
import org.apache.spark.ml.Pipeline

scala>import org.apache.spark.ml.classification.LogisticRegression
import org.apache.spark.ml.classification.LogisticRegression
```

```
scala>import org.apache.spark.ml.evaluation.BinaryClassificationEvaluator
import org.apache.spark.ml.evaluation.BinaryClassificationEvaluator

scala>import org.apache.spark.ml.feature.{HashingTF, Tokenizer}
import org.apache.spark.ml.feature.{HashingTF, Tokenizer}

scala>import org.apache.spark.ml.linalg.Vector
import org.apache.spark.ml.linalg.Vector

scala>import org.apache.spark.ml.tuning.{CrossValidator, ParamGridBuilder}
import org.apache.spark.ml.tuning.{CrossValidator, ParamGridBuilder}

scala>import org.apache.spark.sql.Row
import org.apache.spark.sql.Row

scala>val training = spark.createDataFrame(Seq(
     | (0L, "a b c d e spark", 1.0), (1L, "b d e", 0.0),
     | (2L, "spark f g", 1.0), (3L, "hadoop mapreduce", 0.0),
     | (4L, "b spark who", 1.0), (5L, "g d a", 0.0))).toDF("id", "text", "label")
training: org.apache.spark.sql.DataFrame = [id: bigint, text: string ... 1 more field]

scala>val tokenizer = new Tokenizer().setInputCol("text").setOutputCol("words")
tokenizer: org.apache.spark.ml.feature.Tokenizer = tok_6ead8c222dd4

scala>val hashingTF = new HashingTF().setInputCol(tokenizer.getOutputCol).setOutputCol
("features")
hashingTF: org.apache.spark.ml.feature.HashingTF = hashingTF_4a62a4cc335a

scala>val lr = new LogisticRegression().setMaxIter(10)
lr: org.apache.spark.ml.classification.LogisticRegression = logreg_aa5ea8b14056

scala>val pipeline = new Pipeline().setStages(Array(tokenizer, hashingTF, lr))
pipeline: org.apache.spark.ml.Pipeline = pipeline_bc9c94eb254a

scala>val paramGrid = new ParamGridBuilder().addGrid(hashingTF.numFeatures, Array
(100, 1000)).addGrid(lr.regParam, Array(0.1, 0.01)).build()
paramGrid: Array[org.apache.spark.ml.param.ParamMap] =
Array({
   hashingTF_4a62a4cc335a-numFeatures: 100,
   logreg_aa5ea8b14056-regParam: 0.1
}, {
   hashingTF_4a62a4cc335a-numFeatures: 100,
   logreg_aa5ea8b14056-regParam: 0.01
}, {
   hashingTF_4a62a4cc335a-numFeatures: 1000,
   logreg_aa5ea8b14056-regParam: 0.1
}, {
   hashingTF_4a62a4cc335a-numFeatures: 1000,
   logreg_aa5ea8b14056-regParam: 0.01
```

```
})

scala>val cv = new CrossValidator().setEstimator(pipeline).setEvaluator(new BinaryClassifi
cationEvaluator).setEstimatorParamMaps(paramGrid).setNumFolds(3)
cv: org.apache.spark.ml.tuning.CrossValidator = cv_46e388e446e0

scala>val cvModel = cv.fit(training)
cvModel: org.apache.spark.ml.tuning.CrossValidatorModel = cv_46e388e446e0

scala>val test = spark.createDataFrame(Seq(
     |   (6L, "spark i j k"), (7L, "l m n"),
     |   (8L, "mapreduce spark"),(9L, "apache hadoop")
     | )).toDF("id", "text")
test: org.apache.spark.sql.DataFrame = [id: bigint, text: string]

scala>cvModel.transform(test).select("id", "text", "probability", "prediction").collect().forea
ch { case Row(id: Long, text: String, prob: Vector, prediction: Double) => println(s"($id, $te
xt) --> prob=$prob, prediction=$prediction") }
(6, spark i j k) --> prob=[0.31532682573141246,0.6846731742685874], prediction=1.0
(7, l m n) --> prob=[0.7856332629541956,0.21436673704580442], prediction=0.0
(8, mapreduce spark) --> prob=[0.4730943500048535,0.5269056499951464], prediction=1.0
(9, apache hadoop) --> prob=[0.877224679439614,0.12277532056038591], prediction=0.0

scala>
```

上述代码对由分词、词频、逻辑回归三个算法组成的管道进行调优，参数 hashingTF.numFeatures 有两个供选值 100 和 1000，参数 lr.regParam 也有两个供选值 0.1 和 0.01，它们合起来有 4 种组合。因为是二元分类问题，所以模型评估器采用 BinaryClassificationEvaluator 对象，setNumFolds(3)将数据集分为 3 份。最后将调优后的模型应用到测试数据集上并输出预测结果。

习题

1. Spark 集群由哪两类节点组成？分别运行什么进程？
2. Spark 作业的调度和执行分为哪几步？
3. Spark RDD 是如何实现容错性的？
4. Spark RDD 支持哪两类操作？
5. 请简要介绍 Spark MLlib 中的以下数据类型：本地向量、标注点、本地矩阵。
6. 请用管道 API 编写一个依次执行 Tokenizer、HashingTF、LogisticRegression 算法的程序。
7. 请将 B.5.3 节中的朴素贝叶斯算法示例程序改用随机森林分类算法来实现。
8. 请将 B.5.4 节中的 *k* 均值算法示例程序改用二分 *k* 均值算法来实现。
9. 请改用 TrainValidationSplit 工具对 B.5.6 节示例程序中的管道进行调优。

参考文献

[1] 何金池. 大数据处理之道[M]. 北京：电子工业出版社，2016.

[2] http://spark.apache.org/docs/latest/cluster-overview.html.

[3] Introduction to Spark Internals. Matei Zaharia. Spark Summit 2013. 2013.

[4] Resilient Distributed Datasets: A Fault-Tolerant Abstraction for In-Memory Cluster Computing.Matei Zaharia, Mosharaf Chowdhury, Tathagata Das, Ankur Dave, Justin Ma, Murphy McCauley, Michael Franklin, Scott Shenker, Ion Stoica. Technical Report No. UCB/EECS-2011-82. http://www2.eecs.berkeley.edu/Pubs/TechRpts/2011/EECS-2011-82.pdf. 2011.

[5] http://spark.apache.org/docs/latest/ml-guide.html.

附录 C　大数据和人工智能实验环境

目前，大数据和人工智能技术的进步和应用呈现突飞猛进的态势，但人才储备出现了全球性短缺，人才的争夺处于“白热化”状态。相关课程教学与实验研究受条件所限，仍然面临未建立起实验教学体系、无法让学生并行开展实验、缺乏支撑实验的大数据、缺乏能够指导学生开展实验的师资力量等问题，制约了人工智能和大数据教学科研的开展。如今这些问题已经得到了较好地解决：大数据实验平台 1.0 用于个人自学大数据远程实验；大数据实验一体机更是受到各大高校青睐，用于构建各个大学自己的大数据实验教学平台，使得大量学生可同时进行大数据实验；AIRack 人工智能实验平台支持众多师生同时在线进行人工智能实验；DeepRack 深度学习一体机能够给高校和科研机构构建一个开箱即用的人工智能科研环境；dServer 人工智能服务器可直接用于小规模 AI 研究，或搭建 AI 科研集群。

1. 大数据实验平台 1.0

大数据实验平台（bd.cstor.cn）可为用户提供在线实验服务。在大数据实验平台上，用户可以根据学习基础及时间条件，灵活安排 3～90 天的学习计划，进行自主学习。大数据实验平台 1.0 界面如图 C-1 所示。

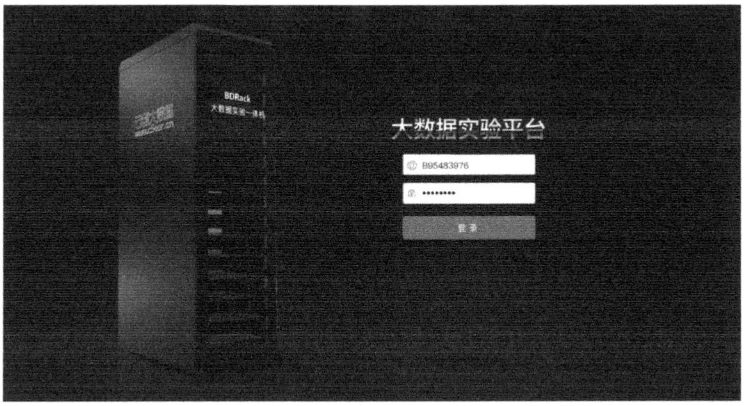

图 C-1　大数据实验平台 1.0 界面

作为一站式的大数据综合实训平台，大数据实验平台同步提供实验环境、实验课程、教学视频等，方便轻松开展大数据教学与实验。

1）实验体系

大数据实验平台涵盖 Hadoop 生态、大数据实战原理验证、综合应用、自主设计及创新的多层次实验内容等，每个实验呈现详细的实验目的、实验内容、实验原理和实验流程指导。实验课程包括 36 个 Hadoop 生态大数据实验和 6 个真实大数据实战项目。

2）实验环境

（1）基于 Docker 容器技术，用户可以瞬间创建随时运行的实验环境。

（2）平台能够虚拟出大量实验集群，方便上百用户同时使用。

（3）采用 Kubernates 容器编排架构管理集群，用户实验集群隔离、互不干扰。

（4）用户可按需自己配置包含 Hadoop、HBase、Hive、Spark、Storm 等组件的集群，或利用平台提供的一键搭建集群功能快速搭建。

（5）平台内置数据挖掘等教学实验数据，也可导入高校各学科数据进行教学、科研，校外培训机构同样适用。

3）成功案例

2016 年年末至今，在南京多次举办的大数据师资培训班上，《大数据》《大数据实验手册》及云创大数据提供的大数据实验平台，帮助到场老师们完成了 Hadoop、Spark 等多个大数据实验，使他们跨过了“从理论到实践，从知道到用过”的门槛。大数据师资培训班现场如图 C-2 所示。

图 C-2 大数据师资培训班现场

目前，大数据实验平台 1.0 版本（https://bd.cstor.cn）已经在郑州大学、成都理工大学、金陵科技学院、天津农学院、郑州升达经贸管理学院、信阳师范学院、西京学院、镇江高等职业技术学校、新疆电信、软通动力等典型用户单位落地实施，助其完成了大数据教学科研实验室的建设工作。

2. 大数据实验一体机

继 35 所院校获批“数据科学与大数据技术”专业之后，2017 年申请该专业的院校高达 263 所。各大高校竞相打造大数据人才高地，但实用型大数据人才培养却面临实验集群不足、实验内容不成体系、课程教材缺失、考试系统不客观、缺少实训项目及专业师资不足等问题。针对以上问题，BDRack 大数据实验一体机能够帮助高校建设私有的实验环境。其部署规划如图 C-3 所示。

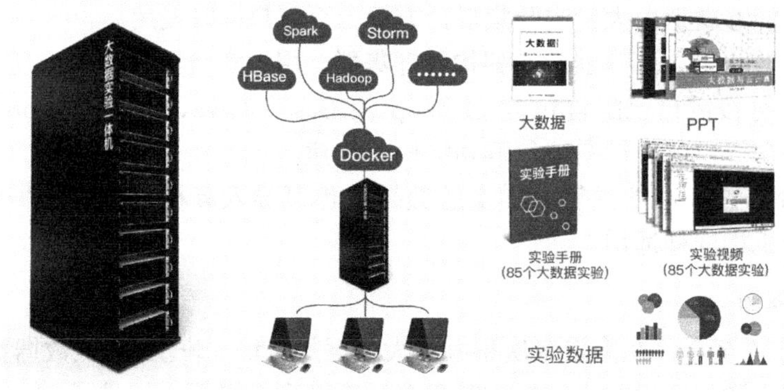

图 C-3 BDRack 大数据实验一体机部署规划

在搭建好实验环境后，可一方面通过大数据教材、讲义 PPT、视频课程等理论学习，帮助学生建立从大数据监测与收集、存储与处理、分析与挖掘直至大数据创新的完整知识体系；另一方面搭配教学组件安装包及实验数据、实验手册、专业网站等一系列资源，大幅度降低高校大数据课程的学习门槛。

1）最新的 2.0 版本实验体系

在大数据实验一体机 1.0 版本的基础上 2017 年 12 月推出了 2.0 版本，进一步丰富了实验内容，实验数量新增到 85 个，同时实验平台优化了创建环境—实验操作—提交报告—教师打分的实验流程，新增了具有海量题库、试卷生成、在线考试、辅助评分等应用的考试系统，集成了上传数据—指定列表—选择算法—数据展示的数据挖掘及可视化工具。

平台集实验机器、实验手册、实验数据及实验培训于一体，解决了怎么开设大数据实验课程、需要做什么实验、怎么完成实验等一系列根本问题，提供了完整的大数据实验体系及配套资源，包含大数据教材、教学 PPT、实验手册、课程视频、实验环境、师资培训等内容，涵盖面较为广泛。

（1）实验手册。

针对各项实验所需，大数据实验一体机配套了一系列包括实验目的、实验内容、实验步骤的实验手册及配套高清视频课程，内容涵盖大数据集群环境与大数据核心组件等技术前沿，详尽细致的实验操作流程可帮助用户解决大数据实验门槛所限。实验课程包括 36 个 Hadoop 生态大数据实验、6 个真实大数据实战项目、21 个基于 Python 的大数据实验、18 个基于 R 语言的大数据实验、4 个 Linux 基本操作辅助实验。

（2）实验数据。

基于大数据实验需求，大数据实验一体机配套提供了各种实验数据，其中不仅包含共用的公有数据，每一套大数据组件也有自己的实验数据，种类丰富，应用性强。实验数据将做打包处理，不同的实验将搭配不同的数据与实验工具，解决实验数据短缺的困扰，在实验环境与实验手册的基础上，做到有设备就能实验，有数据就会实验。

（3）配套资料与培训服务。

作为一套完整的大数据实验平台，BDRack 大数据实验一体机还将提供以下材料与配套培训，构建高效的一站式教学服务体系。

① 配套的专业书籍：《大数据》及其配套 PPT。

② 网站资源：中国大数据（thebigdata.cn）、中国云计算（chinacloud.cn）、中国存储（chinastor.org）、中国物联网（netofthings.cn）、中国智慧城市（smartcitychina.cn）等提供全线支持。

③ BDRack 大数据实验一体机使用培训和现场服务。

2）实验环境

（1）系统架构。

BDRack 大数据实验一体机主要采用容器集群技术搭建实验平台，并针对大数据实验的需求提供了完善的使用环境。图 C-4 为 BDRack 大数据实验一体机系统架构。

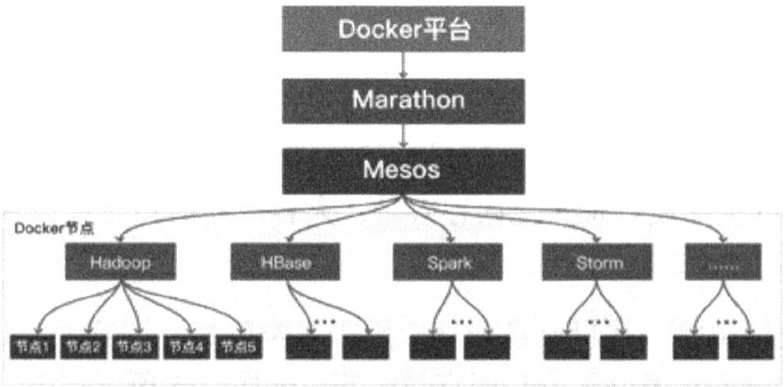

图 C-4　BDRack 大数据实验一体机系统架构

BDRack 大数据实验一体机基于容器 Docker 技术，采用 Mesos+ZooKeeper+Mrathon 架构管理 Docker 集群。其中，Mesos 是 Apache 下的开源分布式资源管理框架，它被称为分布式系统的内核；ZooKeeper 用来做主节点的容错和数据同步；Marathon 则是一个 Mesos 框架，为部署提供 REST API 服务，实现服务发现等功能。

实验时，系统预先针对大数据实验内容构建好一系列基于 CentOS7 的特定容器镜像，通过 Docker 在集群主机内构建容器，充分利用容器资源高效的特点，为每个使用平台的用户开辟属于自己完全隔离的实验环境。容器内部，用户完全可以像使用 Linux 操作系统一样地使用容器，并且不会对其他用户的集群造成任何影响，只需几台机器，就可能虚拟出能够支持上百个用户同时使用的隔离集群环境。

（2）规格参数

BDRack 大数据实验一体机具有经济型、标准型与增强型三种规格，通过发挥实验设备、理论教材、实验手册等资源的合力，可满足数据存储、挖掘、管理、计算等多样化的教学科研需求。具体的规格参数如表 C-1 所示。

表 C-1　规格参数

配套/型号	经济型	标准型	增强型
管理节点	1 台	3 台	3 台
处理节点	6 台	8 台	15 台
上机人数	30 人	60 人	150 人
理论教材	《大数据》50 本	《大数据》80 本	《大数据》180 本
实验教材	《实战手册》PDF 版	《实战手册》PDF 版	《实战手册》PDF 版
配套 PPT	有	有	有
配套视频	有	有	有
免费培训	提供现场实施及 3 天技术培训服务	提供现场实施及 5 天技术培训服务	提供现场实施及 7 天技术培训服务

（3）软件方面。

搭载 Docker 容器云可实现 Hadoop、HBase、Ambari、HDFS、YARN、MapReduce、ZooKeeper、Spark、Storm、Hive、Pig、Oozie、Mahout、Python、R 语言等绝大部分大数据实验应用。

（4）硬件方面。

采用 cServer 机架式服务器，其英特尔®至强®处理器 E5 产品家族的性能比上一代提升 80%，并具备更出色的能源效率。通过英特尔 E5 家族系列 CPU 及英特尔服务器组件，可满足扩展 I/O 灵活度、最大化内存容量、大容量存储和冗余计算等需求。

3）成功案例

BDRack 大数据实验一体机已经成功应用于各类院校，国家“211 工程”重点建设高校代表有郑州大学等，民办院校有西京学院等。如图 C-5 所示。

图 C-5　BDRack 大数据实验一体机实际部署

同时，整套大数据教材的全部实验都可在大数据实验平台（https://bd.cstor.cn）上远程开展，也可在高校部署的BDRack大数据实验一体机上本地开展。

3. AIRack人工智能实验平台

人工智能人才紧缺，供需比仅为1:10，但面向众多学生的人工智能实验却难以展开。对此，AIRack人工智能实验平台提供了基于Docker容器集群技术开发的多人在线实验环境。该平台基于深度学习计算集群，支持了主流深度学习框架，方便快速部署实验环境，同时支持多人在线实验，并配套实验手册，同步解决人工智能实验配置难度大、实验入门难、缺乏实验数据等难题，可用于深度学习模型训练等教学、实践应用。其界面如图C-6所示。

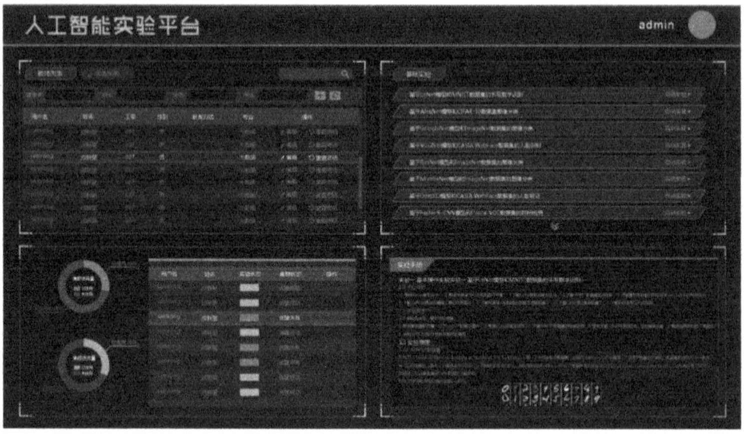

图C-6　AIRack人工智能实验平台界面

1）实验体系

AIRack人工智能实验平台从实验环境、教材PPT、实验手册、实验数据、技术支持等多方面为人工智能课程提供一站式服务，大幅度降低了人工智能课程学习门槛，满足课程设计、课程上机实验、实习实训、科研训练等多方面需求。其实验体系架构如图C-7所示。

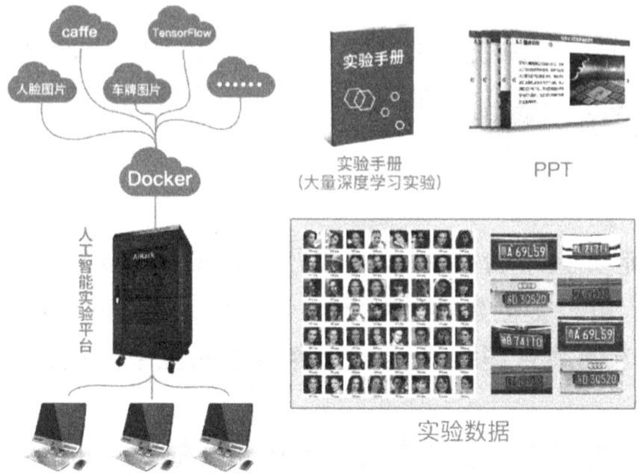

图C-7　AIRack人工智能实验平台实验体系架构

配套的实验手册包括 20 个人工智能相关实验，实验基于 VGGNet、FCN、ResNet 等图像分类模型，应用 Faster R-CNN、YOLO 等优秀检测框架，实现分类、识别、检测、语义分割、序列预测等人工智能任务。具体的实验手册大纲如表 C-2 所示。

表 C-2 实验手册大纲

序号	课程名称	课程内容说明	课时	培训对象
1	基于 LeNet 模型和 MNIST 数据集的手写数字识别	理论+上机训练	1.5	教师、学生
2	基于 AlexNet 模型和 CIFAR-10 数据集的图像分类	理论+上机训练	1.5	教师、学生
3	基于 GoogleNet 模型和 ImageNet 数据集的图像分类	理论+上机训练	1.5	教师、学生
4	基于 VGGNet 模型和 CASIA WebFace 数据集的人脸识别	理论+上机训练	1.5	教师、学生
5	基于 ResNet 模型和 ImageNet 数据集的图像分类	理论+上机训练	1.5	教师、学生
6	基于 MobileNet 模型和 ImageNet 数据集的图像分类	理论+上机训练	1.5	教师、学生
7	基于 DeepID 模型和 CASIA WebFace 数据集的人脸验证	理论+上机训练	1.5	教师、学生
8	基于 Faster R-CNN 模型和 Pascal VOC 数据集的目标检测	理论+上机训练	1.5	教师、学生
9	基于 FCN 模型和 Sift Flow 数据集的图像语义分割	理论+上机训练	1.5	教师、学生
10	基于 R-FCN 模型的行人检测	理论+上机训练	1.5	教师、学生
11	基于 YOLO 模型和 COCO 数据集的目标检测	理论+上机训练	1.5	教师、学生
12	基于 SSD 模型和 ImageNet 数据集的目标检测	理论+上机训练	1.5	教师、学生
13	基于 YOLO2 模型和 Pascal VOC 数据集的目标检测	理论+上机训练	1.5	教师、学生
14	基于 linear regression 的房价预测	理论+上机训练	1.5	教师、学生
15	基于 CNN 模型的鸢尾花品种识别	理论+上机训练	1.5	教师、学生
16	基于 RNN 模型的时序预测	理论+上机训练	1.5	教师、学生
17	基于 LSTM 模型的文字生成	理论+上机训练	1.5	教师、学生
18	基于 LSTM 模型的语法翻译	理论+上机训练	1.5	教师、学生
19	基于 CNN Neural Style 模型的绘画风格迁移	理论+上机训练	1.5	教师、学生
20	基于 CNN 模型的灰色图片着色	理论+上机训练	1.5	教师、学生

同时，该平台同步提供实验代码及 MNIST、CIFAR-10、ImageNet、CASIA WebFace、Pascal VOC、Sift Flow、COCO 等训练数据集，实验数据做打包处理，以便开展便捷、可靠的人工智能和深度学习应用。

2）平台架构

AIRack 人工智能实验平台整体设计基于 Docker 容器集群技术，在硬件上采用 GPU+CPU 混合架构，可一键创建实验环境。该平台采用 Google 开源的容器集群管理系统 Kubernetes，能够方便地管理跨机器运行容器化的应用，提供应用部署、维护、扩展机制等功能。

实验时，系统预先针对人工智能实验内容构建好基于 CentOS7 的特定容器镜像，通过 Docker 在集群主机内构建容器，开辟完全隔离的实验环境，实现使用几台机器即可虚拟出大量实验集群，以满足学校实验室的使用需求。其平台架构如图 C-8 所示。

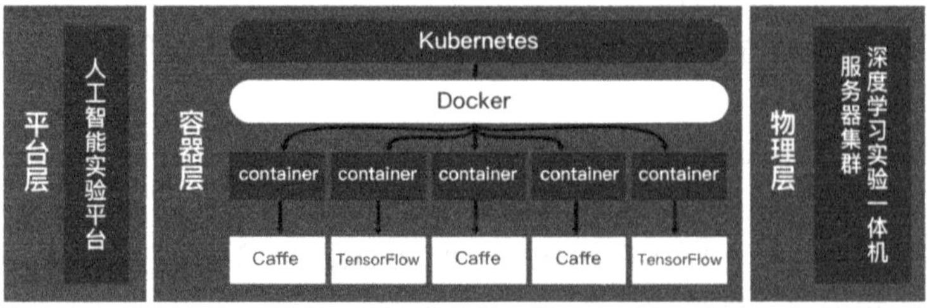

图 C-8 AIRack 人工智能实验平台架构

3）规格参数

AIRack 人工智能实验平台硬件配置如表 C-3 所示。

表 C-3 AIRack 人工智能实验平台硬件配置

名称	详细配置	单位	数量
CPU	E5-2650V4	颗	2
内存	32GB DDR4 RECC	根	8
SSD	480GB SSD	块	1
硬盘	4TB SATA	块	4
GPU	1080P（型号可选）	块	8

AIRack 人工智能实验平台集群配置如表 C-4 所示。

表 C-4 AIRack 人工智能实验平台集群配置

对比项	极简型	经济型	标准型	增强型
上机人数	8 人	24 人	48 人	72 人
服务器	1 台	3 台	6 台	9 台
交换机	无	S5720-30C-SI	S5720-30C-SI	S5720-30C-SI
CPU	E5-2650V4	E5-2650V4	E5-2650V4	E5-2650V4
GPU	1080P（型号可选）	1080P（型号可选）	1080P（型号可选）	1080P（型号可选）
内存	8×32GB DDR4 RECC	24×32GB DDR4 RECC	48×32GB DDR4 RECC	72×32GB DDR4 RECC
SSD	1×480GB SSD	3×480GB SSD	6×480GB SSD	9×480GB SSD
硬盘	4×4TB SATA	12×4TB SATA	24×4TB SATA	36×4TB SATA

4. DeepRack 深度学习一体机

近年来，深度学习在语音识别、计算机视觉、图像分类和自然语言处理等方面成绩斐然，越来越多的人开始关注深度学习，全国各大高校也相继开启深度学习相关课程，但是深度学习实验环境的搭建较为复杂，训练所需要的硬件环境也不是普通的台式机和服务器可以满足的。因此，云创大数据推出了 DeepRack 深度学习一体机，解决了深度学习研究环境搭建耗时、硬件条件要求高的问题。

凭借过硬的硬件配置，深度学习一体机能够提供最大 144 万亿次/秒的单精度计算能力，满配时相当于 160 台服务器的计算能力。考虑到实际使用中长时间大规模的运算需要，一体机内部采用了专业的散热、能耗设计，解决了用户对于机器负荷方面的忧虑。

一体机中部署有 TensorFlow、Caffe 等主流的深度学习开源框架，并提供了大量免费图片数据，可帮助学生学习诸如图像识别、语音识别和语言翻译等任务。利用一体机中的基础训练数据，包括 MNIST、CIFAR-10、ImageNet 等图像数据集，也可以满足实验与模型塑造过程中的训练数据需求。

1）硬件配置

DeepRack 深度学习一体机包含 24U 半高机柜，最多可配置 4 台 4U 高性能计算节点；每台节点 CPU 选用最新的英特尔 E5-2600 系列至强处理器；每台节点最多可插入 4 块英伟达 GPU 卡，可选配 Titan X、Tesla P100 等 GPU 卡。深度学习一体机外观如图 C-9 所示，服务器内部如图 C-10 所示。

图 C-9　深度学习一体机外观

图 C-10　深度学习一体机服务器内部

根据表 C-5 所示的服务器配置参数，可以根据需要灵活配置深度学习一体机的各个部件。

表 C-5　服务器配置参数

名称	经济型	标准型	增强型
CPU	Dual E5-2620 V4	Dual E5-2650 V4	Dual E5-2697 V4
GPU	Nvidia Titan×4	Nvidia Tesla P100×4	Nvidia Tesla P100×4
硬盘	240GB SSD+4T 企业盘	480GB SSD+4T 企业盘	800GB SSD+4T×7 企业盘
内存	64GB	128GB	256GB
计算节点数	2	3	4
单精度浮点计算性能	88 万亿次/秒	108 万亿次/秒	144 万亿次/秒
系统软件	Caffe、TensorFlow 深度学习软件、样例程序，大量免费的图片数据		
是否支持分布式深度学习系统	是		

2）软件配置

DeepRack 深度学习一体机软件配置包括操作系统及 GPU 驱动及开发包。

操作系统：CentoOS 7.1。

GPU 驱动及开发包：包括 NVIDIA GPU 驱动、CUDA 7.5 Toolkit、cuDNN v4 等，配套的使用手册中详细介绍了各个驱动的安装过程，以及环境变量的配置方法。

深度学习框架：深度学习实验一体机中部署了主流的深度学习开源工具软件，解决了因缺乏经验造成实验环境部署难的问题；除此之外，深度学习实验一体机还提供大量免费的图片数据，让学生不需要为收集大量实验数据而苦恼。利用现成的框架和数据，学生可根据使用手册快速搭建属于自己的深度学习应用。

深度学习一体机中安装了 Caffe 框架。Caffe 是一个清晰、高效的深度学习计算 CNN 相关算法的框架，学生可以利用一体机中提供的数据进行实验，使用手册上也详细地介绍了 Caffe 的两个使用案例——MNIST 和 CIFAR-10，初识深度学习的学生可以按照步骤，熟悉 Caffe 下训练模型的流程。

深度学习一体机中搭建了 TensorFlow 的环境，TensorFlow 可被用于语音识别或图像识别等多项机器深度学习领域，学生可通过使用手册了解具体的安装过程及单机单卡、单机多卡的使用案例。

5. dServer 人工智能服务器

人工智能研究方兴未艾，但构建高性价比的硬件平台是一大难题，亟需高性能、点菜式的解决方案。dServer 人工智能服务器针对个性化的 AI 应用需求，采用英特尔 CPU+英伟达 GPU 的混合架构，提供多类型的软硬件备选方案，方便自由选配及定制安全可靠的个性化应用，可广泛用于图像识别、语音识别和语言翻译等 AI 领域。dServer 人工智能服务器如图 C-11 所示。

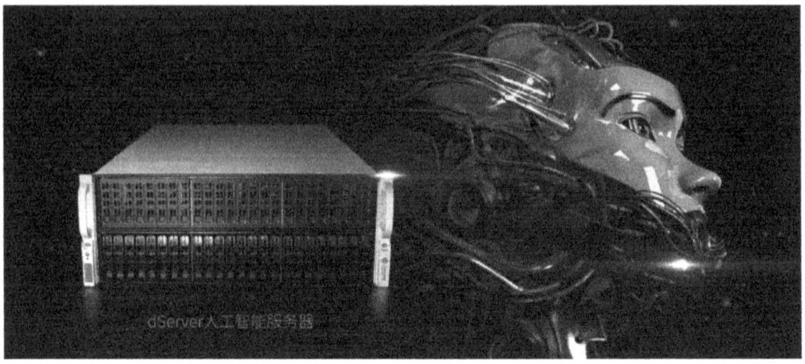

图 C-11 dServer 人工智能服务器

1）主流软件和丰富的数据

dSever 人工智能服务器预装 CentOS 操作系统，集成两套行业主流开源工具软件——TensorFlow 和 Caffe，同时提供丰富的应用数据。

TensorFlow 支持 CNN、RNN 和 LSTM 算法，这是目前在 Image、Speech 和 NLP 流行的深度神经网络模型，灵活的架构使其可以在多种平台上展开计算。

Caffe 是纯粹的 C++/CUDA 架构，支持命令行、Python 和 MATLAB 接口，可以在 CPU 和 GPU64 之间直接无缝切换。

同时，dSever 人工智能服务器配套提供了 MNIST、CIFAR-10 等训练测试数据集，包括大量的人脸数据、车牌数据等。

2）服务器配置

dServer 人工智能服务器配置参数如表 C-6 所示。

表 C-6　dServer 人工智能服务器配置参数

GPU（NVIDIA）	Tesla P100，Tesla P4，Tesla P40，Tesla K80，Tesla M40，Tesla M10，Tesla M60，TITAN X，GeForce　GTX 1080
CPU	Dual E5-2620 V4，Dual E5-2650 V4，Dual E5-2697 V4
内存	64GB/128GB/256GB
系统盘	120GB SSD/180GB SSD /240GB SSD
数据盘	2TB/3TB/4TB
准系统	7048GR-TR
软件	TensorFlow，Caffe
数据（张）	车牌图片（100 万/200 万/500 万），ImageNet（100 万），人脸图片数据（50 万），环保数据

3）成功案例

目前，dServer 人工智能服务器已经在清华大学车联网数据云平台、西安科技大学大数据深度学习平台、湖北文理学院大数据处理与分析平台等项目中成功应用，之后将陆续部署使用。其中，清华大学车联网数据云平台项目配置如图 C-12 所示。

清華大学 Tsinghua University

名称	深度学习服务器
生产厂家	南京云创大数据科技股份有限公司
主要规格	cServer C1408G
配置说明	CPU：2*E5-2630v4　GPU：4*NVIDIA TITAN X　内存：4*16G (64G) DDR4,2133MHz，RECC
	硬盘：5* 2.5"300GB 10K SAS（企业级）　网口：4个10/100/1000Mb自适应以太网口
	电源：2000W 1+1冗余电源　计算性能：单个节点单精度浮点计算性能为44万亿次/秒
	预装Caffe、TensorFlow深度学习软件、样例程序；提供MNIST、CIFAR-10等训练测试数据，提供交通卡口图片数据不少于400万张，环境在线数据不少于6亿条

图 C-12　清华大学车联网数据云平台项目配置